高等代数教程

上册

王萼芳 编著

清华大学出版社
北京

内容简介

本套书——《高等代数教程》(上、下册)和《高等代数教程习题集》,是北京大学王萼芳教授在其深受读者欢迎的教材的基础上改编而成的,已被北京市高等教育自学考试委员会选用。

《高等代数教程》(上册)包括第1至第5章:行列式、线性方程组、矩阵、矩阵的对角化问题和二次型。由于覆盖了完整的线性代数基础部分,本书可以单独作为一些专业的线性代数的教材。

本书每节和每章都配有深浅不同的例题和习题,并给出了答案或提示。每章的核心内容在章末的内容提要中加以归纳和概括。

本书内容更详细的总结和题解与证明,可参考《高等代数教程习题集》。

读者对象:大专院校、高等教育自学考试和电大的师生、研究生。

版权所有,侵权必究。举报:010-62782989,beiqinquan@tup.tsinghua.edu.cn。

图书在版编目(CIP)数据

高等代数教程(上)/王萼芳编著.—北京:清华大学出版社,1997(2024.9重印)
ISBN 978-7-302-02452-1

Ⅰ.高… Ⅱ.王… Ⅲ.高等代数—教材 Ⅳ.O.15

中国版本图书馆 CIP 数据核字(98)第 05232 号

责任印制:沈 露

出版发行:清华大学出版社
    网 址:https://www.tup.com.cn, https://www.wqxuetang.com
    地 址:北京清华大学学研大厦A座 邮 编:100084
    社 总 机:010-83470000 邮 购:010-62786544
    投稿与读者服务:010-62776969,c-service@tup.tsinghua.edu.cn
    质 量 反 馈:010-62772015,zhiliang@tup.tsinghua.edu.cn

印 装 者:三河市东方印刷有限公司
经 销:全国新华书店
开 本:140mm×203mm 印 张:11.375 字 数:293千字
版 次:1997年4月第1版 印 次:2024年9月第29次印刷
定 价:32.00元

产品编号:002452-06

前 言

本书可以作为大专院校高等代数和线性代数课程的教材或参考书.

编者曾于1981年编写了一本《高等代数》(大学基础数学自学丛书,上海科学技术出版社出版).此书除了多数读者作为自学材料外,曾被一些大专院校用作高等代数或线性代数课程的教材或参考书,还曾被指定为北京市高等教育自学考试高等代数课程的学习书.经过多年的使用经验以及读者反映的意见,根据教材更新的需要,作者在其基础上,重新编写了本书.它除了保持叙述通顺,问题明确,难点分散,便于自学等特点外,更加突出了对读者学习能力和逻辑推理能力的培养.为了使读者能正确理解概念,掌握运算技巧和解题方法,在书中安排了较多例题,每小节都有习题,每章附有内容提要和复习题,以帮助读者加深理解并及时巩固所学内容.

除了内容的更新与增补外,本书在章节的安排上也作了调整,使得每章较集中地解决一类问题.为了适应不同院校对高等代数和线性代数的要求,本书分为上、下两册.上册包括完整的线性代数基础部分,可以单独作为一些专业的线性代数课程的教材或参考书.

限于编者的水平,错误和疏漏在所难免,希望读者随时提出意见,以便今后进一步修改.

作 者

1996年9月于北京

目 录

第1章 行列式 ·· 1
  1.1 2阶和3阶行列式 ······························· 1
  1.2 n阶排列 ··· 7
  1.3 n阶行列式的定义 ······························ 13
  1.4 行列式的性质 ···································· 22
  1.5 行列式按一行(列)展开公式 ···················· 40
  1.6 行列式的计算 ···································· 49
  内容提要 ·· 61
  复习题1 ·· 63

第2章 线性方程组 ····································· 66
  2.1 克莱姆法则 ······································ 67
  2.2 消元法 ··· 73
  2.3 数域 ··· 100
  2.4 n维向量空间 ·································· 104
  2.5 线性相关性 ····································· 109
  2.6 矩阵的秩 ·· 129
  2.7 线性方程组有解判别定理与解的结构 ········· 137
  内容提要 ··· 157
  复习题2 ··· 161

第3章 矩阵 ··· 164
  3.1 矩阵的运算 ····································· 164

3.2　矩阵的分块 …………………………………… 182
　3.3　矩阵的逆 ……………………………………… 192
　3.4　等价矩阵 ……………………………………… 204
　3.5　正交矩阵 ……………………………………… 214
　内容提要 …………………………………………… 224
　复习题 3 …………………………………………… 229

第 4 章　矩阵的对角化问题 …………………………… 233
　4.1　相似矩阵 ……………………………………… 233
　4.2　特征值与特征向量 …………………………… 237
　4.3　矩阵可对角化的条件 ………………………… 249
　4.4　实对称矩阵的对角化 ………………………… 253
　4.5　约当标准形简单介绍 ………………………… 261
　内容提要 …………………………………………… 263
　复习题 4 …………………………………………… 265

第 5 章　二次型 ………………………………………… 267
　5.1　二次型及其矩阵表示 ………………………… 267
　5.2　用正交替换化实二次型为标准形 …………… 274
　5.3　用非退化线性替换化二次型为标准形 ……… 278
　5.4　规范形 ………………………………………… 297
　5.5　正定二次型 …………………………………… 303
　内容提要 …………………………………………… 313
　复习题 5 …………………………………………… 315

习题答案与提示 ………………………………………… 317

第1章 行列式

行列式是线性代数中一个最基本的概念,它是研究线性代数的一个重要工具,在线性方程组、矩阵、二次型、线性变换等的讨论中都要用到行列式,在数学的其他分支以及一些实际问题中也常常用到行列式.

这一章的主要内容就是介绍行列式的定义、性质以及计算方法.

1.1　2阶和3阶行列式

行列式是一种特定的算式,是根据线性方程组求解的需要而引进的.首先介绍2阶和3阶行列式.

由两个方程式组成的二元线性方程组经过变形以后,可以化成一般形式:
$$\begin{cases} a_1 x + b_1 y = c_1, \\ a_2 x + b_2 y = c_2. \end{cases} \tag{1}$$
用消元法来解这个方程组,以 b_2 乘第1个方程,以 b_1 乘第2个方程,然后两式相减,便消去了 y,得到:
$$(a_1 b_2 - a_2 b_1) x = c_1 b_2 - c_2 b_1.$$
用同样的方法,可消去 y,得:
$$(a_1 b_2 - a_2 b_1) y = a_1 c_2 - a_2 c_1.$$
如果 $a_1 b_2 - a_2 b_1 \neq 0$,那么可得到:

$$\begin{cases} x = \dfrac{c_1 b_2 - c_2 b_1}{a_1 b_2 - a_2 b_1}, \\ y = \dfrac{a_1 c_2 - a_2 c_1}{a_1 b_2 - a_2 b_1}. \end{cases} \quad (2)$$

把这一组 x, y 的值代入方程组(1),可以验证它确是原方程组的解,而且方程组(1)只有这一组解.

这样,就可以用公式(2)来解二元线性方程组(1).为了便于记忆这个公式,我们引进 2 阶行列式的概念,令:

$$D = \begin{vmatrix} a_1 & b_1 \\ a_2 & b_2 \end{vmatrix} = a_1 b_2 - a_2 b_1.$$

这样规定的 $\begin{vmatrix} a_1 & b_1 \\ a_2 & b_2 \end{vmatrix}$ 称为 2 阶行列式.根据这个规定,公式(2)中 x, y 的分子也可用 2 阶行列式表示:

$$D_1 = \begin{vmatrix} c_1 & b_1 \\ c_2 & b_2 \end{vmatrix} = c_1 b_2 - c_2 b_1;$$

$$D_2 = \begin{vmatrix} a_1 & c_1 \\ a_2 & c_2 \end{vmatrix} = a_1 c_2 - a_2 c_1.$$

我们把方程组(1)的系数组成的行列式称为(1)的系数行列式,于是上面的结论就可叙述为:**二元线性方程组(1)当它的系数行列式 $D \neq 0$ 时有唯一解.这个解可以用公式表示:**

$$x = \frac{D_1}{D}, \qquad y = \frac{D_2}{D}.$$

例1 解方程组

$$\begin{cases} 2x + 3y = 7, \\ 3x + 7y = 6. \end{cases}$$

解:这个方程组的系数行列式为:

$$D = \begin{vmatrix} 2 & 3 \\ 3 & 7 \end{vmatrix} = 14 - 9 = 5 \neq 0.$$

所以这个方程组有唯一解. 又由

$$D_1 = \begin{vmatrix} 7 & 3 \\ 6 & 7 \end{vmatrix} = 49 - 18 = 31,$$

$$D_2 = \begin{vmatrix} 2 & 7 \\ 3 & 6 \end{vmatrix} = 12 - 21 = -9,$$

得到解:

$$x = \frac{31}{5} = 6\frac{1}{5}, \qquad y = \frac{-9}{5} = -1\frac{4}{5}.$$

下面讨论三元线性方程组:

$$\begin{cases} a_{11}x_1 + a_{12}x_2 + a_{13}x_3 = b_1, \\ a_{21}x_1 + a_{22}x_2 + a_{23}x_3 = b_2, \\ a_{31}x_1 + a_{32}x_2 + a_{33}x_3 = b_3. \end{cases} \tag{3}$$

还用消元法来解这个方程组. 分别用 $(a_{22}a_{33} - a_{23}a_{32})$ 乘第 1 个方程,用 $(a_{13}a_{32} - a_{12}a_{33})$ 乘第 2 个方程,用 $(a_{12}a_{23} - a_{13}a_{22})$ 乘第 3 个方程,再把所得的 3 个式子相加,就消去了 x_2, x_3,得:

$$\begin{aligned}(a_{11}a_{22}a_{33} &+ a_{12}a_{23}a_{31} + a_{13}a_{21}a_{32} \\ &- a_{11}a_{23}a_{32} - a_{12}a_{21}a_{33} - a_{13}a_{22}a_{31})x_1 \\ = b_1 a_{22}a_{33} &+ a_{12}a_{23}b_3 + a_{13}b_2 a_{32} \\ &- b_1 a_{23}a_{32} - a_{12}b_2 a_{33} - a_{13}a_{22}b_3. \end{aligned} \tag{4}$$

用同样的方法消去 x_1, x_3,得:

$$\begin{aligned}(a_{11}a_{22}a_{33} &+ a_{12}a_{23}a_{31} + a_{13}a_{21}a_{32} \\ &- a_{11}a_{23}a_{32} - a_{12}a_{21}a_{33} - a_{13}a_{22}a_{31})x_2 \\ = a_{11}b_2 a_{33} &+ b_1 a_{23}a_{31} + a_{13}a_{21}b_3 \\ &- a_{11}a_{23}b_3 - b_1 a_{21}a_{33} - a_{13}b_2 a_{31}. \end{aligned} \tag{5}$$

消去 x_1, x_2 得:

$$\begin{aligned}(a_{11}a_{22}a_{33} &+ a_{12}a_{23}a_{31} + a_{13}a_{21}a_{32} \\ &- a_{11}a_{23}a_{32} - a_{12}a_{21}a_{33} - a_{13}a_{22}a_{31})x_3 \end{aligned}$$

$$= a_{11}a_{22}b_3 + a_{12}b_2a_{33} + b_1a_{21}a_{32}$$
$$- a_{11}b_2a_{32} - a_{12}a_{21}b_3 - b_1a_{22}a_{31}. \qquad (6)$$

因此,当

$$a_{11}a_{22}a_{33} + a_{12}a_{23}a_{31} + a_{13}a_{21}a_{32}$$
$$- a_{11}a_{23}a_{32} - a_{12}a_{21}a_{33} - a_{13}a_{22}a_{31} \neq 0$$

时,即可解出 x_1, x_2, x_3. 为了简单地表出这个方程组的解,我们引进 3 阶行列式的概念.

规定 3 阶行列式为:

$$\begin{vmatrix} a_{11} & a_{12} & a_{13} \\ a_{21} & a_{22} & a_{23} \\ a_{31} & a_{32} & a_{33} \end{vmatrix} = a_{11}a_{22}a_{33} + a_{12}a_{23}a_{31} + a_{13}a_{21}a_{32}$$
$$- a_{11}a_{23}a_{32} - a_{12}a_{21}a_{33} - a_{13}a_{22}a_{31}.$$

可见,一个 3 阶行列式是由不同行不同列的 3 个数相乘而得到的 6 个项的代数和. 这些项前面所带的正负号可以从下图看出.

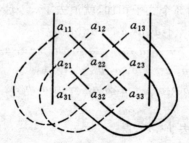

凡是实线上 3 个元素相乘所得到的项的前面带正号;虚线上 3 个元素相乘所得到的项的前面带负号.

例 2

$$\begin{vmatrix} 1 & 2 & 5 \\ 2 & -1 & 3 \\ 3 & 0 & 2 \end{vmatrix}$$
$$= 1 \times (-1) \times 2 + 2 \times 3 \times 3 + 5 \times 2 \times 0$$

$$-1\times 3\times 0-2\times 2\times 2-5\times(-1)\times 3$$
$$=-2+18+0-0-8-(-15)=23.$$

例 3
$$\begin{vmatrix} 2 & 1 & -1 \\ 3 & a & 0 \\ b & -1 & c \end{vmatrix}$$
$$=2\times a\times c+1\times 0\times b+(-1)\times 3\times(-1)$$
$$-(-1)\times a\times b-0\times(-1)\times 2-c\times 1\times 3$$
$$=2ac+ab-3c+3.$$

根据 3 阶行列式的定义,可以把消元后所得到的 3 个式子的右边用 3 阶行列式来表示:

$$\begin{vmatrix} b_1 & a_{12} & a_{13} \\ b_2 & a_{22} & a_{23} \\ b_3 & a_{32} & a_{33} \end{vmatrix}=b_1a_{22}a_{33}+a_{12}a_{23}b_3+a_{13}b_2a_{32}$$
$$-b_1a_{23}a_{32}-a_{12}b_2a_{33}-a_{13}a_{22}b_3.$$

同样地,可看出,(5)式及(6)式的右边分别等于 3 阶行列式:

$$\begin{vmatrix} a_{11} & b_1 & a_{13} \\ a_{21} & b_2 & a_{23} \\ a_{31} & b_3 & a_{33} \end{vmatrix} \text{和} \begin{vmatrix} a_{11} & a_{12} & b_1 \\ a_{21} & a_{22} & b_2 \\ a_{31} & a_{32} & b_3 \end{vmatrix}.$$

于是得到三元一次方程组解的公式:

如果方程组(1)的系数行列式

$$D=\begin{vmatrix} a_{11} & a_{12} & a_{13} \\ a_{21} & a_{22} & a_{23} \\ a_{31} & a_{32} & a_{33} \end{vmatrix}\neq 0,$$

那么方程组(1)有唯一解:

$$x_1=\frac{D_1}{D},\quad x_2=\frac{D_2}{D},\quad x_3=\frac{D_3}{D}.$$

其中 $D_j(j=1,2,3)$ 是把行列式 D 的第 j 列换成常数项 b_1,b_2,b_3 所得的行列式.

例4 解三元线性方程组

$$\begin{cases} x_1 - 2x_2 + x_3 = -4, \\ 2x_1 + x_2 - 3x_3 = 7, \\ -x_1 + x_2 - x_3 = 2. \end{cases}$$

解：这个方程组的系数行列式

$$D = \begin{vmatrix} 1 & -2 & 1 \\ 2 & 1 & -3 \\ -1 & 1 & -1 \end{vmatrix}$$

$$= -1 - 6 + 2 + 1 + 3 - 4 = -5 \neq 0.$$

因此有唯一解. 又因

$$D_1 = \begin{vmatrix} -4 & -2 & 1 \\ 7 & 1 & -3 \\ 2 & 1 & -1 \end{vmatrix} = -5;$$

$$D_2 = \begin{vmatrix} 1 & -4 & 1 \\ 2 & 7 & -3 \\ -1 & 2 & -1 \end{vmatrix} = -10;$$

$$D_3 = \begin{vmatrix} 1 & -2 & -4 \\ 2 & 1 & 7 \\ -1 & 1 & 2 \end{vmatrix} = 5.$$

所以解为 $x_1 = \dfrac{D_1}{D} = 1$，$x_2 = \dfrac{D_2}{D} = 2$，$x_3 = \dfrac{D_3}{D} = -1$.

从上面的例子看到：应用2阶、3阶行列式来解系数行列式不等于零的二元、三元线性方程组是很方便的. 为了把这个结论推广到未知量更多的线性方程组，即一般线性方程组，我们需要把2、3阶行列式的概念推广，引进 n 阶行列式的概念. 为此，在下一节中先介绍 n 阶排列的概念.

习 题 1.1

1. 计算下列行列式：

(1) $\begin{vmatrix} 3 & -5 \\ 2 & 4 \end{vmatrix}$; (2) $\begin{vmatrix} a+b & a \\ a-b & 2a-b \end{vmatrix}$;

(3) $\begin{vmatrix} 1 & 3 & 2 \\ 3 & -5 & 1 \\ 2 & 1 & 4 \end{vmatrix}$; (4) $\begin{vmatrix} 2 & -1 & 4 \\ 3 & 2 & 1 \\ 1 & 3 & 5 \end{vmatrix}$;

(5) $\begin{vmatrix} 0 & x & y \\ -x & 0 & z \\ -y & -z & 0 \end{vmatrix}$; (6) $\begin{vmatrix} a & b & c \\ b & c & a \\ c & a & b \end{vmatrix}$.

2. 解下列线性方程组:

(1) $\begin{cases} 2x - 5y = 6, \\ x - y = 5; \end{cases}$ (2) $\begin{cases} x_1 + 2x_2 + x_3 = -2, \\ 2x_1 + x_2 + 3x_3 = 1, \\ x_1 + x_2 + x_3 = 0; \end{cases}$

(3) $\begin{cases} 2x_1 - 4x_2 + x_3 = 1, \\ x_1 - 5x_2 + 3x_3 = 2, \\ x_1 - x_2 + x_3 = -1; \end{cases}$ (4) $\begin{cases} 2x_1 - 3x_2 + x_3 = 10, \\ x_1 + 4x_2 - 2x_3 = -8, \\ 3x_1 + 2x_2 - x_3 = 1. \end{cases}$

1.2 n 阶 排 列

本节介绍 n 阶排列的概念和一些基本性质. 这一方面是为以后定义行列式作准备;另一方面,也因为排列本身就是一个重要的概念,在以后学习数学的其他分支,如概率论等都要用到.

定义 1 由 $1,2,\cdots,n$ 组成的一个有序数组称为一个 **n 阶排列**.

这里的排列就是以前所说的 n 个不同元素的全排列. 所以 n 阶排列一共有 $n!$ 个.

例 1 写出所有的 3 阶排列.

解:自然数 1,2,3 组成的有序数组共有下列 6 个:

123, 132, 213, 231, 312, 321.

这就是全部 3 阶排列.

例 2 写出全部 4 阶排列.

解:4阶排列一共有4!＝24个.它们是:

1234,1243,1324,1342,

1423,1432,2134,2143,

2314,2341,2413,2431,

3124,3142,3214,3241,

3412,3421,4123,4132,

4213,4231,4312,4321.

4阶排列1234,它的各个数是按照由小到大的自然顺序排列的,称为4阶**自然序排列**.一般地,1234…n称为n阶自然序排列.在其他的排列中,都可找到一个大数排在一个小数的前面.例如在4阶排列2143中,2排在1之前,4排在3之前.这样的排列顺序是与自然顺序相反的.我们称它为逆序.这就是下述定义:

定义2 在一个n阶排列中,如果一个大数排在一个小数之前,就称这两个数组成一个**逆序**.一个n阶排列中逆序的总数称为这个排列的**逆序数**.反之,在一个排列中,如果一个小数排在一个大数之前,就称这两个数组成一个**顺序**.

例3 求4213的逆序数.

解:在排列4213中共有42,41,43,21等4个逆序.所以4213的逆序数等于4.

例4 排列21534,54321,23154,21354和45132的逆序和逆序数如下:

排　　　列	逆　　　序	逆 序 数
21534	21,53,54	3
54321	54,53,52,51,43,42,41,32,31,21	10
23154	21,31,54	3
21354	21,54	2
45132	41,43,42,51,53,52,32	7

为了方便起见，我们引进一个符号：如果 $a_1a_2\cdots a_n$ 是一个 n 阶排列，用 $\tau(a_1a_2\cdots a_n)$ 来表示 $a_1a_2\cdots a_n$ 的逆序数. 例如 $\tau(21534)=3$，$\tau(45132)=7$.

例 5 求 $\tau(n,n-1,\cdots,2,1)$.

解：在 $n,n-1,\cdots,2,1$ 中，n 与后面 $n-1$ 个数都组成逆序；$n-1$ 与它后面的 $n-2$ 个数组成逆序……一般地，$k(k>1)$ 与它后面 $k-1$ 个数组成逆序. 所以

$$\tau(n\ n-1\ \cdots\ 2\ 1) = (n-1)+(n-2)+\cdots+2+1$$
$$=\frac{n(n-1)}{2}.$$

例 5 中的方法也就是一般用来求排列的逆序数的方法.

习 题 1.2(1)

1. 写出第 1,2 个位置是 2,4 的全部 5 阶排列，并求它们的逆序数.
2. 求下列排列的逆序数：317428695；528497631；654321.

下面介绍排列的奇偶性.

定义 3 设 $a_1a_2\cdots a_n$ 是一个 n 阶排列. 如果 $\tau(a_1a_2\cdots a_n)$ 是一个偶数，则称 $a_1a_2\cdots a_n$ 是一个**偶排列**；如果 $\tau(a_1a_2\cdots a_n)$ 是一个奇数，则称 $a_1a_2\cdots a_n$ 是一个**奇排列**.

也就是说，逆序数是偶数的排列称为偶排列，逆序数是奇数的排列称为奇排列.

例如：在例 4 中，54321 和 21354 是偶排列，其余的 3 个排列都是奇排列.

把一个排列中的某两个数互换位置，而其他的数保持不动，就得到另一个排列，这样的一种变换称为一个**对换**. 例如，在排列 21354 中将 1,3 两个数对换，得到排列 23154；在排列 32451 中将 3,5 对换，得到排列 52431.

下面讨论对换对于排列奇偶性的影响.先看一下上面的例子,我们已知排列 21354 有 2 个逆序:21,54;而排列 23154 有 3 个逆序:21,31,54.这说明偶排列 21354 经过一次对换后,成为奇排列 23154,而奇排列 32451 经过一次对换,成为偶排列 52431.我们来分析一下对换改变这两个排列奇偶性的原因.先来比较 21354 和 23154.因为这两个排列只是 1 与 3 的位置对换了一下,而且 1 与 3 处于相邻的位置,因此除了 1 与 3 在 21354 中是顺序,而在 23154 变为逆序以外,其他数字之间的次序关系都没有改变,因此 23154 比 21354 多了一个逆序,它们的奇偶相反.至于排列 32451 与 52431,它们对换的数字 3 与 5 不在相邻的位置,但是可以通过若干次相邻位置的对换而将 32451 变为 52431

$$32451 \xrightarrow{(2,3)} 23451 \xrightarrow{(3,4)} 24351 \xrightarrow{(3,5)} 24531$$
$$\xrightarrow{(4,5)} 25431 \xrightarrow{(2,5)} 52431.$$

从上面的式子看到,32451 经过 5 次相邻数字的变换变为 52431.每经过一次相邻位置的对换排列改变一次奇偶,所以排列 32451 与 52431 奇偶相反.

我们按照这个想法来证明下面的定理.

定理 1　对换改变排列的奇偶性.

这就是说,经过一次对换,奇排列变成偶排列,偶排列变成奇排列.

证明:首先讨论对换的两个数 i 与 j 在排列中处于相邻位置的情形.即排列

$$\cdots i \; j \cdots \tag{1}$$

经过 i,j 对换,变成排列

$$\cdots j \; i \cdots \tag{2}$$

显然,i,j 以外的数彼此间的逆序状况在排列(1)和(2)中是一样的;i,j 以外的数与 i(或 j)的逆序状况在排列(1)和(2)中也是一样的.如果 i 与 j 在排列(1)中构成逆序,则它们的排列(2)中是顺序,这时(2)的逆序数比(1)的逆序数少 1;如果 i 与 j 在排列(1)中是顺序,则它们在(2)中构成逆序,这时(2)的逆序数比(1)的逆序数多 1. 总之,排列(1)与(2)的逆序数相差 1 个,所以排列(1)与(2)的奇偶性相反. 这就证明了:相邻两数的对换改变排列的奇偶性.

下面讨论一般的情况,设对换的两个数 i 与 j 之间还有 s 个数 $k_1, k_2, \cdots, k_s$. 即排列:

$$\cdots i \, k_1 \, k_2 \, \cdots \, k_s \, j \, \cdots \qquad (3)$$

经过 i 与 j 对换,变为排列

$$\cdots j \, k_1 \, k_2 \, \cdots \, k_s \, i \, \cdots \qquad (4)$$

排列(3)变成排列(4)可以通过一系列相邻两数的对换来实现. 先把排列(3)经过 $s+1$ 次相邻两数的对换变成排列(5):

$$\cdots k_1 \, k_2 \, \cdots \, k_s \, j \, i \, \cdots \qquad (5)$$

再把排列(5)经过 s 次相邻两数的对换变成排列(4). 于是总共经过 $2s+1$ 次相邻两数的对换,把排列(3)变成了排列(4). 由于一次相邻两数的对换会改变排列的奇偶性,因此 $2s+1$ 次相邻两数的对换会改变排列的奇偶性. 所以排列(3)与(4)奇偶相反. 这就证明了对换改变排列的奇偶性.

应用定理 1 可以证明以下重要的事实:

定理 2 在全部 $n!$ 个 n 阶排列中,奇、偶排列的个数相等,各有 $\dfrac{n!}{2}$ 个.

证明:假设在 $n!$ 个 n 阶排列中有 s 个奇排列,t 个偶排列,下面来证明 $s=t$.

将这 s 个奇排列的头两个数字都对换一下,即将 $a_1 a_2 \cdots a_n$ 变为 $a_2 a_1 \cdots a_n$. 就得到 s 个偶排列. 而且这 s 个排列各不相同. 但是偶排列一共有 t 个,所以 $s \leqslant t$. 再将 t 个偶排列的头两个数字对换,

得到 t 个不同的奇排列. 因此 $t \leqslant s$. 由此得 $s=t$. 即奇排列的总数与偶排列的总数一样. 因为这两种排列一共有 $n!$ 个, 所以它们各有 $\frac{n!}{2}$ 个. |

例6 在例 2 的 24 个 4 级排列中, 第 1 排和第 4 排的 12 个排列是偶排列, 而其余 12 个排列是奇排列.

最后, 我们来证明一个以后常常用到的结论.

定理 3 任意一个 n 阶排列都可以经过一些对换变成自然序排列, 并且所作对换的个数与这个排列有相同的奇偶性.

证明: 只要依次将 $1, 2, \cdots, n-1$ 经对换换到第 $1, 2, \cdots, n-1$ 个位置即可将任一排列变为自然序排列. 又因为自然顺序 $1\ 2 \cdots n$ 是一个偶排列, 而且对换改变排列的奇偶, 所以将一个奇(偶)排列变到自然排列序, 需要经过奇(偶)数次对换. |

例如, 把排列 341562 经对换变为自然序排列:
$$341562 \to 143562 \to 123564$$
$$\to 123465 \to 123456$$
所作的次数 4 与 $\tau(341562)=6$ 都是偶数.

推论: 任意两个 n 级排列都可经过一些对换互变, 而且如果这两个排列奇偶相同, 则所作的对换次数是偶数; 如果这两个排列奇偶相反, 则所作的对换次数是奇数.

习 题 1.2(2)

1. 求下列排列的逆序数, 并决定其奇偶性:
   4 2 6 7 3 5 1; 1 3 5 7 2 4 6; 5 4 7 8 2 1 3 6; 6 1 4 7 2 8 5 3.
2. 决定 i, j 使
   (1) 2 1 5 i 7 j 9 4 6 为奇排列;
   (2) 3 9 7 2 i 1 5 j 4 为偶排列.
3. 用对换将排列 315694278 变为自然序排列. 写出所作的对换, 并由此决定这个排列的奇偶.

1.3　n 阶行列式的定义

这一节介绍 n 阶行列式的定义.

$$\begin{vmatrix} a_{11} & a_{12} & \cdots & a_{1n} \\ a_{21} & a_{22} & \cdots & a_{2n} \\ \cdots\cdots\cdots\cdots\cdots\cdots \\ a_{n1} & a_{n2} & \cdots & a_{nn} \end{vmatrix}$$

表示一个 n 阶行列式. 行列式中横排称为**行**, 竖排称为**列**. 其中元素 a_{ij} 的第一个下标 i 表示这个元素位于第 i 行, 称为**行标**; 第二个下标 j 表示这个元素位于第 j 列, 称为**列标**. 例如 a_{23} 表示行列式中第 2 行第 3 列处的元素; a_{ij} 表示第 i 行第 j 列处的元素.

从 2 阶和 3 阶行列式的定义可以看出: 为了定义一个行列式, 需要决定它有哪些项; 以及每个项前面所带的正负号.

在给出 n 阶行列式的定义之前, 先来回顾一下 2 阶和 3 阶行列式的定义:

$$\begin{vmatrix} a_{11} & a_{12} \\ a_{21} & a_{22} \end{vmatrix} = a_{11}a_{22} - a_{12}a_{21}, \tag{1}$$

$$\begin{vmatrix} a_{11} & a_{12} & a_{13} \\ a_{21} & a_{22} & a_{23} \\ a_{31} & a_{32} & a_{33} \end{vmatrix} = a_{11}a_{22}a_{33} + a_{12}a_{23}a_{31} + a_{13}a_{21}a_{32} \\ - a_{11}a_{23}a_{32} - a_{12}a_{21}a_{33} - a_{13}a_{22}a_{31} \tag{2}$$

从 2 阶和 3 阶行列式的定义中可以看出, 它们都是一些乘积的代数和, 而第一项都是由行列式中位于不同行和不同列的元素构成的乘积, 并且展开式恰恰就是由所有这种可能的乘积组成. 在 $n=2$ 时, 由不同行不同列的元素构成的乘积只有 $a_{11}a_{22}$ 与 $a_{12}a_{21}$ 这 2 项, 在 $n=3$ 时也不难看出, 只有 (2) 中的 6 项, 这是 2 阶和 3 阶行列式的特征的一个方面; 另一方面, 每一项乘积都带有符号. 这符号是按什么原则决定的呢? 在 3 阶行列式的展开式 (2) 中, 项的

一般形式可以写成

$$a_{1j_1}a_{2j_2}a_{3j_3} \tag{3}$$

其中 $j_1j_2j_3$ 是 $1,2,3$ 的一个排列. 可以看出,当 $j_1j_2j_3$ 是偶排列时,对应的项在(2)中带有正号;当 $j_1j_2j_3$ 是奇排列时带有负号. 2 阶行列式显然也符合这个原则.

上面关于 2 阶和 3 阶行列式的分析对于我们理解一般的定义是有帮助的. 下面给出 n 阶行列式的定义.

定义 4 n 阶行列式

$$\begin{vmatrix} a_{11} & a_{12} & \cdots & a_{1n} \\ a_{21} & a_{22} & \cdots & a_{2n} \\ \cdots\cdots\cdots\cdots\cdots\cdots \\ a_{n1} & a_{n2} & \cdots & a_{nn} \end{vmatrix} \tag{4}$$

等于所有取自不同行不同列的 n 个元素的乘积

$$a_{1j_1}a_{2j_2}\cdots a_{nj_n} \tag{5}$$

的代数和,其中 $j_1j_2\cdots j_n$ 是一个 n 阶排列. 每个项(5)的前面带有正负号:当 $j_1j_2\cdots j_n$ 是偶排列时,带正号;当 $j_1j_2\cdots j_n$ 是奇排列时,带负号. 因此,行列式(4)可表示成:

$$\begin{vmatrix} a_{11} & a_{12} & \cdots & a_{1n} \\ a_{21} & a_{22} & \cdots & a_{2n} \\ \cdots\cdots\cdots\cdots\cdots\cdots \\ a_{n1} & a_{n2} & \cdots & a_{nn} \end{vmatrix} = \sum_{(j_1j_2\cdots j_n)} (-1)^{\tau(j_1j_2\cdots j_n)} a_{1j_1}a_{2j_2}\cdots a_{nj_n}, \tag{6}$$

式中 $\sum\limits_{(j_1j_2\cdots j_n)}$ 表示对所有 n 阶排列求和.

(6)式称为 n 阶行列式的展开式.

容易检验出来,当 $n=2,3$ 时,这个展开公式与前面 2 阶和 3 阶行列式的定义是一致的.

从定义可看出:n 阶行列式是 $n!$ 项的代数和,每个项是不同行不同列的 n 个元素的乘积. 为了不遗漏且不重复地找出这 $n!$ 个项,可以利用 n 阶排列来写出各个项.下面用 $n=4$ 的情形来说明.

例 1 写出 4 阶行列式：

$$\begin{vmatrix} a_{11} & a_{12} & a_{13} & a_{14} \\ a_{21} & a_{22} & a_{23} & a_{24} \\ a_{31} & a_{32} & a_{33} & a_{34} \\ a_{41} & a_{42} & a_{43} & a_{44} \end{vmatrix}$$

的展开式.

解：4 阶排列一共有 $4! = 24$ 个,所以 4 阶行列式的展开式中共有 24 项. 根据这 24 个排列的奇偶性(参考上节例 2 和例 6),可以写出 4 阶行列式的展开式为：

$$\begin{vmatrix} a_{11} & a_{12} & a_{13} & a_{14} \\ a_{21} & a_{22} & a_{23} & a_{24} \\ a_{31} & a_{32} & a_{33} & a_{34} \\ a_{41} & a_{42} & a_{43} & a_{44} \end{vmatrix}$$
$= a_{11}a_{22}a_{33}a_{44} + a_{11}a_{23}a_{34}a_{42} + a_{11}a_{24}a_{32}a_{43}$
$+ a_{12}a_{21}a_{34}a_{43} + a_{12}a_{23}a_{31}a_{44} + a_{12}a_{24}a_{33}a_{41}$
$+ a_{13}a_{21}a_{32}a_{44} + a_{13}a_{22}a_{34}a_{41} + a_{13}a_{24}a_{31}a_{42}$
$+ a_{14}a_{21}a_{33}a_{42} + a_{14}a_{22}a_{31}a_{43} + a_{14}a_{23}a_{32}a_{41}$
$- a_{11}a_{22}a_{34}a_{43} - a_{11}a_{23}a_{32}a_{44} - a_{11}a_{24}a_{33}a_{42}$
$- a_{12}a_{21}a_{33}a_{44} - a_{12}a_{23}a_{34}a_{41} - a_{12}a_{24}a_{31}a_{43}$
$- a_{13}a_{21}a_{34}a_{42} - a_{13}a_{22}a_{31}a_{44} - a_{13}a_{24}a_{32}a_{41}$
$- a_{14}a_{21}a_{32}a_{43} - a_{14}a_{22}a_{33}a_{41} - a_{14}a_{23}a_{31}a_{42}.$

从这个例子看出：直接应用行列式的定义来计算行列式是一件很麻烦的事. 以下几节将介绍行列式的一些重要性质,以及如何利用这些性质来简化行列式的计算. 为了熟悉和记住行列式的定义,下面先来举一些比较简单的、可以直接应用定义来计算的行列式的例子.

例 2　计算行列式：

$$\begin{vmatrix} 0 & 0 & 0 & a \\ 0 & 0 & b & 0 \\ 0 & c & 0 & 0 \\ d & 0 & 0 & 0 \end{vmatrix}.$$

解：这是一个 4 阶行列式,其展开式中应该有 24 个项,但是由于行列式中有很多零,所以有很多项等于零,只要找出那些不等于零的项就可以了.因为行列式中一共只有 4 个元素不等于零,而且这 4 个元素刚好位于不同行不同列,所以这个行列式的展开式中只有一个项 $abcd$.这个项前面所带的符号需要由这 4 个元素的位置决定.将 a,b,c,d 按行的顺序排好,它们所在的列依次是 4,3,2,1.所以

$$\begin{vmatrix} 0 & 0 & 0 & a \\ 0 & 0 & b & 0 \\ 0 & c & 0 & 0 \\ d & 0 & 0 & 0 \end{vmatrix} = (-1)^{\tau(4321)} abcd = abcd.$$

在 2 阶和 3 阶行列式中,反对角线(从右上角到左下角这条对角线)上的元素连乘积所成的项前面是带负号的.这往往使我们得到一个印象,以为行列式中由反对角线上的元素所成的项总是带负号的.但是上面的例子告诉我们,在 4 阶行列式中反对角线上的元素所成的项前面却是带正号.读者不妨自己总结一下,n 阶行列式中由反对角线上的元素所成的项前面所带正负号的规律.

例 3　计算行列式：

$$\begin{vmatrix} a_{11} & a_{12} & \cdots & a_{1n} \\ 0 & a_{22} & \cdots & a_{2n} \\ \multicolumn{4}{c}{\cdots\cdots\cdots\cdots\cdots} \\ 0 & 0 & \cdots & a_{nn} \end{vmatrix}.$$

解：根据定义，n 阶行列式的项的一般形式是：
$$a_{1j_1}a_{2j_2}\cdots a_{nj_n}.$$
由于在这个行列式的第 n 行中，除 a_{nn} 外，其他的元素都等于 0，所以 $j_n \neq n$ 的项都等于零，因而只要考虑 $j_n = n$ 的项即可；再看第 $n-1$ 行：这一行中除去 $a_{n-1,n-1}$ 及 $a_{n-1,n}$ 外，其他的元素都等于零，因此，j_{n-1} 只有 $n-1, n$ 这两个可能. 但因 $j_n = n$，而且 $j_{n-1} \neq j_n$，所以 $j_{n-1} = n-1$. 这样逐步推上去，可知：在展开式中，除去
$$a_{11}a_{22}\cdots a_{nn}$$
这一项外，其他的项都等于 0. 而这一项所在的列成自然顺序，所以这一项带正号. 于是

$$\begin{vmatrix} a_{11} & a_{12} & \cdots & a_{1n} \\ 0 & a_{22} & \cdots & a_{2n} \\ \cdots\cdots\cdots\cdots\cdots \\ 0 & 0 & \cdots & a_{nn} \end{vmatrix} = a_{11}a_{22}\cdots a_{nn}$$

这样的行列式叫做**上三角形**行列式. 这个例子说明：上三角形行列式等于**主对角线**（从左上角到右下角这条对角线）上的元素的乘积. 作为这种行列式的特殊情形，有

$$\begin{vmatrix} a_1 & 0 & \cdots & 0 \\ 0 & a_2 & \cdots & 0 \\ \cdots\cdots\cdots\cdots\cdots \\ 0 & 0 & \cdots & a_n \end{vmatrix} = a_1 a_2 \cdots a_n.$$

其中主对角线以外的元素都是零，称为**对角行列式**，它也等于主对角线上的元素的乘积.

同样可以证明下三角形行列式也等于主对角线上元素的乘积，即：

$$\begin{vmatrix} a_{11} & 0 & \cdots & 0 & 0 \\ a_{21} & a_{22} & \cdots & 0 & 0 \\ \cdots & \cdots & \cdots & \cdots & \cdots \\ a_{n-1,1} & a_{n-1,2} & \cdots & a_{n-1,n-1} & 0 \\ a_{n1} & a_{n2} & \cdots & a_{n,n-1} & a_{nn} \end{vmatrix} = a_{11}a_{22}\cdots a_{nn}.$$

例 4 证明

$$\begin{vmatrix} a_{11} & a_{12} & a_{13} & a_{14} & a_{15} \\ a_{21} & a_{22} & a_{23} & a_{24} & a_{25} \\ a_{31} & a_{32} & 0 & 0 & 0 \\ a_{41} & a_{42} & 0 & 0 & 0 \\ a_{51} & a_{52} & 0 & 0 & 0 \end{vmatrix} = 0.$$

证明：这个行列式的元素满足

$$a_{33} = a_{34} = a_{35} = 0, 即 a_{3j_3} = 0, 当 j_3 \geqslant 3;$$
$$a_{43} = a_{44} = a_{45} = 0, 即 a_{4j_4} = 0, 当 j_4 \geqslant 3;$$
$$a_{53} = a_{54} = a_{55} = 0, 即 a_{5j_5} = 0, 当 j_5 \geqslant 3.$$

考察这个行列式的展开式中的一般项：

$$a_{1j_1}a_{2j_2}a_{3j_3}a_{4j_4}a_{5j_5}$$

如果 j_3, j_4, j_5 中有一个大于 2，那么这个项就等于 0. 但是 j_3, j_4, j_5 各不相等，所以至少有一个大于 2. 这说明这个行列式的每个项都等于零，所以这个行列式等于 0.

以上这些例子都可以作为公式应用. 下面介绍行列式的另一种展开式. 在行列式的定义中，为了决定每一项的正负，把 n 个元素按所在行的先后顺序排列起来，然后根据列标组成排列的奇偶性来决定这一项的正负. 如果给了一般的不同行不同列的 n 个元素的乘积

$$a_{i_1j_1}a_{i_2j_2}\cdots a_{i_nj_n},$$

其中 $i_1i_2\cdots i_n; j_1j_2\cdots j_n$ 都是 n 元排列. 在这种情况下，能不能根据

这两个排列的奇偶性直接决定这一项前面所带的正负号呢？事实上，为了根据定义来决定这一项前面的符号，先要把这一项的 n 个元素重新排列，使得它们的行标成自然顺序，即排成：
$$a_{i_1j_1}a_{i_2j_2}\cdots a_{i_nj_n} = a_{1j'_1}a_{2j'_2}\cdots a_{nj'_n}.$$
于是这一项前面的符号就是
$$(-1)^{\tau(j'_1j'_2\cdots j'_n)}.$$

例 5 决定 4 阶行列式中项 $a_{23}a_{42}a_{14}a_{31}$ 前面所带的符号．

解：
$$a_{23}a_{42}a_{14}a_{31} = a_{14}a_{23}a_{31}a_{42},$$
所以这一项前面所带的符号是：
$$(-1)^{\tau(4312)} = (-1)^5 = -1$$
即这一项前面带负号．

为了讨论一般情况，需要分析 $j'_1j'_2\cdots j'_n$ 的奇偶性与 $i_1i_2\cdots i_n$ 及 $j_1j_2\cdots j_n$ 的关系．把
$$a_{i_1j_1}a_{i_2j_2}\cdots a_{i_nj_n}$$
写成 $a_{1j'_1}a_{2j'_2}\cdots a_{nj'_n}$，
可以经过一系列元素的对换来实现．在两个元素对换时，元素的行标与列标的排列也都同时作一次对换．下面用一个具体例子来说明这个事实．

例如例 5 中 4 阶行列式中的一项 $a_{23}a_{42}a_{14}a_{31}$ 按行的自然顺序排列，是 $a_{14}a_{23}a_{31}a_{42}$．这可以经过一系列对换，把 $a_{23}a_{42}a_{14}a_{31}$ 变成 $a_{14}a_{23}a_{31}a_{42}$．这时，行标与列标所成的排列也经过了一系列对应的对换．列表如下：

项　　$a_{23}a_{42}a_{14}a_{31} \to a_{14}a_{42}a_{23}a_{31} \to a_{14}a_{23}a_{42}a_{31} \to a_{14}a_{23}a_{31}a_{42}$；

行标 2 4 1 3（奇）→ 1 4 2 3（偶）→ 1 2 4 3（奇）→ 1 2 3 4（偶）；

列标 3 2 4 1(偶)→4 2 3 1(奇)→4 3 2 1(偶)→4 3 1 2(奇).

从上面的过程可以看出:每作一次对换,行标与列标所成的排列同时改变奇偶性.因此,行标与列标排列的逆序数的和的奇偶性是不变的,这些和总是奇数,所以 $a_{23}a_{42}a_{14}a_{31}$ 前面的正负号可以用 $(-1)^{\overset{行标}{\tau(2413)}+\overset{列标}{\tau(3241)}}$ 来表示.

一般地,当 $a_{i_1j_1}a_{i_2j_2}\cdots a_{i_nj_n}$ 经过一系列对换变成 $a_{1j_1'}a_{2j_2'}\cdots a_{nj_n'}$ 时,每作一次对换,行标与列标所成的排列同时改变奇偶性,所以

$$(-1)^{\tau(i_1i_2\cdots i_n)+\tau(j_1j_2\cdots j_n)} = (-1)^{\tau(12\cdots n)+\tau(j_1'j_2'\cdots j_n')}$$
$$= (-1)^{\tau(j_1'j_2'\cdots j_n')}.$$

这说明 $a_{i_1j_1}a_{i_2j_2}\cdots a_{i_nj_n}$
前面的正负号是
$$(-1)^{\tau(i_1i_2\cdots i_n)+\tau(j_1j_2\cdots j_n)}.$$

由此可知,如果 n 阶行列式的某一项按列的自然顺序将元素顺次排列:
$$a_{i_11}a_{i_22}\cdots a_{i_nn},$$
那么,这项前面的符号是
$$(-1)^{\tau(i_1i_2\cdots i_n)}.$$
因此,行列式的定义又可以写成

$$\begin{vmatrix} a_{11} & a_{12} & \cdots & a_{1n} \\ a_{21} & a_{22} & \cdots & a_{2n} \\ \cdots\cdots\cdots\cdots\cdots\cdots \\ a_{n1} & a_{n2} & \cdots & a_{nn} \end{vmatrix} = \sum_{(i_1i_2\cdots i_n)}(-1)^{\tau(i_1i_2\cdots i_n)}a_{i_11}a_{i_22}\cdots a_{i_nn}.$$

上面的结论说明行列式中行、列地位的对称性,这一事实在行列式的讨论中有重要的应用.

习 题 1.3

1. 决定下列各项前面所带的正负号：
   (1) $a_{12}a_{21}a_{34}a_{45}a_{53}$；
   (2) $a_{25}a_{34}a_{51}a_{72}a_{66}a_{17}a_{43}$；
   (3) $a_{13}a_{26}a_{32}a_{54}a_{41}a_{65}$.

2. 写出下面 5 阶行列式中包含 $a_{13}a_{25}$ 并带正号的所有项：
$$\begin{vmatrix} a_{11} & a_{12} & a_{13} & a_{14} & a_{15} \\ a_{21} & a_{22} & a_{23} & a_{24} & a_{25} \\ a_{31} & a_{32} & a_{33} & a_{34} & a_{35} \\ a_{41} & a_{42} & a_{43} & a_{44} & a_{45} \\ a_{51} & a_{52} & a_{53} & a_{54} & a_{55} \end{vmatrix}.$$

3. 求 i,k 使
   (1) $a_{12}\,a_{3i}\,a_{2k}\,a_{51}\,a_{44}$ 是 5 阶行列式中带正号的项；
   (2) $a_{21}\,a_{i4}\,a_{45}\,a_{k2}\,a_{33}$ 是 5 阶行列式中带负号的项.

4. 计算行列式：

(1) $\begin{vmatrix} 0 & 0 & 0 & 1 & 0 \\ 0 & 0 & 2 & 7 & 0 \\ 0 & 3 & 6 & 9 & 0 \\ 4 & 10 & 11 & -5 & 0 \\ 8 & 1 & 3 & 7 & 5 \end{vmatrix}$; (2) $\begin{vmatrix} 0 & a_1 & 0 & 0 & 0 \\ 0 & 0 & a_2 & 0 & 0 \\ 0 & 0 & 0 & 0 & a_3 \\ a_4 & 0 & 0 & 0 & 0 \\ 0 & 0 & 0 & a_5 & 0 \end{vmatrix}$;

(3) $\begin{vmatrix} a_1 & 0 & b_1 & 0 \\ 0 & c_1 & 0 & d_1 \\ a_2 & 0 & b_2 & 0 \\ 0 & c_2 & 0 & d_2 \end{vmatrix}$.

5. 计算 n 阶行列式：

(1) $\begin{vmatrix} 0 & 1 & 0 & \cdots & 0 \\ 0 & 0 & 2 & \cdots & 0 \\ \cdots\cdots\cdots\cdots\cdots\cdots \\ 0 & 0 & 0 & \cdots & n-1 \\ n & 0 & 0 & \cdots & 0 \end{vmatrix}$; (2) $\begin{vmatrix} 0 & \cdots & 0 & 1 & 0 \\ 0 & \cdots & 2 & 0 & 0 \\ \cdots\cdots\cdots\cdots\cdots\cdots \\ n-1 & \cdots & 0 & 0 & 0 \\ 0 & \cdots & 0 & 0 & n \end{vmatrix}$.

1.4 行列式的性质

从行列式的定义计算一个 n 阶行列式,需要计算 $n!$ 个项,而每个项又是 n 个元素的乘积,需要作 $n-1$ 次乘法,所以一共需作 $n!(n-1)$ 次乘法,当 n 比较大时,$n!(n-1)$ 就是一个惊人的数目,即使用电子计算机来进行计算也是难以实现的.因此,必须对行列式作进一步的研究,找出其他切实可行的计算方法.

下面介绍的一些行列式的性质,它们不仅可以用来简化行列式的计算,并且对行列式的一些理论研究,也是极为重要的.

在上一节中,我们讨论了在行列式中,行与列的对称性,由此可得行列式的一个基本性质,设 n 阶行列式:

$$D = \begin{vmatrix} a_{11} & a_{12} & \cdots & a_{1n} \\ a_{21} & a_{22} & \cdots & a_{2n} \\ \cdots\cdots\cdots\cdots\cdots\cdots \\ a_{n1} & a_{n2} & \cdots & a_{nn} \end{vmatrix},$$

将 D 的行、列互换,得到一个行列式:

$$D^{\mathrm{T}} = \begin{vmatrix} a_{11} & a_{21} & \cdots & a_{n1} \\ a_{12} & a_{22} & \cdots & a_{n2} \\ \cdots\cdots\cdots\cdots\cdots\cdots \\ a_{1n} & a_{2n} & \cdots & a_{nn} \end{vmatrix}.$$

D^{T} 称为行列式 D 的转置行列式.

性质 1 行列互换,行列式的值不变.即

$$\begin{vmatrix} a_{11} & a_{12} & \cdots & a_{1n} \\ a_{21} & a_{22} & \cdots & a_{2n} \\ \cdots\cdots\cdots\cdots\cdots\cdots \\ a_{n1} & a_{n2} & \cdots & a_{nn} \end{vmatrix} = \begin{vmatrix} a_{11} & a_{21} & \cdots & a_{n1} \\ a_{12} & a_{22} & \cdots & a_{n2} \\ \cdots\cdots\cdots\cdots\cdots\cdots \\ a_{1n} & a_{2n} & \cdots & a_{nn} \end{vmatrix}.$$

证明: 元素 a_{ij} 位于上式右端的第 j 行第 i 列.将上式右端按

列的自然顺序展开,得

$$\text{右端} = \sum_{(j_1 j_2 \cdots j_n)} (-1)^{\tau(j_1 j_2 \cdots j_n)} a_{1j_1} a_{2j_2} \cdots a_{nj_n}$$

= 左端按 n 阶行列式的原定义展开

= 左端. ∎

这个性质证明了行列式与它的转置行列式相等,即 $D = D^T$,指出了行列式中行、列地位的对称性.由此可知:行列式中有关行的性质对列也同样成立.例如关于下三角形行列式的结果,可以应用性质 1 及关于上三角形行列式的结果(上节例 3)来得到而不必直接证明:

$$\begin{vmatrix} a_{11} & 0 & \cdots & 0 & 0 \\ a_{21} & a_{22} & \cdots & 0 & 0 \\ \cdots & \cdots & \cdots & \cdots & \cdots \\ a_{n-1,1} & a_{n-1,2} & \cdots & a_{n-1,n-1} & 0 \\ a_{n1} & a_{n2} & \cdots & a_{n,n-1} & a_{nn} \end{vmatrix}$$

$$= \begin{vmatrix} a_{11} & a_{21} & \cdots & a_{n-1,1} & a_{n1} \\ 0 & a_{22} & \cdots & a_{n-1,2} & a_{n2} \\ \cdots & \cdots & \cdots & \cdots & \cdots \\ 0 & 0 & \cdots & a_{n-1,n-1} & a_{n,n-1} \\ 0 & 0 & \cdots & 0 & a_{nn} \end{vmatrix}$$

$$= a_{11} a_{22} \cdots a_{nn}$$

性质 2

$$\begin{vmatrix} a_{11} & a_{12} & \cdots & a_{1n} \\ \cdots & \cdots & \cdots & \cdots \\ ka_{p1} & ka_{p2} & \cdots & ka_{pn} \\ \cdots & \cdots & \cdots & \cdots \\ a_{n1} & a_{n2} & \cdots & a_{nn} \end{vmatrix} = k \begin{vmatrix} a_{11} & a_{12} & \cdots & a_{1n} \\ \cdots & \cdots & \cdots & \cdots \\ a_{p1} & a_{p2} & \cdots & a_{pn} \\ \cdots & \cdots & \cdots & \cdots \\ a_{n1} & a_{n2} & \cdots & a_{nn} \end{vmatrix}.$$

这就是说,行列式中某一行的公因子可以提出来.或者说,用一个数来乘行列式的某一行(即用此数乘这一行的每个元素)就等于用这个数乘此行列式.

证明：上式左端 $= \sum\limits_{(j_1 j_2 \cdots j_n)} (-1)^{\tau(j_1 j_2 \cdots j_n)} a_{1j_1} \cdots (k a_{p j_p}) \cdots a_{n j_n}$

$= k \sum\limits_{(j_1 j_2 \cdots j_n)} (-1)^{\tau(j_1 j_2 \cdots j_n)} a_{1j_1} \cdots a_{p j_p} \cdots a_{n j_n}$

$=$ 右端. ∎

关于列也有类似的性质，即

$$\begin{vmatrix} a_{11} & \cdots & ka_{1q} & \cdots & a_{1n} \\ a_{21} & \cdots & ka_{2q} & \cdots & a_{2n} \\ \cdots\cdots\cdots\cdots\cdots\cdots\cdots \\ a_{n1} & \cdots & ka_{nq} & \cdots & a_{nn} \end{vmatrix} = k \begin{vmatrix} a_{11} & \cdots & a_{1q} & \cdots & a_{1n} \\ a_{21} & \cdots & a_{2q} & \cdots & a_{2n} \\ \cdots\cdots\cdots\cdots\cdots\cdots\cdots \\ a_{n1} & \cdots & a_{nq} & \cdots & a_{nn} \end{vmatrix}.$$

这可以由性质 1 和性质 2 加以证明：

$$\begin{vmatrix} a_{11} & \cdots & ka_{1q} & \cdots & a_{1n} \\ a_{21} & \cdots & ka_{2q} & \cdots & a_{2n} \\ \cdots\cdots\cdots\cdots\cdots\cdots\cdots \\ a_{n1} & \cdots & ka_{nq} & \cdots & a_{nn} \end{vmatrix} = \begin{vmatrix} a_{11} & a_{21} & \cdots & a_{n1} \\ \cdots\cdots\cdots\cdots\cdots\cdots \\ ka_{1q} & ka_{2q} & \cdots & ka_{nq} \\ \cdots\cdots\cdots\cdots\cdots\cdots \\ a_{1n} & a_{2n} & \cdots & a_{nn} \end{vmatrix}$$

$$= k \begin{vmatrix} a_{11} & a_{21} & \cdots & a_{n1} \\ \cdots\cdots\cdots\cdots\cdots\cdots \\ a_{1q} & a_{2q} & \cdots & a_{nq} \\ \cdots\cdots\cdots\cdots\cdots\cdots \\ a_{1n} & a_{2n} & \cdots & a_{nn} \end{vmatrix} = k \begin{vmatrix} a_{11} & \cdots & a_{1q} & \cdots & a_{1n} \\ a_{21} & \cdots & a_{2q} & \cdots & a_{2n} \\ \cdots\cdots\cdots\cdots\cdots\cdots\cdots \\ a_{n1} & \cdots & a_{nq} & \cdots & a_{nn} \end{vmatrix}. \ ∎$$

上述这个证明中反复地利用了行列式中行列的对称性. 以后讨论行列式的性质时，都是对行来说的. 对于列，都可以用与前述证明类似的方法来证明也有相同的性质，就不再重复了.

从性质 2 可以推出：如果行列式中有一行为零，那么行列式为零.

性质 3

$$\begin{vmatrix} a_{11} & a_{12} & \cdots & a_{1n} \\ \cdots\cdots\cdots\cdots\cdots\cdots\cdots\cdots \\ a_{p1}+a'_{p1} & a_{p2}+a'_{p2} & \cdots & a_{pn}+a'_{pn} \\ \cdots\cdots\cdots\cdots\cdots\cdots\cdots\cdots \\ a_{n1} & a_{n2} & \cdots & a_{nn} \end{vmatrix}$$

$$= \begin{vmatrix} a_{11} & a_{12} & \cdots & a_{1n} \\ \cdots\cdots\cdots\cdots\cdots \\ a_{p1} & a_{p2} & \cdots & a_{pn} \\ \cdots\cdots\cdots\cdots\cdots \\ a_{n1} & a_{n2} & \cdots & a_{nn} \end{vmatrix} + \begin{vmatrix} a_{11} & a_{12} & \cdots & a_{1n} \\ \cdots\cdots\cdots\cdots\cdots \\ a'_{p1} & a'_{p2} & \cdots & a'_{pn} \\ \cdots\cdots\cdots\cdots\cdots \\ a_{n1} & a_{n2} & \cdots & a_{nn} \end{vmatrix}.$$

这就是说，如果行列式中某一行（如第 p 行）是两组数的和，那么这个行列式就等于两个行列式的和．这两个行列式分别以这两组数为这一行（第 p 行）的元素，而除去这一行以外，这两个行列式的其他各行与原来行列式的对应各行都是相同的．

证明

$$\text{左端} = \sum_{(j_1 j_2 \cdots j_n)} (-1)^{\tau(j_1 j_2 \cdots j_n)} a_{1j_1} \cdots (a_{pj_p} + a'_{pj_p}) \cdots a_{nj_n}$$

$$= \sum_{(j_1 j_2 \cdots j_n)} (-1)^{\tau(j_1 j_2 \cdots j_n)} a_{1j_1} \cdots a_{pj_p} \cdots a_{nj_n}$$

$$+ \sum_{(j_1 j_2 \cdots j_n)} (-1)^{\tau(j_1 j_2 \cdots j_n)} a_{1j_1} \cdots a'_{pj_p} \cdots a_{nj_n}$$

$$= \text{右端}. \quad |$$

这一性质可以推广到某一行为多组数的和的情形．

例 1 计算

$$\begin{vmatrix} 2 & 1 & -1 \\ 4 & -1 & 1 \\ 201 & 102 & -99 \end{vmatrix}.$$

解： $\begin{vmatrix} 2 & 1 & -1 \\ 4 & -1 & 1 \\ 201 & 102 & -99 \end{vmatrix} = \begin{vmatrix} 2 & 1 & -1 \\ 4 & -1 & 1 \\ 200+1 & 100+2 & -100+1 \end{vmatrix}$

$= \begin{vmatrix} 2 & 1 & -1 \\ 4 & -1 & 1 \\ 200 & 100 & -100 \end{vmatrix} + \begin{vmatrix} 2 & 1 & -1 \\ 4 & -1 & 1 \\ 1 & 2 & 1 \end{vmatrix}$

$= 100 \begin{vmatrix} 2 & 1 & -1 \\ 4 & -1 & 1 \\ 2 & 1 & -1 \end{vmatrix} + \begin{vmatrix} 2 & 1 & -1 \\ 4 & -1 & 1 \\ 1 & 2 & 1 \end{vmatrix}$

$= 0 + (-18) = -18.$

性质 4 对换行列式中两行的位置，行列式反号. 即

$$\begin{vmatrix} a_{11} & a_{12} & \cdots & a_{1n} \\ \cdots\cdots\cdots\cdots\cdots\cdots \\ a_{p1} & a_{p2} & \cdots & a_{pn} \\ \cdots\cdots\cdots\cdots\cdots\cdots \\ a_{q1} & a_{q2} & \cdots & a_{qn} \\ \cdots\cdots\cdots\cdots\cdots\cdots \\ a_{n1} & a_{n2} & \cdots & a_{nn} \end{vmatrix} \begin{matrix} \\ \\ (\text{第 } p \text{ 行}) \\ \\ (\text{第 } q \text{ 行}) \\ \\ \end{matrix}$$

$$= - \begin{vmatrix} a_{11} & a_{12} & \cdots & a_{1n} \\ \cdots\cdots\cdots\cdots\cdots\cdots \\ a_{q1} & a_{q2} & \cdots & a_{qn} \\ \cdots\cdots\cdots\cdots\cdots\cdots \\ a_{p1} & a_{p2} & \cdots & a_{pn} \\ \cdots\cdots\cdots\cdots\cdots\cdots \\ a_{n1} & a_{n2} & \cdots & a_{nn} \end{vmatrix} \begin{matrix} \\ \\ (\text{第 } p \text{ 行}) \\ \\ (\text{第 } q \text{ 行}) \\ \\ \end{matrix}$$

证明： 已知

左端 $= \sum\limits_{(j_1 j_2 \cdots j_n)} (-1)^{\tau(j_1 \cdots j_p \cdots j_q \cdots j_n)} a_{1j_1} \cdots a_{pj_p} \cdots a_{qj_q} \cdots a_{nj_n}.$

现在 $a_{1j_1}, \cdots, a_{pj_p}, \cdots, a_{qj_q}, \cdots, a_{nj_n}$ 在右端的行列式中仍然是不同行不同列的. 所以它们的乘积 $a_{1j_1} \cdots a_{pj_p} \cdots a_{qj_q} \cdots a_{nj_n}$ 也是右端行列

式的一个项. 但是 a_{pj_p} 在右端位于第 q 行第 j_p 列；a_{qi_q} 在右端位于第 p 行第 j_q 列. 所以这个项的因子在这种顺序下它们的行标与列标所成的排列分别是：

$$1 \cdots \underset{(\text{第 }p\text{ 个})}{q} \cdots \underset{(\text{第 }q\text{ 个})}{p} \cdots n$$

和

$$j_1 \cdots \underset{(\text{第 }p\text{ 个})}{j_p} \cdots \underset{(\text{第 }q\text{ 个})}{j_q} \cdots j_n.$$

排列 $1\cdots q\cdots p\cdots n$ 是从自然顺序中将 p,q 对换而得的，所以这是一个奇排列. 因此这一项作为右端行列式的展开式中的一项，前面的符号应是：

$$(-1)^{\tau(1\cdots q\cdots p\cdots n)}(-1)^{\tau(j_1\cdots j_p\cdots j_q\cdots j_n)} = -(-1)^{\tau(j_1\cdots j_p\cdots j_q\cdots j_n)},$$

从而　　　　　　　　右端 = 左端.　∎

性质 5 如果行列式中有两行成比例，那么行列式等于零. 即

$$\begin{array}{r}\\ \\ (\text{第 }p\text{ 行})\\ \\ (\text{第 }q\text{ 行})\\ \\ \\ \end{array}\left|\begin{array}{cccc} a_{11} & a_{12} & \cdots & a_{1n} \\ \cdots & \cdots & \cdots & \cdots \\ a_{p1} & a_{p2} & \cdots & a_{pn} \\ \cdots & \cdots & \cdots & \cdots \\ ka_{p1} & ka_{p2} & \cdots & ka_{pn} \\ \cdots & \cdots & \cdots & \cdots \\ a_{n1} & a_{n2} & \cdots & a_{nn} \end{array}\right| = 0$$

证明： 首先来证明一个特殊情形，即 $k=1$ 的情形. 此时，根据性质 4，把第 p,q 两行对换，得：

$$\left|\begin{array}{cccc} a_{11} & a_{12} & \cdots & a_{1n} \\ \cdots & \cdots & \cdots & \cdots \\ a_{p1} & a_{p2} & \cdots & a_{pn} \\ \cdots & \cdots & \cdots & \cdots \\ a_{p1} & a_{p2} & \cdots & a_{pn} \\ \cdots & \cdots & \cdots & \cdots \\ a_{n1} & a_{n2} & \cdots & a_{nn} \end{array}\right|\begin{array}{l}\\ \\ (\text{第 }p\text{ 行})\\ \\ (\text{第 }q\text{ 行})\\ \\ \\ \end{array}$$

$$= - \begin{vmatrix} a_{11} & a_{12} & \cdots & a_{1n} \\ \cdots\cdots\cdots\cdots\cdots\cdots \\ a_{p1} & a_{p2} & \cdots & a_{pn} \\ \cdots\cdots\cdots\cdots\cdots\cdots \\ a_{p1} & a_{p2} & \cdots & a_{pn} \\ \cdots\cdots\cdots\cdots\cdots\cdots \\ a_{n1} & a_{n2} & \cdots & a_{nn} \end{vmatrix}.$$

所以
$$\begin{vmatrix} a_{11} & a_{12} & \cdots & a_{1n} \\ \cdots\cdots\cdots\cdots\cdots\cdots \\ a_{p1} & a_{p2} & \cdots & a_{pn} \\ \cdots\cdots\cdots\cdots\cdots\cdots \\ a_{p1} & a_{p2} & \cdots & a_{pn} \\ \cdots\cdots\cdots\cdots\cdots\cdots \\ a_{n1} & a_{n2} & \cdots & a_{nn} \end{vmatrix} = 0,$$

即原行列式$=0$.

证明了这个特殊情形,一般情形就容易证了,根据性质 2:

$$\begin{vmatrix} a_{11} & a_{12} & \cdots & a_{1n} \\ \cdots\cdots\cdots\cdots\cdots\cdots \\ a_{p1} & a_{p2} & \cdots & a_{pn} \\ \cdots\cdots\cdots\cdots\cdots\cdots \\ ka_{p1} & ka_{p2} & \cdots & ka_{pn} \\ \cdots\cdots\cdots\cdots\cdots\cdots \\ a_{n1} & a_{n2} & \cdots & a_{nn} \end{vmatrix} = k \begin{vmatrix} a_{11} & a_{12} & \cdots & a_{1n} \\ \cdots\cdots\cdots\cdots\cdots\cdots \\ a_{p1} & a_{p2} & \cdots & a_{pn} \\ \cdots\cdots\cdots\cdots\cdots\cdots \\ a_{p1} & a_{p2} & \cdots & a_{pn} \\ \cdots\cdots\cdots\cdots\cdots\cdots \\ a_{n1} & a_{n2} & \cdots & a_{nn} \end{vmatrix} = k \cdot 0 = 0.$$

性质 6   把某一行的倍数加到另一行,行列式不变,即

$$\begin{vmatrix} a_{11} & a_{12} & \cdots & a_{1n} \\ \cdots\cdots\cdots\cdots\cdots\cdots \\ a_{p1} & a_{p2} & \cdots & a_{pn} \\ \cdots\cdots\cdots\cdots\cdots\cdots \\ a_{q1} & a_{q2} & \cdots & a_{qn} \\ \cdots\cdots\cdots\cdots\cdots\cdots \\ a_{n1} & a_{n2} & \cdots & a_{nn} \end{vmatrix} \begin{matrix} \\ \\ (第\ p\ 行) \\ \\ (第\ q\ 行) \\ \\ \end{matrix}$$

$$= \begin{vmatrix} a_{11} & a_{12} & \cdots & a_{1n} \\ \cdots\cdots\cdots\cdots\cdots\cdots\cdots\cdots \\ a_{p1}+ka_{q1} & a_{p2}+ka_{q2} & \cdots & a_{pn}+ka_{qn} \\ \cdots\cdots\cdots\cdots\cdots\cdots\cdots\cdots \\ a_{q1} & a_{q2} & \cdots & a_{qn} \\ \cdots\cdots\cdots\cdots\cdots\cdots\cdots\cdots \\ a_{n1} & a_{n2} & \cdots & a_{nn} \end{vmatrix} \begin{matrix} \\ \\ (\text{第 } p \text{ 行}) \\ \\ (\text{第 } q \text{ 行}) \\ \\ \end{matrix} \quad (p \neq q)$$

证明：

$$\text{右端} = \begin{vmatrix} a_{11} & a_{12} & \cdots & a_{1n} \\ \cdots\cdots\cdots\cdots\cdots\cdots \\ a_{p1} & a_{p2} & \cdots & a_{pn} \\ \cdots\cdots\cdots\cdots\cdots\cdots \\ a_{q1} & a_{q2} & \cdots & a_{qn} \\ \cdots\cdots\cdots\cdots\cdots\cdots \\ a_{n1} & a_{n2} & \cdots & a_{nn} \end{vmatrix} + \begin{vmatrix} a_{11} & a_{12} & \cdots & a_{1n} \\ \cdots\cdots\cdots\cdots\cdots\cdots \\ ka_{q1} & ka_{q2} & \cdots & ka_{qn} \\ \cdots\cdots\cdots\cdots\cdots\cdots \\ a_{q1} & a_{q2} & \cdots & a_{qn} \\ \cdots\cdots\cdots\cdots\cdots\cdots \\ a_{n1} & a_{n2} & \cdots & a_{nn} \end{vmatrix}$$

$$= \begin{vmatrix} a_{11} & a_{12} & \cdots & a_{n1} \\ \cdots\cdots\cdots\cdots\cdots\cdots \\ a_{p1} & a_{p2} & \cdots & a_{pn} \\ \cdots\cdots\cdots\cdots\cdots\cdots \\ a_{q1} & a_{q2} & \cdots & a_{qn} \\ \cdots\cdots\cdots\cdots\cdots\cdots \\ a_{n1} & a_{n2} & \cdots & a_{nn} \end{vmatrix} + 0 = \text{左端}. \quad \blacksquare$$

行列式的性质就介绍到这里，在此再强调一遍：上面所讲的性质，是对行而言的；关于列也同样成立．下面通过一些例题来说明如何应用这些性质计算行列式．在例题解答中，一般不写出应用了哪一条性质，希望读者把每一步的理由想清楚．这样做，可以比较快地把这些性质记熟．

例 2 证明：

$$\begin{vmatrix} a+b & b+c & c+a \\ a_1+b_1 & b_1+c_1 & c_1+a_1 \\ a_2+b_2 & b_2+c_2 & c_2+a_2 \end{vmatrix} = 2\begin{vmatrix} a & b & c \\ a_1 & b_1 & c_1 \\ a_2 & b_2 & c_2 \end{vmatrix}.$$

证明:

$$\text{左端} = \begin{vmatrix} a & b+c & c+a \\ a_1 & b_1+c_1 & c_1+a_1 \\ a_2 & b_2+c_2 & c_2+a_2 \end{vmatrix} + \begin{vmatrix} b & b+c & c+a \\ b_1 & b_1+c_1 & c_1+a_1 \\ b_2 & b_2+c_2 & c_2+a_2 \end{vmatrix}$$

$$= \begin{vmatrix} a & b+c & c \\ a_1 & b_1+c_1 & c_1 \\ a_2 & b_2+c_2 & c_2 \end{vmatrix} + \begin{vmatrix} b & c & c+a \\ b_1 & c_1 & c_1+a_1 \\ b_2 & c_2 & c_2+a_2 \end{vmatrix}$$

$$= \begin{vmatrix} a & b & c \\ a_1 & b_1 & c_1 \\ a_2 & b_2 & c_2 \end{vmatrix} + \begin{vmatrix} b & c & a \\ b_1 & c_1 & a_1 \\ b_2 & c_2 & a_2 \end{vmatrix} = 2\begin{vmatrix} a & b & c \\ a_1 & b_1 & c_1 \\ a_2 & b_2 & c_2 \end{vmatrix}.$$

例3 计算

$$\begin{vmatrix} a & 1 & 1 & 1 \\ 1 & a & 1 & 1 \\ 1 & 1 & a & 1 \\ 1 & 1 & 1 & a \end{vmatrix}.$$

解: 在这个行列式中,各行元素的和是相同的,都是 $a+3$. 因此,如果逐次把第 2 列,第 3 列,第 4 列都加到第 1 列上,则第 1 列的元素就全等于 $a+3$. 应用性质 2,把第 1 列的公因子 $a+3$ 提出来,就可以把这个行列式化为便于计算的形式. 这是一个常用的方法. 把第 2,3,4 列加到第一列的几个步骤可以一次写出来.

$$\begin{vmatrix} a & 1 & 1 & 1 \\ 1 & a & 1 & 1 \\ 1 & 1 & a & 1 \\ 1 & 1 & 1 & a \end{vmatrix} = \begin{vmatrix} a+3 & 1 & 1 & 1 \\ a+3 & a & 1 & 1 \\ a+3 & 1 & a & 1 \\ a+3 & 1 & 1 & a \end{vmatrix}$$

$$-(a+3)\begin{vmatrix} 1 & 1 & 1 & 1 \\ 1 & a & 1 & 1 \\ 1 & 1 & a & 1 \\ 1 & 1 & 1 & a \end{vmatrix} = (a+3)\begin{vmatrix} 1 & 1 & 1 & 1 \\ 0 & a-1 & 0 & 0 \\ 0 & 0 & a-1 & 0 \\ 0 & 0 & 0 & a-1 \end{vmatrix}$$
$$=(a+3)(a-1)^3.$$

在上面的计算中,第 3 个等号也是把 3 个步骤一次写出的:把第一行乘 -1 后加到第 $2,3,4$ 行上. 以后做习题时,也可这样写.

这个例子可以推广到 n 阶行列式的情形.

例 4 计算 n 阶行列式:
$$\begin{vmatrix} a & 1 & 1 & \cdots & 1 \\ 1 & a & 1 & \cdots & 1 \\ \multicolumn{5}{c}{\dotfill} \\ 1 & 1 & 1 & \cdots & a \end{vmatrix}.$$

解:
$$\begin{vmatrix} a & 1 & 1 & \cdots & 1 \\ 1 & a & 1 & \cdots & 1 \\ \multicolumn{5}{c}{\dotfill} \\ 1 & 1 & 1 & \cdots & a \end{vmatrix} = \begin{vmatrix} a+n-1 & 1 & 1 & \cdots & 1 \\ a+n-1 & a & 1 & \cdots & 1 \\ \multicolumn{5}{c}{\dotfill} \\ a+n-1 & 1 & 1 & \cdots & a \end{vmatrix}$$

$$=(a+n-1)\begin{vmatrix} 1 & 1 & 1 & \cdots & 1 \\ 1 & a & 1 & \cdots & 1 \\ \multicolumn{5}{c}{\dotfill} \\ 1 & 1 & 1 & \cdots & a \end{vmatrix}$$

$$=(a+n-1)\begin{vmatrix} 1 & 1 & 1 & \cdots & 1 \\ 0 & a-1 & 0 & \cdots & 0 \\ 0 & 0 & a-1 & \cdots & 0 \\ \multicolumn{5}{c}{\dotfill} \\ 0 & 0 & 0 & \cdots & a-1 \end{vmatrix}$$

$$=(a+n-1)(a-1)^{n-1}.$$

这个方法适用于各行或各列之和都相同的行列式.

例5 计算

$$\begin{vmatrix} a^2 & (a+1)^2 & (a+2)^2 & (a+3)^2 \\ b^2 & (b+1)^2 & (b+2)^2 & (b+3)^2 \\ c^2 & (c+1)^2 & (c+2)^2 & (c+3)^2 \\ d^2 & (d+1)^2 & (d+2)^2 & (d+3)^2 \end{vmatrix}.$$

解：

$$\begin{vmatrix} a^2 & (a+1)^2 & (a+2)^2 & (a+3)^2 \\ b^2 & (b+1)^2 & (b+2)^2 & (b+3)^2 \\ c^2 & (c+1)^2 & (c+2)^2 & (c+3)^2 \\ d^2 & (d+1)^2 & (d+2)^2 & (d+3)^2 \end{vmatrix}$$

$$= \begin{vmatrix} a^2 & a^2+2a+1 & a^2+4a+4 & a^2+6a+9 \\ b^2 & b^2+2b+1 & b^2+4b+4 & b^2+6b+9 \\ c^2 & c^2+2c+1 & c^2+4c+4 & c^2+6c+9 \\ d^2 & d^2+2d+1 & d^2+4d+4 & d^2+6d+9 \end{vmatrix}$$

$$= \begin{vmatrix} a^2 & 2a+1 & 4a+4 & 6a+9 \\ b^2 & 2b+1 & 4b+4 & 6b+9 \\ c^2 & 2c+1 & 4c+4 & 6c+9 \\ d^2 & 2d+1 & 4d+4 & 6d+9 \end{vmatrix}$$

$$= \begin{vmatrix} a^2 & 2a+1 & 2 & 6 \\ b^2 & 2b+1 & 2 & 6 \\ c^2 & 2c+1 & 2 & 6 \\ d^2 & 2d+1 & 2 & 6 \end{vmatrix} = 0.$$

例6 计算 n 阶行列式

$$\begin{vmatrix} a_1-b & a_2 & \cdots & a_n \\ a_1 & a_2-b & \cdots & a_n \\ \cdots\cdots\cdots\cdots\cdots\cdots\cdots\cdots \\ a_1 & a_2 & \cdots & a_n-b \end{vmatrix}.$$

解:

$$\begin{vmatrix} a_1-b & a_2 & \cdots & a_n \\ a_1 & a_2-b & \cdots & a_n \\ \cdots\cdots\cdots\cdots\cdots\cdots\cdots \\ a_1 & a_2 & \cdots & a_n-b \end{vmatrix}$$

$$= \begin{vmatrix} \sum_{i=1}^{n}a_i-b & a_2 & \cdots & a_n \\ \sum_{i=1}^{n}a_i-b & a_2-b & \cdots & a_n \\ \cdots\cdots\cdots\cdots\cdots\cdots\cdots \\ \sum_{i=1}^{n}a_i-b & a_2 & \cdots & a_n-b \end{vmatrix}$$

$$= \left(\sum_{i=1}^{n}a_i-b\right) \begin{vmatrix} 1 & a_2 & \cdots & a_n \\ 1 & a_2-b & \cdots & a_n \\ \cdots\cdots\cdots\cdots\cdots\cdots \\ 1 & a_2 & \cdots & a_n-b \end{vmatrix}$$

$$= \left(\sum_{i=1}^{n}a_i-b\right) \begin{vmatrix} 1 & a_2 & \cdots & a_n \\ 0 & -b & \cdots & 0 \\ \cdots\cdots\cdots\cdots\cdots \\ 0 & 0 & \cdots & -b \end{vmatrix}$$

$$= (-1)^{n-1}b^{n-1}\left(\sum_{i=1}^{n}a_i-b\right).$$

习 题 1.4(1)

1. 计算下列行列式:

(1) $\begin{vmatrix} 12345 & 12245 \\ 67813 & 67913 \end{vmatrix}$;

(2) $\begin{vmatrix} 246 & 427 & 327 \\ 1014 & 543 & 443 \\ -342 & 721 & 621 \end{vmatrix}$;

(3) $\begin{vmatrix} x & y & x+y \\ y & x+y & x \\ x+y & x & y \end{vmatrix}$;

(4) $\begin{vmatrix} 1 & 2 & 3 & 4 \\ 2 & 3 & 4 & 1 \\ 3 & 4 & 1 & 2 \\ 4 & 1 & 2 & 3 \end{vmatrix}$;

(5) $\begin{vmatrix} 1+a & 1 & 1 & 1 \\ 1 & 1-a & 1 & 1 \\ 1 & 1 & 1+b & 1 \\ 1 & 1 & 1 & 1-b \end{vmatrix}$;

(6) $\begin{vmatrix} a & b & c & d \\ p & q & r & s \\ t & u & v & w \\ la+mp & lb+mq & lc+mr & ld+ms \end{vmatrix}$.

2. 试证

$$\begin{vmatrix} a_1 & a_2 & a_3 & a_4 \\ a_1 & a_1+a_2 & a_1+a_2+a_3 & a_1+a_2+a_3+a_4 \\ a_1 & 2a_1+a_2 & 3a_1+2a_2+a_3 & 4a_1+3a_2+2a_3+a_4 \\ a_1 & 3a_1+a_2 & 6a_1+3a_2+a_3 & 10a_1+6a_2+3a_3+a_4 \end{vmatrix} = a_1^4.$$

3. 计算 n 阶行列式

$$\begin{vmatrix} a & b & b & \cdots & b \\ b & a & b & \cdots & b \\ \multicolumn{5}{c}{\cdots\cdots\cdots\cdots\cdots\cdots\cdots} \\ b & b & b & \cdots & a \end{vmatrix}.$$

4. 计算

$$\begin{vmatrix} 1 & 2 & 3 & \cdots & n-1 & n \\ -1 & 0 & 3 & \cdots & n-1 & n \\ -1 & -2 & 0 & \cdots & n-1 & n \\ \multicolumn{6}{c}{\cdots\cdots\cdots\cdots\cdots\cdots\cdots\cdots\cdots} \\ -1 & -2 & -3 & \cdots & 0 & n \\ -1 & -2 & -3 & \cdots & -(n-1) & 0 \end{vmatrix}$$

5. 计算 n+1 阶行列式：

$$\begin{vmatrix} a_1 & -a_1 & 0 & \cdots & 0 & 0 \\ 0 & a_2 & -a_2 & \cdots & 0 & 0 \\ 0 & 0 & a_3 & \cdots & 0 & 0 \\ \multicolumn{6}{c}{\cdots\cdots\cdots\cdots\cdots\cdots} \\ 0 & 0 & 0 & \cdots & a_n & -a_n \\ b & b & b & \cdots & b & b \end{vmatrix}.$$

下面介绍如何应用行列式的性质来解决数字行列式的计算问题.

在 1.3 节例 3 中曾经证明过,上三角形行列式：

$$\begin{vmatrix} a_{11} & a_{12} & a_{13} & \cdots & a_{1n} \\ 0 & a_{22} & a_{23} & \cdots & a_{2n} \\ \multicolumn{5}{c}{\cdots\cdots\cdots\cdots\cdots\cdots} \\ 0 & 0 & 0 & \cdots & a_{nn} \end{vmatrix}$$

就等于主对角线上的元素的乘积 $a_{11}a_{22}\cdots a_{nn}$. 因此,可以把一些行列式化为上三角形行列式来计算. 下面先举一个例子：

例 7 计算 $\begin{vmatrix} 1 & 1 & -1 & 3 \\ -1 & -1 & 2 & 1 \\ 2 & 5 & 2 & 4 \\ 1 & 2 & 3 & 2 \end{vmatrix}$.

解：我们把应用行列式性质的说明写在式子的推导和演算后面,请读者对照阅读.

$$\begin{vmatrix} 1 & 1 & -1 & 3 \\ -1 & -1 & 2 & 1 \\ 2 & 5 & 2 & 4 \\ 1 & 2 & 3 & 2 \end{vmatrix} \stackrel{①}{=} \begin{vmatrix} 1 & 1 & -1 & 3 \\ 0 & 0 & 1 & 4 \\ 0 & 3 & 4 & -2 \\ 0 & 1 & 4 & -1 \end{vmatrix}$$

$$\underset{②}{=} - \begin{vmatrix} 1 & 1 & -1 & 3 \\ 0 & 1 & 4 & -1 \\ 0 & 3 & 4 & -2 \\ 0 & 0 & 1 & 4 \end{vmatrix} \underset{③}{=} - \begin{vmatrix} 1 & 1 & -1 & 3 \\ 0 & 1 & 4 & -1 \\ 0 & 0 & -8 & 1 \\ 0 & 0 & 1 & 4 \end{vmatrix}$$

$$\underset{④}{=} \begin{vmatrix} 1 & 1 & -1 & 3 \\ 0 & 1 & 4 & -1 \\ 0 & 0 & 1 & 4 \\ 0 & 0 & -8 & 1 \end{vmatrix} \underset{⑤}{=} \begin{vmatrix} 1 & 1 & -1 & 3 \\ 0 & 1 & 4 & -1 \\ 0 & 0 & 1 & 4 \\ 0 & 0 & 0 & 33 \end{vmatrix} = 33.$$

① 根据性质6：把第1行加到第2行上；第1行乘-2加到第3行上；第1行乘-1加到第4行上．

② 因为变化后的行列式的第2行第2列的元素等于零，所以必须先把这个位置的元素变成非零元素．常用的方法，是将两行对换，或将某一行加到第2行上．这里采用两行对换的方法，将第2行与第4行对换，第2行第2列位置的元素变为1，不但以后计算简便，且可以避免出现分数．

③ 第2行乘-3加到第3行上．

④ 这里第3行第3列的元素原为-8，本来可以将第3行的$\frac{1}{8}$倍加到第4行上，使行列式化成上三角形．但这样会出现分数．所以先将第3，4行对换一下，使得第3行第3列位置上的元素变成1，下一步再将第4行第3列位置上的-8化为零，就不会出现分数了．这个方法在一般情形下是很有用的．

⑤ 将第3行的8倍加到第4行上．

例8 计算

$$\begin{vmatrix} 1 & \frac{1}{2} & 0 & 1 \\ -\frac{1}{3} & 0 & 2 & 1 \\ \frac{1}{3} & 0 & \frac{1}{3} & \frac{1}{2} \\ -1 & -1 & 0 & \frac{1}{2} \end{vmatrix}.$$

解：在这个行列式中有几个分数，而且它们的分母不同，所以计算时需要通分，这样做不但麻烦，而且容易出错，因此可以先将各行乘上适当的倍数，把分数化为整数，然后再进行计算。在下面的演算过程中，不再将每一步所作的变换写出，读者可根据等式前后的改变，观察与分析所作的变换。注意，有时为了方便起见，用的是列变换。

$$\begin{vmatrix} 1 & \frac{1}{2} & 0 & 1 \\ -\frac{1}{3} & 0 & 2 & 1 \\ \frac{1}{3} & 0 & \frac{1}{3} & \frac{1}{2} \\ -1 & -1 & 0 & \frac{1}{2} \end{vmatrix}$$

$$= \frac{1}{72} \begin{vmatrix} 2 & 1 & 0 & 2 \\ -1 & 0 & 6 & 3 \\ 2 & 0 & 2 & 3 \\ -2 & -2 & 0 & 1 \end{vmatrix} = \frac{-1}{72} \begin{vmatrix} 1 & 2 & 0 & 2 \\ 0 & -1 & 6 & 3 \\ 0 & 2 & 2 & 3 \\ -2 & -2 & 0 & 1 \end{vmatrix}$$

$$= \frac{-1}{72} \begin{vmatrix} 1 & 2 & 0 & 2 \\ 0 & -1 & 6 & 3 \\ 0 & 2 & 2 & 3 \\ 0 & 2 & 0 & 5 \end{vmatrix} = \frac{-1}{72} \begin{vmatrix} 1 & 2 & 0 & 2 \\ 0 & -1 & 6 & 3 \\ 0 & 0 & 14 & 9 \\ 0 & 0 & 12 & 11 \end{vmatrix}$$

$$= \frac{-1}{72}\begin{vmatrix} 1 & 2 & 0 & 2 \\ 0 & -1 & 6 & 3 \\ 0 & 0 & 2 & -2 \\ 0 & 0 & 12 & 11 \end{vmatrix} = \frac{-1}{36}\begin{vmatrix} 1 & 2 & 0 & 2 \\ 0 & -1 & 6 & 3 \\ 0 & 0 & 1 & -1 \\ 0 & 0 & 12 & 11 \end{vmatrix}$$

$$= \frac{-1}{36}\begin{vmatrix} 1 & 2 & 0 & 2 \\ 0 & -1 & 6 & 3 \\ 0 & 0 & 1 & -1 \\ 0 & 0 & 0 & 23 \end{vmatrix} = \frac{23}{36}.$$

从以上两个例子可以看出一个一般的方法:应用性质2,性质4以及性质6,可以把一个行列式化为上三角形行列式.从而可以很快地把这个行列式算出来.

对于一个 n 阶行列式,当 n 较大时,一般可以应用电子计算机来计算.应用电子计算机计算时,主要考虑的是所作的乘法或除法的次数.所以常常采用下面的步骤来计算:

$$\begin{vmatrix} a_{11} & a_{12} & \cdots & a_{1n} \\ a_{21} & a_{22} & \cdots & a_{2n} \\ \cdots\cdots\cdots\cdots\cdots\cdots \\ a_{n1} & a_{n2} & \cdots & a_{nn} \end{vmatrix} = a_{11}\begin{vmatrix} 1 & \frac{a_{12}}{a_{11}} & \frac{a_{13}}{a_{11}} & \cdots & \frac{a_{1n}}{a_{11}} \\ a_{21} & a_{22} & a_{23} & \cdots & a_{2n} \\ \cdots\cdots\cdots\cdots\cdots\cdots\cdots\cdots \\ a_{n1} & a_{n2} & a_{n3} & \cdots & a_{nn} \end{vmatrix}$$

$$= a_{11}\begin{vmatrix} 1 & \frac{a_{12}}{a_{11}} & \frac{a_{13}}{a_{11}} & \cdots & \frac{a_{1n}}{a_{11}} \\ 0 & a_{22} - a_{21}\cdot\frac{a_{12}}{a_{11}} & a_{23} - a_{21}\cdot\frac{a_{13}}{a_{11}} & \cdots & a_{2n} - a_{21}\cdot\frac{a_{1n}}{a_{11}} \\ 0 & a_{32} - a_{31}\cdot\frac{a_{12}}{a_{11}} & a_{33} - a_{31}\cdot\frac{a_{13}}{a_{11}} & \cdots & a_{3n} - a_{31}\cdot\frac{a_{1n}}{a_{11}} \\ \cdots\cdots\cdots\cdots\cdots\cdots\cdots\cdots\cdots\cdots\cdots\cdots\cdots \\ 0 & a_{n2} - a_{n1}\cdot\frac{a_{12}}{a_{11}} & a_{n3} - a_{n1}\cdot\frac{a_{13}}{a_{11}} & \cdots & a_{nn} - a_{n1}\cdot\frac{a_{1n}}{a_{11}} \end{vmatrix}$$

$$= a_{11} \begin{vmatrix} 1 & 0 & 0 & \cdots & 0 \\ 0 & a'_{22} & a'_{23} & \cdots & a'_{2n} \\ 0 & a'_{32} & a'_{33} & \cdots & a'_{3n} \\ \cdots & \cdots & \cdots & \cdots & \cdots \\ 0 & a'_{n2} & a'_{n3} & \cdots & a'_{nn} \end{vmatrix}.$$

这里假设了 $a_{11} \neq 0$. 如果 $a_{11} = 0$,可以先将某两行(或某两列)对换,使 $a_{11} \neq 0$. 从上面的计算可以看出:经过 $n(n-1)$ 次乘法或除法,并与第 $2, 3, \cdots, n$ 行作加法或减法运算,可以把 n 阶行列式中主对角线以下的第 1 列的元素全部化成零. 这样逐步进行下去,经过

$$n(n-1) + (n-1)(n-2) + \cdots + 3 \cdot 2 + 2 \cdot 1$$
$$= (n^3 - n)/3$$

次乘法或除法并分别与第 $2, 3, \cdots, n$ 行作加法或减法运算后,就可以将 n 阶行列式化为上三角形行列式,而且主对角线上的元素除了最后一个外全等于 1. 不过,在行列式外面还有 $n-1$ 个因子,因此还要作 $n-1$ 次乘法. 所以总共需要作的乘法与除法的次数是 $(n^3 + 2n - 3)/3$. 当 n 比较大时,这个数字比起 $n!$ 来,是小得无法比较的. 例如,当 $n = 20$ 时,在本节开头曾提到,如果按照行列式的定义来逐项计算 20 阶行列式的话,即使应用快速的电子计算机,也是难以做到的. 但是,如果用把行列式化为上三角形行列式来计算,那么 $(20^3 + 2 \times 20 - 3)/3 = 2679$,即只需做 2679 次乘法,应用电子计算机,几乎一秒种就可以算出来了. 在 n 比较小时,用这种方法,即使手算一个 n 阶行列式,也是不难的.

习 题 1.4(2)

计算下列行列式:

1. $\begin{vmatrix} 1 & 1 & 1 & 1 \\ 1 & 2 & 3 & 4 \\ 1 & 3 & 6 & 10 \\ 1 & 4 & 10 & 20 \end{vmatrix}.$ 2. $\begin{vmatrix} 1 & 4 & 9 & 16 \\ 4 & 9 & 16 & 25 \\ 9 & 16 & 25 & 36 \\ 16 & 25 & 36 & 49 \end{vmatrix}.$

3. $\begin{vmatrix} 5 & 0 & 4 & 7 \\ 1 & -1 & 2 & 1 \\ 4 & 1 & 2 & 0 \\ 1 & 1 & 1 & 1 \end{vmatrix}.$ 4. $\begin{vmatrix} 0 & 1 & 2 & 4 & 1 \\ 2 & 0 & 1 & 1 & 3 \\ -1 & 3 & 5 & 2 & 6 \\ 3 & 4 & 3 & 5 & 4 \\ 1 & 1 & 1 & 6 & 6 \end{vmatrix}.$

5. $\begin{vmatrix} 1 & \frac{1}{2} & 0 & 1 & -1 \\ 2 & 0 & -1 & 1 & 1 \\ 3 & 2 & 1 & \frac{1}{2} & -\frac{1}{2} \\ 1 & 0 & 1 & -1 & 1 \\ 1 & -1 & 0 & 1 & 2 \end{vmatrix}.$

1.5 行列式按一行(列)展开公式

从上节介绍的 n 阶行列式的性质及计算知道:行列式的阶数较低时,计算就比较容易.因此我们自然会想到:能否把一个阶数较高的行列式化成几个阶数较低的行列式来计算? 我们知道:3阶行列式是可以用2阶行列式表示的:

$$\begin{vmatrix} a_{11} & a_{12} & a_{13} \\ a_{21} & a_{22} & a_{23} \\ a_{31} & a_{32} & a_{33} \end{vmatrix}$$
$$= a_{11} \begin{vmatrix} a_{22} & a_{23} \\ a_{32} & a_{33} \end{vmatrix} - a_{12} \begin{vmatrix} a_{21} & a_{23} \\ a_{31} & a_{33} \end{vmatrix} + a_{13} \begin{vmatrix} a_{21} & a_{22} \\ a_{31} & a_{32} \end{vmatrix}.$$

对于一般的 n 阶行列式也可以做到这一点,也就是说,可以将一个 n 阶行列式用一些 $n-1$ 阶行列式来表示.本节就论述这个问题.

首先引入下列定义:

定义 5 在 n 阶行列式

$$D = \begin{vmatrix} a_{11} & a_{12} & \cdots & a_{1n} \\ a_{21} & a_{22} & \cdots & a_{2n} \\ \cdots & \cdots & \cdots & \cdots \\ a_{n1} & a_{n2} & \cdots & a_{nn} \end{vmatrix}$$

中,划去元素 a_{ij} 所在的第 i 行第 j 列,剩下的元素按原来的排法,构成一个 $n-1$ 阶行列式

$$\begin{vmatrix} a_{11} & \cdots & a_{1,j-1} & a_{1,j+1} & \cdots & a_{1n} \\ \cdots & \cdots & \cdots & \cdots & \cdots & \cdots \\ a_{i-1,1} & \cdots & a_{i-1,j-1} & a_{i-1,j+1} & \cdots & a_{i-1,n} \\ a_{i+1,1} & \cdots & a_{i+1,j-1} & a_{i+1,j+1} & \cdots & a_{i+1,n} \\ \cdots & \cdots & \cdots & \cdots & \cdots & \cdots \\ a_{n1} & \cdots & a_{n,j-1} & a_{n,j+1} & \cdots & a_{nn} \end{vmatrix},$$

称为元素 a_{ij} 的余子式,记为 M_{ij}.

例如,对于 3 阶行列式

$$D = \begin{vmatrix} a_{11} & a_{12} & a_{13} \\ a_{21} & a_{22} & a_{23} \\ a_{31} & a_{32} & a_{33} \end{vmatrix},$$

各个元素的余子式分别为:

$$M_{11} = \begin{vmatrix} a_{22} & a_{23} \\ a_{32} & a_{33} \end{vmatrix}, \ M_{12} = \begin{vmatrix} a_{21} & a_{23} \\ a_{31} & a_{33} \end{vmatrix}, \ M_{13} = \begin{vmatrix} a_{21} & a_{22} \\ a_{31} & a_{32} \end{vmatrix},$$

$$M_{21} = \begin{vmatrix} a_{12} & a_{13} \\ a_{32} & a_{33} \end{vmatrix}, \ M_{22} = \begin{vmatrix} a_{11} & a_{13} \\ a_{31} & a_{33} \end{vmatrix}, \ M_{23} = \begin{vmatrix} a_{11} & a_{12} \\ a_{31} & a_{32} \end{vmatrix},$$

$$M_{31} = \begin{vmatrix} a_{12} & a_{13} \\ a_{22} & a_{23} \end{vmatrix}, \ M_{32} = \begin{vmatrix} a_{11} & a_{13} \\ a_{21} & a_{23} \end{vmatrix}, \ M_{33} = \begin{vmatrix} a_{11} & a_{12} \\ a_{21} & a_{22} \end{vmatrix}.$$

3 阶行列式 D 可以通过各行的余子式来表示:

$$D = a_{11}M_{11} - a_{12}M_{12} + a_{13}M_{13}$$
$$= -a_{21}M_{21} + a_{22}M_{22} - a_{23}M_{23}$$
$$= a_{31}M_{31} - a_{32}M_{32} + a_{33}M_{33}.$$

也可以用各列的余子式来表示：
$$D = a_{11}M_{11} - a_{21}M_{21} + a_{31}M_{31}$$
$$= -a_{12}M_{12} + a_{22}M_{22} - a_{32}M_{32}$$
$$= a_{13}M_{13} - a_{23}M_{23} + a_{33}M_{33}.$$

从以上等式看出：M_{ij}前面的符号，有时正，有时负. 为了弄清这个问题，引入下述定义：

定义 6 令
$$A_{ij} = (-1)^{i+j}M_{ij}.$$

A_{ij}称为元素a_{ij}的**代数余子式**.

应用代数余子式的概念，3 阶行列式可以表示成：
$$D = a_{i1}A_{i1} + a_{i2}A_{i2} + a_{i3}A_{i3} \quad (i=1,2,3)$$
或
$$D = a_{1j}A_{1j} + a_{2j}A_{2j} + a_{3j}A_{3j} \quad (j=1,2,3).$$

在证明n阶行列式也可以用代数余子式来表示之前，为了熟悉与记住余子式和代数余子式的概念，先来举一些例子.

例 1 求
$$D = \begin{vmatrix} 1 & 0 & -1 \\ 1 & 2 & 0 \\ -1 & 3 & 2 \end{vmatrix}$$

的余子式M_{11}, M_{12}, M_{13}和代数余子式A_{11}, A_{12}, A_{13}，并求D.

解：$M_{11} = \begin{vmatrix} 2 & 0 \\ 3 & 2 \end{vmatrix} = 4, \quad M_{12} = \begin{vmatrix} 1 & 0 \\ -1 & 2 \end{vmatrix} = 2,$

$M_{13} = \begin{vmatrix} 1 & 2 \\ -1 & 3 \end{vmatrix} = 5;$

$A_{11} = (-1)^{1+1}M_{11} = 4, \quad A_{12} = (-1)^{1+2}M_{12} = -2,$

$A_{13} = (-1)^{1+3}M_{13} = 5;$

$$D = 1 \cdot A_{11} + 0 \cdot A_{12} + (-1) \cdot A_{13} = -1.$$

例2 求

$$\begin{vmatrix} a & b & c \\ 1 & 2 & 0 \\ -1 & 3 & 2 \end{vmatrix}.$$

解：这个行列式与例1的行列式 D 除去第一行外，其他位置上的元素都是相同的．因此，它的第一行的余子式与 D 的第一行的余子式也是相同的，因而它的第一行的代数余子式也与 D 的第一行的代数余子式相同．所以

$$\begin{vmatrix} a & b & c \\ 1 & 2 & 0 \\ -1 & 3 & 2 \end{vmatrix} = aA_{11} + bA_{12} + cA_{13} = 4a - 2b + 5c.$$

下面将证明如何用代数余子式表示 n 阶行列式的展开式．

定理4 n 阶行列式

$$D = \begin{vmatrix} a_{11} & a_{12} & \cdots & a_{1n} \\ a_{21} & a_{22} & \cdots & a_{2n} \\ \cdots & \cdots & \cdots & \cdots \\ a_{n1} & a_{n2} & \cdots & a_{nn} \end{vmatrix}$$

等于它任意一行的所有元素与它们的对应代数余子式的乘积的和，即

$$D = a_{k1}A_{k1} + a_{k2}A_{k2} + \cdots + a_{kn}A_{kn} \quad (k = 1, 2, \cdots, n).$$

证明：(1) 首先讨论第 n 行除 a_{nn} 外，其余元素全等于零，即 $a_{n1} = a_{n2} = \cdots = a_{n,n-1} = 0$ 的情形，证明

$$D = \begin{vmatrix} a_{11} & a_{12} & \cdots & a_{1,n-1} & a_{1n} \\ \cdots & \cdots & \cdots & \cdots & \cdots \\ a_{n-1,1} & a_{n-1,2} & \cdots & a_{n-1,n-1} & a_{n-1,n} \\ 0 & 0 & \cdots & 0 & a_{nn} \end{vmatrix} = a_{nn}A_{nn}.$$

根据 n 阶行列式的定义，由于 $a_{n1} = a_{n2} = \cdots = a_{n,n-1} = 0$，有

$$D = \sum_{(j_1 j_2 \cdots j_n)} (-1)^{\tau(j_1 j_2 \cdots j_n)} a_{1j_1} a_{2j_2} \cdots a_{nj_n}$$

$$= \sum_{(j_1 j_2 \cdots j_{n-1} n)} (-1)^{\tau(j_1 j_2 \cdots j_{n-1} n)} a_{1j_1} a_{2j_2} \cdots a_{n-1 j_{n-1}} a_{nn}$$

对于 n 阶排列 $j_1 j_2 \cdots j_{n-1} n$，$j_1 j_2 \cdots j_{n-1}$ 是一个 $n-1$ 阶排列，而且

$$\tau(j_1 j_2 \cdots j_{n-1} n) = \tau(j_1 j_2 \cdots j_{n-1}).$$

于是

$$D = a_{nn} \sum_{(j_1 j_2 \cdots j_{n-1})} (-1)^{\tau(j_1 j_2 \cdots j_{n-1})} a_{1j_1} a_{2j_2} \cdots a_{n-1 j_{n-1}}$$

式中 $\sum_{(j_1 j_2 \cdots j_{n-1})}$ 表示对所有 $n-1$ 阶排列求和，因此

$$D = a_{nn} M_{nn} = a_{nn} A_{nn}.$$

(2) 讨论第 k 行除 $a_{kj}(k, j = 1, 2, \cdots, n)$ 外，其余元素全等于零的情形，证明

$$\begin{vmatrix} a_{11} & \cdots & a_{1,j-1} & a_{1j} & a_{1,j+1} & \cdots & a_{1n} \\ \cdots & \cdots & \cdots & \cdots & \cdots & \cdots & \cdots \\ a_{k-1,1} & \cdots & a_{k-1,j-1} & a_{k-1,j} & a_{k-1,j-1} & \cdots & a_{k-1,n} \\ 0 & \cdots & 0 & a_{ij} & 0 & \cdots & 0 \\ a_{k+1,1} & \cdots & a_{k+1,j-1} & a_{k+1,j} & a_{k+1,j+1} & \cdots & a_{k+1,n} \\ \cdots & \cdots & \cdots & \cdots & \cdots & \cdots & \cdots \\ a_{n1} & \cdots & a_{n,j-1} & a_{nj} & a_{n,j+1} & \cdots & a_{nn} \end{vmatrix} = a_{kj} A_{kj}$$

我们设法改变行列式的行列次序，使 a_{kj} 位于第 n 行第 n 列的位置，并且保持 a_{kj} 的余子式不变，从而把情况 (2) 化为情况 (1). 为此，把 D 的第 k 行依次与第 $k+1$ 行，第 $k+2$ 行，$\cdots$，第 n 行对换. 这样，一共进行了 $n-k$ 次两行互换的步骤，就把第 k 行换到第 n 行的位置，再将第 j 列依次与第 $j+1$ 列，第 $j+2$ 列，$\cdots$，第 n 列对换，一共进行了 $n-j$ 次两列互换的步骤. 就把 a_{kj} 换到第 n 行，第 n 列的位置上，因此

$$D=(-1)^{(n-k)+(n-j)}\begin{vmatrix} a_{11} & \cdots & a_{1,j-1} & a_{1,j+1} & \cdots & a_{1n} & a_{1j} \\ \cdots\cdots\cdots\cdots\cdots\cdots\cdots\cdots\cdots\cdots\cdots\cdots\cdots\cdots \\ a_{k-1,1} & \cdots & a_{k-1,j-1} & a_{k-1,j+1} & \cdots & a_{k-1,n} & a_{k-1,j} \\ a_{k+1,1} & \cdots & a_{k+1,j-1} & a_{k+1,j+1} & \cdots & a_{k+1,n} & a_{k+1,j} \\ \cdots\cdots\cdots\cdots\cdots\cdots\cdots\cdots\cdots\cdots\cdots\cdots\cdots\cdots \\ a_{11} & \cdots & a_{nj-1} & a_{nj+1} & \cdots & a_{m} & a_{nj} \\ 0 & \cdots & 0 & 0 & \cdots & 0 & a_{kj} \end{vmatrix}$$

$$=(-1)^{(2n-k-j)}a_{kj}\begin{vmatrix} a_{11} & \cdots & a_{i,j-1} & a_{1,j+1} & \cdots & a_{1n} \\ \cdots\cdots\cdots\cdots\cdots\cdots\cdots\cdots\cdots\cdots\cdots\cdots \\ a_{k-1,1} & \cdots & a_{k-1,j-1} & a_{k-1,j+1} & \cdots & a_{k-1,n} \\ a_{k+1,1} & \cdots & a_{k+1,j-1} & a_{k+1,j+1} & \cdots & a_{k+1,n} \\ \cdots\cdots\cdots\cdots\cdots\cdots\cdots\cdots\cdots\cdots\cdots\cdots \\ a_{n1} & \cdots & a_{n,j-1} & a_{n,j+1} & \cdots & a_{m} \end{vmatrix}$$

$$=(-1)^{k+j}a_{kj}M_{kj}=a_{kj}A_{kj}.$$

(3) 最后证明一般情形,把 D 表成

$$D=\begin{vmatrix} a_{11} & a_{12} & \cdots & a_{1n} \\ \cdots\cdots\cdots\cdots\cdots\cdots\cdots\cdots\cdots\cdots\cdots\cdots \\ a_{k1}+0+\cdots+0 & 0+a_{k2}+0+\cdots+0 & \cdots & 0+\cdots+0+a_{kn} \\ \cdots\cdots\cdots\cdots\cdots\cdots\cdots\cdots\cdots\cdots\cdots\cdots \\ a_{n1} & a_{n2} & \cdots & a_{m} \end{vmatrix}$$

应用行列式的性质 3,即得

$$D=\begin{vmatrix} a_{11} & a_{12} & \cdots & a_{1n} \\ \cdots\cdots\cdots\cdots \\ a_{k1} & 0 & \cdots & 0 \\ \cdots\cdots\cdots\cdots \\ a_{n1} & a_{n2} & \cdots & a_{m} \end{vmatrix}+\begin{vmatrix} a_{11} & a_{12} & \cdots & a_{1n} \\ \cdots\cdots\cdots\cdots \\ 0 & a_{k2} & \cdots & 0 \\ \cdots\cdots\cdots\cdots \\ a_{n1} & a_{n2} & \cdots & a_{m} \end{vmatrix}+\cdots+\begin{vmatrix} a_{11} & a_{12} & \cdots & a_{1n} \\ \cdots\cdots\cdots\cdots \\ 0 & 0 & \cdots & a_{kn} \\ \cdots\cdots\cdots\cdots \\ a_{n1} & a_{n2} & \cdots & a_{m} \end{vmatrix}$$

$$=a_{k1}A_{k1}+a_{k2}A_{k2}+\cdots+a_{kn}A_{kn}. \quad (k=1,2,\cdots,n)$$

这个定理今后时常会用到.通常称其为行列式按一行(第 k

行)展开的公式.

由于行列式中行与列的对称性,所以,同样也可以将行列式按一列展开,即

定理 4′ n 阶行列式

$$D = \begin{vmatrix} a_{11} & a_{12} & \cdots & a_{1n} \\ a_{21} & a_{22} & \cdots & a_{2n} \\ \cdots\cdots\cdots\cdots\cdots \\ a_{n1} & a_{n2} & \cdots & a_{nn} \end{vmatrix}$$

等于它任意一列的所有元素与它们的对应代数余子式的乘积的和,即

$$D = a_{1l}A_{1l} + a_{2l}A_{2l} + \cdots + a_{nl}A_{nl} \quad (l = 1, 2, \cdots, n).$$

从代数余子式的定义以及一些例题和习题可以看到:a_{ij} 的代数余子式只与 a_{ij} 所在的位置有关,而与 a_{ij} 本身的数值无关.利用这一点,可以证明关于代数余子式的另一个重要的性质,即

定理 5 n 阶行列式

$$D = \begin{vmatrix} a_{11} & a_{12} & \cdots & a_{1n} \\ a_{21} & a_{22} & \cdots & a_{2n} \\ \cdots\cdots\cdots\cdots\cdots \\ a_{i1} & a_{i2} & \cdots & a_{in} \\ \cdots\cdots\cdots\cdots\cdots \\ a_{k1} & a_{k2} & \cdots & a_{kn} \\ \cdots\cdots\cdots\cdots\cdots \\ a_{n1} & a_{n2} & \cdots & a_{nn} \end{vmatrix}$$

中某一行(列)的每个元素与另一行(列)相应元素的代数余子式的乘积的和等于零.即

当 $k \neq i$ 时,

$$a_{k1}A_{i1} + a_{k2}A_{i2} + \cdots + a_{kn}A_{in} = 0.$$

证明: 在行列式

$$D = \begin{vmatrix} a_{11} & a_{12} & \cdots & a_{1n} \\ a_{21} & a_{22} & \cdots & a_{2n} \\ \cdots\cdots\cdots\cdots\cdots \\ a_{i1} & a_{i2} & \cdots & a_{in} \\ \cdots\cdots\cdots\cdots\cdots \\ a_{k1} & a_{k2} & \cdots & a_{kn} \\ \cdots\cdots\cdots\cdots\cdots \\ a_{n1} & a_{n2} & \cdots & a_{nn} \end{vmatrix} \begin{matrix} \\ \\ \\ (\text{第 } i \text{ 行}) \\ \\ (\text{第 } k \text{ 行}) \\ \\ \end{matrix}$$

中将第 i 行的元素都换成第 $k(k \neq i)$ 行的元素,得到另一个行列式

$$D_0 = \begin{vmatrix} a_{11} & a_{12} & \cdots & a_{1n} \\ a_{21} & a_{22} & \cdots & a_{2n} \\ \cdots\cdots\cdots\cdots\cdots \\ a_{k1} & a_{k2} & \cdots & a_{kn} \\ \cdots\cdots\cdots\cdots\cdots \\ a_{k1} & a_{k2} & \cdots & a_{kn} \\ \cdots\cdots\cdots\cdots\cdots \\ a_{n1} & a_{n2} & \cdots & a_{nn} \end{vmatrix} \begin{matrix} \\ \\ \\ (\text{第 } i \text{ 行}) \\ \\ (\text{第 } k \text{ 行}) \\ \\ \end{matrix}$$

显然,D_0 的第 i 行的代数余子式与 D 的第 i 行的代数余子式是完全一样的. 将 D_0 按第 i 行展开,得

$$D_0 = a_{k1}A_{i1} + a_{k2}A_{i2} + \cdots + a_{kn}A_{in}.$$

但是 D_0 中有两行元素相同,所以 $D_0 = 0$. 因此

$$a_{k1}A_{i1} + a_{k2}A_{i2} + \cdots + a_{kn}A_{in} = 0 \quad (i \neq k).$$

关于列也有相应的结果,即当 $l \neq j$ 时,

$$a_{1l}A_{1j} + a_{2l}A_{2j} + \cdots + a_{nl}A_{nj} = 0.$$

将定理 4 与定理 5 归纳起来,应用连加号,可以简写成:

$$\sum_{s=1}^{n} a_{ks}A_{is} = \begin{cases} D, & \text{当 } k = i \text{ 时;} \\ 0, & \text{当 } k \neq i \text{ 时.} \end{cases}$$

$$\sum_{s=1}^{n} a_{sl}A_{sj} = \begin{cases} D, & \text{当 } l = j \text{ 时}; \\ 0, & \text{当 } l \neq j \text{ 时}. \end{cases}$$

这两组公式是很重要的,下一节用行列式解线性方程组时就要用到.

行列式按一行(列)展开的公式可以用来计算 n 阶行列式,但是直接应用这两组公式只是把一个 n 阶行列式的计算换成计算 n 个 $n-1$ 阶行列式,计算量不一定减少许多. 而只有当行列式中某一行或某一列含有较多的零时,应用这两组公式才真正有意义.

以后我们将会看到关于行列式按一行(列)展开的公式不仅可用来简化行列式的计算,在理论上也有很重要的应用.

习 题 1.5

1. 求下述行列式的全部余子式及代数余子式:

$$D = \begin{vmatrix} 1 & 2 & 0 & 1 \\ 1 & 3 & 1 & -1 \\ -1 & 0 & 2 & 1 \\ 3 & -1 & 0 & 1 \end{vmatrix}.$$

2. 求下述行列式的第 1 列元素的代数余子式:

$$\begin{vmatrix} a & 1 & 2 & 3 \\ b & -1 & 0 & 1 \\ c & 0 & 2 & 3 \\ d & 1 & -1 & -2 \end{vmatrix}.$$

3. 求下述行列式的第 1 列元素的代数余子式:

$$\begin{vmatrix} 0 & 1 & 2 & 3 \\ 0 & -1 & 0 & 1 \\ 0 & 0 & 2 & 3 \\ 0 & 1 & -1 & -2 \end{vmatrix}.$$

4. 计算下列行列式中所有元素的代数余子式之和.

(1) $\begin{vmatrix} a_1 & 0 & 0 & \cdots & 0 \\ 0 & a_2 & 0 & \cdots & 0 \\ 0 & 0 & a_3 & \cdots & 0 \\ \cdots\cdots\cdots\cdots\cdots\cdots \\ 0 & 0 & 0 & \cdots & a_n \end{vmatrix}$;   (2) $\begin{vmatrix} 0 & 0 & \cdots & 0 & a_1 \\ 0 & 0 & \cdots & a_2 & 0 \\ \cdots\cdots\cdots\cdots\cdots\cdots \\ 0 & a_{n-1} & \cdots & 0 & 0 \\ a_n & 0 & \cdots & 0 & 0 \end{vmatrix}$.

$a_i \neq 0, \quad i=1,2,\cdots,n$ $a_i \neq 0, \quad i=1,2,\cdots,n$

1.6 行列式的计算

在这一节,我们通过例题来说明利用行列式的定义、性质和一行(列)展开公式计算行列式的常用方法及主要技巧.行列式的计算是一个专门的课题,有很多理论和计算方法,这里只是结合本课程的要求,介绍一些基本的方法.

例1 计算行列式:

$$\begin{vmatrix} 1 & 0 & -1 & 2 \\ -2 & 1 & 3 & 1 \\ 0 & 1 & 0 & -1 \\ 1 & 3 & 4 & -2 \end{vmatrix}.$$

解: $\begin{vmatrix} 1 & 0 & -1 & 2 \\ -2 & 1 & 3 & 1 \\ 0 & 1 & 0 & -1 \\ 1 & 3 & 4 & -2 \end{vmatrix} = \begin{vmatrix} 1 & 0 & -1 & 2 \\ -2 & 1 & 3 & 2 \\ 0 & 1 & 0 & 0 \\ 1 & 3 & 4 & 1 \end{vmatrix}$

$= (-1)^{3+2} \begin{vmatrix} 1 & -1 & 2 \\ -2 & 3 & 2 \\ 1 & 4 & 1 \end{vmatrix} = - \begin{vmatrix} 1 & -1 & 2 \\ 0 & 1 & 6 \\ 0 & 5 & -1 \end{vmatrix}$

$= -(-1)^{1+1} \begin{vmatrix} 1 & 6 \\ 5 & -1 \end{vmatrix} = 31.$

例2 计算 n 阶行列式

$$\begin{vmatrix} a & b & 0 & \cdots & 0 & 0 \\ 0 & a & b & \cdots & 0 & 0 \\ \multicolumn{6}{c}{\cdots\cdots\cdots\cdots\cdots\cdots} \\ 0 & 0 & 0 & \cdots & a & b \\ b & 0 & 0 & \cdots & 0 & a \end{vmatrix}.$$

解：将此行列式按第 1 列展开，得

$$\begin{vmatrix} a & b & 0 & \cdots & 0 & 0 \\ 0 & a & b & \cdots & 0 & 0 \\ \multicolumn{6}{c}{\cdots\cdots\cdots\cdots\cdots\cdots} \\ 0 & 0 & 0 & \cdots & a & b \\ b & 0 & 0 & \cdots & 0 & a \end{vmatrix} = a \begin{vmatrix} a & b & \cdots & 0 & 0 \\ 0 & a & \cdots & 0 & 0 \\ \multicolumn{5}{c}{\cdots\cdots\cdots\cdots\cdots} \\ 0 & 0 & \cdots & a & b \\ 0 & 0 & \cdots & 0 & a \end{vmatrix}$$

$$+ (-1)^{n+1} b \begin{vmatrix} b & 0 & \cdots & 0 & 0 \\ a & b & \cdots & 0 & 0 \\ \multicolumn{5}{c}{\cdots\cdots\cdots\cdots\cdots} \\ 0 & 0 & \cdots & b & 0 \\ 0 & 0 & \cdots & a & b \end{vmatrix} = a^n + (-1)^{n+1} b^n.$$

例 3 试证

$$D = \begin{vmatrix} 1 & 1 & 1 & \cdots & 1 \\ a_1 & a_2 & a_3 & \cdots & a_n \\ a_1^2 & a_2^2 & a_3^2 & \cdots & a_n^2 \\ \multicolumn{5}{c}{\cdots\cdots\cdots\cdots\cdots} \\ a_1^{n-1} & a_2^{n-1} & a_3^{n-1} & \cdots & a_n^{n-1} \end{vmatrix} = \prod_{1 \leqslant j < i \leqslant n} (a_i - a_j).$$

这个行列式叫做范德蒙(Vandermonde)行列式. 这个例题说明 n 阶范德蒙行列式等于 $a_1, a_2, \cdots, a_n$ 这 n 个数的所有可能的差 $a_i - a_j (1 \leqslant j < i \leqslant n)$ 的乘积.

证明：对 n 用归纳法来证明这个公式.

当 $n=2$ 时，

$$\begin{vmatrix} 1 & 1 \\ a_1 & a_2 \end{vmatrix} = a_2 - a_1,$$

结论是对的. 假设对于 $n-1$ 阶的范德蒙行列式结论成立，现在来看 n 阶的情形：

在 D 中，从第 n 行减去第 $n-1$ 行的 a_1 倍，再从第 $n-1$ 行减去第 $n-2$ 行的 a_1 倍……依次由下而上地从每一行减去它上一行的 a_1 倍，得

$$D = \begin{vmatrix} 1 & 1 & 1 & \cdots & 1 \\ 0 & a_2 - a_1 & a_3 - a_1 & \cdots & a_n - a_1 \\ 0 & a_2^2 - a_1 a_2 & a_3^2 - a_1 a_3 & \cdots & a_n^2 - a_1 a_n \\ \cdots & \cdots & \cdots & \cdots & \cdots \\ 0 & a_2^{n-1} - a_1 a_2^{n-2} & a_3^{n-1} - a_1 a_3^{n-2} & \cdots & a_n^{n-1} - a_1 a_n^{n-2} \end{vmatrix}$$

$$= \begin{vmatrix} a_2 - a_1 & a_3 - a_1 & \cdots & a_n - a_1 \\ a_2^2 - a_1 a_2 & a_3^2 - a_1 a_3 & \cdots & a_n^2 - a_1 a_n \\ \cdots & \cdots & \cdots & \cdots \\ a_2^{n-1} - a_1 a_2^{n-2} & a_3^{n-1} - a_1 a_3^{n-2} & \cdots & a_n^{n-1} - a_1 a_n^{n-2} \end{vmatrix},$$

从第 1 列提出公因子 $a_2 - a_1$，从第 2 列提出公因子 $a_3 - a_1$，$\cdots$，从最后一列提出公因子 $a_n - a_1$，得

$$D = (a_2 - a_1)(a_3 - a_1) \cdots (a_n - a_1) \begin{vmatrix} 1 & 1 & \cdots & 1 \\ a_2 & a_3 & \cdots & a_n \\ a_2^2 & a_3^2 & \cdots & a_n^2 \\ \cdots & \cdots & \cdots & \cdots \\ a_2^{n-2} & a_3^{n-2} & \cdots & a_n^{n-2} \end{vmatrix},$$

后面这个行列式是一个 $n-1$ 阶范德蒙行列式，根据归纳法假设，它等于所有可能的差 $a_i - a_j (2 \leqslant j < i \leqslant n)$ 的乘积；而包含 a_1 的差全在前面出现了. 从而

$$D = \prod_{1 \leqslant j < i \leqslant n} (a_i - a_j),$$

即结论对 n 阶范德蒙行列式也成立. 根据数学归纳法原理, 等式普遍成立. ▎

例 4 计算 n 阶行列式

$$\begin{vmatrix} 1 & 2 & 3 & \cdots & n \\ 2 & 3 & 4 & \cdots & 1 \\ 3 & 4 & 5 & \cdots & 2 \\ \cdots & \cdots & \cdots & \cdots & \cdots \\ n & 1 & 2 & \cdots & n-1 \end{vmatrix}.$$

解：把行列式的第 2 列到第 n 列都加到第 1 列上, 并提出公因子, 得

$$\begin{vmatrix} 1 & 2 & 3 & \cdots & n \\ 2 & 3 & 4 & \cdots & 1 \\ 3 & 4 & 5 & \cdots & 2 \\ \cdots & \cdots & \cdots & \cdots & \cdots \\ n & 1 & 2 & \cdots & n-1 \end{vmatrix}$$

$$= \frac{n(n+1)}{2} \begin{vmatrix} 1 & 2 & 3 & \cdots & n \\ 1 & 3 & 4 & \cdots & 1 \\ 1 & 4 & 5 & \cdots & 2 \\ \cdots & \cdots & \cdots & \cdots & \cdots \\ 1 & 1 & 2 & \cdots & n-1 \end{vmatrix}$$

$$= \frac{n(n+1)}{2} \begin{vmatrix} 1 & 2 & 3 & \cdots & n \\ 0 & 1 & 1 & \cdots & 1-n \\ 0 & 1 & 1 & \cdots & 1 \\ \cdots & \cdots & \cdots & \cdots & \cdots \\ 0 & 1-n & 1 & \cdots & 1 \end{vmatrix}$$

$$=\frac{n(n+1)}{2}\begin{vmatrix} 1 & 1 & \cdots & 1-n \\ 1 & 1 & \cdots & 1 \\ \cdots\cdots\cdots\cdots\cdots\cdots \\ 1-n & 1 & \cdots & 1 \end{vmatrix} (n-1 \text{阶})$$

$$=\frac{n(n+1)}{2}\begin{vmatrix} -1 & 1 & \cdots & 1-n \\ -1 & 1 & \cdots & 1 \\ \cdots\cdots\cdots\cdots\cdots\cdots \\ -1 & 1 & \cdots & 1 \end{vmatrix}$$

$$=\frac{n(n+1)}{2}\begin{vmatrix} 0 & 0 & \cdots & 0 & -n \\ 0 & 0 & \cdots & -n & 0 \\ \cdots\cdots\cdots\cdots\cdots\cdots\cdots\cdots \\ 0 & -n & \cdots & 0 & 0 \\ -1 & 1 & \cdots & \cdots & 1 \end{vmatrix}$$

$$=(-1)^{\frac{(n-1)(n-2)}{2}}(-1)^{n-1}\frac{n^{n-1}(n+1)}{2}$$

$$=(-1)^{\frac{n(n-1)}{2}}\frac{n^{n-1}(n+1)}{2}.$$

例 5 证明

$$\begin{vmatrix} x & -1 & 0 & \cdots & 0 & 0 \\ 0 & x & -1 & \cdots & 0 & 0 \\ \cdots\cdots\cdots\cdots\cdots\cdots\cdots\cdots\cdots\cdots \\ 0 & 0 & 0 & \cdots & x & -1 \\ a_0 & a_1 & a_2 & \cdots & a_{n-2} & x+a_{n-1} \end{vmatrix}$$
$$=x^n+a_{n-1}x^{n-1}+\cdots+a_1 x+a_0.$$

证明：对行列式的阶数作数学归纳法. 当 $n=2$ 时

$$\begin{vmatrix} x & -1 \\ a_0 & x+a_1 \end{vmatrix} = x^2+a_1 x+a_0,$$

等式成立.

假设对 $n-1$ 阶行列式等式成立,则对 n 阶行列式

$$\begin{vmatrix} x & -1 & 0 & \cdots & 0 & 0 \\ 0 & x & -1 & \cdots & 0 & 0 \\ \multicolumn{6}{c}{\cdots\cdots\cdots\cdots\cdots\cdots\cdots\cdots\cdots} \\ 0 & 0 & 0 & \cdots & x & -1 \\ a_0 & a_1 & a_2 & \cdots & a_{n-2} & x+a_{n-1} \end{vmatrix}$$

$$= x \begin{vmatrix} x & -1 & 0 & \cdots & 0 \\ \multicolumn{5}{c}{\cdots\cdots\cdots\cdots\cdots\cdots\cdots} \\ 0 & 0 & \cdots & x & -1 \\ a_1 & a_2 & \cdots & a_{n-2} & x+a_{n-1} \end{vmatrix}$$

$$+ a_0(-1)^{n+1} \begin{vmatrix} -1 & 0 & \cdots & 0 & 0 \\ x & -1 & \cdots & 0 & 0 \\ \multicolumn{5}{c}{\cdots\cdots\cdots\cdots\cdots\cdots} \\ 0 & 0 & \cdots & x & -1 \end{vmatrix}$$

$$= x(x^{n-1} + a_{n-1}x^{n-2} + \cdots + a_2 x + a_1)$$
$$+ a_0(-1)^{n+1}(-1)^{n-1}$$
$$= x^n + a_{n-1}x^{n-1} + \cdots + a_2 x^2 + a_1 x + a_0,$$

等式也成立.

根据归纳法原理,等式普遍成立.

例 6 试证

$$\begin{vmatrix} a_{11} & \cdots & a_{1k} & 0 & \cdots & 0 \\ \multicolumn{6}{c}{\cdots\cdots\cdots\cdots\cdots\cdots\cdots\cdots} \\ a_{k1} & \cdots & a_{kk} & 0 & \cdots & 0 \\ c_{11} & \cdots & c_{1k} & b_{11} & \cdots & b_{1l} \\ \multicolumn{6}{c}{\cdots\cdots\cdots\cdots\cdots\cdots\cdots\cdots} \\ c_{l1} & \cdots & c_{lk} & b_{l1} & \cdots & b_{ll} \end{vmatrix} = \begin{vmatrix} a_{11} & \cdots & a_{1k} \\ \multicolumn{3}{c}{\cdots\cdots\cdots\cdots} \\ a_{k1} & \cdots & a_{kk} \end{vmatrix} \cdot \begin{vmatrix} b_{11} & \cdots & b_{1l} \\ \multicolumn{3}{c}{\cdots\cdots\cdots\cdots} \\ b_{l1} & \cdots & b_{ll} \end{vmatrix}.$$

证明:对 k 用数学归纳法证明. 当 $k=1$ 时,上式左端成为:

$$\begin{vmatrix} a_{11} & 0 & \cdots & 0 \\ c_{11} & b_{11} & \cdots & b_{1l} \\ \cdots\cdots\cdots\cdots\cdots \\ c_{l1} & b_{l1} & \cdots & b_{ll} \end{vmatrix},$$

按第 1 行展开,就得到所需结论.

假设对于 $k=s-1$,即左端的左上角是一个 $s-1$ 阶行列式时等式成立. 现在来看 $k=s$ 的情形:按第 1 行展开,得

$$\begin{vmatrix} a_{11} & \cdots & a_{1s} & 0 & \cdots & 0 \\ \cdots\cdots\cdots\cdots\cdots\cdots\cdots\cdots \\ a_{s1} & \cdots & a_{ss} & 0 & \cdots & 0 \\ c_{11} & \cdots & c_{1s} & b_{11} & \cdots & b_{1l} \\ \cdots\cdots\cdots\cdots\cdots\cdots\cdots\cdots \\ c_{l1} & \cdots & c_{ls} & b_{l1} & \cdots & b_{ll} \end{vmatrix} = a_{11} \begin{vmatrix} a_{22} & \cdots & a_{2s} & 0 & \cdots & 0 \\ \cdots\cdots\cdots\cdots\cdots\cdots\cdots\cdots \\ a_{s2} & \cdots & a_{ss} & 0 & \cdots & 0 \\ c_{12} & \cdots & c_{1s} & b_{11} & \cdots & b_{1l} \\ \cdots\cdots\cdots\cdots\cdots\cdots\cdots\cdots \\ c_{l2} & \cdots & c_{ls} & b_{l1} & \cdots & b_{ll} \end{vmatrix} + \cdots$$

$$+ (-1)^{1+i} a_{1i} \begin{vmatrix} a_{21} & \cdots & a_{2,i-1} & a_{2,i+1} & \cdots & a_{2s} & 0 & \cdots & 0 \\ \cdots\cdots\cdots\cdots\cdots\cdots\cdots\cdots\cdots\cdots\cdots\cdots \\ a_{s1} & \cdots & a_{s,i-1} & a_{s,i+1} & \cdots & a_{ss} & 0 & \cdots & 0 \\ c_{11} & \cdots & c_{1,i-1} & c_{1,i+1} & \cdots & c_{1s} & b_{11} & \cdots & b_{1l} \\ \cdots\cdots\cdots\cdots\cdots\cdots\cdots\cdots\cdots\cdots\cdots\cdots \\ c_{l1} & \cdots & c_{l,i-1} & c_{l,i+1} & \cdots & c_{ls} & b_{l1} & \cdots & b_{ll} \end{vmatrix} + \cdots$$

$$+ (-1)^{1+s} a_{1s} \begin{vmatrix} a_{21} & \cdots & a_{2,s-1} & 0 & \cdots & 0 \\ \cdots\cdots\cdots\cdots\cdots\cdots\cdots\cdots \\ a_{s1} & \cdots & a_{s,s-1} & 0 & \cdots & 0 \\ c_{11} & \cdots & c_{1,s-1} & b_{11} & \cdots & b_{1l} \\ \cdots\cdots\cdots\cdots\cdots\cdots\cdots\cdots \\ c_{l1} & \cdots & c_{l,s-1} & b_{l1} & \cdots & b_{ll} \end{vmatrix}$$

$$= a_{11} \begin{vmatrix} a_{22} & \cdots & a_{2s} \\ \cdots & \cdots & \cdots \\ a_{s2} & \cdots & a_{ss} \end{vmatrix} \cdot \begin{vmatrix} b_{11} & \cdots & b_{1l} \\ \cdots & \cdots & \cdots \\ b_{l1} & \cdots & b_{ll} \end{vmatrix} + \cdots$$

$$+ (-1)^{1+i} a_{1i} \begin{vmatrix} a_{21} & \cdots & a_{2,i-1} & a_{2,i+1} & \cdots & a_{2s} \\ \cdots & \cdots & \cdots & \cdots & \cdots & \cdots \\ a_{s1} & \cdots & a_{s,i-1} & a_{s,i+1} & \cdots & a_{ss} \end{vmatrix} \cdot \begin{vmatrix} b_{11} & \cdots & b_{1l} \\ \cdots & \cdots & \cdots \\ b_{l1} & \cdots & b_{ll} \end{vmatrix} + \cdots$$

$$+ (-1)^{1+s} a_{1s} \begin{vmatrix} a_{21} & \cdots & a_{2,s-1} \\ \cdots & \cdots & \cdots \\ a_{s1} & \cdots & a_{s,s-1} \end{vmatrix} \cdot \begin{vmatrix} b_{11} & \cdots & b_{1l} \\ \cdots & \cdots & \cdots \\ b_{l1} & \cdots & b_{ll} \end{vmatrix}$$

$$= \left\{ a_{11} \begin{vmatrix} a_{22} & \cdots & a_{2s} \\ \cdots & \cdots & \cdots \\ a_{s2} & \cdots & a_{ss} \end{vmatrix} + \cdots \right.$$

$$+ (-1)^{1+i} a_{1i} \begin{vmatrix} a_{21} & \cdots & a_{2,i-1} & a_{2,i+1} & \cdots & a_{2s} \\ \cdots & \cdots & \cdots & \cdots & \cdots & \cdots \\ a_{s1} & \cdots & a_{s,i-1} & a_{s,i+1} & \cdots & a_{ss} \end{vmatrix} + \cdots$$

$$\left. + (-1)^{1+s} a_{1s} \begin{vmatrix} a_{21} & \cdots & a_{2,s-1} \\ \cdots & \cdots & \cdots \\ a_{s1} & \cdots & a_{s,s-1} \end{vmatrix} \right\} \cdot \begin{vmatrix} b_{11} & \cdots & b_{1l} \\ \cdots & \cdots & \cdots \\ b_{l1} & \cdots & b_{ll} \end{vmatrix}$$

$$= \begin{vmatrix} a_{11} & \cdots & a_{1s} \\ \cdots & \cdots & \cdots \\ a_{s1} & \cdots & a_{ss} \end{vmatrix} \cdot \begin{vmatrix} b_{11} & \cdots & b_{1l} \\ \cdots & \cdots & \cdots \\ b_{l1} & \cdots & b_{ll} \end{vmatrix}.$$

这里第 2 个等号是应用归纳法假设,最后一步是根据行列式按一行展开的公式. 这说明当行列式的左上角是一个 s 阶行列式时,结论也成立.

由归纳法原理可知,命题普遍成立.

例 7 证明

$$\begin{vmatrix} 0 & a_{12} & a_{13} & a_{14} & a_{15} \\ -a_{12} & 0 & a_{23} & a_{24} & a_{25} \\ -a_{13} & -a_{23} & 0 & a_{34} & a_{35} \\ -a_{14} & -a_{24} & -a_{34} & 0 & a_{45} \\ -a_{15} & -a_{25} & -a_{35} & -a_{45} & 0 \end{vmatrix} = 0$$

证明：记

$$D = \begin{vmatrix} 0 & a_{12} & a_{13} & a_{14} & a_{15} \\ -a_{12} & 0 & a_{23} & a_{24} & a_{25} \\ -a_{13} & -a_{23} & 0 & a_{34} & a_{35} \\ -a_{14} & -a_{24} & -a_{34} & 0 & a_{45} \\ -a_{15} & -a_{25} & -a_{35} & -a_{45} & 0 \end{vmatrix},$$

将 D 的每一行分别乘以 -1 得：

$$(-1)^5 D = \begin{vmatrix} 0 & -a_{12} & -a_{13} & -a_{14} & -a_{15} \\ a_{12} & 0 & -a_{23} & -a_{24} & -a_{25} \\ a_{13} & a_{23} & 0 & -a_{34} & -a_{35} \\ a_{14} & a_{24} & a_{34} & 0 & -a_{45} \\ a_{15} & a_{25} & a_{35} & a_{45} & 0 \end{vmatrix}$$

$$= D' = D$$

所以 $-D = D$，$D = 0$.

例 7 中 D 的元素 a_{ij} 满足 $a_{ij} = -a_{ji}$，这样的行列式称为反对称行列式. 可以将例 7 中的结果推广而得到：奇数阶反对称行列式等于零. 可用例 7 中的方法同样证明. 关于偶数阶反对称行列式有这样的结论：偶数阶反对称行列式等于一个平方，例如：

$$\begin{vmatrix} 0 & a_{12} \\ -a_{12} & 0 \end{vmatrix} = a_{12}^2 ;$$

$$\begin{vmatrix} 0 & a_{12} & a_{13} & a_{14} \\ -a_{12} & 0 & a_{23} & a_{24} \\ -a_{13} & -a_{23} & 0 & a_{34} \\ -a_{14} & -a_{24} & -a_{34} & 0 \end{vmatrix} = (a_{12}a_{34} + a_{14}a_{23} - a_{13}a_{24})^2.$$

这些结论仅供参考,不属本课程的要求.

上面的一些例子,不仅介绍了一些常用的计算行列式的方法,有些例子还可作为公式应用.

例 8 计算行列式
$$\begin{vmatrix} 1 & 1 & 1 & 1 \\ 1 & 2 & 3 & 4 \\ 1 & 4 & 9 & 16 \\ 1 & 8 & 27 & 64 \end{vmatrix}.$$

解:这是一个范德蒙行列式,所以
$$\begin{vmatrix} 1 & 1 & 1 & 1 \\ 1 & 2 & 3 & 4 \\ 1 & 4 & 9 & 16 \\ 1 & 8 & 27 & 64 \end{vmatrix} = (2-1)(3-1)(4-1)(3-2)(4-2)(4-3)$$
$$= 12.$$

例 9 设 a_1, a_2, a_3, a_4 是各不相同的数,求证
$$\begin{vmatrix} 1 & 1 & 1 & 1 \\ a_1 & a_2 & a_3 & a_4 \\ a_1^2 & a_2^2 & a_3^2 & a_4^2 \\ a_1^3 & a_2^3 & a_3^3 & a_4^3 \end{vmatrix} \neq 0.$$

证明:
$$D = \begin{vmatrix} 1 & 1 & 1 & 1 \\ a_1 & a_2 & a_3 & a_4 \\ a_1^2 & a_2^2 & a_3^2 & a_4^2 \\ a_1^3 & a_2^3 & a_3^3 & a_4^3 \end{vmatrix}$$

$= (a_2 - a_1)(a_3 - a_1)(a_4 - a_1)(a_3 - a_2)(a_4 - a_2)(a_4 - a_3).$

因为 a_1, a_2, a_3, a_4 各不相同,所以 $a_i - a_j \neq 0$ $(i > j)$,因此 $D \neq 0$.

例 10 计算行列式

$$\begin{vmatrix} 1 & 2 & 0 & 0 \\ 4 & 5 & 0 & 0 \\ 21 & 31 & 8 & -7 \\ 15 & 16 & -5 & 4 \end{vmatrix}.$$

解:

$$\begin{vmatrix} 1 & 2 & 0 & 0 \\ 4 & 5 & 0 & 0 \\ 21 & 31 & 8 & -7 \\ 15 & 16 & -5 & 4 \end{vmatrix} = \begin{vmatrix} 1 & 2 \\ 4 & 5 \end{vmatrix} \begin{vmatrix} 8 & -7 \\ -5 & 4 \end{vmatrix}$$

$$= (-3) \times (-3) = 9.$$

习 题 1.6

1. 计算行列式

(1) $\begin{vmatrix} 1 & 2 & 3 & 4 \\ -2 & 1 & -4 & 3 \\ 3 & -4 & -1 & 2 \\ 4 & 3 & -2 & -1 \end{vmatrix}$;　(2) $\begin{vmatrix} 0 & 1 & 2 & -1 & 4 \\ -1 & 4 & 4 & 2 & 6 \\ 3 & 3 & 1 & 2 & 1 \\ 2 & 1 & 0 & 3 & 5 \\ -1 & 3 & 5 & 1 & 2 \end{vmatrix}$;

(3) $\begin{vmatrix} \frac{1}{2} & 0 & -\frac{1}{3} & 1 \\ 2 & -1 & \frac{1}{2} & -1 \\ 3 & 2 & 1 & 0 \\ -2 & 3 & 2 & 1 \end{vmatrix}$;　(4) $\begin{vmatrix} 1 & 1 & 1 & 1 \\ 1 & -1 & 2 & -2 \\ 1 & 1 & 4 & 4 \\ 1 & -1 & 8 & -8 \end{vmatrix}$.

2. 计算

$$\begin{vmatrix} 1 & 2 & 3 & 0 & 0 \\ 4 & 5 & 6 & 0 & 0 \\ 7 & 9 & 8 & 0 & 0 \\ 0 & 0 & 0 & 1 & 3 \\ 0 & 0 & 0 & 5 & 7 \end{vmatrix}.$$

3. 计算

$$\begin{vmatrix} 1 & 2 & 2 & \cdots & 2 & 2 \\ 2 & 2 & 2 & \cdots & 2 & 2 \\ 2 & 2 & 3 & \cdots & 2 & 2 \\ \cdots & \cdots & \cdots & \cdots & \cdots & \cdots \\ 2 & 2 & 2 & \cdots & 2 & n \end{vmatrix}.$$

4. 计算 n 阶行列式

$$\begin{vmatrix} 1 & 1 & 0 & \cdots & 0 & 0 \\ 0 & 1 & 1 & \cdots & 0 & 0 \\ \cdots & \cdots & \cdots & \cdots & \cdots & \cdots \\ 0 & 0 & 0 & \cdots & 1 & 1 \\ 1 & 0 & 0 & \cdots & 0 & 1 \end{vmatrix}.$$

5. 计算 n 阶行列式

$$\begin{vmatrix} 2a & a^2 & 0 & \cdots & 0 & 0 \\ 1 & 2a & a^2 & \cdots & 0 & 0 \\ 0 & 1 & 2a & \cdots & 0 & 0 \\ \cdots & \cdots & \cdots & \cdots & \cdots & \cdots \\ 0 & 0 & 0 & \cdots & 2a & a^2 \\ 0 & 0 & 0 & \cdots & 1 & 2a \end{vmatrix}.$$

6. 计算 $2n$ 阶行列式

$$\begin{vmatrix} a & 0 & \cdots & 0 & b \\ 0 & a & \cdots & b & 0 \\ \cdots & \cdots & \cdots & \cdots & \cdots \\ 0 & b & \cdots & a & 0 \\ b & 0 & \cdots & 0 & a \end{vmatrix}.$$

内 容 提 要

1. n 阶排列

(1) 基本概念：排列、逆序、逆序数、排列的奇偶性.

(2) 主要结论：

1) n 阶排列一共有 $n!$ 个，其中奇、偶排列各有 $\dfrac{n!}{2}$ 个；

2) 对换改变排列的奇偶；

3) 任意一个 n 阶排列都可以经过一些对换变成自然顺序，并且所作对换的个数与这个排列有相同的奇偶性.

2. n 阶行列式

(1) n 阶行列式的定义：

$$\begin{vmatrix} a_{11} & a_{12} & \cdots & a_{1n} \\ a_{21} & a_{22} & \cdots & a_{2n} \\ \cdots & \cdots & \cdots & \cdots \\ a_{n1} & a_{n2} & \cdots & a_{nn} \end{vmatrix}$$

$$= \sum_{(j_1 j_2 \cdots j_n)} (-1)^{\tau(j_1 j_2 \cdots j_n)} a_{1j_1} a_{2j_2} \cdots a_{nj_n}$$

$$= \sum_{(i_1 i_2 \cdots i_n)} (-1)^{\tau(i_1 i_2 \cdots i_n)} a_{i_1 1} a_{i_2 2} \cdots a_{i_n n}.$$

(2) 行列式的性质：

性质 1 行列互换，行列式不变；

性质 2 用一个数乘行列式的某一行(列)就等于用这个数乘此行列式；

性质 3 如果行列式中第 i 行(列)的元素是两组数的和，那么这个行列式就等于两个行列式的和，这两组数分别是这两个行列式第 i 行(列)的元素，除去第 i 行(列)外，这两个行列式其他各行(列)的元素与原行列式的元素都是相同的；

性质 4　对换行列式中两行(列)的位置,行列式反号;

性质 5　如果行列式中有两行(列)成比例,那么行列式等于零;

性质 6　把行列式的某一行(列)的倍数加到另一行(列)上,行列式不变.

(3) 行列式按某一行(列)展开:

1) 两个重要概念:

余子式 M_{ij}: 在 n 阶行列式 D 中,划去元素 a_{ij} 所在的行列,剩下的元素按原来的排列构成的 $n-1$ 阶行列式称为元素 a_{ij} 的余子式,记为 M_{ij}.

代数余子式 $A_{ij}=(-1)^{i+j}M_{ij}$.

2) 行列式按某一行(列)展开的公式:

$$\sum_{s=1}^{n}a_{ks}A_{is}=\begin{cases}D, & \text{当 } k=i\\ 0, & \text{当 } k\neq i;\end{cases}$$

$$\sum_{s=1}^{n}a_{sl}A_{sj}=\begin{cases}D, & \text{当 } l=j\\ 0, & \text{当 } l\neq j.\end{cases}$$

(4) 行列式的计算

1) 化成上三角形行列式

2) 应用按一行(列)展开公式

3) 应用公式

范德蒙行列式(见 1.6 节例 3);

$$\begin{vmatrix} a_{11} & \cdots & a_{1k} & 0 & \cdots & 0 \\ \cdots & \cdots & \cdots & \cdots & \cdots & \cdots \\ a_{k1} & \cdots & a_{kk} & 0 & \cdots & 0 \\ c_{11} & \cdots & c_{1k} & b_{11} & \cdots & b_{1l} \\ \cdots & \cdots & \cdots & \cdots & \cdots & \cdots \\ c_{l1} & \cdots & c_{lk} & b_{l1} & \cdots & b_{ll} \end{vmatrix} = \begin{vmatrix} a_{11} & \cdots & a_{1k} \\ \cdots & \cdots & \cdots \\ a_{k1} & \cdots & a_{kk} \end{vmatrix} \cdot \begin{vmatrix} b_{11} & \cdots & b_{1l} \\ \cdots & \cdots & \cdots \\ b_{l1} & \cdots & b_{ll} \end{vmatrix}$$

复习题 1

1. 解下列一次方程组：

   (1) $\begin{cases} x_1 + x_2 + x_3 = -1, \\ 2x_1 - x_2 + x_3 = 2, \\ 3x_1 + x_2 - 2x_3 = 1; \end{cases}$

   (2) $\begin{cases} x_1 + x_2 + x_3 = 1, \\ ax_1 + bx_2 + cx_3 = d, \\ a^2 x_1 + b^2 x_2 + c^2 x_3 = d^2. \end{cases}$ （a, b, c 各不相同）

2. 计算行列式：

   (1) $\begin{vmatrix} 2 & 1 & 5 & 2 \\ 1 & 0 & 2 & 3 \\ 1 & 1 & 4 & 5 \\ -2 & 1 & 3 & 2 \end{vmatrix}$;

   (2) $\begin{vmatrix} 1 & -2 & 1 & 1 \\ \frac{3}{2} & -4 & -\frac{1}{2} & \frac{5}{2} \\ 1 & -7 & -7 & -\frac{1}{3} \\ \frac{1}{3} & \frac{4}{3} & \frac{7}{3} & 1 \end{vmatrix}$;

   (3) $\begin{vmatrix} 3 & 6 & 5 & 6 & 4 \\ 5 & 9 & 7 & 8 & 6 \\ 6 & 12 & 13 & 9 & 7 \\ 4 & 6 & 6 & 5 & 4 \\ 2 & 5 & 4 & 5 & 3 \end{vmatrix}$.

3. 计算行列式：

   (1) $\begin{vmatrix} a & 1 & 0 & 0 \\ -1 & b & 1 & 0 \\ 0 & -1 & c & 1 \\ 0 & 0 & -1 & d \end{vmatrix}$;

   (2) $\begin{vmatrix} a & b & c & 1 \\ b & c & a & 1 \\ c & a & b & 1 \\ \frac{b+c}{2} & \frac{a+c}{2} & \frac{a+b}{2} & 1 \end{vmatrix}$.

4. 计算行列式

$$\begin{vmatrix} 1 & -2 & -2 & \cdots & -2 & -2 \\ 2 & 2 & -2 & \cdots & -2 & -2 \\ 2 & 2 & 3 & \cdots & -2 & -2 \\ \multicolumn{6}{c}{\cdots\cdots\cdots\cdots\cdots\cdots} \\ 2 & 2 & 2 & \cdots & n-1 & -2 \\ 2 & 2 & 2 & \cdots & 2 & n \end{vmatrix}.$$

5. 计算行列式

$$\begin{vmatrix} 1 & 2 & 3 & \cdots & n-1 & n \\ 1 & -1 & 0 & \cdots & 0 & 0 \\ 0 & 2 & -2 & \cdots & 0 & 0 \\ \multicolumn{6}{c}{\cdots\cdots\cdots\cdots\cdots\cdots} \\ 0 & 0 & 0 & \cdots & n-1 & -(n-1) \end{vmatrix}.$$

6. 计算行列式

$$\begin{vmatrix} 1 & 2 & 3 & \cdots & n \\ 2 & 1 & 2 & \cdots & n-1 \\ 3 & 2 & 1 & \cdots & n-2 \\ \multicolumn{5}{c}{\cdots\cdots\cdots\cdots\cdots} \\ n & n-1 & n-2 & \cdots & 1 \end{vmatrix}.$$

7. 计算行列式

$$\begin{vmatrix} a_0 & 1 & 1 & \cdots & 1 \\ 1 & a_1 & 0 & \cdots & 0 \\ 1 & 0 & a_2 & \cdots & 0 \\ \multicolumn{5}{c}{\cdots\cdots\cdots\cdots\cdots} \\ 1 & 0 & 0 & \cdots & a_n \end{vmatrix}$$

$(a_1 \cdots a_n \neq 0)$.

8. 计算 $n(n>1)$ 阶行列式：

$$\begin{vmatrix} 1 & 1 & 0 & \cdots & 0 & 0 & 0 \\ 1 & 1 & 1 & \cdots & 0 & 0 & 0 \\ 0 & 1 & 1 & \cdots & 0 & 0 & 0 \\ \cdots\cdots\cdots\cdots\cdots\cdots\cdots\cdots\cdots\cdots\cdots \\ 0 & 0 & 0 & \cdots & 1 & 1 & 1 \\ 0 & 0 & 0 & \cdots & 0 & 1 & 1 \end{vmatrix} (n\text{阶}).$$

9. 试证

$$\begin{vmatrix} 1+a_1 & 1 & 1 & \cdots & 1 \\ 1 & 1+a_2 & 1 & \cdots & 1 \\ \cdots\cdots\cdots\cdots\cdots\cdots\cdots\cdots\cdots \\ 1 & 1 & 1 & \cdots & 1+a_n \end{vmatrix} = a_1 a_2 \cdots a_n \left(1 + \sum_{i=1}^{n} \frac{1}{a_i}\right).$$

$$(a_i \neq 0, i = 1, 2, \cdots, n)$$

10. 试证 n 阶行列式

$$\begin{vmatrix} a+b & ab & 0 & \cdots & 0 & 0 \\ 1 & a+b & ab & \cdots & 0 & 0 \\ 0 & 1 & a+b & \cdots & 0 & 0 \\ \cdots\cdots\cdots\cdots\cdots\cdots\cdots\cdots\cdots\cdots \\ 0 & 0 & 0 & \cdots & 1 & a+b \end{vmatrix} = \frac{a^{n+1} - b^{n+1}}{a-b},$$

其中 $a \neq b$.

第 2 章 线性方程组

线性方程组是线性代数的基本内容,在数学的其他分支、自然科学、工程技术以及生产实际中都经常用到,是数学中一个非常重要的基础理论.

一般线性方程组是指形式为:

$$\begin{cases} a_{11}x_1 + a_{12}x_2 + \cdots + a_{1n}x_n = b_1, \\ a_{21}x_1 + a_{22}x_2 + \cdots + a_{2n}x_n = b_2, \\ \cdots\cdots\cdots\cdots\cdots\cdots\cdots\cdots\cdots\cdots\cdots\cdots\cdots \\ a_{s1}x_1 + a_{s2}x_2 + \cdots + a_{sn}x_n = b_s. \end{cases} \quad (1)$$

的方程组,其中 $x_1, x_2, \cdots, x_n$ 代表 n 个未知量,s 是方程的个数,$a_{ij}(i=1,2,\cdots,s;j=1,2,\cdots,n)$ 称为方程组的**系数**,$b_j(j=1,2,\cdots,s)$ 称为**常数项**. 系数 a_{ij} 的第一个下标 i 表示它在第 i 个方程,第二个下标 j 表示它是 x_j 的系数. 一般情况下,未知量的个数与方程的个数不一定相等. 因为(1)式包含 n 个未知量,所以称为 n 元**线性方程组**.

线性方程组的一个**解**是指由 n 个数 $c_1, c_2, \cdots, c_n$ 组成的有序数组 $(c_1, c_2, \cdots, c_n)$,当 $x_1, x_2, \cdots, x_n$ 分别用 $c_1, c_2, \cdots, c_n$ 代入后,式(1)中每个等式都成为恒等式. 方程组(1)的解的全体称为它的**解集合**. 如果两个线性方程组有相同的解集合,就称它们是**同解的**.

为了求解一个线性方程组,必须讨论以下一些问题:

(1) 这个方程组有没有解?

(2) 如果这个方程组有解,有多少个解?

(3) 在方程组有解时,解之间的关系,并求出全部解.

本章主要讨论线性方程组的求解问题. 首先应用行列式讨论

未知量个数与方程个数相同的一类特殊的线性方程组,其次介绍消元法.应用消元法不仅简化了线性方程组求解的计算问题,还给出了线性方程组解的情况.最后,应用 n 维向量的理论全面地解决了线性方程组的求解问题.

2.1 克莱姆法则

这一节讨论方程的个数与未知量的个数相等(即 $s=n$)的情形,更一般的情形放在下一节讨论.以后我们会看到:这里所讨论的情形虽然是特殊的,但却是很重要的,在讨论一般情形时,也需要用到这里的结果.

这一节主要证明下述定理,它与 2 元、3 元线性方程组的结论是相仿的.

定理 1 (克莱姆(Cramer)法则)如果线性方程组

$$\begin{cases} a_{11}x_1 + a_{12}x_2 + \cdots + a_{1n}x_n = b_1, \\ a_{21}x_1 + a_{22}x_2 + \cdots + a_{2n}x_n = b_2, \\ \cdots\cdots\cdots\cdots\cdots\cdots\cdots\cdots\cdots\cdots \\ a_{n1}x_1 + a_{n2}x_2 + \cdots + a_{nn}x_n = b_n, \end{cases} \quad (2)$$

的系数行列式

$$D = \begin{vmatrix} a_{11} & a_{12} & \cdots & a_{1n} \\ a_{21} & a_{22} & \cdots & a_{2n} \\ \multicolumn{4}{c}{\cdots\cdots\cdots\cdots\cdots} \\ a_{n1} & a_{n2} & \cdots & a_{nn} \end{vmatrix} \neq 0,$$

那么这个方程组有解,并且解是唯一的,这个解可表示成:

$$x_1 = \frac{D_1}{D}, \quad x_2 = \frac{D_2}{D}, \cdots, x_n = \frac{D_n}{D}. \quad (3)$$

其中 D_i 是把 D 中第 i 列换成常数项 $b_1, b_2, \cdots, b_n$ 所得的行列式. 即

$$D_i = \begin{vmatrix} a_{11} & \cdots & a_{1,i-1} & b_1 & a_{1,i+1} & \cdots & a_{1n} \\ a_{21} & \cdots & a_{2,i-1} & b_2 & a_{2,i+1} & \cdots & a_{2n} \\ \cdots & \cdots & \cdots & \cdots & \cdots & \cdots & \cdots \\ a_{n1} & \cdots & a_{n,i-1} & b_n & a_{n,i+1} & \cdots & a_{nn} \end{vmatrix} (i=1,2,\cdots,n).$$

定理1一共有3个结论：①方程组有解；②解是唯一的；③解由公式(3)给出. 证明的步骤是：

第一，把 $x_i = \dfrac{D_i}{D}(i=1,2,\cdots,n)$ 代入方程组，验证它确实是解. 这样就证明了方程组有解，并且(3)是一个解，即证明了结论①与③.

第二，证明：如果 $x_1 = c_1, x_2 = c_2, \cdots, x_n = c_n$ 是方程组(2)的一个解，那么一定有 $c_1 = \dfrac{D_1}{D}, c_2 = \dfrac{D_2}{D}, \cdots, c_n = \dfrac{D_n}{D}$. 这就证明了解的唯一性，即证明了结论②.

在证明过程中，将反复应用行列式按一行(列)展开的公式.

证明：首先，证明(3)确是(2)的解：把 $x_i = \dfrac{D_i}{D}(i=1,2,\cdots,n)$ 代入第 k 个方程的左端，得：

$$a_{k1}\frac{D_1}{D} + a_{k2}\frac{D_2}{D} + \cdots + a_{kn}\frac{D_n}{D}$$
$$= \frac{1}{D}(a_{k1}D_1 + a_{k2}D_2 + \cdots + a_{kn}D_n). \tag{4}$$

因为
$$D_i = b_1 A_{1i} + b_2 A_{2i} + \cdots + b_k A_{ki} + \cdots + b_n A_{ni} \quad (i=1,2,\cdots,n),$$
所以

$$(4)\text{式} = \frac{1}{D}[a_{k1}(b_1 A_{11} + b_2 A_{21} + \cdots + b_k A_{k1} + \cdots + b_n A_{n1})$$
$$+ a_{k2}(b_1 A_{12} + b_2 A_{22} + \cdots + b_k A_{k2} + \cdots + b_n A_{n2}) + \cdots$$
$$+ a_{kn}(b_1 A_{1n} + b_2 A_{2n} + \cdots + b_k A_{kn} + \cdots + b_n A_{nn})]$$

$$= \frac{1}{D}[b_1(a_{k1}A_{11}+a_{k2}A_{12}+\cdots+a_{kn}A_{1n})$$
$$+b_2(a_{k1}A_{21}+a_{k2}A_{22}+\cdots+a_{kn}A_{2n})+\cdots$$
$$+b_k(a_{k1}A_{k1}+a_{k2}A_{k2}+\cdots+a_{kn}A_{kn})+\cdots$$
$$+b_n(a_{k1}A_{n1}+a_{k2}A_{n2}+\cdots+a_{kn}A_{nn})].$$

根据行列式按一行展开的公式,可以看出:上式的方括号中只有 b_k 的系数是 D,而其他 $b_s(s\neq k)$ 的系数全为 0. 因此得:

$$a_{k1}\frac{D_1}{D}+a_{k2}\frac{D_2}{D}+\cdots+a_{kn}\frac{D_n}{D}=\frac{1}{D}b_kD=b_k.$$

这说明将(3)代入第 $k(k=1,2,\cdots,n)$ 个方程后,得到了一个恒等式,所以(3)是(2)的一个解.

其次,设 $x_1=c_1,x_2=c_2,\cdots,x_n=c_n$ 是方程组(2)的一个解. 那么,将 $x_i=c_i$ 代入(2)后,得到 n 个恒等式:

$$\begin{cases}a_{11}c_1+a_{12}c_2+\cdots+a_{1n}c_n=b_1,\\ a_{21}c_1+a_{22}c_2+\cdots+a_{2n}c_n=b_2,\\ \cdots\cdots\cdots\cdots\cdots\cdots\cdots\cdots\cdots\cdots\cdots\cdots\cdots\\ a_{n1}c_1+a_{n2}c_2+\cdots+a_{nn}c_n=b_n.\end{cases} \quad (5)$$

用系数行列式的第 i 列的代数余子式 $A_{1i},A_{2i},\cdots,A_{ni}$ 依次去乘(5)中 n 个恒等式,得

$$\begin{cases}a_{11}A_{1i}c_1+a_{12}A_{1i}c_2+\cdots+a_{1n}A_{1i}c_n=b_1A_{1i},\\ a_{21}A_{2i}c_1+a_{22}A_{2i}c_2+\cdots+a_{2n}A_{2i}c_n=b_2A_{2i},\\ \cdots\cdots\cdots\cdots\cdots\cdots\cdots\cdots\cdots\cdots\cdots\cdots\cdots\cdots\cdots\\ a_{n1}A_{ni}c_1+a_{n2}A_{ni}c_2+\cdots+a_{nn}A_{ni}c_n=b_nA_{ni}.\end{cases}$$

将此 n 个等式相加,得:

$$(a_{11}A_{1i}+a_{21}A_{2i}+\cdots+a_{n1}A_{ni})c_1$$
$$+(a_{12}A_{1i}+a_{22}A_{2i}+\cdots+a_{n2}A_{ni})c_2+\cdots$$
$$+(a_{1i}A_{1i}+a_{2i}A_{2i}+\cdots+a_{ni}A_{ni})c_i+\cdots$$
$$+(a_{1n}A_{1i}+a_{2n}A_{2i}+\cdots+a_{nn}A_{ni})c_n$$

$$= b_1 A_{1i} + b_2 A_{2i} + \cdots + b_i A_{ii} + \cdots + b_n A_{ni}.$$

利用按一列展开的性质,根据

$$\sum_{s=1}^{n} a_{sl} A_{si} = \begin{cases} D, & \text{当 } l = i \text{ 时}; \\ 0, & \text{当 } l \neq i. \end{cases}$$

于是得: $\qquad c_i D = D_i,$

因此 $\qquad c_i = \dfrac{D_i}{D}.$

这就是说,如果 $(c_1, c_2, \cdots, c_n)$ 是方程组(2)的一个解,那么一定有 $c_i = \dfrac{D_i}{D}$ $(i=1,2,\cdots,n)$,所以方程组只有一个解.

例 1 解线性方程组

$$\begin{cases} 3x_1 + x_2 - x_3 + x_4 = -3, \\ x_1 - x_2 + x_3 + 2x_4 = 4, \\ 2x_1 + x_2 + 2x_3 - x_4 = 7, \\ x_1 \quad\quad + 2x_3 + x_4 = 6. \end{cases}$$

解 方程组的系数行列式

$$D = \begin{vmatrix} 3 & 1 & -1 & 1 \\ 1 & -1 & 1 & 2 \\ 2 & 1 & 2 & -1 \\ 1 & 0 & 2 & 1 \end{vmatrix} = -13 \neq 0.$$

所以根据克莱姆法则,这个线性方程组有唯一解. 又因

$$D_1 = \begin{vmatrix} -3 & 1 & -1 & 1 \\ 4 & -1 & 1 & 2 \\ 7 & 1 & 2 & -1 \\ 6 & 0 & 2 & 1 \end{vmatrix} = -13,$$

$$D_2 = \begin{vmatrix} 3 & -3 & -1 & 1 \\ 1 & 4 & 1 & 2 \\ 2 & 7 & 2 & -1 \\ 1 & 6 & 2 & 1 \end{vmatrix} = 26,$$

$$D_3 = \begin{vmatrix} 3 & 1 & -3 & 1 \\ 1 & -1 & 4 & 2 \\ 2 & 1 & 7 & -1 \\ 1 & 0 & 6 & 1 \end{vmatrix} = -39,$$

$$D_4 = \begin{vmatrix} 3 & 1 & -1 & -3 \\ 1 & -1 & 1 & 4 \\ 2 & 1 & 2 & 7 \\ 1 & 0 & 2 & 6 \end{vmatrix} = 13.$$

所以这个线性方程组的唯一解为

$$x_1 = \frac{D_1}{D} = 1, \quad x_2 = \frac{D_2}{D} = -2,$$

$$x_3 = \frac{D_3}{D} = 3, \quad x_4 = \frac{D_4}{D} = -1.$$

需要注意的是,定理 1 所讨论的只是系数行列式不等于零的方程组;只有当系数行列式不等于零时,才能用克莱姆法则求解.

在线性方程组中,有一种特殊的线性方程组,即常数项全为零的方程组,称为**齐次线性方程组**.显然,齐次线性方程组总是有解的,因为 $x_i = 0 (i = 1, 2, \cdots, n)$ 就是它的解,这个解称为**零解**;其他的,即 x_i 不全为零的解,称为**非零解**.所以,对于齐次线性方程组,需要讨论的问题,不是有没有解,而是有没有非零解.这个问题与齐次方程组解的个数是有密切关系的.如果一个齐次线性方程组只有零解,那么这个方程组就有唯一解;反之,如果某个齐次方程组有唯一解,那么由于零解是一个解,所以这个方程组不可能有非零解.

对于方程个数与未知量个数相同的齐次线性方程组,应用克莱姆法则,有

定理 2 如果齐次线性方程组

$$\begin{cases} a_{11}x_1 + a_{12}x_2 + \cdots + a_{1n}x_n = 0 \\ a_{21}x_1 + a_{22}x_2 + \cdots + a_{2n}x_n = 0 \\ \cdots\cdots\cdots\cdots\cdots\cdots\cdots\cdots\cdots \\ a_{n1}x_1 + a_{n2}x_2 + \cdots + a_{nn}x_n = 0 \end{cases} \tag{6}$$

的系数行列式 D 不等于零,那么(6)只有零解. 也就是说,如果方程组(6)有非零解,则必须 $D=0$.

证明:由于 $D \neq 0$,故可应用克莱姆法则. 因为行列式 $D_i(i=1,2,\cdots,n)$ 的第 i 列的元素全等于零,所以 $D_i = 0 (i=1,2,\cdots,n)$. 于是,方程组的唯一解是:

$$x_i = \frac{D_i}{D} = 0 \quad (i=1,2,\cdots,n). \ |$$

关于齐次线性方程组的非零解问题将在 2.7 节中详细论述.

习 题 2.1

1. 用克莱姆法则解下列线性方程组:

(1) $\begin{cases} 3x_1 + 2x_2 + 4x_3 - x_4 = 13, \\ 5x_1 + x_2 - x_3 + 2x_4 = 9, \\ 2x_1 + 3x_2 - 7x_3 + 3x_4 = 14, \\ 4x_1 - 4x_2 + 3x_3 - 5x_4 = 4; \end{cases}$

(2) $\begin{cases} 2x_1 - x_2 + 3x_3 - 2x_4 = -6, \\ x_1 + 7x_2 + x_3 - x_4 = 5, \\ 3x_1 + 5x_2 - 5x_3 + 3x_4 = 19, \\ x_1 - x_2 - 2x_3 + x_4 = 4; \end{cases}$

(3) $\begin{cases} x_1 + 2x_2 + 3x_3 - 2x_4 = 6 \\ 2x_1 - x_2 - 2x_3 - 3x_4 = 8, \\ 3x_1 + 2x_2 - x_3 + 2x_4 = 4, \\ 2x_1 - 3x_2 + 2x_3 + x_4 = -8; \end{cases}$

(4) $\begin{cases} 5x_1 + 6x_2 = 1 \\ x_1 + 5x_2 + 6x_3 = -2, \\ x_2 + 5x_3 + 6x_4 = 2, \\ x_3 + 5x_4 + 6x_5 = -2, \\ x_4 + 5x_5 = -4. \end{cases}$

2. 证明下列齐次线性方程组只有零解:

$$\begin{cases} x_1 - 3x_2 + 4x_3 - 5x_4 = 0, \\ x_1 - x_2 - x_3 + 2x_4 = 0, \\ x_1 + 2x_2 + 5x_4 = 0, \\ 2x_1 - x_2 + 3x_3 - 2x_4 = 0. \end{cases}$$

2.2 消 元 法

对于解决未知量个数与方程个数相等而且系数行列式不等于零的线性方程组,克莱姆法则在理论上是一个非常完善的结果.它不仅肯定了这种方程组有解,而且说明只有一个解,还用公式把解通过系数及常数项表示了出来.这个结果不但完全解决了这一类特殊的线性方程组,而且还将在以后解决一般线性方程组的问题时起着重要的作用.但是在具体应用克莱姆法则求解时,需要计算 $n+1$ 个 n 阶行列式,计算量是比较大的.所以在具体解线性方程组时,一般不用克莱姆法则,而用消元法来计算.

在中学代数里,我们学过用消元法解 2 元、3 元线性方程组.消元法的基本思想是:把方程组中一部分方程变成未知量较少的方程.请看下面一个具体的例子.

例 1 解线性方程组
$$\begin{cases} 2x_1 + 2x_2 - 3x_3 = 9, \\ x_1 + 2x_2 + x_3 = 4, \\ 3x_1 + 9x_2 + 2x_3 = 19. \end{cases}$$

解:将第 1、2 两个方程互换,方程组变为:
$$\begin{cases} x_1 + 2x_2 + x_3 = 4, \\ 2x_1 + 2x_2 - 3x_3 = 9, \\ 3x_1 + 9x_2 + 2x_3 = 19. \end{cases}$$

由第 2 个方程减去第 1 个方程的 2 倍;第 3 个方程减去第 1 个方程的 3 倍,得:
$$\begin{cases} x_1 + 2x_2 + x_3 = 4, \\ -2x_2 - 5x_3 = 1, \\ 3x_2 - x_3 = 7. \end{cases}$$

在新方程组中,把第 2 个方程的 3 倍与第三个方程的 2 倍相加,得：
$$\begin{cases} x_1 + 2x_2 + x_3 = 4, \\ \quad\quad -2x_2 - 5x_3 = 1, \\ \quad\quad\quad\quad -17x_3 = 17. \end{cases}$$

至此,很容易求出方程组的解是$(1,2,-1)$.

分析消元法的内容,不难看出:它是反复地将方程组进行变换,而所作的变换则是由下述 3 种基本变换构成的:

1. 用一个非零的数乘一个方程;
2. 用一个数乘一个方程后加到另一个方程上;
3. 互换两个方程的位置.

于是,引进下述定义.

定义 1 变换 $1, 2, 3$ 称为线性方程组的初等变换.

对方程组进行变换是为了把方程组化简,但变换前后方程组的解集合必须要保持不变.两个方程组如果有相同的解集合,就称这两个方程组是**同解的**.下面证明:初等变换把方程组变成与它同解的方程组.上述初等变换 1 和 3 不会改变方程组的解集合是明显的.下面仅对初等变换 2 来证明:

对方程组

$$\begin{cases} a_{11}x_1 + a_{12}x_2 + \cdots + a_{1n}x_n = b_1, \\ a_{21}x_1 + a_{22}x_2 + \cdots + a_{2n}x_n = b_2, \\ \cdots\cdots\cdots\cdots\cdots\cdots\cdots\cdots\cdots\cdots \\ a_{s1}x_1 + a_{s2}x_2 + \cdots + a_{sn}x_n = b_s, \end{cases} \quad (1)$$

进行第二种初等变换:为简便起见,不妨设把第一个方程的 k 倍加到第二个方程上,得到新方程组

$$\begin{cases} a_{11}x_1 + a_{12}x_2 + \cdots + a_{1n}x_n = b_1, \\ (a_{21} + ka_{11})x_1 + (a_{22} + ka_{12})x_2 + \cdots + (a_{2n} + ka_{1n})x_n = b_2 + kb_1, \\ \cdots\cdots\cdots\cdots\cdots\cdots\cdots\cdots\cdots\cdots\cdots\cdots\cdots\cdots \\ a_{s1}x_1 + a_{s2}x_2 + \cdots + a_{sn}x_n = b_s. \end{cases} \quad (2)$$

设 $(c_1, c_2, \cdots, c_n)$ 是 (1) 的任一解. 把它代入 (1) 后, 得到 s 个恒等式:

$$\begin{cases} a_{11}c_1 + a_{12}c_2 + \cdots + a_{1n}c_n = b_1, \\ a_{21}c_1 + a_{22}c_2 + \cdots + a_{2n}c_n = b_2, \\ \cdots\cdots\cdots\cdots\cdots\cdots\cdots\cdots\cdots\cdots \\ a_{s1}c_1 + a_{s2}c_2 + \cdots + a_{sn}c_n = b_s. \end{cases}$$

把第一个等式的 k 倍加到第二个等式上, 得到

$$\begin{cases} a_{11}c_1 + a_{12}c_2 + \cdots + a_{1n}c_n = b_1, \\ (a_{21} + ka_{11})c_1 + (a_{22} + ka_{12})c_2 + \cdots + (a_{2n} + ka_{1n})c_n = b_2 + kb_1, \\ \cdots\cdots\cdots\cdots\cdots\cdots\cdots\cdots\cdots\cdots \\ a_{s1}c_1 + a_{s2}c_2 + \cdots + a_{sn}c_n = b_s. \end{cases}$$

这说明 $(c_1, c_2, \cdots, c_n)$ 也是方程组 (2) 的一个解. 用同样的方法可以证明, 凡是方程组 (2) 的解也都是方程组 (1) 的解. 因此, (1) 与 (2) 是同解的.

下面说明, 如何利用初等变换来解线性方程组. 首先还是讨论 $s=n$ 并且系数行列式不等于零的方程组. 为此我们来证明下述定理:

定理 3 如果方程组

$$\begin{cases} a_{11}x_1 + a_{12}x_2 + \cdots + a_{1n}x_n = b_1, \\ a_{21}x_1 + a_{22}x_2 + \cdots + a_{2n}x_n = b_2, \\ \cdots\cdots\cdots\cdots\cdots\cdots\cdots\cdots\cdots\cdots \\ a_{n1}x_1 + a_{n2}x_2 + \cdots + a_{nn}x_n = b_n, \end{cases} \qquad (3)$$

的系数行列式

$$D = \begin{vmatrix} a_{11} & a_{12} & \cdots & a_{1n} \\ a_{21} & a_{22} & \cdots & a_{2n} \\ \cdots\cdots\cdots\cdots\cdots\cdots \\ a_{n1} & a_{n2} & \cdots & a_{nn} \end{vmatrix} \neq 0,$$

那么(3)可以用初等变换化成下列形式的同解方程组：

$$\begin{cases} c_{11}x_1 + c_{12}x_2 + c_{13}x_3 + \cdots + c_{1n}x_n = d_1, \\ \phantom{c_{11}x_1 + {}} c_{22}x_2 + c_{23}x_3 + \cdots + c_{2n}x_n = d_2, \\ \phantom{c_{11}x_1 + c_{12}x_2 + {}} c_{33}x_3 + \cdots + c_{3n}x_n = d_3, \\ \phantom{c_{11}x_1 + c_{12}x_2 + c_{13}x_3 + \cdots + {}} \cdots\cdots\cdots\cdots \\ \phantom{c_{11}x_1 + c_{12}x_2 + c_{13}x_3 + \cdots + {}} c_{nn}x_n = d_n, \end{cases} \quad (4)$$

其中系数 $c_{11}, c_{22}, \cdots, c_{nn}$ 全不为零.

证明：对 n 用数学归纳法：当 $n=1$ 时，结论显然成立. 假设定理对 $n-1$ 个未知量的方程组也是成立的. 下面考察 n 个未知量的方程组(3).

因为 $D \neq 0$，所以 $a_{11}, a_{21}, \cdots, a_{n1}$ 不会全等于零，因而利用上述初等变换 3，可以将方程组(3)变成同解方程组（目的是使新方程组中的 $a'_{11} \neq 0$）

$$\begin{cases} a'_{11}x_1 + a'_{12}x_2 + \cdots + a'_{1n}x_n = b'_1, \\ a'_{21}x_1 + a'_{22}x_2 + \cdots + a'_{2n}x_n = b'_2, \\ \cdots\cdots\cdots\cdots\cdots\cdots\cdots\cdots\cdots \\ a'_{n1}x_1 + a'_{n2}x_2 + \cdots + a'_{nn}x_n = b'_n, \end{cases} \quad (5)$$

其中 $a'_{11} \neq 0$.

将(5)中第 1 个方程的 $-\dfrac{a'_{21}}{a'_{11}}$ 倍加到第 2 个方程；第 1 个方程的 $-\dfrac{a'_{31}}{a'_{11}}$ 倍加到第 3 个方程……第 1 个方程的 $-\dfrac{a'_{n1}}{a'_{11}}$ 倍加到第 n 个方程. 于是方程组(5)就变成了下列方程组(6)

$$\begin{cases} a'_{11}x_1 + a'_{12}x_2 + \cdots + a'_{1n}x_n = b'_1, \\ \phantom{a'_{11}x_1 + {}} a''_{22}x_2 + \cdots + a''_{2n}x_n = b''_2, \\ \cdots\cdots\cdots\cdots\cdots\cdots\cdots\cdots \\ \phantom{a'_{11}x_1 + {}} a''_{n2}x_2 + \cdots + a''_{nn}x_n = b''_n, \end{cases} \quad (6)$$

其中 $a'_{11} \neq 0$.

方程组(6)的系数行列式是由(3)的系数行列式经过两行对换以及用一行的倍数加到另一行后而得的,因此

$$\begin{vmatrix} a'_{11} & a'_{12} & \cdots & a'_{1n} \\ 0 & a''_{22} & \cdots & a''_{2n} \\ \cdots\cdots\cdots\cdots\cdots\cdots \\ 0 & a''_{n2} & \cdots & a''_{nn} \end{vmatrix} = D' \neq 0.$$

因为 $\begin{vmatrix} a'_{11} & a'_{12} & \cdots & a'_{1n} \\ 0 & a''_{22} & \cdots & a''_{2n} \\ \cdots\cdots\cdots\cdots\cdots\cdots \\ 0 & a''_{n2} & \cdots & a''_{nn} \end{vmatrix} = a'_{11} \begin{vmatrix} a''_{22} & \cdots & a''_{2n} \\ \cdots\cdots\cdots\cdots \\ a''_{n2} & \cdots & a''_{nn} \end{vmatrix},$

所以 $\begin{vmatrix} a''_{22} & \cdots & a''_{2n} \\ \cdots\cdots\cdots\cdots \\ a''_{n2} & \cdots & a''_{nn} \end{vmatrix} \neq 0.$

考察 $n-1$ 个未知量的线性方程组

$$\begin{cases} a''_{22}x_2 + \cdots + a''_{2n}x_n = b''_2 \\ \cdots\cdots\cdots\cdots\cdots\cdots \\ a''_{n2}x_2 + \cdots + a''_{nn}x_n = b''_n. \end{cases}$$

由于这个方程组的系数行列式不等于零,根据归纳法假设,可以用初等变换将它变为下列形式的线性方程组:

$$\begin{cases} c_{22}x_2 + c_{23}x_3 + \cdots + c_{2n}x_n = d_2, \\ c_{33}x_3 + \cdots + c_{3n}x_n = d_3, \\ \cdots\cdots\cdots\cdots\cdots\cdots \\ c_{nn}x_n = d_n. \end{cases}$$

其中 $c_{22}, c_{33}, \cdots, c_{nn}$ 全不为零. 将这些初等变换用于方程组(6),就得到形式如(4)的同解方程.

显然,方程组(4)是很容易求解的:从最后一个方程,可以直接得到 $x_n = \dfrac{d_n}{c_{nn}}$,代入倒数第 2 个方程,就可算出 x_{n-1},逐次代上去,

就可依次求出 $x_{n-2},\cdots,x_2,x_1$.

例 2 解线性方程组

$$\begin{cases} x_1+2x_2-3x_3+4x_4-x_5=-1,\\ 2x_1-x_2+3x_3-4x_4+2x_5=8,\\ 3x_1+x_2-x_3+2x_4-x_5=3,\\ 4x_1+3x_2+4x_3+2x_4+2x_5=-2,\\ x_1-3x_2-x_3+2x_4-3x_5=-3; \end{cases}$$

解：用消元法求解：

$$\begin{cases} x_1+2x_2-3x_3+4x_4-x_5=-1,\\ 2x_1-x_2+3x_3-4x_4+2x_5=8,\\ 3x_1+x_2-x_3+2x_4-x_5=3,\\ 4x_1+3x_2+4x_3+2x_4+2x_5=-2,\\ x_1-3x_2-x_3+2x_4-3x_5=-3; \end{cases}$$

$$\rightarrow \begin{cases} x_1+2x_2-3x_3+4x_4-x_5=-1;\\ -5x_2+9x_3-12x_4+4x_5=10,\\ -5x_2+8x_3-10x_4+2x_5=6,\\ -5x_2+16x_3-14x_4+6x_5=2,\\ -5x_2+2x_3-2x_4-2x_5=-2; \end{cases}$$

$$\rightarrow \begin{cases} x_1+2x_2-3x_3+4x_4-x_5=-1,\\ -5x_2+9x_3-12x_4+4x_5=10,\\ -x_3+2x_4-2x_5=-4,\\ 7x_3-2x_4+2x_5=-8,\\ -7x_3+10x_4-6x_5=-12; \end{cases}$$

$$\rightarrow \begin{cases} x_1+2x_2-3x_3+4x_4-x_5=-1,\\ -5x_2+9x_3-12x_4+4x_5=10,\\ -x_3+2x_4-2x_5=-4,\\ 12x_4-12x_5=-36,\\ -4x_4+8x_5=16; \end{cases}$$

$$\rightarrow \begin{cases} x_1 + 2x_2 - 3x_3 + 4x_4 - x_5 = -1, \\ 5x_2 + 9x_3 - 12x_4 + 4x_5 = 10, \\ -x_3 + 2x_4 - 2x_5 = -4, \\ x_4 - x_5 = -3, \\ x_5 = 1; \end{cases}$$

$$\rightarrow \begin{cases} x_1 = 2, \\ x_2 = 0, \\ x_3 = -2, \\ x_4 = -2, \\ x_5 = 1. \end{cases}$$

所以这个方程组的解是 $(2, 0, -2, -2, 1)$.

其实,在作初等变换化简方程的时候,只是对这些方程的系数进行变换,所以为了简便起见,可以将未知量略去不写,而将系数列成一个表来计算. 这样做不但简单,而且不容易出错. 下面举例说明.

例3 解线性方程组

$$\begin{cases} 2x_1 + x_2 + x_3 + x_4 + x_5 = 4, \\ x_1 + 2x_2 + x_3 + x_4 + x_5 = 5, \\ x_1 + x_2 + 3x_3 + x_4 + x_5 = 9, \\ x_1 + x_2 + x_3 + 4x_4 + x_5 = 0, \\ x_1 + x_2 + x_3 + x_4 + 5x_5 = -5. \end{cases}$$

解: 用消元法进行计算

$$\begin{pmatrix} 2 & 1 & 1 & 1 & 1 & 4 \\ 1 & 2 & 1 & 1 & 1 & 5 \\ 1 & 1 & 3 & 1 & 1 & 9 \\ 1 & 1 & 1 & 4 & 1 & 0 \\ 1 & 1 & 1 & 1 & 5 & -5 \end{pmatrix} \rightarrow \begin{pmatrix} 1 & 2 & 1 & 1 & 1 & 5 \\ 2 & 1 & 1 & 1 & 1 & 4 \\ 1 & 1 & 3 & 1 & 1 & 9 \\ 1 & 1 & 1 & 4 & 1 & 0 \\ 1 & 1 & 1 & 1 & 5 & -5 \end{pmatrix}$$

$$\rightarrow \begin{pmatrix} 1 & 2 & 1 & 1 & 1 & 5 \\ 0 & -3 & -1 & -1 & -1 & -6 \\ 0 & -1 & 2 & 0 & 0 & 4 \\ 0 & -1 & 0 & 3 & 0 & -5 \\ 0 & -1 & 0 & 0 & 4 & -10 \end{pmatrix}$$

$$\rightarrow \begin{pmatrix} 1 & 2 & 1 & 1 & 1 & 5 \\ 0 & 1 & -2 & 0 & 0 & -4 \\ 0 & -3 & -1 & -1 & -1 & -6 \\ 0 & -1 & 0 & 3 & 0 & -5 \\ 0 & -1 & 0 & 0 & 4 & -10 \end{pmatrix}$$

$$\rightarrow \begin{pmatrix} 1 & 2 & 1 & 1 & 1 & 5 \\ 0 & 1 & -2 & 0 & 0 & -4 \\ 0 & 0 & -7 & -1 & -1 & -18 \\ 0 & 0 & -2 & 3 & 0 & -9 \\ 0 & 0 & -2 & 0 & 4 & -14 \end{pmatrix} \rightarrow \begin{pmatrix} 1 & 2 & 1 & 1 & 1 & 5 \\ 0 & 1 & -2 & 0 & 0 & -4 \\ 0 & 0 & 1 & 0 & -2 & 7 \\ 0 & 0 & 7 & 1 & 1 & 18 \\ 0 & 0 & -2 & 3 & 0 & -9 \end{pmatrix}$$

$$\rightarrow \begin{pmatrix} 1 & 2 & 1 & 1 & 1 & 5 \\ 0 & 1 & -2 & 0 & 0 & -4 \\ 0 & 0 & 1 & 0 & -2 & 7 \\ 0 & 0 & 0 & 1 & 15 & -31 \\ 0 & 0 & 0 & 3 & -4 & 5 \end{pmatrix} \rightarrow \begin{pmatrix} 1 & 2 & 1 & 1 & 1 & 5 \\ 0 & 1 & -2 & 0 & 0 & -4 \\ 0 & 0 & 1 & 0 & -2 & 7 \\ 0 & 0 & 0 & 1 & 15 & -31 \\ 0 & 0 & 0 & 0 & -49 & 98 \end{pmatrix}$$

$$\rightarrow \begin{pmatrix} 1 & 0 & 0 & 0 & 0 & 1 \\ 0 & 1 & 0 & 0 & 0 & 2 \\ 0 & 0 & 1 & 0 & 0 & 3 \\ 0 & 0 & 0 & 1 & 0 & -1 \\ 0 & 0 & 0 & 0 & 1 & -2 \end{pmatrix}.$$

所以原方程组的解为$(1,2,3,-1,-2)$.

不知道读者有没有注意到这样一个问题:当我们用消元法解例2及例3的时候,并没有先计算这两个方程组的系数行列式.这样做是不是会出现什么问题呢？不会的．这是因为我们已经证明了经过初等变换后，方程组的解集合是保持不变的，所以最后一组方程与原来的方程组是同解的，因此只要解最后的方程组就可以了．此外，还可以从另一个角度来看这个问题，原来的方程组经过一系列的初等变换变成新方程组时，这两个方程组的系数行列式之间有什么关系？从初等变换的定义可以看出：这两个系数行列式只相差一个非零常数倍，或者都等于零，或都不等于零．如果原来的系数行列式等于零，那么在消元过程中所得到的每个方程组的系数行列式也一定都等于零，这一点一定会在消元过程中发现．至于如果发现了某个线性方程组的系数行列式等于零，如何进行计算，这将在下面讨论．

习 题 2.2(1)

1. 解下列线性方程组：

(1) $\begin{cases} 2x_1 - x_2 + 3x_3 + 2x_4 = 6, \\ 3x_1 - 3x_2 + 3x_3 + 2x_4 = 5, \\ 3x_1 - x_2 - x_3 + 2x_4 = 3, \\ 3x_1 + 2x_2 + 3x_3 - x_4 = 4; \end{cases}$

(2) $\begin{cases} x_1 + 3x_2 + 5x_3 + 7x_4 = 12, \\ 3x_1 + 5x_2 + 7x_3 + x_4 = 0, \\ 5x_1 + 7x_2 + x_3 + 3x_4 = 4, \\ 7x_1 + x_2 + 3x_3 + 5x_4 = 16; \end{cases}$

(3) $\begin{cases} x_1 + 2x_2 + 3x_3 + 4x_4 + 5x_5 = 13, \\ 2x_1 + x_2 + 2x_3 + 3x_4 + 4x_5 = 10, \\ 2x_1 + 2x_2 + x_3 + 2x_4 + 3x_5 = 11, \\ 2x_1 + 2x_2 + 2x_3 + x_4 + 2x_5 = 6, \\ 2x_1 + 2x_2 + 2x_3 + 2x_4 + x_5 = 3; \end{cases}$

(4) $\begin{cases} x_1 + 4x_2 + 6x_3 + 4x_4 + x_5 = 4, \\ x_1 + x_2 + 4x_3 + 6x_4 + 4x_5 = 3, \\ 4x_1 + x_2 + x_3 + 4x_4 + 6x_5 = 3, \\ 6x_1 + 4x_2 + x_3 + x_4 + 4x_5 = 3, \\ 4x_1 + 6x_2 + 4x_3 + x_4 + x_5 = 3. \end{cases}$

以下通过消元法来讨论一般线性方程组的求解问题．首先我们通过一些例子来说明线性方程组的解可能出现的几种情况.

例 4 解线性方程组
$$\begin{cases} x_1 + x_2 + 2x_3 = 1, \\ 2x_1 - x_2 + 2x_3 = 4, \\ x_1 - 2x_2 = 3, \\ 4x_1 + x_2 + 4x_3 = 2. \end{cases}$$

解：首先用初等变换化简方程组：

$$\begin{pmatrix} 1 & 1 & 2 & 1 \\ 2 & -1 & 2 & 4 \\ 1 & -2 & 0 & 3 \\ 4 & 1 & 4 & 2 \end{pmatrix} \to \begin{pmatrix} 1 & 1 & 2 & 1 \\ 0 & -3 & -2 & 2 \\ 0 & -3 & -2 & 2 \\ 0 & -3 & -4 & -2 \end{pmatrix}$$

$$\to \begin{pmatrix} 1 & 1 & 2 & 1 \\ 0 & -3 & -2 & 2 \\ 0 & 0 & 0 & 0 \\ 0 & 0 & -2 & -4 \end{pmatrix} \to \begin{pmatrix} 1 & 1 & 2 & 1 \\ 0 & -3 & -2 & 2 \\ 0 & 0 & 1 & 2 \\ 0 & 0 & 0 & 0 \end{pmatrix}.$$

于是得到与原方程组同解的方程组：
$$\begin{cases} x_1 + x_2 + 2x_3 = 1, \\ -3x_2 - 2x_3 = 2, \\ x_3 = 2. \end{cases}$$

显然，这个方程组有唯一解：
$$x_1 = -1, x_2 = -2, x_3 = 2.$$
这也是原方程组的解. 即原方程组有唯一解：$(-1, -2, 2)$.

例 5 解线性方程组
$$\begin{cases} x_1 - 2x_2 + 3x_3 - 4x_4 = 4, \\ x_2 - x_3 + x_4 = -3, \\ x_1 + 3x_2 - 3x_4 = 1, \\ -7x_2 + 3x_3 + x_4 = -3. \end{cases}$$

解：用初等变换将方程组化简：

$$\begin{pmatrix} 1 & -2 & 3 & -4 & 4 \\ 0 & 1 & -1 & 1 & -3 \\ 1 & 3 & 0 & -3 & 1 \\ 0 & -7 & 3 & 1 & -3 \end{pmatrix} \rightarrow \begin{pmatrix} 1 & -2 & 3 & -4 & 4 \\ 0 & 1 & -1 & 1 & -3 \\ 0 & 5 & -3 & 1 & -3 \\ 0 & -7 & 3 & 1 & -3 \end{pmatrix}$$

$$\rightarrow \begin{pmatrix} 1 & -2 & 3 & -4 & 4 \\ 0 & 1 & -1 & 1 & -3 \\ 0 & 0 & 2 & -4 & 12 \\ 0 & 0 & -4 & 8 & -24 \end{pmatrix} \rightarrow \begin{pmatrix} 1 & -2 & 3 & -4 & 4 \\ 0 & 1 & -1 & 1 & -3 \\ 0 & 0 & 1 & -2 & 6 \\ 0 & 0 & 0 & 0 & 0 \end{pmatrix}.$$

于是得到与原方程组同解的方程组：

$$\begin{cases} x_1 - 2x_2 + 3x_3 - 4x_4 = 4, \\ x_2 - x_3 + x_4 = -3, \\ x_3 - 2x_4 = 6. \end{cases}$$

把这个方程改写为：

$$\begin{cases} x_1 - 2x_2 + 3x_3 = 4 + 4x_4, \\ x_2 - x_3 = -3 - x_4, \\ x_3 = 6 + 2x_4, \end{cases}$$

可以把 x_1, x_2, x_3 用 x_4 唯一地表示出来：

$$\begin{cases} x_1 = -8, \\ x_2 = 3 + x_4, \\ x_3 = 6 + 2x_4. \end{cases}$$

由此可以看到：x_4 可以取任意值. 而当 x_4 取定了以后，x_1, x_2, x_3 就可以从上面这一组等式求出. 所以，原方程组的解可以表示成：

$$\begin{cases} x_1 = -8, \\ x_2 = 3 + k, \\ x_3 = 6 + 2k, \\ x_4 = k. \end{cases}$$

其中 k 可以是任意一个数，这个方程组有无穷多个解.

例 6 解线性方程组

$$\begin{cases} x_1 - 2x_2 + 3x_3 - x_4 - x_5 = 2, \\ x_1 + x_2 - x_3 + x_4 - 2x_5 = 1, \\ 2x_1 - x_2 + x_3 \quad\quad - 2x_5 = 2, \\ 2x_1 + 2x_2 - 5x_3 + 2x_4 - x_5 = 5. \end{cases}$$

解:首先进行初等变换

$$\begin{pmatrix} 1 & -2 & 3 & -1 & -1 & 2 \\ 1 & 1 & -1 & 1 & -2 & 1 \\ 2 & -1 & 1 & 0 & -2 & 2 \\ 2 & 2 & -5 & 2 & -1 & 5 \end{pmatrix} \rightarrow \begin{pmatrix} 1 & -2 & 3 & -1 & -1 & 2 \\ 0 & 3 & -4 & 2 & -1 & -1 \\ 0 & 3 & -5 & 2 & 0 & -2 \\ 0 & 6 & -11 & 4 & 1 & 1 \end{pmatrix}$$

$$\rightarrow \begin{pmatrix} 1 & -2 & 3 & -1 & -1 & 2 \\ 0 & 3 & -4 & 2 & -1 & -1 \\ 0 & 0 & -1 & 0 & 1 & -1 \\ 0 & 0 & -3 & 0 & 3 & 3 \end{pmatrix} \rightarrow \begin{pmatrix} 1 & -2 & 3 & -1 & -1 & 2 \\ 0 & 3 & -4 & 2 & -1 & -1 \\ 0 & 0 & 1 & 0 & -1 & 1 \\ 0 & 0 & 0 & 0 & 0 & 6 \end{pmatrix}.$$

于是得到同解方程组

$$\begin{cases} x_1 - 2x_2 + 3x_3 - x_4 - x_5 = 2 \\ 3x_2 - 4x_3 + 2x_4 - x_5 = -1 \\ x_3 \quad\quad - x_5 = 1 \\ \quad\quad\quad 0 = 6. \end{cases}$$

从最后一个方程可以看出:这个方程组是无解的.所以原方程组也无解.

从以上 3 个例子看出:一般线性方程组的解可能有 3 种情况:有唯一解,有无穷多解或无解.所以讨论线性方程组,主要是解决下面这 3 个问题:

1. 给了一个线性方程组,如何判断它有没有解? 也就是说,线性方程组有解的充分必要条件是什么?

2. 如果已知一个线性方程组有解,那么它究竟有多少解? 怎样求解?

3. 如果只有一个解,那么把这个解求出来就行了;如果不止一个解,那么这些解之间有什么关系?

这一章的主要内容就是解决这些问题.

给了一个线性方程组,一般地很难直接看出它有没有解以及有多少个解. 但从上述例题看出:用初等变换可以把线性方程组化简,直到可以看出这个方程组有没有解,并且可以通过同解的较为简单的方程组把原方程组的解求出来. 那么,任意给了一个线性方程组,通过初等变换能够化简到什么样子? 我们首先来解决这个问题.

为了便于叙述及以后应用,下面引进矩阵以及矩阵的初等行变换等概念.

定义 2 由 sn 个数排成的 s 行 n 列的表

$$\begin{bmatrix} a_{11} & a_{12} & \cdots & a_{1n} \\ a_{21} & a_{22} & \cdots & a_{2n} \\ \cdots\cdots\cdots\cdots\cdots\cdots\cdots \\ a_{s1} & a_{s2} & \cdots & a_{sn} \end{bmatrix}, \tag{7}$$

称为一个 **$s\times n$ 矩阵**.

例如

$$\begin{bmatrix} 1 & 2 & 0 & -1 \\ 3 & -1 & 2 & 0 \end{bmatrix}$$

是一个 2×4 矩阵,

$$\begin{bmatrix} 1 & 2 & i \\ 1+i & 0 & -1 \\ 3 & i & 1-i \end{bmatrix}$$

是一个 3×3 矩阵.

(7)中的数 $a_{ij}(i=1,2,\cdots,s;j=1,2,\cdots,n)$ 称为矩阵(7)的**元素**. i 称为 a_{ij} 的**行标**,说明 a_{ij} 位于矩阵(7)的第 i 行;j 称为 a_{ij} 的**列标**,说明 a_{ij} 位于矩阵(7)的第 j 列.

通常用大写拉丁字母 $A,B,\cdots$ 或者 $[a_{ij}],[b_{ij}],\cdots$ 来表示矩阵.

有时候,为了表明 $[a_{ij}]$ 是一个 $s\times n$ 矩阵,把它表成 $[a_{ij}]_{sn}$. 如果矩阵 A 的行数与列数相等,都等于 n,就称 A 是一个 n 阶矩阵或 n 阶**方阵**.

两个矩阵只有在它们的行、列数分别相等,并且对应的元素都相等时,才叫做**相等**. 设 $A=[a_{ij}]_{sn}$ 是一个 $s\times n$ 矩阵,$B=[b_{ij}]_{tm}$ 是一个 $t\times m$ 矩阵,那么 $A=B$ 就是说 $s=t,n=m$,并且 $a_{ij}=b_{ij}$ 对 $i=1,2,\cdots,s;j=1,2,\cdots,n$ 都成立. 即相等的矩阵是完全一样的.

给了一个线性方程组

$$\begin{cases} a_{11}x_1+a_{12}x_2+\cdots+a_{1n}x_n=b_1 \\ a_{21}x_1+a_{22}x_2+\cdots+a_{2n}x_n=b_2 \\ \cdots\cdots\cdots\cdots\cdots\cdots\cdots\cdots\cdots\cdots \\ a_{s1}x_1+a_{s2}x_2+\cdots+a_{sn}x_n=b_s. \end{cases} \quad (8)$$

把系数按原来的位置写成一个 $s\times n$ 矩阵

$$A=\begin{bmatrix} a_{11} & a_{12} & \cdots & a_{1n} \\ a_{21} & a_{22} & \cdots & a_{2n} \\ \multicolumn{4}{c}{\cdots\cdots\cdots\cdots\cdots} \\ a_{s1} & a_{s2} & \cdots & a_{sn} \end{bmatrix},$$

称为(8)的**系数矩阵**. 若把常数项也添成一列,则得到一个 $s\times(n+1)$ 矩阵

$$\bar{A}=\begin{bmatrix} a_{11} & a_{12} & \cdots & a_{1n} & b_1 \\ a_{21} & a_{22} & \cdots & a_{2n} & b_2 \\ \multicolumn{5}{c}{\cdots\cdots\cdots\cdots\cdots\cdots} \\ a_{s1} & a_{s2} & \cdots & a_{sn} & b_s \end{bmatrix}$$

称为(8)的**增广矩阵**.

显然,如果知道了一个线性方程组的全部系数和常数项,那么这个线性方程组就完全确定了. 也就是说,线性方程组(8)可以用它的增广矩阵 $\bar{A}$ 来表示. 至于用什么文字来表示未知量,当然不

是实质性的.

前面曾介绍了线性方程组的 3 种初等变换. 容易看出:对线性方程组(8)施行初等变换,就相当于对增广矩阵的行施行相应的变换. 因此,下面定义矩阵的初等行变换.

定义 3　矩阵的初等行变换是指下列 3 种变换:

1. 用一个非零的数乘矩阵的一行;
2. 把矩阵的某一行乘 k 后加到另一行上(k 是任意数);
3. 互换矩阵中两行的位置.

当矩阵 A 经过初等变换,变成矩阵 B 时,我们写成
$$A \to B.$$

设 A 是一个矩阵,对 A 的任一非零行,其中第一个非零元称为此行的**首元**. 若 A 的前 r 行为非零,其余行全为零,并且第 1 至第 r 行的首元所在的列为 $j_1, j_2, \cdots, j_r$,满足
$$j_1 < j_2 < \cdots < j_r$$
则称 A 是一个**阶梯形矩阵**,简称**梯阵**. 例如

$$\begin{bmatrix} 0 & 2 & 1 & -1 \\ 0 & 0 & 0 & 1 \\ 0 & 0 & 0 & 0 \end{bmatrix}, \begin{bmatrix} 1 & 2 & 1 & 0 & 2 \\ 0 & 0 & 2 & 1 & 0 \\ 0 & 0 & 0 & 2 & 3 \end{bmatrix}, \begin{bmatrix} 1 & 0 & -1 \\ 0 & 2 & 3 \\ 0 & 0 & 5 \end{bmatrix}$$

都是阶梯形矩阵. 如果在阶梯形矩阵 A 中,每个首元都等于 1,并且每个首元所在的列的其它元素都等于零,则称 A 是一个**约化阶梯形矩阵**,简称**约化梯阵**. 例如

$$\begin{bmatrix} 0 & 1 & 1 & 0 \\ 0 & 0 & 0 & 1 \\ 0 & 0 & 0 & 0 \end{bmatrix}, \begin{bmatrix} 1 & 2 & 0 & 0 & 2 \\ 0 & 0 & 1 & 0 & 1 \\ 0 & 0 & 0 & 1 & -3 \end{bmatrix}, \begin{bmatrix} 1 & 0 & 0 \\ 0 & 1 & 0 \\ 0 & 0 & 1 \end{bmatrix}$$

都是约化梯阵.

可以证明,任意一个矩阵总可以经过一系列的初等行变换变成阶梯形矩阵.

事实上,设

$$A = \begin{bmatrix} a_{11} & a_{12} & \cdots & a_{1n} \\ a_{21} & a_{22} & \cdots & a_{2n} \\ \cdots\cdots\cdots\cdots\cdots\cdots \\ a_{s1} & a_{s2} & \cdots & a_{sn} \end{bmatrix}.$$

先看第 1 列元素 $a_{11}, a_{21}, \cdots, a_{s1}$. 如果这 s 个元素不全为零,就可以经过第 3 种初等行变换,而使第 1 列的第 1 个元素不等于零. 然后依次用一个适当的数乘第 1 行后加到第 $2, \cdots, s$ 行上,使得第 1 列除去第 1 个元素以外都等于零,也就是说,经过一系列初等行变换后,

$$A \to B = \begin{bmatrix} a'_{11} & a'_{12} & \cdots & a'_{1n} \\ 0 & a'_{22} & \cdots & a'_{2n} \\ \cdots\cdots\cdots\cdots\cdots\cdots \\ 0 & a'_{s2} & \cdots & a'_{sn} \end{bmatrix}.$$

再对 B 的右下角的一块

$$\begin{bmatrix} a'_{22} & \cdots & a'_{2n} \\ \cdots\cdots\cdots\cdots \\ a'_{s2} & \cdots & a'_{sn} \end{bmatrix}$$

重复以上的变换(注意,在对这一块施行初等行变换时,B 的第 1 行和第 1 列不起变化). 这样下去,直到变成阶梯形为止. 如果矩阵 A 的第 1 列元素全为零,那么就考虑它的第 2 列元素,等等.

例如,设

$$A = \begin{bmatrix} 0 & 0 & 0 & 2 & 2 & -1 & 1 \\ 0 & 1 & 3 & -2 & 2 & -1 & 1 \\ 0 & 2 & 6 & -4 & 5 & 7 & 1 \\ 0 & -1 & -3 & 4 & 0 & 5 & 1 \end{bmatrix},$$

对 A 施行初等行变换:

$$A \rightarrow \begin{bmatrix} 0 & 1 & 3 & -2 & 2 & -1 & 1 \\ 0 & 0 & 0 & 2 & 2 & -1 & 1 \\ 0 & 2 & 6 & -4 & 5 & 7 & 1 \\ 0 & -1 & -3 & 4 & 0 & 5 & 1 \end{bmatrix}$$

$$\rightarrow \begin{bmatrix} 0 & 1 & 3 & -2 & 2 & -1 & 1 \\ 0 & 0 & 0 & 2 & 2 & -1 & 1 \\ 0 & 0 & 0 & 0 & 1 & 9 & -1 \\ 0 & 0 & 0 & 2 & 2 & 4 & 2 \end{bmatrix}$$

$$\rightarrow \begin{bmatrix} 0 & 1 & 3 & -2 & 2 & -1 & 1 \\ 0 & 0 & 0 & 2 & 2 & -1 & 1 \\ 0 & 0 & 0 & 0 & 1 & 9 & -1 \\ 0 & 0 & 0 & 0 & 0 & 5 & 1 \end{bmatrix}.$$

这样就把 A 化成了一个阶梯形矩阵.

还可证明任一矩阵都可经初等行变换化为约化梯阵,而且矩阵的约化梯阵是唯一的. 我们不予证明,只以上面例中的 A 来说明如何从 A 的梯阵再进一步化为约化梯阵：

$$A \rightarrow \begin{bmatrix} 0 & 1 & 3 & -2 & 2 & -1 & 1 \\ 0 & 0 & 0 & 2 & 2 & -1 & 1 \\ 0 & 0 & 0 & 0 & 1 & 9 & -1 \\ 0 & 0 & 0 & 0 & 0 & 5 & 1 \end{bmatrix}$$

$$A \rightarrow \begin{bmatrix} 0 & 1 & 3 & -2 & 2 & -1 & 1 \\ 0 & 0 & 0 & 1 & 1 & -\dfrac{1}{2} & \dfrac{1}{2} \\ 0 & 0 & 0 & 0 & 1 & 9 & -1 \\ 0 & 0 & 0 & 0 & 0 & 1 & \dfrac{1}{5} \end{bmatrix}$$

$$\rightarrow \begin{bmatrix} 0 & 1 & 3 & 0 & 0 & 0 & \dfrac{28}{5} \\ 0 & 0 & 0 & 1 & 0 & 0 & \dfrac{17}{5} \\ 0 & 0 & 0 & 0 & 1 & 0 & -\dfrac{14}{5} \\ 0 & 0 & 0 & 0 & 0 & 1 & \dfrac{1}{5} \end{bmatrix}.$$

这就是 A 的约化梯阵.

现在回过来讨论线性方程组. 我们知道: 线性方程组可以经过初等变换化为同解的方程组, 而对线性方程组作初等变换就相当于对它的增广矩阵作相应的初等行变换. 由于每个矩阵都可以通过初等行变换化为阶梯形矩阵, 所以每个线性方程组都可以用初等变换化成同解的**阶梯形方程组**.

设线性方程组(8)经过一系列初等变换化成了阶梯形方程组. 为了方便起见, 不妨设所得的方程组为:

$$\begin{cases} c_{11}x_1 + c_{12}x_2 + \cdots + c_{1r}x_r + \cdots + c_{1n}x_n = d_1, \\ \phantom{c_{11}x_1 + {}} c_{22}x_2 + \cdots + c_{2r}x_r + \cdots + c_{2n}x_n = d_2, \\ \cdots\cdots\cdots\cdots\cdots\cdots\cdots\cdots\cdots\cdots\cdots\cdots\cdots\cdots \\ \phantom{c_{11}x_1 + c_{12}x_2 + \cdots {}} c_{rr}x_r + \cdots + c_{rn}x_n = d_r, \\ \phantom{c_{11}x_1 + c_{12}x_2 + \cdots + c_{1r}x_r + \cdots {}} 0 = d_{r+1}, \\ \phantom{c_{11}x_1 + c_{12}x_2 + \cdots + c_{1r}x_r + \cdots {}} 0 = 0, \\ \phantom{c_{11}x_1 + c_{12}x_2 + \cdots + c_{1r}x_r + \cdots {}} \cdots\cdots \\ \phantom{c_{11}x_1 + c_{12}x_2 + \cdots + c_{1r}x_r + \cdots {}} 0 = 0, \end{cases} \quad (9)$$

其中 $c_{ii} \neq 0 (i=1,2,\cdots,r)$. 方程(9)中最后一些方程"$0=0$"是一些恒等式, 可以去掉, 并不影响方程组的解.

我们知道: (8)和(9)是同解的. 下面就来讨论方程组(8)的解的存在与个数的问题.

方程组(9)是否有解, 取决于最后一个方程

$$0 = d_{r+1}$$

是否有解.由于(8)与(9)同解,所以方程(9)有解的充分必要条件 $d_{r+1}=0$,也就是方程组(8)有解的充分必要条件.

在有解的情况下,我们来求解,分两种情形讨论:

1. 当 $r=n$ 时:阶梯形方程组为:

$$\begin{cases} c_{11}x_1 + c_{12}x_2 + \cdots + c_{1r}x_r = d_1, \\ \phantom{c_{11}x_1 +\ } c_{22}x_2 + \cdots + c_{2r}x_r = d_2, \\ \cdots\cdots\cdots\cdots\cdots\cdots\cdots\cdots \\ \phantom{c_{11}x_1 + c_{12}x_2 + \cdots +\ } c_{nn}x_n = d_n, \end{cases}$$

其中 $c_{ii} \neq 0 (i=1,2,\cdots,n)$. 这个方程组的系数行列式为

$$\begin{vmatrix} c_{11} & c_{12} & \cdots & c_{1r} \\ 0 & c_{22} & \cdots & c_{2r} \\ \cdots & \cdots & \cdots & \cdots \\ 0 & 0 & \cdots & c_{nn} \end{vmatrix} = c_{11}c_{22}\cdots c_{nn} \neq 0.$$

所以这个方程组有唯一解.解的方法是:从最后一个方程解出 $x_n = \dfrac{d_n}{c_{nn}}$,代入倒数第 2 个方程,解出 x_{n-1},这样逐次代入,就得到了方程组的解.

前面所举的例 4 就是这种情形.

2. 当 $r<n$ 时:阶梯形方程组为:

$$\begin{cases} c_{11}x_1 + c_{12}x_2 + \cdots + c_{1r}x_r + \cdots + c_{1n}x_n = d_1, \\ \phantom{c_{11}x_1 +\ } c_{22}x_2 + \cdots + c_{2r}x_r + \cdots + c_{2n}x_n = d_2, \\ \cdots\cdots\cdots\cdots\cdots\cdots\cdots\cdots\cdots\cdots \\ \phantom{c_{11}x_1 + c_{12}x_2 + \cdots\ } c_{rr}x_r + \cdots + c_{rn}x_n = d_r, \end{cases}$$

其中 $c_{ii} \neq 0\ (i=1,2,\cdots,r)$. 把它改写成

$$\begin{cases} c_{11}x_1 + c_{12}x_2 + \cdots + c_{1r}x_r = d_1 - c_{1,r+1}x_{r+1} - \cdots - c_{1n}x_n, \\ \phantom{c_{11}x_1 +\ } c_{22}x_2 + \cdots + c_{2r}x_r = d_2 - c_{2,r+1}x_{r+1} - \cdots - c_{2n}x_n, \\ \cdots\cdots\cdots\cdots\cdots\cdots\cdots\cdots\cdots\cdots \\ \phantom{c_{11}x_1 + c_{12}x_2 + \cdots\ } c_{rr}x_r = d_r - c_{r,r+1}x_{r+1} - \cdots - c_{rn}x_n. \end{cases}$$

(10)

这时,任给 $x_{r+1},\cdots,x_n$ 的一组值,就能唯一地定出 $x_1,x_2,\cdots,x_r$ 的值,从而定出方程组(10)的解. 一般地,由(10)可以通过 x_{r+1}, $\cdots,x_n$ 将 $x_1,x_2,\cdots,x_r$ 表示出来,这样一组表达式称为方程组(8)**的一般解**,而 $x_{r+1},\cdots,x_n$ 称为一组**自由未知量**. 这时,方程组(8)有无穷多解. 上面的例 5 就是这种情形,x_4 是自由未知量.

一般线性方程组化成阶梯形时,不一定就是(10)的样子,但是只要把方程中的某些项调动一下,也总可以化成(10)的形式. 看下面的例子.

例 7 解线性方程组
$$\begin{cases} x_1 +2x_2 - x_3 +2x_4 =1, \\ 2x_1 +4x_2 + x_3 + x_4 =5, \\ -x_1 -2x_2 -2x_3 + x_4 =-4. \end{cases}$$

解:将增广矩阵作初等行变换化为阶梯形:
$$\overline{A} = \begin{bmatrix} 1 & 2 & -1 & 2 & 1 \\ 2 & 4 & 1 & 1 & 5 \\ -1 & -2 & -2 & 1 & -4 \end{bmatrix}$$
$$\rightarrow \begin{bmatrix} 1 & 2 & -1 & 2 & 1 \\ 0 & 0 & 3 & -3 & 3 \\ 0 & 0 & -3 & 3 & -3 \end{bmatrix} \rightarrow \begin{bmatrix} 1 & 2 & -1 & 2 & 1 \\ 0 & 0 & 1 & -1 & 1 \\ 0 & 0 & 0 & 0 & 0 \end{bmatrix}.$$

于是得到与原方程组同解的阶梯形方程组
$$\begin{cases} x_1 +2x_2 -x_3 +2x_4 =1, \\ x_3 - x_4 =1. \end{cases}$$

我们把它改写成:
$$\begin{cases} x_1 - x_3 = 1 -2x_2 -2x_4, \\ x_3 = 1 + x_4. \end{cases}$$

可以得出一般解:
$$\begin{cases} x_1 = 2 -2x_2 -x_4, \\ x_3 = 1 + x_4, \end{cases}$$

其中 x_2, x_4 是一组自由未知量.

自由未知量的取法不是唯一的,在上例中,也可以把阶梯形方程改写成
$$\begin{cases} 2x_2 - x_3 = 1 - x_1 - 2x_4, \\ x_3 = 1 \quad\quad + x_4. \end{cases}$$
这样,把 x_1, x_4 取作自由未知量,得到一般解为
$$\begin{cases} x_2 \quad\quad = 1 - \dfrac{1}{2}x_1 - \dfrac{1}{2}x_4, \\ x_3 \quad = 1 \quad\quad + x_4. \end{cases}$$

由同解的阶梯形方程组求一般解的步骤可以通过将增广矩阵化为约化梯阵来进行. 例如在上例中,将增广矩阵进一步化为约化梯阵:
$$A \to \begin{bmatrix} 1 & 2 & -1 & 2 & 1 \\ 0 & 0 & 1 & -1 & 1 \\ 0 & 0 & 0 & 0 & 0 \end{bmatrix} \to \begin{bmatrix} 1 & 2 & 0 & 1 & 2 \\ 0 & 0 & 1 & -1 & 1 \\ 0 & 0 & 0 & 0 & 0 \end{bmatrix}.$$

即得同解方程组:
$$\begin{cases} x_1 + 2x_2 \quad + x_4 = 2, \\ x_3 - x_4 = 1. \end{cases}$$
改写成
$$\begin{cases} x_1 \quad\quad = 2 - 2x_2 - x_4, \\ x_3 = 1 \quad\quad + x_4. \end{cases}$$
这就是一般解,其中 x_2, x_4 是自由未知量.

可以看出,如果线性方程组(3)的系数行列式不等于 0,那么,这个线性方程组的增广矩阵可用初等行变换化为约化梯阵:
$$\begin{bmatrix} 1 & 0 & \cdots & 0 & c_1 \\ 0 & 1 & \cdots & 0 & c_2 \\ \multicolumn{5}{c}{\cdots\cdots\cdots\cdots\cdots} \\ 0 & 0 & \cdots & 1 & c_n \end{bmatrix},$$

其中$(c_1,c_2,\cdots,c_n)$就是这个线性方程组的唯一解.

最后提一下:$r>n$的情形是不可能出现的.

把以上所得的结果归纳一下:

用初等变换把线性方程组化为阶梯形方程组(这一步可以通过用初等行变换将增广矩阵化为阶梯形矩阵来实现),把最后一些恒等式"$0=0$"(假若出现的话)去掉,如果剩下的方程中最后的一个是零等于非零的数,则方程组无解;如果没有这种情况,则有解.在有解的情况下,如果阶梯形方程组中方程的个数 r 等于未知量的个数 n,那么方程组有唯一解;如果方程的个数 r 小于未知量的个数 n,那么方程组有无穷解.把这个结果应用到齐次线性方程组,则有

定理 4 如果齐次线性方程组

$$\begin{cases} a_{11}x_1+a_{12}x_2+\cdots+a_{1n}x_n=0, \\ a_{21}x_1+a_{22}x_2+\cdots+a_{2n}x_n=0, \\ \cdots\cdots\cdots\cdots\cdots\cdots\cdots\cdots \\ a_{s1}x_1+a_{s2}x_2+\cdots+a_{sn}x_n=0. \end{cases}$$

中方程的个数少于未知量的个数,即 $s<n$,那么它有非零解.

证明:把这个方程组化为阶梯形方程组后,方程的个数 r 不会超过原方程组中方程的个数 s,即

$$r \leqslant s < n.$$

因此,它的解不是唯一的,所以它有非零解. ∎

在上一节中,已经应用克莱姆法则讨论了方程的个数与未知量的个数相等的齐次线性方程组

$$\begin{cases} a_{11}x_1+a_{12}x_2+\cdots+a_{1n}x_n=0, \\ a_{21}x_1+a_{22}x_2+\cdots+a_{2n}x_n=0, \\ \cdots\cdots\cdots\cdots\cdots\cdots\cdots\cdots \\ a_{n1}x_1+a_{n2}x_2+\cdots+a_{nn}x_n=0, \end{cases} \tag{11}$$

如果(11)的系数行列式

$$D = \begin{vmatrix} a_{11} & a_{12} & \cdots & a_{1n} \\ a_{21} & a_{22} & \cdots & a_{2n} \\ \cdots & \cdots & \cdots & \cdots \\ a_{n1} & a_{n2} & \cdots & a_{nn} \end{vmatrix} \neq 0,$$

那么方程组(11)只有零解. 现在进一步来证明下述定理.

定理 5 齐次线性方程组(11)有非零解的充分必要条件是它的系数行列式 $D=0$.

证明：定理 2 已证明了条件的必要性，现在来证明充分性：将齐次线性方程组(11)用初等变换化为同解的阶梯形方程组. 如果这个阶梯形方程组包含 n 个方程：

$$\begin{cases} a'_{11}x_1 + a'_{12}x_2 + \cdots + a'_{1n}x_n = 0, \\ \qquad\quad a'_{22}x_2 + \cdots + a'_{2n}x_n = 0, \\ \qquad\qquad\qquad\cdots\cdots\cdots\cdots\cdots \\ \qquad\qquad\qquad\qquad\qquad a'_{nn}x_n = 0, \end{cases} \quad (12)$$

其中 $a'_{ii} \neq 0 (i=1,2,\cdots,n)$. 那么(12)的系数行列式

$$D' = \begin{vmatrix} a'_{11} & a'_{12} & \cdots & a'_{1n} \\ 0 & a'_{22} & \cdots & a'_{2n} \\ \cdots & \cdots & \cdots & \cdots \\ 0 & 0 & \cdots & a'_{nn} \end{vmatrix} = a'_{11}a'_{22}\cdots a'_{nn} \neq 0.$$

但是 D' 是由 D 经过一系列初等行变换得到的. 所以 D' 与 D 只能相差一个非零的常数倍. 现在 $D=0$ 而 $D' \neq 0$, 这是不可能的. 这说明方程组(11)经初等变换化成阶梯形方程组后, 方程的个数(去掉恒等式 $0=0$ 后)必定小于未知量的个数, 即 $r<n$. 根据定理 4 知, 此方程组必有非零解, 因此原方程组也一定有非零解.∎

例 8 求 λ, 使齐次线性方程组

$$\begin{cases} (\lambda+3)x_1 + \quad\; x_2 + \quad\;\; 2x_3 = 0, \\ \quad\;\lambda x_1 + (\lambda-1)x_2 + \qquad x_3 = 0, \\ 3(\lambda+1)x_1 + \quad\;\lambda x_2 + (\lambda+3)x_3 = 0, \end{cases}$$

有非零解,并求出它的一般解.

解:首先计算系数行列式:

$$\begin{vmatrix} \lambda+3 & 1 & 2 \\ \lambda & \lambda-1 & 1 \\ 3(\lambda+1) & \lambda & \lambda+3 \end{vmatrix} = \lambda^2(\lambda-1).$$

所以这个方程组有非零解的充分必要条件是 $\lambda=0$ 或 1.

当 $\lambda=0$ 时,方程组为:

$$\begin{cases} 3x_1 + x_2 + 2x_3 = 0, \\ -x_2 + x_3 = 0, \\ 3x_1 + 3x_3 = 0. \end{cases}$$

化为同解的阶梯形方程组

$$\begin{cases} 3x_1 + x_2 + 2x_3 = 0, \\ x_2 - x_3 = 0, \end{cases}$$

即

$$\begin{cases} 3x_1 + x_2 = -2x_3, \\ x_2 = x_3. \end{cases}$$

所以一般解为

$$\begin{cases} x_1 = -x_3, \\ x_2 = 2x_3. \end{cases}$$

其中 x_3 是自由未知量.

当 $\lambda=1$ 时,方程组为:

$$\begin{cases} 4x_1 + x_2 + 2x_3 = 0, \\ x_1 + x_3 = 0, \\ 6x_1 + x_2 + 4x_3 = 0. \end{cases}$$

化为阶梯形方程组

$$\begin{cases} x_1 + x_3 = 0, \\ x_2 - 2x_3 = 0. \end{cases}$$

改写成

$$\begin{cases} x_1 = -x_3, \\ x_2 = 2x_3. \end{cases}$$

这就是一般解,其中 x_3 是自由未知量.

例 9 试讨论,a 取什么值时,方程组:
$$\begin{cases} ax_1 + x_2 + x_3 = 1, \\ x_1 + ax_2 + x_3 = a, \\ x_1 + x_2 + ax_3 = a^2. \end{cases}$$
有解,并求解.

解:对增广矩阵施行初等行变换:

$$\overline{A} = \begin{bmatrix} a & 1 & 1 & 1 \\ 1 & a & 1 & a \\ 1 & 1 & a & a^2 \end{bmatrix} \rightarrow \begin{bmatrix} 1 & 1 & a & a^2 \\ 1 & a & 1 & a \\ a & 1 & 1 & 1 \end{bmatrix}$$

$$\rightarrow \begin{bmatrix} 1 & 1 & a & a^2 \\ 0 & a-1 & 1-a & a-a^2 \\ 0 & 1-a & 1-a^2 & 1-a^3 \end{bmatrix}$$

$$\rightarrow \begin{bmatrix} 1 & 1 & a & a^2 \\ 0 & a-1 & 1-a & a-a^2 \\ 0 & 0 & 2-a-a^2 & 1+a-a^2-a^3 \end{bmatrix}$$

$$= \begin{bmatrix} 1 & 1 & a & a^2 \\ 0 & a-1 & 1-a & a(1-a) \\ 0 & 0 & (1-a)(2+a) & (1-a)(1+a)^2 \end{bmatrix} = B.$$

如果 $a \neq 1, -2$,那么 B 可变换成

$$\begin{bmatrix} 1 & 1 & a & a^2 \\ 0 & 1 & -1 & -a \\ 0 & 0 & a+2 & (1+a)^2 \end{bmatrix}.$$

其中 $a+2 \neq 0$.从而得同解方程组

$$\begin{cases} x_1 + x_2 + ax_3 = a^2, \\ \quad\quad x_2 - x_3 = -a, \\ \quad\quad (a+2)x_3 = (a+1)^2. \end{cases}$$

方程组有唯一解:

$$\begin{cases} x_1 = -\dfrac{a+1}{a+2}, \\ x_2 = \dfrac{1}{a+2}, \\ x_3 = \dfrac{(a+1)^2}{a+2}. \end{cases}$$

如果 $a=1$,那么

$$B = \begin{bmatrix} 1 & 1 & 1 & 1 \\ 0 & 0 & 0 & 0 \\ 0 & 0 & 0 & 0 \end{bmatrix}.$$

于是原方程组与

$$x_1 + x_2 + x_3 = 1$$

同解. 它的一般解为

$$x_1 = 1 - x_2 - x_3.$$

其中 x_2, x_3 是自由未知量.

如果 $a=-2$,那么

$$B = \begin{bmatrix} 1 & 1 & -2 & 4 \\ 0 & -3 & 3 & -6 \\ 0 & 0 & 0 & 3 \end{bmatrix}.$$

所以方程组无解.

归纳上述得:

当 $a \neq 1, -2$ 时,方程组有唯一解:

$$\left(\frac{-a-1}{a+2}, \frac{1}{a+2}, \frac{(a+1)^2}{a+2} \right);$$

当 $a=1$ 时,方程组有无穷多解,其一般解为:

$$x_1 = 1 - x_2 - x_3,$$

其中 x_2, x_3 是自由未知量；

当 $a=-2$ 时，方程组无解.

习 题 2.2(2)

1. 用消元法解下列线性方程组：

(1) $\begin{cases} x_1-2x_2+x_3+x_4=1, \\ x_1-2x_2+x_3-x_4=-1, \\ x_1-2x_2+x_3+5x_4=5; \end{cases}$

(2) $\begin{cases} x_1+x_2-3x_3=-1, \\ 2x_1+x_2-2x_3=1, \\ x_1+x_2+x_3=3, \\ x_1+2x_2-3x_3=1; \end{cases}$

(3) $\begin{cases} 2x_1+x_2+x_3=2, \\ x_1+3x_2+x_3=5, \\ x_1+x_2+5x_3=-7, \\ 2x_1+3x_2-3x_3=14; \end{cases}$

(4) $\begin{cases} 2x_1-2x_2+x_3-x_4+x_5=2, \\ x_1-4x_2+2x_3-2x_4+3x_5=3, \\ 4x_1-10x_2+3x_3-5x_4+7x_5=8, \\ x_1+2x_2-x_3+x_4-2x_5=-1; \end{cases}$

(5) $\begin{cases} x_1+3x_2-5x_3-5x_4=2, \\ x_1+2x_2+2x_3-2x_4+x_5=-2, \\ 2x_1+x_2+3x_3-3x_4=2, \\ x_1-4x_2+x_3+x_4-x_5=3, \\ x_1+3x_3-x_4+x_5=1; \end{cases}$

(6) $\begin{cases} 2x_1+3x_2-x_3+5x_4=0, \\ 3x_1-x_2+2x_3-7x_4=0, \\ 4x_1+x_2-3x_3+6x_4=0, \\ x_1-2x_2+4x_3-7x_4=0. \end{cases}$

2. 求 λ，使方程组

$$\begin{cases} 2x_1-x_2+x_3+x_4=1, \\ x_1+2x_2-x_3+4x_4=2, \\ x_1+7x_2-4x_3+11x_4=\lambda. \end{cases}$$

有解，并求解.

3. 求 a 和 b，使齐次方程组

$$\begin{cases} ax_1+x_2+x_3=0, \\ x_1+bx_2+x_3=0, \\ x_1+2bx_2+x_3=0. \end{cases}$$

有非零解,并求解.

4. 判断 a,b 取什么值时,线性方程组

$$\begin{cases} x_1 + x_2 + x_3 + x_4 + x_5 = 1, \\ 3x_1 + 2x_2 + x_3 + x_4 - 3x_5 = a, \\ x_2 + 2x_3 + 2x_4 + 6x_5 = 3, \\ 5x_1 + 4x_2 + 3x_3 + 3x_4 - x_5 = b, \end{cases}$$

有解? 在有解的情形,求一般解.

5. 证明方程组

$$\begin{cases} x_1 - x_2 = a_1, \\ x_2 - x_3 = a_2, \\ x_3 - x_4 = a_3, \\ x_4 - x_5 = a_4, \\ x_5 - x_1 = a_5. \end{cases}$$

有解的充分必要条件为

$$\sum_{i=1}^{5} a_i = 0.$$

在有解的情形,求它的一般解.

2.3 数　　域

在上节中看到,如果一个线性方程组有无穷多个解,那么可以通过自由未知量来表出其一般解,而自由未知量可以取任意数.但是,一般线性方程组有其实际背景,未知量的取值范围有一定的限制.有时候,一个线性方程组有没有解,也和所取的数的范围有关系.例如,1元1次方程

$$2x = 1 \qquad (1)$$

在有理数范围内是有解的:$x = 1/2$. 但是在整数范围内,方程(1)是无解的,这是因为解方程(1)时,必须在方程两边同除以未知量的系数 2,而 1 除以 2 就不是整数了,可见,关键在于两个整数相

除所得的商不一定是整数,这种情形称为整数集合对于除法是不封闭的. 而有理数集合对于除法是封闭的,即任何两个有理数相除(除数不为零)所得的商仍然是有理数. 同样地,实数集合对于除法是封闭的,复数集合也是. 由于解线性方程组时,需要对方程组的系数和常数项进行加、减、乘、除 4 种运算,所以所取的数的范围应当对加、减、乘、除都封闭.

除此以外,还有许多问题与考虑的数的范围有关,同一个问题在不同的数的范围内可能有不同的结论. 为了便于统一地讨论涉及到数的范围的一些问题,我们引进数域这个概念.

定义 4 设 **P** 是由一些数组成的一个集合,其中包含 0 与 1. 如果 **P** 中任意两个数(这两个数也可以相同)的和、差、积、商(除数不能为零)仍在 **P** 中,那么 **P** 就称为一个**数域**.

加、减、乘、除 4 种运算统称**有理运算**. 由数域的定义可知:一个数域中的数经过有理运算(0 不得作为除数)以后,其结果仍在这个数域之中. 也就是说,数域对于有理运算是封闭的.

从定义可以看出:全体有理数组成的集合 **Q**,全体实数组成的集合 **R**,全体复数组成的集合 **C**,都是数域. 但全体整数组成的集合不是数域,因为任意两个整数的商(除数不为 0)不一定还是整数.

下面再看一些例子:

例 1 所有形如
$$a+b\sqrt{2} \qquad (a,b \text{ 是有理数})$$
的数的全体记作 $\mathbf{Q}(\sqrt{2})$. $\mathbf{Q}(\sqrt{2})$ 是一个数域.

证明:首先,因为
$$0 = 0 + 0\sqrt{2}$$
$$1 = 1 + 0\sqrt{2}$$
所以 0 和 1 在 $\mathbf{Q}(\sqrt{2})$ 中.

任取 $\mathbf{Q}(\sqrt{2})$ 中两个数 $a+b\sqrt{2}, c+d\sqrt{2}$ (a,b,c,d 都是有理数）则由于

$$(a+b\sqrt{2}) \pm (c+d\sqrt{2}) = (a \pm c) + (b \pm d)\sqrt{2};$$
$$(a+b\sqrt{2}) \cdot (c+d\sqrt{2}) = (ac+2bd) + (ad+bc)\sqrt{2},$$

而且 $a \pm c, b \pm d, ac+2bd, ad+bc$ 都仍然是有理数,可知这两个数的和、差、积仍在 $\mathbf{Q}(\sqrt{2})$ 中.

最后证明:当 $c+d\sqrt{2} \neq 0$ 时,这两个数的商 $\dfrac{a+b\sqrt{2}}{c+d\sqrt{2}}$ 也在 $\mathbf{Q}(\sqrt{2})$ 中. 因为 $c+d\sqrt{2} \neq 0$,所以 c,d 不全为 0,因此 $c-d\sqrt{2} \neq 0, c^2-2d^2 \neq 0$,于是

$$\frac{a+b\sqrt{2}}{c+d\sqrt{2}} = \frac{(a+b\sqrt{2})(c-d\sqrt{2})}{(c+d\sqrt{2})(c-d\sqrt{2})}$$
$$= \frac{ac-2bd}{c^2-2d^2} + \frac{bc-ad}{c^2-2d^2}\sqrt{2}.$$

而且其中 $\dfrac{ac-2bd}{c^2-2d^2}, \dfrac{bc-ad}{c^2-2d^2}$ 也都是有理数,所以可以令

$$\frac{ac-2bd}{c^2-2d^2} = A, \frac{bc-ad}{c^2-2d^2} = B.$$

因而 $\dfrac{a+b\sqrt{2}}{c+d\sqrt{2}} = A+B\sqrt{2}$ 也在 $\mathbf{Q}(\sqrt{2})$ 中.

这就证明了 $\mathbf{Q}(\sqrt{2})$ 是一个数域.

例 2 所有形如

$$a+b\mathrm{i} \quad (a,b \text{ 是有理数})$$

的数的全体组成一个数域.证明留给读者.

例 3 全体形如

$$a+b\sqrt{2} \quad (a,b \text{ 是整数})$$

的数组成的集合不是数域.因为其中任意两个数的商(除数不为

0)不一定在这个集合中. 例如 $1+\sqrt{2}$ 与 2 都在这个集合中,而 $\dfrac{1+\sqrt{2}}{2}=\dfrac{1}{2}+\dfrac{1}{2}\sqrt{2}$ 就不属于这个集合了.

数域有一个极为重要的性质:

定理 6 任何一个数域都包含有理数域.

证明: 设 P 是一个数域. 由定义, P 包含 1. 因为 P 包含其中任意两个数的和, 因此 P 一定包含 $1+1=2, 2+1=3, \cdots, (n-1)+1=n, \cdots$. 这说明 P 一定包含全体自然数. 又由定义, 0 在 P 中, 再根据 P 中任意两数之差仍在 P 中, 因此 P 一定包含 $0-n=-n(n=1,2,\cdots,)$, 即 P 包含全体负数, 因而 P 包含全体整数. 而任何一个有理数可以表成两个整数的商, 因此也在 P 中, 所以 P 包含有理数域.|

这个定理说明了有理数域是最小的数域.

以前讨论行列式及线性方程组时,只用到系数的有理运算,所以可以把系数限制在某一个数域之中来讨论. 系数在数域 P 中的矩阵称为数域 P 上的矩阵. 对数域 P 上的矩阵进行初等变换时,所用的数必须是 P 中的数. 数域 P 上矩阵经初等行变换后所得的梯阵及约化梯阵仍都是数域 P 上的矩阵. 本章以后几节的讨论也假设在一个取定的数域中进行.

习 题 2.3

1. 检验下列集合是不是数域:
   (1) 全体偶数;
   (2) 全体正实数;
   (3) $P=\{a+b\sqrt{5}\mid a,b \text{ 是有理数}\}$(这个记号表示 P 是由全体形如 $a+b\sqrt{5}$ 的数组成的, 其中 a,b 可以取任意有理数);
   (4) $P=\{a+b\sqrt[3]{2}+c\sqrt[3]{4}\mid a,b,c \text{ 是有理数}\}$.

2.4 n 维向量空间

前面介绍了用消元法解一般线性方程组的方法. 对于具体地解线性方程组,消元法是一个最有效和最基本的方法. 但是,有时候需要直接从原方程组来看它是否有解,消元法就不够了;当方程组的系数中有很多未知参数时,消元法也很难进行;还有,用消元法化方程组成阶梯形时,所作的初等变换可以不同,那么,剩下来的方程个数是不是唯一确定呢? 哪些未知量可以取作自由未知量? 所有这些问题都还没有解决,因此,还需要对线性方程组作进一步的研究.

一个线性方程组的解的情况是由方程组中方程之间的关系所决定的. 例如,在 2.2 节例 7 中,方程组
$$\begin{cases} x_1 + 2x_2 - x_3 + 2x_4 = 1, \\ 2x_1 + 4x_2 + x_3 + x_4 = 5, \\ -x_1 - 2x_2 - 2x_3 + x_4 = -4, \end{cases}$$
的第 1 个方程减去第 2 个方程就等于第 3 个方程. 这就是说,第 3 个方程可以去掉而并不影响方程组的解. 在那里用初等变换得到的阶梯形方程中只含有两个方程,正是反映了这种情况. 因而可以认为,初等变换是揭露方程之间的关系的一种方法. 但是初等变换的结果把原方程组改变了,不能从最后的阶梯形方程组看出原来方程组中方程之间的关系. 因此,为了直接从原来的线性方程组来讨论它的解的情形,还必须直接研究方程之间的关系.

一个 n 元线性方程
$$a_1 x_1 + a_2 x_2 + \cdots + a_n x_n = b$$
可以用一个 $n+1$ 元有序数组
$$(a_1, a_2, \cdots, a_n, b)$$
来表示. 方程之间的关系,实际上就是代表它们的 $n+1$ 元有序数

组之间的关系. 因而, 在这里先来讨论多元有序数组.

应该指出, 多元有序数组不仅可以代表线性方程, 而且还与其他方面有极其广泛的联系. 我们在解析几何中已经看到, 有些概念用一个数来描述是不够的. 例如, 刻画一个点在平面上的位置(即坐标)需要两个数; 一个点在空间中的位置需要 3 个数; 力学中的力、速度、加速度等等, 由于它们既有大小, 又有方向, 在取定坐标系之后, 也需要用 3 个数来刻画, 几何中向量的概念正是它们的抽象. 但是, 有不少东西, 用 3 个数来刻画还是不够的. 例如, 刻画一个球的位置和大小(即球心坐标和半径)需要 4 个数; 一个 n 元线性方程组的解是由 n 个数组成的, 而这 n 个数作为方程组的解是一个整体, 分开来谈就没有意义了. 在国民经济问题中, 例如一个工厂生产多种产品, 为了说明这个工厂的产量, 就需要同时指出每种产品的产量; 又如一个工厂的原料来自许多地方, 于是原料的采购计划就需要同时指出从每个原料产地的采购量, 等等. 由此可见, 很多实际生活中的数量问题, 物理的或数学的对象都可以用多元的有序数组来刻画. 不仅如此, 对于这些物理的或数学的对象进行的运算, 也常由刻画它们的有序数组的运算来实现. 例如, 如果两个力向量的坐标分别为 (x_1, y_1, z_1) 和 (x_2, y_2, z_2), 那么这两个力的合力向量的坐标就是 $(x_1+x_2, y_1+y_2, z_1+z_2)$, 即这两个力的合力的坐标正是这两个力的对应的坐标的和; 如果不改变力 (x_1, y_1, z_1) 的方向, 而把它的大小改变成原来力的 k 倍, 则所得的力的坐标就是 (kx_1, ky_1, kz_1), 即把原来的坐标都乘上数 k.

在解线性方程组时, 经常用到两种初等变换:

1. 用一个非零常数 k 乘一个方程;
2. 把两个方程加起来.

在第一种变换下, 方程
$$a_1 x_1 + a_2 x_2 + \cdots + a_n x_n = b$$
变为新方程 $\quad ka_1 x_1 + ka_2 x_2 + \cdots + ka_n x_n = kb.$

刻画新方程的多元有序数组 $(ka_1, ka_2, \cdots, ka_n, kb)$ 显然是由刻画原方程的有序数组 $(a_1, a_2, \cdots, a_n, b)$ 把每个数乘上 k 而得到的；在第二种变换下，由方程
$$a_1 x_1 + a_2 x_2 + \cdots + a_n x_n = b$$
和
$$a'_1 x_1 + a'_2 x_2 + \cdots + a'_n x_n = b'$$
得到新方程
$$(a_1 + a'_1) x_1 + (a_2 + a'_2) x_2 + \cdots + (a_n + a'_n) x_n = (b + b').$$
这表明，刻画新方程的有序数组
$$(a_1 + a'_1, a_2 + a'_2, \cdots, a_n + a'_n, b + b')$$
是由刻画原方程的两个有序数组
$$(a_1, a_2, \cdots, a_n, b)$$
和
$$(a'_1, a'_2, \cdots, a'_n, b')$$
把对应位置的数相加而得到.

n 维向量的概念及其运算就是从大量的这一类现象中抽象出来的. 忽略掉各种不同对象的具体区别，保留了它们在数量及运算上的共同点，就得到了 n 维向量的概念以及它们的运算法则.

定义 5 数域 **P** 中 n 个数组成的有序数组
$$(a_1, a_2, \cdots, a_n) \tag{1}$$
称为数域 **P** 上的一个 **n 维向量**. 其中第 i 个数 a_i 称为向量 (1) 的第 i 个**分量**.

几何中的向量可以认为是 n 维向量的特殊情形，即 $n=2, 3$ 且 **P** 是实数域的情形. 当 $n > 3$ 时，n 维向量就没有直接的几何意义了. 但仍旧沿用几何术语，把它称为向量. 这是因为，一方面，它包括通常的向量作为特殊情形；另一方面，它与通常的向量确实有许多相同的性质.

以后我们用小写希腊字母 **α, β, γ** 等表示向量.

定义 6 如果 n 维向量
$$\boldsymbol{\alpha} = (a_1, a_2, \cdots, a_n), \quad \boldsymbol{\beta} = (b_1, b_2, \cdots, b_n)$$

的对应分量都相等,即
$$a_i = b_i (i = 1, 2, \cdots, n).$$
就称这两个向量是**相等的**,记作 $\boldsymbol{\alpha} = \boldsymbol{\beta}$.

下面来定义 n 维向量的运算.

定义 7 设 $\boldsymbol{\alpha} = (a_1, a_2, \cdots, a_n), \boldsymbol{\beta} = (b_1, b_2, \cdots, b_n)$ 是数域 **P** 上的两个 n 维向量. 向量 $(a_1 + b_1, a_2 + b_2, \cdots, a_n + b_n)$ 称为 $\boldsymbol{\alpha}, \boldsymbol{\beta}$ 的**和**,记作 $\boldsymbol{\alpha} + \boldsymbol{\beta}$;向量 $(a_1 - b_1, a_2 - b_2, \cdots, a_n - b_n)$ 称为 $\boldsymbol{\alpha}, \boldsymbol{\beta}$ 的**差**,记作 $\boldsymbol{\alpha} - \boldsymbol{\beta}$. 即
$$\boldsymbol{\alpha} + \boldsymbol{\beta} = (a_1 + b_1, a_2 + b_2, \cdots, a_n + b_n);$$
$$\boldsymbol{\alpha} - \boldsymbol{\beta} = (a_1 - b_1, a_2 - b_2, \cdots, a_n - b_n).$$

如果 k 是数域 **P** 中的数,那么向量 $(ka_1, ka_2, \cdots, ka_n)$ 称为 k 与 $\boldsymbol{\alpha}$ 的**数量乘积**,记作 $k\boldsymbol{\alpha}$,即
$$k\boldsymbol{\alpha} = (ka_1, ka_2, \cdots, ka_n).$$

向量的加法、减法与数乘统称为向量的**线性运算**.

由定义可以推出:向量的加法满足:

交换律:
$$\boldsymbol{\alpha} + \boldsymbol{\beta} = \boldsymbol{\beta} + \boldsymbol{\alpha}. \tag{2}$$

结合律:
$$\boldsymbol{\alpha} + (\boldsymbol{\beta} + \boldsymbol{\gamma}) = (\boldsymbol{\alpha} + \boldsymbol{\beta}) + \boldsymbol{\gamma}. \tag{3}$$

向量的数量乘法满足:
$$k(l\boldsymbol{\alpha}) = (kl)\boldsymbol{\alpha}. \tag{4}$$
$$1 \cdot \boldsymbol{\alpha} = \boldsymbol{\alpha}. \tag{5}$$

向量的数量乘法与加法满足:
$$k(\boldsymbol{\alpha} + \boldsymbol{\beta}) = k\boldsymbol{\alpha} + k\boldsymbol{\beta}. \tag{6}$$
$$(k + l)\boldsymbol{\alpha} = k\boldsymbol{\alpha} + l\boldsymbol{\alpha}. \tag{7}$$

分量全为零的向量
$$(0, 0, \cdots, 0)$$
称为**零向量**,记作 **0**;向量

$$(-a_1, -a_2, \cdots, -a_n)$$

称为向量 $\boldsymbol{\alpha}=(a_1, a_2, \cdots, a_n)$ 的**负向量**，记作 $-\boldsymbol{\alpha}$.

要注意，维数不同的零向量是不同的向量，不要认为零向量都是一样的. 例如，2 维零向量为 $(0,0)$；3 维零向量为 $(0,0,0)$，等等. 为了简单起见，我们都用"**0**"来表示.

在向量的运算中，零向量具有与零在数的运算中相类似的性质. 对于任意 $\boldsymbol{\alpha}$，都有

$$\boldsymbol{\alpha} + \mathbf{0} = \boldsymbol{\alpha}. \tag{8}$$
$$\boldsymbol{\alpha} + (-\boldsymbol{\alpha}) = \mathbf{0}. \tag{9}$$

(2)~(9)是向量运算的 8 条基本规则，这些规则都可以从定义直接验证，留给读者作为习题.

从定义还可推出：

$$0\boldsymbol{\alpha} = \mathbf{0}. \tag{10}$$
$$(-1)\boldsymbol{\alpha} = -\boldsymbol{\alpha}. \tag{11}$$
$$k\mathbf{0} = \mathbf{0}. \tag{12}$$

如果 $k \neq 0, \boldsymbol{\alpha} \neq \mathbf{0}$，那么

$$k\boldsymbol{\alpha} \neq \mathbf{0}. \tag{13}$$

定义 8　数域 P 上的 n 维向量的全体，同时考虑到定义在它们上面的线性运算，称为**数域 P 上的 n 维向量空间**，记作 P^n.

在 $n=3$ 时，3 维实向量空间可以认为就是几何空间中全体向量所成的空间.

向量通常写成一行

$$\boldsymbol{\alpha} = (a_1, a_2, \cdots, a_n);$$

有时候也写成一列：

$$\boldsymbol{\alpha} = \begin{pmatrix} a_1 \\ a_2 \\ \vdots \\ a_n \end{pmatrix}.$$

为了区别起见，前者称为**行向量**，后者称为**列向量**.

习 题 2.4

1. 设 $\boldsymbol{\alpha}=(1,0,-1,2)$，$\boldsymbol{\beta}=(3,2,4,-1)$，计算 $-\boldsymbol{\alpha},2\boldsymbol{\alpha},\boldsymbol{\alpha}-\boldsymbol{\beta},5\boldsymbol{\alpha}+4\boldsymbol{\beta}$.
2. 设 $\boldsymbol{\alpha}=(5,-1,3,2,4)$，$\boldsymbol{\beta}=(3,1,-2,2,1)$，求向量 $\boldsymbol{\gamma}$，使
$$3\boldsymbol{\alpha}+\boldsymbol{\gamma}=4\boldsymbol{\beta}.$$
3. 已知
$$\boldsymbol{\alpha}+\boldsymbol{\beta}=(2,1,5,2,0),$$
$$\boldsymbol{\alpha}-\boldsymbol{\beta}=(3,0,1,-1,4).$$
   求 $\boldsymbol{\alpha},\boldsymbol{\beta}$.
4. 设
$$3\boldsymbol{\alpha}+4\boldsymbol{\beta}=(2,1,1,2),$$
$$2\boldsymbol{\alpha}+3\boldsymbol{\beta}=(-1,2,3,1).$$
   求 $\boldsymbol{\alpha},\boldsymbol{\beta}$.
5. 设 n 维向量
$$\boldsymbol{\varepsilon}_1 = (1,0,\cdots,0),$$
$$\boldsymbol{\varepsilon}_2 = (0,1,\cdots,0),$$
$$\cdots\cdots\cdots\cdots\cdots$$
$$\boldsymbol{\varepsilon}_n = (0,0,\cdots,1).$$
   求 $a_1\boldsymbol{\varepsilon}_1+a_2\boldsymbol{\varepsilon}_2+\cdots+a_n\boldsymbol{\varepsilon}_n$.
6. 证明向量的线性运算满足运算规律(2)~(9)式.

2.5 线性相关性

以后讨论都是在一个固定的数域 **P** 上的 n 维向量空间中进行的，不再每次说明了.

在这一节进一步研究向量之间的关系. 两个向量之间最简单

的关系是成比例. 所谓向量 $\boldsymbol{\alpha}$ 与 $\boldsymbol{\beta}$ 成比例,就是说:有一个数 k,使
$$\boldsymbol{\alpha} = k\boldsymbol{\beta}.$$

例如向量 $(1,2,1,3)$ 与 $(-2,-4,-2,-6)$ 是成比例的,这是因为
$$(1,2,1,3) = -\frac{1}{2}(-2,-4,-2,-6).$$

在多个向量之间,成比例的关系表现为线性组合.

定义 9 $\boldsymbol{\alpha}, \boldsymbol{\beta}_1, \boldsymbol{\beta}_2, \cdots, \boldsymbol{\beta}_s$ 都是数域 **P** 上 n 维向量空间中的向量. 如果有数域 **P** 中的数 $k_1, k_2, \cdots, k_s$,使得
$$\boldsymbol{\alpha} = k_1\boldsymbol{\beta}_1 + k_2\boldsymbol{\beta}_2 + \cdots + k_s\boldsymbol{\beta}_s.$$
就说 $\boldsymbol{\alpha}$ 是 $\boldsymbol{\beta}_1, \boldsymbol{\beta}_2, \cdots, \boldsymbol{\beta}_s$ 的一个**线性组合**.

例 1 设 $\boldsymbol{\alpha} = (-1,-2,-2,1,-4), \boldsymbol{\beta}_1 = (1,2,-1,2,1), \boldsymbol{\beta}_2 = (2,4,1,1,5)$,因为
$$\boldsymbol{\alpha} = \boldsymbol{\beta}_1 - \boldsymbol{\beta}_2,$$
所以 $\boldsymbol{\alpha}$ 是 $\boldsymbol{\beta}_1, \boldsymbol{\beta}_2$ 的线性组合.

例 2 零向量是任意向量组 $\boldsymbol{\beta}_1, \boldsymbol{\beta}_2, \cdots, \boldsymbol{\beta}_s$ 的线性组合. 这是因为
$$\mathbf{0} = 0\boldsymbol{\beta}_1 + 0\boldsymbol{\beta}_2 + \cdots + 0\boldsymbol{\beta}_s.$$

例 3 设
$$\boldsymbol{\varepsilon}_1 = (1,0,\cdots,0),$$
$$\boldsymbol{\varepsilon}_2 = (0,1,\cdots,0),$$
$$\cdots\cdots\cdots\cdots\cdots$$
$$\boldsymbol{\varepsilon}_n = (0,0,\cdots,1),$$
由于任一个 n 维向量 $\boldsymbol{\alpha} = (a_1, a_2, \cdots, a_n)$ 都可以表示成
$$\boldsymbol{\alpha} = a_1\boldsymbol{\varepsilon}_1 + a_2\boldsymbol{\varepsilon}_2 + \cdots + a_n\boldsymbol{\varepsilon}_n,$$
所以,任一个 $\boldsymbol{\alpha}$ 都是 $\boldsymbol{\varepsilon}_1, \boldsymbol{\varepsilon}_2, \cdots, \boldsymbol{\varepsilon}_n$ 的一个线性组合.

向量 $\varepsilon_1,\varepsilon_2,\cdots,\varepsilon_n$ 称为 n 维基本向量*.

如果向量 α 是向量组 $\beta_1,\beta_2,\cdots,\beta_s$ 的一个线性组合,我们也说 α 可以由向量组 $\beta_1,\beta_2,\cdots,\beta_s$ **线性表出**. 例 2 说明零向量可以由任意向量组线性表出,而例 3 说明任一 n 维向量 α 都可以由 n 个 n 维基本向量线性表出,而且表式中的系数刚好是 α 的 n 个分量.

给了一个向量 α 及一组向量 $\beta_1,\beta_2,\cdots,\beta_s$,如何判断 α 能否由 $\beta_1,\beta_2,\cdots,\beta_s$ 线性表出?这个问题,根据定义,就是要解决能不能找到一组数 $k_1,k_2,\cdots,k_s$,使得 $\alpha=k_1\beta_1+k_2\beta_2+\cdots+k_s\beta_s$ 成立. 那么,这样的 $k_1,k_2,\cdots,k_s$ 又怎样去找呢?下面通过具体例子来说明.

例 4 设
$$\alpha=(2,3,-4,1),$$
$$\beta_1=(1,2,3,-4),$$
$$\beta_2=(2,-1,2,5),$$
$$\beta_3=(2,-1,5,-4),$$
问 α 能不能由 β_1,β_2,β_3 线性表出?

解:如果 α 能由 β_1,β_2,β_3 线性表出,那么,存在 k_1,k_2,k_3,使得
$$\alpha=k_1\beta_1+k_2\beta_2+k_3\beta_3$$
成立,即
$$(2,3,-4,1)=k_1(1,2,3,-4)+k_2(2,-1,2,5)$$
$$+k_3(2,-1,5,-4).$$
比较等号两端的分量,得

---

* 有的书上称 $\varepsilon_1,\varepsilon_2,\cdots,\varepsilon_n$ 为 n 维单位向量. 因为通常称长度等于 1 的向量为单位向量,为了区别起见,所以我们把 $\varepsilon_1,\varepsilon_2,\cdots,\varepsilon_n$ 称为基本向量.

$$\begin{cases} 2 = k_1 + 2k_2 + 2k_3, \\ 3 = 2k_1 - k_2 - k_3, \\ -4 = 3k_1 + 2k_2 + 5k_3, \\ 1 = -4k_1 + 5k_2 - 4k_3. \end{cases}$$

但是这个方程组没有解,这说明满足这个条件的 k_1, k_2, k_3 不存在,所以 α 不能被 $\beta_1, \beta_2, \beta_3$ 线性表出.

例 5 设
$$\alpha = (0, 4, 2, 5),$$
$$\beta_1 = (1, 2, 3, 1),$$
$$\beta_2 = (2, 3, 1, 2),$$
$$\beta_3 = (3, 1, 2, -2),$$

问 α 能否表成 $\beta_1, \beta_2, \beta_3$ 的线性组合?

解: 设 $\alpha = k_1 \beta_1 + k_2 \beta_2 + k_3 \beta_3$,则
$$\begin{cases} k_1 + 2k_2 + 3k_3 = 0, \\ 2k_1 + 3k_2 + k_3 = 4, \\ 3k_1 + k_2 + 2k_3 = 2, \\ k_1 + 2k_2 - 2k_3 = 5. \end{cases}$$

解方程组,得 $k_1 = 1, k_2 = 1, k_3 = -1$.

所以 α 能够表成 $\beta_1, \beta_2, \beta_3$ 的线性组合:
$$\alpha = \beta_1 + \beta_2 - \beta_3.$$

例 6 试将 $\alpha = (2, -1, 3, 4, -1)$ 表成
$\beta_1 = (1, 2, -3, 1, 2)$, $\beta_2 = (5, -5, 12, 11, -5)$,
$\beta_3 = (1, -3, 6, 3, -3)$ 的线性组合.

解: 设 $\alpha = k_1 \beta_1 + k_2 \beta_2 + k_3 \beta_3$,则
$$\begin{cases} k_1 + 5k_2 + k_3 = 2, \\ 2k_1 - 5k_2 - 3k_3 = -1, \\ -3k_1 + 12k_2 + 6k_3 = 3, \\ k_1 + 11k_2 + 3k_3 = 4, \\ 2k_1 - 5k_2 - 3k_3 = -1. \end{cases}$$

这个方程组有无穷多个解.任取一个解:

$$k_1 = 1, k_2 = 0, k_3 = 1.$$
则得
$$\boldsymbol{\alpha} = \boldsymbol{\beta}_1 + \boldsymbol{\beta}_3.$$

例 6 说明，$\boldsymbol{\alpha}$ 由 $\boldsymbol{\beta}_1, \boldsymbol{\beta}_2, \boldsymbol{\beta}_3$ 表出的形式不止一种．如果取另一个解：
$$k_1 = -1, k_2 = 1, k_3 = -2.$$
那么 $\boldsymbol{\alpha}$ 又可表成
$$\boldsymbol{\alpha} = -\boldsymbol{\beta}_1 + \boldsymbol{\beta}_2 - 2\boldsymbol{\beta}_3.$$
因为上述方程组有无穷多个解，所以 $\boldsymbol{\alpha}$ 由 $\boldsymbol{\beta}_1, \boldsymbol{\beta}_2, \boldsymbol{\beta}_3$ 线性表出的形式也有无穷多种．

由上面一些例子可以看出，设
$$\boldsymbol{\alpha}_1 = (a_{11}, a_{12}, \cdots, a_{1n}),$$
$$\boldsymbol{\alpha}_2 = (a_{21}, a_{22}, \cdots, a_{2n}),$$
$$\cdots\cdots\cdots\cdots\cdots\cdots$$
$$\boldsymbol{\alpha}_s = (a_{s1}, a_{s2}, \cdots, a_{sn}),$$
$$\boldsymbol{\beta} = (b_1, b_2, \cdots, b_s),$$
则 $\boldsymbol{\beta}$ 可由 $\boldsymbol{\alpha}_1, \boldsymbol{\alpha}_2, \cdots, \boldsymbol{\alpha}_s$ 线性表出的充分必要条件是：线性方程组
$$\begin{cases} a_{11}x_1 + a_{21}x_2 + \cdots + a_{s1}x_s = b_1, \\ a_{12}x_1 + a_{22}x_2 + \cdots + a_{s2}x_s = b_2, \\ \cdots\cdots\cdots\cdots\cdots\cdots\cdots\cdots\cdots\cdots \\ a_{1n}x_1 + a_{2n}x_2 + \cdots + a_{sn}x_s = b_n \end{cases}$$
有解，而且这个线性方程组的每个解都可取作 $\boldsymbol{\beta}$ 表成 $\boldsymbol{\alpha}_1, \boldsymbol{\alpha}_2, \cdots, \boldsymbol{\alpha}_s$ 的线性组合的系数．因此，如果这个线性方程组有唯一解．那么，$\boldsymbol{\beta}$ 由 $\boldsymbol{\alpha}_1, \boldsymbol{\alpha}_2, \cdots, \boldsymbol{\alpha}_s$ 线性表出的方法是唯一的；如果这个线性方程组有无穷多解，那么 $\boldsymbol{\beta}$ 由 $\boldsymbol{\alpha}_1, \boldsymbol{\alpha}_2, \cdots, \boldsymbol{\alpha}_s$ 线性表出的方法也有无穷多种．

定义 10 如果向量组 $\boldsymbol{\alpha}_1, \boldsymbol{\alpha}_2, \cdots, \boldsymbol{\alpha}_t$ 中每一个向量 $\boldsymbol{\alpha}_i (i=1,2,\cdots,t)$ 都可以由向量组 $\boldsymbol{\beta}_1, \boldsymbol{\beta}_2, \cdots, \boldsymbol{\beta}_s$ 线性表出，那么就说向量组 $\boldsymbol{\alpha}_1, \boldsymbol{\alpha}_2, \cdots, \boldsymbol{\alpha}_t$ 可以由 $\boldsymbol{\beta}_1, \boldsymbol{\beta}_2, \cdots, \boldsymbol{\beta}_s$ **线性表出**．如果两个向量组可以互相线性表出，就称它们是**等价的**．

由定义不难看出,每一个向量组都可以由它自身线性表出. 如果向量组 $\boldsymbol{\alpha}_1, \boldsymbol{\alpha}_2, \cdots, \boldsymbol{\alpha}_t$ 可以由向量组 $\boldsymbol{\beta}_1, \boldsymbol{\beta}_2, \cdots, \boldsymbol{\beta}_s$ 线性表出,而向量组 $\boldsymbol{\beta}_1, \boldsymbol{\beta}_2, \cdots, \boldsymbol{\beta}_s$ 又可以由 $\boldsymbol{\gamma}_1, \boldsymbol{\gamma}_2, \cdots, \boldsymbol{\gamma}_p$ 线性表出,那么向量组 $\boldsymbol{\alpha}_1, \cdots, \boldsymbol{\alpha}_t$ 可以由 $\boldsymbol{\gamma}_1, \boldsymbol{\gamma}_2, \cdots, \boldsymbol{\gamma}_p$ 线性表出. 这一点可以证明如下:

如果 $\quad \boldsymbol{\alpha}_i = \sum_{j=1}^{s} k_{ij} \boldsymbol{\beta}_j \quad (i = 1, 2, \cdots, t),$

$$\boldsymbol{\beta}_j = \sum_{m=1}^{p} l_{jm} \boldsymbol{\gamma}_m \quad (j = 1, 2, \cdots, s),$$

那么

$$\boldsymbol{\alpha}_i = \sum_{j=1}^{s} k_{ij} \sum_{m=1}^{p} l_{jm} \boldsymbol{\gamma}_m$$
$$= \sum_{m=1}^{p} \Big(\sum_{j=1}^{s} k_{ij} l_{jm} \Big) \boldsymbol{\gamma}_m \quad (i = 1, 2, \cdots, t).$$

这说明向量组 $\boldsymbol{\alpha}_1, \boldsymbol{\alpha}_2, \cdots, \boldsymbol{\alpha}_t$ 中每一个向量都可以由向量组 $\boldsymbol{\gamma}_1, \boldsymbol{\gamma}_2, \cdots, \boldsymbol{\gamma}_p$ 线性表出. 因而向量组 $\boldsymbol{\alpha}_1, \boldsymbol{\alpha}_2, \cdots, \boldsymbol{\alpha}_t$ 可以由向量组 $\boldsymbol{\gamma}_1, \boldsymbol{\gamma}_2, \cdots, \boldsymbol{\gamma}_p$ 线性表出.

从上面的讨论可以知道:向量组之间的等价关系有下面 3 个性质:

1. 反身性:每一个向量组都与它自身等价.

2. 对称性:如果向量组 $\boldsymbol{\alpha}_1, \boldsymbol{\alpha}_2, \cdots, \boldsymbol{\alpha}_t$ 与向量组 $\boldsymbol{\beta}_1, \boldsymbol{\beta}_2, \cdots, \boldsymbol{\beta}_s$ 等价,那么,向量组 $\boldsymbol{\beta}_1, \boldsymbol{\beta}_2, \cdots, \boldsymbol{\beta}_s$ 也与向量组 $\boldsymbol{\alpha}_1, \boldsymbol{\alpha}_2, \cdots, \boldsymbol{\alpha}_t$ 等价.

3. 传递性:如果向量组 $\boldsymbol{\alpha}_1, \boldsymbol{\alpha}_2, \cdots, \boldsymbol{\alpha}_t$ 与向量组 $\boldsymbol{\beta}_1, \boldsymbol{\beta}_2, \cdots, \boldsymbol{\beta}_s$ 等价;向量组 $\boldsymbol{\beta}_1, \boldsymbol{\beta}_2, \cdots, \boldsymbol{\beta}_s$ 与向量组 $\boldsymbol{\gamma}_1, \boldsymbol{\gamma}_2, \cdots, \boldsymbol{\gamma}_p$ 等价,那么向量组 $\boldsymbol{\alpha}_1, \boldsymbol{\alpha}_2, \cdots, \boldsymbol{\alpha}_t$ 与向量组 $\boldsymbol{\gamma}_1, \boldsymbol{\gamma}_2, \cdots, \boldsymbol{\gamma}_p$ 等价.

根据定义,可知任一 n 维向量组 $\boldsymbol{\alpha}_1, \boldsymbol{\alpha}_2, \cdots, \boldsymbol{\alpha}_t$ 都可由基本向量组 $\boldsymbol{\varepsilon}_1, \boldsymbol{\varepsilon}_2, \cdots, \boldsymbol{\varepsilon}_n$ 线性表出.

例 7 设

$$\begin{cases} \boldsymbol{\alpha}_1 = (a_{11}, a_{12}, \cdots, a_{1n}), \\ \boldsymbol{\alpha}_2 = (a_{21}, a_{22}, \cdots, a_{2n}), \\ \cdots\cdots\cdots\cdots\cdots\cdots\cdots \\ \boldsymbol{\alpha}_n = (a_{n1}, a_{n2}, \cdots, a_{nn}). \end{cases} \tag{1}$$

并设

$$\begin{vmatrix} a_{11} & a_{12} & \cdots & a_{1n} \\ a_{21} & a_{22} & \cdots & a_{2n} \\ \cdots\cdots\cdots\cdots\cdots\cdots \\ a_{n1} & a_{n2} & \cdots & a_{nn} \end{vmatrix} \neq 0.$$

求证：1. 任一 n 维向量都可由 $\boldsymbol{\alpha}_1, \boldsymbol{\alpha}_2, \cdots, \boldsymbol{\alpha}_n$ 线性表出.

2. 向量组(1)与基本向量组

$$\begin{cases} \boldsymbol{\varepsilon}_1 = (1, 0, \cdots, 0), \\ \boldsymbol{\varepsilon}_2 = (0, 1, \cdots, 0), \\ \cdots\cdots\cdots\cdots\cdots \\ \boldsymbol{\varepsilon}_n = (0, 0, \cdots, 1) \end{cases} \tag{2}$$

等价.

证明：1. 设

$$\boldsymbol{\beta} = (b_1, b_2, \cdots, b_n)$$

是一个 n 维向量. 现在证明 $\boldsymbol{\beta}$ 可以由 $\boldsymbol{\alpha}_1, \boldsymbol{\alpha}_2, \cdots, \boldsymbol{\alpha}_n$ 线性表出.

我们知道：$\boldsymbol{\beta}$ 可由 $\boldsymbol{\alpha}_1, \boldsymbol{\alpha}_2, \cdots, \boldsymbol{\alpha}_n$ 线性表出的充分必要条件是能够求得一组数 $k_1, k_2, \cdots, k_n$，使

$$\boldsymbol{\beta} = k_1 \boldsymbol{\alpha}_1 + k_2 \boldsymbol{\alpha}_2 + \cdots + k_n \boldsymbol{\alpha}_n \tag{3}$$

成立, 也即满足

$$\begin{cases} a_{11}k_1 + a_{21}k_2 + \cdots + a_{n1}k_n = b_1, \\ a_{12}k_1 + a_{22}k_2 + \cdots + a_{n2}k_n = b_2, \\ \cdots\cdots\cdots\cdots\cdots\cdots\cdots\cdots\cdots\cdots \\ a_{1n}k_1 + a_{2n}k_2 + \cdots + a_{nn}k_n = b_n. \end{cases} \tag{4}$$

考虑线性方程组

$$\begin{cases} a_{11}x_1 + a_{21}x_2 + \cdots + a_{n1}x_n = b_1, \\ a_{12}x_1 + a_{22}x_2 + \cdots + a_{n2}x_n = b_2, \\ \cdots\cdots\cdots\cdots\cdots\cdots\cdots\cdots\cdots \\ a_{1n}x_1 + a_{2n}x_2 + \cdots + a_{nn}x_n = b_n. \end{cases} \quad (5)$$

由题设知:它的系数行列式

$$\begin{vmatrix} a_{11} & a_{21} & \cdots & a_{n1} \\ a_{12} & a_{22} & \cdots & a_{n2} \\ \cdots & \cdots & \cdots & \cdots \\ a_{1n} & a_{2n} & \cdots & a_{nn} \end{vmatrix} = \begin{vmatrix} a_{11} & a_{12} & \cdots & a_{1n} \\ a_{21} & a_{22} & \cdots & a_{2n} \\ \cdots & \cdots & \cdots & \cdots \\ a_{n1} & a_{n2} & \cdots & a_{nn} \end{vmatrix} \neq 0.$$

由克莱姆法则知:方程组(5)有唯一解.设$(k_1, k_2, \cdots, k_n)$是它的解么,那么,$k_1, k_2, \cdots, k_n$满足恒等式(4),因而也满足(3),所以$\boldsymbol{\beta}$可以由$\boldsymbol{\alpha}_1, \boldsymbol{\alpha}_2, \cdots, \boldsymbol{\alpha}_n$线性表出.

2. 已知任一个n维向量都可以由向量组(2)线性表出,所以(1)可以由(2)线性表出;另一方面,已证任一n维向量都可由(1)线性表出,故(2)也可由(1)线性表出.所以(1)与(2)是等价的.

习 题 2.5(1)

1. 把向量$\boldsymbol{\beta}$表成向量组$\boldsymbol{\alpha}_1, \boldsymbol{\alpha}_2, \boldsymbol{\alpha}_3, \boldsymbol{\alpha}_4$的线性组合.

(1) $\boldsymbol{\beta} = (1, 2, 1, 1)$,
   $\boldsymbol{\alpha}_1 = (1, 1, 1, 1)$, $\boldsymbol{\alpha}_2 = (1, 1, -1, -1)$,
   $\boldsymbol{\alpha}_3 = (1, -1, 1, -1)$, $\boldsymbol{\alpha}_4 = (1, -1, -1, 1)$;

(2) $\boldsymbol{\beta} = (0, 2, 0, -1)$,
   $\boldsymbol{\alpha}_1 = (1, 1, 1, 1)$, $\boldsymbol{\alpha}_2 = (1, 1, 1, 0)$,
   $\boldsymbol{\alpha}_3 = (1, 1, 0, 0)$, $\boldsymbol{\alpha}_4 = (1, 0, 0, 0)$;

(3) $\boldsymbol{\beta} = (0, 1, 0, 1, 0)$,
   $\boldsymbol{\alpha}_1 = (1, 1, 1, 1, 1)$, $\boldsymbol{\alpha}_2 = (1, 2, 1, 3, 1)$,
   $\boldsymbol{\alpha}_3 = (1, 1, 0, 1, 0)$, $\boldsymbol{\alpha}_4 = (2, 2, 0, 0, 0)$;

2. 等价的向量组所包含的向量个数是否必须相等？试举例说明.
3. 试证明：如果 $\boldsymbol{\beta}$ 可以由 $\boldsymbol{\alpha}_1,\boldsymbol{\alpha}_2,\cdots,\boldsymbol{\alpha}_s$ 线性表出，那么对于任意向量 $\boldsymbol{\alpha}_{s+1}$, $\cdots,\boldsymbol{\alpha}_t(t>s)$，$\boldsymbol{\beta}$ 总可以由 $\boldsymbol{\alpha}_1,\boldsymbol{\alpha}_2,\cdots,\boldsymbol{\alpha}_s,\boldsymbol{\alpha}_{s+1},\cdots,\boldsymbol{\alpha}_t$ 线性表出.
4. 设 $a_1,a_2,\cdots,a_n$ 是互不相同的数，令

$$\boldsymbol{\alpha}_1 = (1,a_1,a_1^2,\cdots,a_1^{n-1})$$
$$\boldsymbol{\alpha}_2 = (1,a_2,a_2^2,\cdots,a_2^{n-1})$$
$$\cdots\cdots\cdots\cdots\cdots\cdots\cdots\cdots$$
$$\boldsymbol{\alpha}_n = (1,a_n,a_n^2,\cdots,a_n^{n-1}).$$

求证：任一 n 维向量都可由向量组 $\boldsymbol{\alpha}_1,\boldsymbol{\alpha}_2,\cdots,\boldsymbol{\alpha}_n$ 线性表出.

5. 设

$$\boldsymbol{\beta}_1 = a_{11}\boldsymbol{\alpha}_1 + a_{12}\boldsymbol{\alpha}_2 + \cdots + a_{1m}\boldsymbol{\alpha}_m$$
$$\boldsymbol{\beta}_2 = a_{21}\boldsymbol{\alpha}_1 + a_{22}\boldsymbol{\alpha}_2 + \cdots + a_{2m}\boldsymbol{\alpha}_m$$
$$\cdots\cdots\cdots\cdots\cdots\cdots\cdots\cdots\cdots\cdots$$
$$\boldsymbol{\beta}_m = a_{m1}\boldsymbol{\alpha}_1 + a_{m2}\boldsymbol{\alpha}_2 + \cdots + a_{mm}\boldsymbol{\alpha}_m,$$

并设行列式

$$\begin{vmatrix} a_{11} & a_{12} & \cdots & a_{1m} \\ a_{21} & a_{22} & \cdots & a_{2m} \\ \cdots & \cdots & \cdots & \cdots \\ a_{m1} & a_{m2} & \cdots & a_{mm} \end{vmatrix} \neq 0.$$

求证：$\boldsymbol{\alpha}_1,\boldsymbol{\alpha}_2,\cdots,\boldsymbol{\alpha}_m$ 与 $\boldsymbol{\beta}_1,\boldsymbol{\beta}_2,\cdots,\boldsymbol{\beta}_m$ 等价.

下面介绍向量组线性相关及线性无关的概念.

定义 11 对于数域 **P** 上向量组 $\boldsymbol{\alpha}_1,\boldsymbol{\alpha}_2,\cdots,\boldsymbol{\alpha}_s(s\geqslant 1)$，如果有数域 **P** 中不全为零的数 $k_1,k_2,\cdots,k_s$，使得

$$k_1\boldsymbol{\alpha}_1 + k_2\boldsymbol{\alpha}_2 + \cdots + k_s\boldsymbol{\alpha}_s = \boldsymbol{0},$$

则称向量组 $\boldsymbol{\alpha}_1,\boldsymbol{\alpha}_2,\cdots,\boldsymbol{\alpha}_s$ **线性相关**.

例 8 向量组

$$\boldsymbol{\alpha}_1 = (2,-1,3,1),$$
$$\boldsymbol{\alpha}_2 = (4,-2,5,4),$$
$$\boldsymbol{\alpha}_3 = (2,-1,4,-1)$$

是线性相关的,因为有不全为零的数 $3,-1,-1$,使得
$$3\boldsymbol{\alpha}_1+(-1)\boldsymbol{\alpha}_2+(-1)\boldsymbol{\alpha}_3=\boldsymbol{0}.$$

例 9 包含零向量的向量组一定是线性相关的.特别地,一个向量线性相关的充分必要条件是这个向量为零向量.

证明:如果 $\boldsymbol{\alpha}_1,\boldsymbol{\alpha}_2,\cdots,\boldsymbol{\alpha}_s$ 中包含零向量,设 $\boldsymbol{\alpha}_l=\boldsymbol{0}(1\leqslant l\leqslant s)$,则有不全为零的数 $0,\cdots,0,1$(第 l 个),$0,\cdots,0$,使
$$0\boldsymbol{\alpha}_1+\cdots+0\boldsymbol{\alpha}_{l-1}+1\boldsymbol{\alpha}_l+0\boldsymbol{\alpha}_{l+1}+\cdots+0\boldsymbol{\alpha}_s=\boldsymbol{0}.$$
所以这个向量组是线性相关的.

对于 $s=1$ 的情形:如果 $\boldsymbol{\alpha}_1=\boldsymbol{0}$,那么有数 $1\neq 0$,使 $1\boldsymbol{\alpha}_1=\boldsymbol{0}$.所以 $\boldsymbol{\alpha}_1$ 是线性相关的.反之,如果 $\boldsymbol{\alpha}_1$ 线性相关,那么有不等于零的数 k,使 $k\boldsymbol{\alpha}_1=\boldsymbol{0}$,因此必须 $\boldsymbol{\alpha}_1=\boldsymbol{0}$.所以 $\boldsymbol{\alpha}_1$ 线性相关的充分必要条件是 $\boldsymbol{\alpha}_1=\boldsymbol{0}$.

定义 12 向量组 $\boldsymbol{\alpha}_1,\boldsymbol{\alpha}_2,\cdots,\boldsymbol{\alpha}_s$ 如果不是线性相关的,就称为是**线性无关**的.换句话说,如果等式
$$k_1\boldsymbol{\alpha}_1+k_2\boldsymbol{\alpha}_2+\cdots+k_s\boldsymbol{\alpha}_s=\boldsymbol{0},$$
只有当
$$k_1=k_2=\cdots=k_s=0$$
时才成立.那么就称 $\boldsymbol{\alpha}_1,\boldsymbol{\alpha}_2,\cdots,\boldsymbol{\alpha}_s$ 是线性无关的.

因为一个向量组或者是线性相关的,或者是线性无关的,二者必居其一,且仅居其一.因此从关于线性相关的事实,可以推得相应的关于线性无关的事实,反之亦然.如例 9 中关于线性相关的一些结论,用线性无关的语言来说,就成为:一个线性无关的向量组一定不能包含零向量.特别地,一个向量是线性无关的充分必要条件是这个向量不等于零.在以后的讨论中,有时候我们只用一种方式来叙述,希望读者能联想到另一种叙述,并且在应用或证明某个结论时,能够灵活地掌握线性相关或线性无关的概念.

例 10 证明:由 n 维基本向量 $\boldsymbol{\varepsilon}_1,\boldsymbol{\varepsilon}_2,\cdots,\boldsymbol{\varepsilon}_n$ 组成的向量组是线性无关的.

证明:从 $k_1\boldsymbol{\varepsilon}_1+k_2\boldsymbol{\varepsilon}_2+\cdots+k_n\boldsymbol{\varepsilon}_n=\boldsymbol{0}$,即

$$k(1,0,\cdots,0)+k_2(0,1,\cdots,0)+\cdots+k_n(0,0,\cdots,1)$$
$$=(k_1,k_2,\cdots,k_n)=(0,0,\cdots,0),$$

可以推出 $\quad k_1=k_2=\cdots=k_n=0.$

因此 $\varepsilon_1,\varepsilon_2,\cdots,\varepsilon_n$ 线性无关.

一般地,给了一个向量组

$$\begin{cases}\boldsymbol{\alpha}_1=(a_{11},a_{12},\cdots,a_{1n}),\\ \boldsymbol{\alpha}_2=(a_{21},a_{22},\cdots,a_{2n}),\\ \cdots\cdots\cdots\cdots\cdots\cdots\cdots\\ \boldsymbol{\alpha}_s=(a_{s1},a_{s2},\cdots,a_{sn}),\end{cases} \quad (6)$$

如何来判断这个向量组是否线性相关? 根据定义 11,就是要看方程

$$x_1\boldsymbol{\alpha}_1+x_2\boldsymbol{\alpha}_2+\cdots+x_s\boldsymbol{\alpha}_s=\boldsymbol{0}$$

有没有非零解. 按分量写出来,就是

$$\begin{cases}a_{11}x_1+a_{21}x_2+\cdots+a_{s1}x_s=0,\\ a_{12}x_1+a_{22}x_2+\cdots+a_{s2}x_s=0,\\ \cdots\cdots\cdots\cdots\cdots\cdots\cdots\cdots\\ a_{1n}x_1+a_{2n}x_2+\cdots+a_{sn}x_s=0.\end{cases} \quad (7)$$

因此,向量组 $\boldsymbol{\alpha}_1,\boldsymbol{\alpha}_2,\cdots,\boldsymbol{\alpha}_s$ 线性相关的充分必要条件是齐次线性方程组(7)有非零解. 换句话说,向量组 $\boldsymbol{\alpha}_1,\boldsymbol{\alpha}_2,\cdots,\boldsymbol{\alpha}_s$ 线性无关的充分必要条件是齐次线性方程组(7)只有零解.

从这个结论很容易看出:如果向量组(6)线性无关,那么在每个向量上任意添加一个分量,所得到的 $n+1$ 维的向量组

$$\boldsymbol{\beta}_i=(a_{i1},a_{i2},\cdots,a_{in},a_{i,n+1}) \quad (i=1,2,\cdots,s) \quad (8)$$

也线性无关.

事实上,与向量组(8)相对应的齐次线性方程组为:

$$\begin{cases} a_{11}x_1 + a_{21}x_2 + \cdots + a_{s1}x_s = 0, \\ a_{12}x_1 + a_{22}x_2 + \cdots + a_{s2}x_s = 0, \\ \cdots\cdots\cdots\cdots\cdots\cdots\cdots \\ a_{1n}x_1 + a_{2n}x_2 + \cdots + a_{sn}x_s = 0, \\ a_{1,n+1}x_1 + a_{2,n+1}x_2 + \cdots + a_{s,n+1}x_s = 0. \end{cases} \quad (9)$$

显然,方程组(9)的解全是方程组(7)的解,如果向量组(6)线性无关,那么方程组(7)只有零解,因而方程组(9)也只有零解,所以向量组(8)也线性无关.

与这个结论相对应的关于线性相关的结论是:如果向量组(6)是线性相关的,那么在每个向量中减去一个分量后,所得到的 $n-1$ 维向量组

$$\gamma_i = (a_{i1}, a_{i2}, \cdots, a_{i,n-1}) \quad (i = 1, 2, \cdots, s)$$

也是线性相关的.

这两个结果可以推广到增添或减少几个分量的情形.

例 11 设

$$\alpha_i = (a_{i1}, a_{i2}, \cdots, a_{in}) \quad (i = 1, \cdots, n),$$

证明向量组 $\alpha_1, \alpha_2, \cdots, \alpha_n$ 线性相关的充分必要条件是行列式

$$D = \begin{vmatrix} a_{11} & a_{12} & \cdots & a_{1n} \\ a_{21} & a_{22} & \cdots & a_{2n} \\ \cdots\cdots\cdots\cdots\cdots\cdots \\ a_{n1} & a_{n2} & \cdots & a_{nn} \end{vmatrix} = 0.$$

证明: $\alpha_1, \alpha_2, \cdots, \alpha_n$ 线性相关的充分必要条件是齐次线性方程组

$$\begin{cases} a_{11}x_1 + a_{21}x_2 + \cdots + a_{n1}x_n = 0 \\ a_{12}x_1 + a_{22}x_2 + \cdots + a_{n2}x_n = 0 \\ \cdots\cdots\cdots\cdots\cdots\cdots\cdots \\ a_{1n}x_1 + a_{2n}x_2 + \cdots + a_{nn}x_n = 0 \end{cases}$$

有非零解.根据本章定理 5 知:这个方程组有非零解的充分必要条件是系数行列式

$$\begin{vmatrix} a_{11} & a_{21} & \cdots & a_{n1} \\ a_{12} & a_{22} & \cdots & a_{n2} \\ \cdots\cdots\cdots\cdots\cdots\cdots \\ a_{1n} & a_{2n} & \cdots & a_{nn} \end{vmatrix} = D^T = 0.$$

因为 $D=D^T$,所以 $\boldsymbol{\alpha}_1,\boldsymbol{\alpha}_2,\cdots,\boldsymbol{\alpha}_n$ 线性相关的充分必要条件是 $D=0$.

利用本章定理 4,可以证明下述关于向量组的一个基本性质.

定理 7 设 $\boldsymbol{\alpha}_1,\boldsymbol{\alpha}_2,\cdots,\boldsymbol{\alpha}_r$ 与 $\boldsymbol{\beta}_1,\boldsymbol{\beta}_2,\cdots,\boldsymbol{\beta}_s$ 是两个向量组,如果

1. 向量组 $\boldsymbol{\alpha}_1,\boldsymbol{\alpha}_2,\cdots,\boldsymbol{\alpha}_r$ 可以由 $\boldsymbol{\beta}_1,\boldsymbol{\beta}_2,\cdots,\boldsymbol{\beta}_s$ 线性表出,

2. $r>s$,

那么向量组 $\boldsymbol{\alpha}_1,\boldsymbol{\alpha}_2,\cdots,\boldsymbol{\alpha}_r$ 一定线性相关.

证明:由 1,有

$$\boldsymbol{\alpha}_i = \sum_{j=1}^{s} l_{ji}\boldsymbol{\beta}_j \quad (i=1,2,\cdots,r).$$

为了证明 $\boldsymbol{\alpha}_1,\boldsymbol{\alpha}_2,\cdots,\boldsymbol{\alpha}_r$ 线性相关,只要证明可以找到不全为零的数 $k_1,k_2,\cdots,k_r$,使

$$k_1\boldsymbol{\alpha}_1 + k_2\boldsymbol{\alpha}_2 + \cdots + k_r\boldsymbol{\alpha}_r = \boldsymbol{0}.$$

为此,作线性组合

$$x_1\boldsymbol{\alpha}_1 + x_2\boldsymbol{\alpha}_2 + \cdots + x_r\boldsymbol{\alpha}_r$$
$$= \sum_{i=1}^{r} x_i \sum_{j=1}^{s} l_{ji}\boldsymbol{\beta}_j = \sum_{i=1}^{r}\sum_{j=1}^{s} l_{ji}x_i\boldsymbol{\beta}_j = \sum_{j=1}^{s}\left(\sum_{i=1}^{r} l_{ji}x_i\right)\boldsymbol{\beta}_j.$$

考虑齐次线性方程组

$$\begin{cases} l_{11}x_1 + l_{12}x_2 + \cdots + l_{1r}x_r = 0, \\ l_{21}x_1 + l_{22}x_2 + \cdots + l_{2r}x_r = 0, \\ \cdots\cdots\cdots\cdots\cdots\cdots\cdots\cdots\cdots\cdots \\ l_{s1}x_1 + l_{s2}x_2 + \cdots + l_{sr}x_r = 0. \end{cases}$$

由题设:这个方程组中未知数的个数 r 大于方程的个数 s,根据定理 4 知这个方程组有非零解.因而可以取一个非零解 $k_1, k_2, \cdots, k_r$,使
$$k_1\boldsymbol{\alpha}_1 + k_2\boldsymbol{\alpha}_2 + \cdots + k_r\boldsymbol{\alpha}_r = \mathbf{0}.$$
所以 $\boldsymbol{\alpha}_1, \boldsymbol{\alpha}_2, \cdots, \boldsymbol{\alpha}_r$ 是线性相关的.∎

定理 7 的几何意义是很清楚的.在 3 维向量的情形,如果 $s=2$,则由 $\boldsymbol{\beta}_1, \boldsymbol{\beta}_2$ 线性表出的向量当然都在 $\boldsymbol{\beta}_1, \boldsymbol{\beta}_2$ 所张成的平面上,因而这些向量都是共面的,也就是说,当 $r>2$ 时,这些向量是线性相关的.

定理 7 的另一个说法是

推论 1 如果向量组 $\boldsymbol{\alpha}_1, \boldsymbol{\alpha}_2, \cdots, \boldsymbol{\alpha}_r$ 可由向量组 $\boldsymbol{\beta}_1, \boldsymbol{\beta}_2, \cdots, \boldsymbol{\beta}_s$ 线性表出,而且 $\boldsymbol{\alpha}_1, \boldsymbol{\alpha}_2, \cdots, \boldsymbol{\alpha}_r$ 线性无关,那么 $r \leqslant s$.

从定理 7 可以推出.

推论 2 任意 $n+1$ 个 n 维向量必线性相关.

证明:因为每个 n 维向量都可以被 n 个 n 维基本向量 $\boldsymbol{\varepsilon}_1, \boldsymbol{\varepsilon}_2, \cdots, \boldsymbol{\varepsilon}_n$ 线性表出,故由定理 7 可知,任意 $n+1$ 个 n 维向量一定是线性相关的.∎

这个结论说明线性无关的 n 维向量组最多包含 n 个向量.另一方面,例 10 和例 11 说明了的确可以找到 n 个线性无关的 n 维向量.当 $n=2$ 或 3,且数域 $\mathbf{P}$ 是实数域时,这个结论的几何意义是:平面上最多有 2 个线性无关的向量,而且的确有 2 个线性无关的向量;空间里最多有 3 个线性无关的向量,而且的确可以找到 3 个线性无关的向量.

推论 3 两个等价的线性无关的向量组,一定包含相同个数的向量.

证明:设
$$\boldsymbol{\alpha}_1, \boldsymbol{\alpha}_2, \cdots, \boldsymbol{\alpha}_r \tag{10}$$
与

$$\boldsymbol{\beta}_1, \boldsymbol{\beta}_2, \cdots, \boldsymbol{\beta}_s \tag{11}$$

是两个等价的线性无关的向量组. 因为(10)线性无关且可由(11)线性表出,故由推论 1 知 $r \leqslant s$. 同理可知 $s \leqslant r$, 所以 $r = s$, 即这两个向量组所包含的向量个数是相同的.

线性相关有一个必要充分条件,这个条件说明了线性相关与线性表出的关系,即下述定理.

定理 8 向量组 $\boldsymbol{\alpha}_1, \boldsymbol{\alpha}_2, \cdots, \boldsymbol{\alpha}_s (s \geqslant 2)$ 线性相关的充分必要条件是: $\boldsymbol{\alpha}_1, \boldsymbol{\alpha}_2, \cdots, \boldsymbol{\alpha}_s$ 中有一个向量可以被其余的向量线性表出.

证明: 如果 $\boldsymbol{\alpha}_1, \boldsymbol{\alpha}_2, \cdots, \boldsymbol{\alpha}_s$ 线性相关,那么根据定义 11, 有不全为零的数 $k_1, k_2, \cdots, k_s$, 使

$$k_1 \boldsymbol{\alpha}_1 + k_2 \boldsymbol{\alpha}_2 + \cdots + k_s \boldsymbol{\alpha}_s = \boldsymbol{0},$$

其中 $k_i \neq 0$. 于是得

$$\boldsymbol{\alpha}_i = -\frac{k_1}{k_i} \boldsymbol{\alpha}_1 - \cdots - \frac{k_{i-1}}{k_i} \boldsymbol{\alpha}_{i-1} - \frac{k_{i+1}}{k_i} \boldsymbol{\alpha}_{i+1} - \cdots - \frac{k_s}{k_i} \boldsymbol{\alpha}_s.$$

即 $\boldsymbol{\alpha}_i$ 可被其余的向量线性表出. 这就证明了条件的必要性.

下面证条件的充分性. 设 $\boldsymbol{\alpha}_i (1 \leqslant i \leqslant s)$ 可以被其余的向量线性表出, 即

$$\boldsymbol{\alpha}_i = l_1 \boldsymbol{\alpha}_1 + \cdots + l_{i-1} \boldsymbol{\alpha}_{i-1} + l_{i+1} \boldsymbol{\alpha}_{i+1} + \cdots + l_s \boldsymbol{\alpha}_s.$$

那么

$$l_1 \boldsymbol{\alpha}_1 + \cdots + l_{i-1} \boldsymbol{\alpha}_{i-1} + (-1) \boldsymbol{\alpha}_i + l_{i+1} \boldsymbol{\alpha}_{i+1} + \cdots + l_s \boldsymbol{\alpha}_s = \boldsymbol{0}.$$

其中系数 $l_1, \cdots, l_{i-1}, -1, l_{i+1}, \cdots, l_s$ 不全为零. 根据定义 11 可知, $\boldsymbol{\alpha}_1, \boldsymbol{\alpha}_2, \cdots, \boldsymbol{\alpha}_s$ 是线性相关的.

从定理 8 可知, 如果 $\boldsymbol{\alpha}_1, \boldsymbol{\alpha}_2, \cdots, \boldsymbol{\alpha}_r$ 是线性无关的,那么 $\boldsymbol{\alpha}_1, \boldsymbol{\alpha}_2, \cdots, \boldsymbol{\alpha}_r$ 中每一个向量都不可能被其余的向量线性表出. 显然, 这个条件也是 $\boldsymbol{\alpha}_1, \boldsymbol{\alpha}_2, \cdots, \boldsymbol{\alpha}_r$ 线性无关的充分条件.

习 题 2.5(2)

1. 判断下列向量组是否线性相关:

(1) $\boldsymbol{\alpha}_1=(2,2,7,-1)$, $\boldsymbol{\alpha}_2=(3,-1,2,4)$, $\boldsymbol{\alpha}_3=(1,1,3,1)$;

(2) $\boldsymbol{\alpha}_1=(3,2,-5,4)$, $\boldsymbol{\alpha}_2=(3,-1,3,-3)$,
$\boldsymbol{\alpha}_3=(3,5,-13,11)$;

(3) $\boldsymbol{\alpha}_1=(4,3,-1,1,-1)$, $\boldsymbol{\alpha}_2=(2,1,-3,2,-5)$,
$\boldsymbol{\alpha}_3=(1,-3,0,1,-2)$, $\boldsymbol{\alpha}_4=(1,5,2,-2,6)$;

(4) $\boldsymbol{\alpha}_1=(1,2,1,-2,1)$, $\boldsymbol{\alpha}_2=(2,-1,1,3,2)$,
$\boldsymbol{\alpha}_3=(1,-1,2,-1,3)$, $\boldsymbol{\alpha}_4=(2,1,-3,1,-2)$,
$\boldsymbol{\alpha}_5=(1,-1,3,-1,7)$.

2. 设 $a_1, a_2, \cdots, a_r (r \leqslant n)$ 是互不相同的数,
$$\boldsymbol{\alpha}_i = (1, a_i, a_i^2, \cdots, a_i^{n-1}) \quad (i=1,2,\cdots,r).$$
证明：$\boldsymbol{\alpha}_1, \boldsymbol{\alpha}_2, \cdots, \boldsymbol{\alpha}_r$ 线性无关.

3. 证明：如果 $\boldsymbol{\alpha}_1, \boldsymbol{\alpha}_2, \cdots, \boldsymbol{\alpha}_s$ 线性无关,而 $\boldsymbol{\alpha}_1, \boldsymbol{\alpha}_2, \cdots, \boldsymbol{\alpha}_s, \boldsymbol{\beta}$ 线性相关,则 $\boldsymbol{\beta}$ 可以由 $\boldsymbol{\alpha}_1, \boldsymbol{\alpha}_2, \cdots, \boldsymbol{\alpha}_s$ 线性表出,并且表法唯一.

4. 设 $\boldsymbol{\alpha}_1, \boldsymbol{\alpha}_2, \boldsymbol{\alpha}_3$ 线性无关,证明：$\boldsymbol{\alpha}_1+\boldsymbol{\alpha}_2, \boldsymbol{\alpha}_2+\boldsymbol{\alpha}_3, \boldsymbol{\alpha}_3+\boldsymbol{\alpha}_1$ 也线性无关.

5. $\boldsymbol{\alpha}_1, \boldsymbol{\alpha}_2, \cdots, \boldsymbol{\alpha}_s$ 是一组向量. 假设

(1) $\boldsymbol{\alpha}_1 \neq 0$;

(2) 每个 $\boldsymbol{\alpha}_i (i=2,3,\cdots,s)$ 都不能被 $\boldsymbol{\alpha}_1, \boldsymbol{\alpha}_2, \cdots, \boldsymbol{\alpha}_{i-1}$ 线性表出,

求证：$\boldsymbol{\alpha}_1, \boldsymbol{\alpha}_2, \cdots, \boldsymbol{\alpha}_s$ 线性无关.

6. 用线性相关的概念写出与第 5 题等价的结论.

设 $\boldsymbol{\alpha}_1, \boldsymbol{\alpha}_2, \cdots, \boldsymbol{\alpha}_s$ 是一个向量组,由其中一部分向量组成的向量组称为这个向量组的一个**部分组**. 从线性相关和线性无关的定义可以看出：如果一个向量组是线性无关的,那么它的部分组也一定是线性无关的；反之,如果一个向量组有一个部分组是线性相关的.那么原来这个向量组也一定是线性相关的. 但是线性相关的向量组的部分组却不一定总是线性相关的. 例如向量组

$$\boldsymbol{\alpha}_1 = (2,-1,3,1),$$
$$\boldsymbol{\alpha}_2 = (4,-2,5,4),$$
$$\boldsymbol{\alpha}_3 = (2,-1,4,-1),$$

由于 $3\alpha_1-\alpha_2-\alpha_3=0$，所以是线性相关的. 但是其部分组 α_1 是线性无关的，部分组 α_1,α_2 也是线性无关的. 在线性无关的部分组中，最重要最有用的是所谓极大线性无关组，它的定义如下：

定义 13　向量组的一个部分组称为它的一个**极大线性无关组**，如果这个部分组本身是线性无关的，但是再从原向量组的其余向量（如果还有的话）中任取一个添进去以后，所得到的部分组都线性相关.

例 12　设 $\alpha_1=(2,-1,3,1),\alpha_2=(4,-2,5,4),\alpha_3=(2,-1,4,-1)$，那么，向量组 $\alpha_1,\alpha_2,\alpha_3$ 的部分组 α_1,α_2 就是一个极大线性无关组. 因为 α_1,α_2 本身线性无关，而将 α_3 添进去以后，$\alpha_1,\alpha_2,\alpha_3$ 就线性相关了. 此外，α_2,α_3 也是一个极大线性无关组.

例 12 说明了一个向量组的极大线性无关组不一定是唯一的.

从定义立刻可以看出：一个线性无关的向量组的极大线性无关组就是这个向量组本身. 这一点也是向量组线性无关的一个充分条件，因为如果一个向量组是线性相关的话，那么这个向量组的极大线性无关组所包含的向量一定少于原来向量组中向量的个数.

完全由零向量组成的向量组没有极大线性无关组，因为它的任何一个部分组都是线性相关的.

显然，任何一个向量组，只要含有非零向量，就一定有极大线性无关组. 下面给出一个求极大线性无关组的方法.

给了一个含有非零向量的向量组 $\alpha_1,\alpha_2,\cdots,\alpha_s$，设 α_{i_1} 是 $\alpha_1,\alpha_2,\cdots,\alpha_s$ 中第一个非零向量. 考虑部分向量组 $\alpha_{i_1},\alpha_{i_1+1},\cdots,\alpha_s$：保留 α_{i_1}，然后从 α_{i_1+1} 起逐个检查. 如果有某个向量可以被前面留下来的那些向量线性表出，就把这个向量去掉；否则，就把这个向量留下来. 最后，如果留下来的向量是 $\alpha_{i_1},\alpha_{i_2},\cdots,\alpha_{i_r}$. 那么这些向量就组成一个极大线性无关组. 因为 $\alpha_{i_1},\alpha_{i_2},\cdots,\alpha_{i_r}$ 中第一个向量 $\alpha_{i_1}\neq 0$，而 $\alpha_{i_2},\cdots,\alpha_{i_r}$ 中每个都不能被前面的向量线性表出. 那么

由习题 2.5(2) 第 5 题知,$\alpha_{i_1},\alpha_{i_2},\cdots,\alpha_{i_r}$ 是线性无关的. 而 $\alpha_1,\alpha_2,\cdots,\alpha_s$ 中其余的向量都可以被这个部分向量组线性表出,所以任取一个向量添入这个部分组以后,就一定线性相关了.

例 13 设
$$\alpha_1=(0,0,0,0,0),\ \alpha_2=(1,1,-1,0,1),$$
$$\alpha_3=(2,2,-2,0,2),\ \alpha_4=(1,1,0,1,0),$$
$$\alpha_5=(0,0,-1,-1,1),\ \alpha_6=(2,2,-1,1,1),$$
$$\alpha_7=(1,0,-1,-1,1),\ \alpha_8=(2,1,-2,-1,2),$$

求向量组 $\alpha_1,\alpha_2,\alpha_3,\alpha_4,\alpha_5,\alpha_6,\alpha_7,\alpha_8$ 的一个极大线性无关组.

解:向量组中第一个向量 $\alpha_1=0$,将它去掉,考虑 $\alpha_2,\alpha_3,\alpha_4,\alpha_5,\alpha_6,\alpha_7,\alpha_8$.

$\alpha_2\neq 0$ 留下;

$\alpha_3=2\alpha_2$ 去掉;

α_4 不能被 α_2 线性表出,留下;

$\alpha_5=\alpha_2-\alpha_4$,去掉;

$\alpha_6=\alpha_2+\alpha_4$,去掉;

α_7 不能被 α_2,α_4 线性表出,留下;

$\alpha_8=\alpha_2+\alpha_7$,去掉.

这样,得到一个部分向量组 $\alpha_2,\alpha_4,\alpha_7$,这就是原向量组的一个极大线性无关组.

如果改变 $\alpha_1,\alpha_2,\cdots,\alpha_8$ 的次序,还能得到另外的极大线性无关组.

设 $\alpha_1,\alpha_2,\cdots,\alpha_s$ 是任一个向量组.$\alpha_{i_1},\alpha_{i_2},\cdots,\alpha_{i_t}$ 是它的一个线性无关的部分向量组.改变 $\alpha_1,\alpha_2,\cdots,\alpha_s$ 的次序,把 $\alpha_{i_1},\alpha_{i_2},\cdots,\alpha_{i_t}$ 排在前面,即
$$\alpha_{i_1},\alpha_{i_2},\cdots,\alpha_{i_t},\cdots.$$
再用上述方法找出一个极大线性无关组.从找的方法可以看出:这

个极大线性无关组一定包含向量 $\boldsymbol{\alpha}_{i_1},\boldsymbol{\alpha}_{i_2},\cdots,\boldsymbol{\alpha}_{i_r}$. 这说明一个向量组的任何一个线性无关的部分组,都可以取作某个极大线性无关组的一部分.也就是说:一个向量组的任何一个线性无关的部分向量组都可以**扩充**成一个极大线性无关组.

极大线性无关组有下述一些基本性质:

定理 9 (1) 向量组的任意一个极大线性无关组都与向量组本身等价.

(2) 向量组的任意两个极大线性无关组都是等价的,因此都包含相同个数的向量.

证明:(1) 设向量组为 $\boldsymbol{\alpha}_1,\boldsymbol{\alpha}_2,\cdots,\boldsymbol{\alpha}_r,\cdots,\boldsymbol{\alpha}_s$,而且 $\boldsymbol{\alpha}_1,\boldsymbol{\alpha}_2,\cdots,\boldsymbol{\alpha}_r$ 是它的一个极大线性无关组.现在证明这两个向量组是可以互相线性表出的.因为

$$\boldsymbol{\alpha}_i = 0\boldsymbol{\alpha}_1 + \cdots + 0\boldsymbol{\alpha}_{i-1} + 1\boldsymbol{\alpha}_i + 0\boldsymbol{\alpha}_{i+1} + \cdots + 0\boldsymbol{\alpha}_s$$
$$(i = 1,2,\cdots,r),$$

所以 $\boldsymbol{\alpha}_1,\boldsymbol{\alpha}_2,\cdots,\boldsymbol{\alpha}_r$ 可以被 $\boldsymbol{\alpha}_1,\boldsymbol{\alpha}_2,\cdots,\boldsymbol{\alpha}_s$ 线性表出.

再证 $\boldsymbol{\alpha}_1,\cdots,\boldsymbol{\alpha}_r,\cdots,\boldsymbol{\alpha}_s$ 可以被 $\boldsymbol{\alpha}_1,\boldsymbol{\alpha}_2,\cdots,\boldsymbol{\alpha}_r$ 线性表出.其中, $\boldsymbol{\alpha}_1,\boldsymbol{\alpha}_2,\cdots,\boldsymbol{\alpha}_r$ 中的每一个当然都可以被 $\boldsymbol{\alpha}_1,\boldsymbol{\alpha}_2,\cdots,\boldsymbol{\alpha}_r$ 线性表出.接着再看 $\boldsymbol{\alpha}_{r+1},\cdots,\boldsymbol{\alpha}_s$:由题设, $\boldsymbol{\alpha}_1,\boldsymbol{\alpha}_2,\cdots,\boldsymbol{\alpha}_r$ 线性无关,根据极大线性无关组的定义,添上向量 $\boldsymbol{\alpha}_l(r<l\leqslant s)$ 后就线性相关了.故由习题 2.5(2)第 3 题知: $\boldsymbol{\alpha}_l$ 可以被 $\boldsymbol{\alpha}_1,\boldsymbol{\alpha}_2,\cdots,\boldsymbol{\alpha}_r$ 线性表出.因此 $\boldsymbol{\alpha}_1,\boldsymbol{\alpha}_2,\cdots,\boldsymbol{\alpha}_r$ 与 $\boldsymbol{\alpha}_1,\cdots,\boldsymbol{\alpha}_r,\cdots,\boldsymbol{\alpha}_s$ 等价.

(2) 因为每个极大线性无关组都与原向量组等价,由等价关系的传递性可知:同一向量组的任意两个极大线性无关组都是等价的,再由定理 7 的推论 3 知:它们包含相同个数的向量.

定理 9 表明:一个向量组虽然可能有几个极大线性无关组,但各个极大线性无关组所含的向量个数却都是一样的,是与极大线性无关组的选择无关的,它直接反映了向量组本身的性质.从而可引出向量组的秩的概念.

定义 14 向量组的极大线性无关组所含向量的个数称为这个向量组的**秩**.

只含零向量的向量组的秩规定为零.

我们用 $r\{\boldsymbol{\alpha}_1, \boldsymbol{\alpha}_2, \cdots, \boldsymbol{\alpha}_s\}$ 表示向量组 $\boldsymbol{\alpha}_1, \boldsymbol{\alpha}_2, \cdots, \boldsymbol{\alpha}_s$ 的秩. 例如
$$r\{(2,-1,3,1),(4,-2,5,4),(2,-1,4,-1)\} = 2.$$

因为线性无关的向量组就是它自身的极大线性无关组,所以一个向量组线性无关的充分必要条件是它的秩等于它所含的向量个数.

从定理 9 我们知道,每一向量组都与它的极大线性无关组等价,且由等价的传递性可知,任意两个等价向量组的极大线性无关组也等价. 所以,等价的向量组必有相同的秩.

最后介绍关于 n 维向量的一个很有用的结论:设 $\boldsymbol{\alpha}_1, \boldsymbol{\alpha}_2, \cdots, \boldsymbol{\alpha}_s$ 是 $s(0 < s < n)$ 个线性无关的 n 维向量. 那么可以找到 $n-s$ 个 n 维向量 $\boldsymbol{\alpha}_{s+1}, \cdots, \boldsymbol{\alpha}_n$,使得 $\boldsymbol{\alpha}_1, \boldsymbol{\alpha}_2, \cdots, \boldsymbol{\alpha}_s, \boldsymbol{\alpha}_{s+1}, \cdots, \boldsymbol{\alpha}_n$ 是线性无关的.

证明如下:任取 n 个线性无关的 n 维向量 $\boldsymbol{\beta}_1, \boldsymbol{\beta}_2, \cdots, \boldsymbol{\beta}_n$. 构成向量组 $\boldsymbol{\alpha}_1, \boldsymbol{\alpha}_2, \cdots, \boldsymbol{\alpha}_s, \boldsymbol{\beta}_1, \boldsymbol{\beta}_2, \cdots, \boldsymbol{\beta}_n$. 这个向量组的秩等于 n. 按照这个次序逐个去掉可以由前面的向量线性表出的向量,得到一个极大线性无关组 $\boldsymbol{\alpha}_1, \boldsymbol{\alpha}_2, \cdots, \boldsymbol{\alpha}_s, \boldsymbol{\beta}_{i_1}, \boldsymbol{\beta}_{i_2}, \cdots, \boldsymbol{\beta}_{i_{n-s}}$. 令
$$\boldsymbol{\alpha}_{s+k} = \boldsymbol{\beta}_{i_k} \quad (k=1,2,\cdots,n-s),$$
则 $\boldsymbol{\alpha}_{s+1}, \cdots, \boldsymbol{\alpha}_n$ 即为满足要求的向量.

习 题 2.5(3)

1. 求下列向量组的一个极大线性无关组与秩:

   (1) $\boldsymbol{\alpha}_1 = (2,1,3,-1)$, $\quad \boldsymbol{\alpha}_2 = (3,-1,2,0)$,
   $\boldsymbol{\alpha}_3 = (1,3,4,-2)$, $\quad \boldsymbol{\alpha}_4 = (4,-3,1,1)$;

   (2) $\boldsymbol{\alpha}_1 = (1,1,1,1)$, $\quad \boldsymbol{\alpha}_2 = (1,1,-1,-1)$,
   $\boldsymbol{\alpha}_3 = (1,-1,-1,1)$, $\quad \boldsymbol{\alpha}_4 = (-1,-1,-1,1)$;

   (3) $\boldsymbol{\alpha}_1 = (0,4,10,1)$, $\quad \boldsymbol{\alpha}_2 = (4,8,18,7)$,

$\boldsymbol{\alpha}_3=(10,18,40,17),\quad \boldsymbol{\alpha}_4=(1,7,17,3).$

2. 设 $\boldsymbol{\alpha}_{i_1},\boldsymbol{\alpha}_{i_2},\cdots,\boldsymbol{\alpha}_{i_r}$ 是 $\boldsymbol{\alpha}_1,\boldsymbol{\alpha}_2,\cdots,\boldsymbol{\alpha}_s$ 的一个线性无关部分向量组,试证明: $\boldsymbol{\alpha}_{i_1},\boldsymbol{\alpha}_{i_2},\cdots,\boldsymbol{\alpha}_{i_r}$ 是 $\boldsymbol{\alpha}_1,\boldsymbol{\alpha}_2,\cdots,\boldsymbol{\alpha}_s$ 的一个极大线性无关组的充分必要条件是: $\boldsymbol{\alpha}_1,\boldsymbol{\alpha}_2,\cdots,\boldsymbol{\alpha}_s$ 中每个向量都可以被它们线性表出.

3. 已知向量组 $\boldsymbol{\alpha}_1,\boldsymbol{\alpha}_2,\cdots,\boldsymbol{\alpha}_s$ 的秩为 r. 证明: $\boldsymbol{\alpha}_1,\boldsymbol{\alpha}_2,\cdots,\boldsymbol{\alpha}_s$ 中任意 r 个线性无关的向量都构成它的一个极大线性无关组.

4. 设 $\boldsymbol{\alpha}_1,\boldsymbol{\alpha}_2,\cdots,\boldsymbol{\alpha}_s$ 的秩为 r,且 $\boldsymbol{\alpha}_{i_1},\boldsymbol{\alpha}_{i_2},\cdots,\boldsymbol{\alpha}_{i_r}$ 是 $\boldsymbol{\alpha}_1,\boldsymbol{\alpha}_2,\cdots,\boldsymbol{\alpha}_s$ 中的 r 个向量,使得 $\boldsymbol{\alpha}_1,\boldsymbol{\alpha}_2,\cdots,\boldsymbol{\alpha}_s$ 中每个向量都可被它们线性表出,证明: $\boldsymbol{\alpha}_{i_1},\boldsymbol{\alpha}_{i_2},\cdots,\boldsymbol{\alpha}_{i_r}$ 是 $\boldsymbol{\alpha}_1,\boldsymbol{\alpha}_2,\cdots,\boldsymbol{\alpha}_s$ 的一个极大线性无关组.

5. 设向量组 $\boldsymbol{\alpha}_1,\boldsymbol{\alpha}_2,\cdots,\boldsymbol{\alpha}_s$ 可以由向量组 $\boldsymbol{\beta}_1,\boldsymbol{\beta}_2,\cdots,\boldsymbol{\beta}_t$ 线性表出,求证: $r\{\boldsymbol{\alpha}_1,\boldsymbol{\alpha}_2,\cdots,\boldsymbol{\alpha}_s\}\leqslant r\{\boldsymbol{\beta}_1,\boldsymbol{\beta}_2,\cdots,\boldsymbol{\beta}_t\}.$

6. 已知 $\boldsymbol{\alpha}_1,\boldsymbol{\alpha}_2,\cdots,\boldsymbol{\alpha}_t$ 与 $\boldsymbol{\alpha}_1,\boldsymbol{\alpha}_2,\cdots,\boldsymbol{\alpha}_t,\boldsymbol{\alpha}_{t+1},\cdots,\boldsymbol{\alpha}_s$ 有相同的秩,试证明: $\boldsymbol{\alpha}_1,\boldsymbol{\alpha}_2,\cdots,\boldsymbol{\alpha}_t$ 与 $\boldsymbol{\alpha}_1,\boldsymbol{\alpha}_2,\cdots,\boldsymbol{\alpha}_t,\boldsymbol{\alpha}_{t+1},\cdots,\boldsymbol{\alpha}_s$ 等价.

2.6　矩阵的秩

为了计算向量组的秩以及讨论线性方程组,我们引进矩阵的秩的概念.

设

$$A=\begin{bmatrix} a_{11} & a_{12} & \cdots & a_{1n} \\ a_{21} & a_{22} & \cdots & a_{2n} \\ \cdots\cdots\cdots\cdots\cdots\cdots\cdots \\ a_{s1} & a_{s2} & \cdots & a_{sn} \end{bmatrix}$$

是一个 $s\times n$ 矩阵.

矩阵 A 的每一行都是一个 n 元有序数组,因而是一个 n 维向量,称为矩阵 A 的**行向量**. A 有 s 行,因此 A 有 s 个行向量:

$$\begin{aligned}\boldsymbol{\alpha}_1 &= (a_{11},a_{12},\cdots,a_{1n}), \\ &\cdots\cdots\cdots\cdots\cdots\cdots\cdots\cdots \\ \boldsymbol{\alpha}_s &= (a_{s1},a_{s2},\cdots,a_{sn}).\end{aligned} \quad (1)$$

向量组 $\boldsymbol{\alpha}_1,\cdots,\boldsymbol{\alpha}_s$ 称为矩阵 A 的**行向量组**.

同样,矩阵 A 的每一列都是一个 s 元有序数组,因而是一个 s 维向量,称为矩阵 A 的**列向量**. A 有 n 列,因此, A 有 n 个列向量:

$$\boldsymbol{\beta}_1 = \begin{pmatrix} a_{11} \\ a_{21} \\ \vdots \\ a_{s1} \end{pmatrix}, \cdots, \quad \boldsymbol{\beta}_n = \begin{pmatrix} a_{1n} \\ a_{2n} \\ \vdots \\ a_{sn} \end{pmatrix}. \tag{2}$$

向量组 $\boldsymbol{\beta}_1,\cdots,\boldsymbol{\beta}_n$ 称为矩阵 A 的**列向量组**.

定义 15 矩阵 A 的行向量组的秩称为 A 的**行秩**, A 的列向量组的秩称为 A 的**列秩**.

例 1 设

$$A = \begin{bmatrix} 1 & -1 & 2 & 3 \\ 0 & 3 & 5 & 7 \\ 0 & 0 & 1 & -3 \end{bmatrix},$$

则 A 的行向量为:

$$\boldsymbol{\alpha}_1 = (1,-1,2,3),$$
$$\boldsymbol{\alpha}_2 = (0,3,5,7),$$
$$\boldsymbol{\alpha}_3 = (0,0,1,-3).$$

这 3 个向量线性无关,所以

$$A \text{ 的行秩} = \text{r}\{\boldsymbol{\alpha}_1,\boldsymbol{\alpha}_2,\boldsymbol{\alpha}_3\} = 3.$$

A 的列向量为

$$\boldsymbol{\beta}_1 = (1,0,0),$$
$$\boldsymbol{\beta}_2 = (-1,3,0),$$
$$\boldsymbol{\beta}_3 = (2,5,1),$$
$$\boldsymbol{\beta}_4 = (3,7,-3).$$

容易看出 $\boldsymbol{\beta}_1,\boldsymbol{\beta}_2,\boldsymbol{\beta}_3$ 是列向量组 $\boldsymbol{\beta}_1,\boldsymbol{\beta}_2,\boldsymbol{\beta}_3,\boldsymbol{\beta}_4$ 的一个极大线性无关组,所以

A 的列秩 $= r\{\boldsymbol{\beta}_1, \boldsymbol{\beta}_2, \boldsymbol{\beta}_3, \boldsymbol{\beta}_4\} = 3.$

下面来证明矩阵的行秩与列秩总相等. 为此, 用行列式把矩阵的行和列联系起来.

定义 16 在一个 $s \times n$ 矩阵 A 中, 任意取定 k 行和 k 列, 由位于这些行与列的交点上的 k^2 个元素按原来的次序组成的 k 阶行列式, 称为 A 的一个 k 阶子式.

定义中的 k 当然必须满足 $k \leqslant \min(s, n)$.

例 2 在矩阵

$$A = \begin{bmatrix} 1 & 2 & 3 & -1 & 2 \\ 0 & 4 & -1 & 1 & 2 \\ 1 & 0 & -3 & 2 & -1 \\ 2 & -2 & 1 & 0 & -1 \end{bmatrix}$$

中取定第 1 和 3 行, 第 2 和 4 列, 位于这些行与列交点上的 4 个元素组成的 2 阶行列式

$$\begin{vmatrix} 2 & -1 \\ 0 & 2 \end{vmatrix} = 4.$$

就是 A 的一个 2 阶子式. 另外, 如果选定第 1, 2, 4 行, 第 2, 4, 5 列, 就得到 A 的一个 3 阶子式

$$\begin{vmatrix} 2 & -1 & 2 \\ 4 & 1 & 2 \\ -2 & 0 & -1 \end{vmatrix} = 2.$$

因为行与列的选法很多, 所以 k 阶子式也是很多的. 特别是, A 的每个元素都是 A 的一个 1 阶子式.

定义 17 矩阵 A 的不等于零的子式的最高阶数称为 A 的**行列式秩**.

元素全为 0 的矩阵称为零矩阵. 零矩阵的行列式秩规定为 0. 例如在例 1 中, A 有一个 3 阶子式

$$\begin{vmatrix} 1 & -1 & 2 \\ 0 & 3 & 5 \\ 0 & 0 & 1 \end{vmatrix} \neq 0$$

而 A 的子式最多只能是 3 阶,所以

A 的行列式秩 $= 3.$

例 2 中的 A,其行秩、列秩和行列式秩都等于 3. 读者可以自己计算一下.

矩阵的秩与行列式的关系,可以从下面的定理看出.

定理 10 矩阵的行秩、列秩和行列式秩都相等.

证明:如果矩阵 $A=0$,显然 A 的行秩、列秩和行列式秩都等于 0. 下面设 $A\neq 0$. 先来证明矩阵的行秩等于行列式秩. 设矩阵

$$A = \begin{bmatrix} a_{11} & a_{12} & \cdots & a_{1n} \\ a_{21} & a_{22} & \cdots & a_{2n} \\ \cdots\cdots\cdots\cdots\cdots\cdots\cdots \\ a_{s1} & a_{s2} & \cdots & a_{sn} \end{bmatrix}$$

的行秩等于 r,那么 A 的任意 $r+1$ 个行向量都是线性相关的,所以 A 的任一 $r+1$ 阶子式都等于零. 因此,A 的阶数大于 r 的子式都等于零.

下面证明 A 有一个 r 阶子式不等于零:因为 A 的秩等于 r,所以 A 有 r 个线性无关的行向量,不妨设 A 的前 r 个行向量

$$\boldsymbol{\alpha}_1 = (a_{11}, a_{12}, \cdots, a_{1n}),$$
$$\boldsymbol{\alpha}_2 = (a_{21}, a_{22}, \cdots, a_{2n}),$$
$$\cdots\cdots\cdots\cdots\cdots\cdots\cdots$$
$$\boldsymbol{\alpha}_r = (a_{r1}, a_{r2}, \cdots, a_{rn})$$

线性无关. 于是从

$$k_1\boldsymbol{\alpha}_1 + k_2\boldsymbol{\alpha}_2 + \cdots + k_r\boldsymbol{\alpha}_r = 0$$

可推出

$$k_1 = k_2 = \cdots = k_r = 0.$$

即齐次线性方程组

$$\begin{cases} a_{11}x_1 + a_{21}x_2 + \cdots + a_{r1}x_r = 0 \\ a_{12}x_1 + a_{22}x_2 + \cdots + a_{r2}x_r = 0 \\ \cdots\cdots\cdots\cdots\cdots\cdots\cdots\cdots \\ a_{1n}x_1 + a_{2n}x_2 + \cdots + a_{rm}x_r = 0 \end{cases}$$

只有零解. 因此由定理 4,这个方程组的系数矩阵

$$A_1 = \begin{bmatrix} a_{11} & a_{21} & \cdots & a_{r1} \\ a_{12} & a_{22} & \cdots & a_{r2} \\ \cdots\cdots\cdots\cdots\cdots\cdots \\ a_{1n} & a_{2n} & \cdots & a_{rm} \end{bmatrix}$$

的行秩等于未知量的个数 r,所以 A_1 中有 r 个行线性无关,即 A_1 有一个 r 阶子式不等于零. 这个子式当然也是 A 的一个子式. 这就证明了 A 有一个 r 阶子式不等于零.

下面证明 A 的列秩也等于行列式秩.

把 A 的行写成列,得到另一个矩阵

$$A^T = \begin{bmatrix} a_{11} & a_{21} & \cdots & a_{s1} \\ a_{12} & a_{22} & \cdots & a_{s2} \\ \cdots\cdots\cdots\cdots\cdots\cdots \\ a_{1n} & a_{2n} & \cdots & a_{sn} \end{bmatrix}.$$

根据 A^T 的做法,把 A 的一个 k 阶子式行列互换,就得到 A^T 的一个 k 阶子式;把 A' 的一个 k 阶子式行列互换,就得到 A 的一个 k 阶子式. 因此,A 和 A' 有相同的子式. 所以 A 的行列式秩等于 A^T 的行列式秩.

因为 A^T 的行向量组就是 A 的列向量组,所以 A 的列秩就等于 A 的行列式秩. |

根据定理 10. 把矩阵 A 的行秩、列秩和行列式秩统称为矩阵 A 的**秩**,记作 $r(A)$.

容易看出,矩阵的初等行变换把矩阵 A 的行向量组化为等价

的向量组,因此矩阵的初等行变换不改变矩阵的**秩**,可以用来计算矩阵的秩和向量组的秩.

例3 设
$$\boldsymbol{\alpha}_1 = (1, -2, 3, -1, -1),$$
$$\boldsymbol{\alpha}_2 = (2, -1, 1, 0, -2),$$
$$\boldsymbol{\alpha}_3 = (-2, -5, 8, -4, 3),$$
$$\boldsymbol{\alpha}_4 = (1, 1, -1, 1, -2),$$

求向量组 $\boldsymbol{\alpha}_1, \boldsymbol{\alpha}_2, \boldsymbol{\alpha}_3, \boldsymbol{\alpha}_4$ 的秩.

解:以 $\boldsymbol{\alpha}_1, \boldsymbol{\alpha}_2, \boldsymbol{\alpha}_3, \boldsymbol{\alpha}_4$ 为行构成一个矩阵:

$$A = \begin{bmatrix} 1 & -2 & 3 & -1 & -1 \\ 2 & -1 & 1 & 0 & -2 \\ -2 & -5 & 8 & -4 & 3 \\ 1 & 1 & -1 & 1 & -2 \end{bmatrix},$$

则 $r\{\boldsymbol{\alpha}_1, \boldsymbol{\alpha}_2, \boldsymbol{\alpha}_3, \boldsymbol{\alpha}_4\} = A$ 的行秩. 对 A 作初等行变换:

$$A = \begin{bmatrix} 1 & -2 & 3 & -1 & -1 \\ 2 & -1 & 1 & 0 & -2 \\ -2 & -5 & 8 & -4 & 3 \\ 1 & 1 & -1 & 1 & -2 \end{bmatrix} \rightarrow \begin{bmatrix} 1 & -2 & 3 & -1 & -1 \\ 0 & 3 & -5 & 2 & 0 \\ 0 & -6 & 9 & -4 & 1 \\ 0 & 3 & -4 & 2 & -1 \end{bmatrix}$$

$$\rightarrow \begin{bmatrix} 1 & -2 & 3 & -1 & -1 \\ 0 & 3 & -5 & 2 & 0 \\ 0 & 0 & -1 & 0 & 1 \\ 0 & 0 & 1 & 0 & -1 \end{bmatrix} \rightarrow \begin{bmatrix} 1 & -2 & 3 & -1 & -1 \\ 0 & 3 & -5 & 2 & 0 \\ 0 & 0 & -1 & 0 & 1 \\ 0 & 0 & 0 & 0 & 0 \end{bmatrix}$$

所以 A 的行秩 $=3$. 即 $r\{\boldsymbol{\alpha}_1, \boldsymbol{\alpha}_2, \boldsymbol{\alpha}_3, \boldsymbol{\alpha}_4\} = 3$. 并可看出 $\boldsymbol{\alpha}_1, \boldsymbol{\alpha}_2, \boldsymbol{\alpha}_3$ 是一个极大线性无关组.

既然矩阵 A 的秩也等于 A 的列向量组的秩,所以也可以通过化简矩阵的列向量组来计算矩阵的秩. 类似于矩阵的初等行变换,可以定义数域 **P** 上矩阵的**初等列变换**如下:

1. 以 **P** 中一个非零的数乘矩阵的一列;

2. 把矩阵的某一列乘 k 后加到另一列上(这里 k 是数域 **P** 中任意一个数);

3. 互换矩阵中两列的位置.

矩阵经过初等列变换后,所得的矩阵的列向量组与原矩阵的列向量组是等价的,所以初等列变换不改变矩阵的秩,故也可以应用初等列变换来化简矩阵,从而计算矩阵的秩. 有时候,同时施行初等行变换和初等列变换,计算矩阵的秩更为方便.

矩阵的初等行变换和初等列变换统称为矩阵的**初等变换**.

定理 10 给出了一个不必经过初等变换就可直接从矩阵的元素来求它的秩的方法. 这一结论在线性方程组的讨论中要用到.

例 4 设 a,b,c,d 是 4 个不同的数,试证明

$$\boldsymbol{\alpha}_1 = (1,1,1,1),$$
$$\boldsymbol{\alpha}_2 = (a,b,c,d),$$
$$\boldsymbol{\alpha}_3 = (a^2,b^2,c^2,d^2),$$
$$\boldsymbol{\alpha}_4 = (a^3,b^3,c^3,d^3)$$

线性无关.

证明: 作矩阵

$$A = \begin{bmatrix} 1 & 1 & 1 & 1 \\ a & b & c & d \\ a^2 & b^2 & c^2 & d^2 \\ a^3 & b^3 & c^3 & d^3 \end{bmatrix}.$$

因为 a,b,c,d 各不相同,所以 A 的行列式

$$\begin{vmatrix} 1 & 1 & 1 & 1 \\ a & b & c & d \\ a^2 & b^2 & c^2 & d^2 \\ a^3 & b^3 & c^3 & d^3 \end{vmatrix} \neq 0.$$

A 的秩 $= A$ 的行列式秩 $= 4$,A 的行秩 $= 4$. A 的行线性无关,即 $\boldsymbol{\alpha}_1, \boldsymbol{\alpha}_2, \boldsymbol{\alpha}_3, \boldsymbol{\alpha}_4$ 线性无关.

习 题 2.6

1. 设
$$A = \begin{bmatrix} 1 & -1 & 2 & 1 & 0 \\ 2 & -2 & 4 & -2 & 0 \\ 3 & 0 & 6 & -1 & 1 \\ 2 & 1 & 4 & 2 & 1 \end{bmatrix}.$$

(1) 计算 A 的全部 4 阶子式；

(2) 求 $r(A)$.

2. 计算下列矩阵的秩：

(1) $\begin{bmatrix} 3 & -7 & 6 & 1 & 5 \\ 1 & -2 & 4 & -1 & 3 \\ -1 & 1 & -10 & 5 & -7 \\ 4 & -11 & -2 & 8 & 0 \end{bmatrix}$;

(2) $\begin{bmatrix} 3 & 2 & -1 & 2 & 0 & 1 \\ 4 & 1 & 0 & -3 & 0 & 2 \\ 2 & -1 & -2 & 1 & 1 & -3 \\ 3 & 1 & 3 & -9 & -1 & 6 \\ 3 & -1 & 5 & 7 & 2 & -7 \end{bmatrix}$.

3. 计算下列向量组的秩，并且判断该向量组是否线性相关.

(1) $\boldsymbol{\alpha}_1 = (1, -1, 2, 3, 4)$,　　　　$\boldsymbol{\alpha}_2 = (3, -7, 8, 9, 13)$,

$\boldsymbol{\alpha}_3 = (-1, -3, 0, -3, -3)$,　$\boldsymbol{\alpha}_4 = (1, -9, 6, 3, 6)$;

(2) $\boldsymbol{\alpha}_1 = (1, -3, 2, -1)$, $\boldsymbol{\alpha}_2 = (-2, 1, 5, 3)$,

$\boldsymbol{\alpha}_3 = (4, -3, 7, 1)$,　$\boldsymbol{\alpha}_4 = (-1, -11, 8, -3)$,

$\boldsymbol{\alpha}_5 = (2, -12, 30, 6)$.

4. 设

$\boldsymbol{\alpha}_1 = (1, 1, -1, -1)$,

$\boldsymbol{\alpha}_2 = (1, 2, 0, 3)$.

求 $\boldsymbol{\alpha}_3, \boldsymbol{\alpha}_4$ 使得 $\boldsymbol{\alpha}_1, \boldsymbol{\alpha}_2, \boldsymbol{\alpha}_3, \boldsymbol{\alpha}_4$ 线性无关.

2.7 线性方程组有解判别定理与解的结构

前面几节论述了关于 n 维向量以及矩阵的秩的一些基本性质. 这一节将应用这些结论来讨论线性方程组有解的条件以及求解的方法.

定理 11 （线性方程组有解判别定理）线性方程组

$$\begin{cases} a_{11}x_1 + a_{12}x_2 + \cdots + a_{1n}x_n = b_1, \\ a_{21}x_1 + a_{22}x_2 + \cdots + a_{2n}x_n = b_2, \\ \cdots\cdots\cdots\cdots\cdots\cdots\cdots\cdots\cdots\cdots\cdots\cdots \\ a_{s1}x_1 + a_{s2}x_2 + \cdots + a_{sn}x_n = b_s \end{cases} \quad (1)$$

有解的充分必要条件是：它的系数矩阵

$$A = \begin{bmatrix} a_{11} & a_{12} & \cdots & a_{1n} \\ a_{21} & a_{22} & \cdots & a_{2n} \\ \cdots & \cdots & \cdots & \cdots \\ a_{s1} & a_{s2} & \cdots & a_{sn} \end{bmatrix}$$

与增广矩阵

$$\overline{A} = \begin{bmatrix} a_{11} & a_{12} & \cdots & a_{1n} & b_1 \\ a_{21} & a_{22} & \cdots & a_{2n} & b_2 \\ \cdots & \cdots & \cdots & \cdots & \cdots \\ a_{s1} & a_{s2} & \cdots & a_{sn} & b_s \end{bmatrix}$$

有相同的秩.

证明：令

$$\boldsymbol{\alpha}_1 = (a_{11}, a_{21}, \cdots, a_{s1}),$$
$$\boldsymbol{\alpha}_2 = (a_{12}, a_{22}, \cdots, a_{s2}),$$
$$\cdots\cdots\cdots\cdots\cdots\cdots\cdots\cdots$$
$$\boldsymbol{\alpha}_n = (a_{1n}, a_{2n}, \cdots, a_{sn}),$$
$$\boldsymbol{\beta} = (b_1, b_2, \cdots, b_s),$$

则线性方程组(1)有解的充分必要条件是 $\boldsymbol{\beta}$ 可以由 $\boldsymbol{\alpha}_1,\boldsymbol{\alpha}_2,\cdots,\boldsymbol{\alpha}_n$ 线性表出.

如果 $\boldsymbol{\beta}$ 可以由 $\boldsymbol{\alpha}_1,\cdots,\boldsymbol{\alpha}_n$ 线性表出,则向量组 $\boldsymbol{\alpha}_1,\boldsymbol{\alpha}_2,\cdots,\boldsymbol{\alpha}_n$ 与向量组 $\boldsymbol{\alpha}_1,\boldsymbol{\alpha}_2,\cdots,\boldsymbol{\alpha}_n,\boldsymbol{\beta}$ 等价,因此 A 与 $\overline{A}$ 的秩相等.

如果 A 的秩等于 $\overline{A}$ 的秩,则 $r\{\boldsymbol{\alpha}_1,\boldsymbol{\alpha}_2,\cdots,\boldsymbol{\alpha}_n\}=r\{\boldsymbol{\alpha}_1,\cdots,\boldsymbol{\alpha}_n,\boldsymbol{\beta}\}=r$,取 $\boldsymbol{\alpha}_1,\boldsymbol{\alpha}_2,\cdots,\boldsymbol{\alpha}_s$ 的一个极大线性无关组 $\boldsymbol{\alpha}_{i_1},\boldsymbol{\alpha}_{i_2},\cdots,\boldsymbol{\alpha}_{i_r}$. 这也是 $\boldsymbol{\alpha}_1,\cdots,\boldsymbol{\alpha}_n,\boldsymbol{\beta}$ 的一个线性无关的部分组. 由 $r\{\boldsymbol{\alpha}_1,\cdots,\boldsymbol{\alpha}_n,\boldsymbol{\beta}\}=r$,知 $\boldsymbol{\alpha}_{i_1},\boldsymbol{\alpha}_{i_2},\cdots,\boldsymbol{\alpha}_{i_r}$ 是 $\boldsymbol{\alpha}_1,\cdots,\boldsymbol{\alpha}_n,\boldsymbol{\beta}$ 的一个极大线性无关组.因此,$\boldsymbol{\beta}$ 可由 $\boldsymbol{\alpha}_{i_1},\boldsymbol{\alpha}_{i_2},\cdots,\boldsymbol{\alpha}_{i_r}$ 线性表出,也可由 $\boldsymbol{\alpha}_1,\boldsymbol{\alpha}_2,\cdots,\boldsymbol{\alpha}_n$ 线性表出.

例1 设 a,b,c,d 是各不相同的数,试证:线性方程组

$$\begin{cases} x_1 + x_2 + x_3 = 1, \\ ax_1 + bx_2 + cx_3 = d, \\ a^2 x_1 + b^2 x_2 + c^2 x_3 = d^2, \\ a^3 x_1 + b^3 x_2 + c^3 x_3 = d^3, \end{cases}$$

无解.

证明:这个线性方程组的系数矩阵 A 及增广矩阵 $\overline{A}$ 分别为:

$$A = \begin{bmatrix} 1 & 1 & 1 \\ a & b & c \\ a^2 & b^2 & c^2 \\ a^3 & b^3 & c^3 \end{bmatrix}, \quad \overline{A} = \begin{bmatrix} 1 & 1 & 1 & 1 \\ a & b & c & d \\ a^2 & b^2 & c^2 & d^2 \\ a^3 & b^3 & c^3 & d^3 \end{bmatrix}.$$

因为 a,b,c,d 各不相同,所以范德蒙行列式

$$|\overline{A}| = \begin{vmatrix} 1 & 1 & 1 & 1 \\ a & b & c & d \\ a^2 & b^2 & c^2 & d^2 \\ a^3 & b^3 & c^3 & d^3 \end{vmatrix} \neq 0.$$

$r(\overline{A})=4$.

而系数矩阵 A 只有 3 列,所以 $r(A)\leqslant 3$,因此 A 与 $\overline{A}$ 的秩不相同,

从而此线性方程组无解.

例2 讨论 a 取什么值时,线性方程组:
$$\begin{cases} ax_1 + x_2 + x_3 = 1, \\ x_1 + ax_2 + x_3 = a, \\ x_1 + x_2 + ax_3 = a^2, \end{cases}$$
有解?并在有解时,求出一般解.

解:先计算系数行列式
$$D = \begin{vmatrix} a & 1 & 1 \\ 1 & a & 1 \\ 1 & 1 & a \end{vmatrix} = (a+2)(a-1)^2,$$

(1) 当 $a \neq 1$,并且 $a \neq -2$ 时,$D \neq 0$,据克莱姆法则知此方程组有唯一解.

又因
$$D_1 = \begin{vmatrix} 1 & 1 & 1 \\ a & a & 1 \\ a^2 & 1 & a \end{vmatrix} = -(a+1)(a-1)^2,$$

$$D_2 = \begin{vmatrix} a & 1 & 1 \\ 1 & a & 1 \\ 1 & a^2 & a \end{vmatrix} = (a-1)^2,$$

$$D_3 = \begin{vmatrix} a & 1 & 1 \\ 1 & a & a \\ 1 & 1 & a^2 \end{vmatrix} = (a+1)^2(a-1)^2,$$

所以解为
$$x_1 = \frac{D_1}{D} = -\frac{a+1}{a+2},$$
$$x_2 = \frac{D_2}{D} = \frac{1}{a+2},$$

$$x_3 = \frac{D_3}{D} = \frac{(a+1)^2}{a+2}.$$

(2) 当 $a=1$ 时,系数矩阵 A 为

$$A = \begin{bmatrix} 1 & 1 & 1 \\ 1 & 1 & 1 \\ 1 & 1 & 1 \end{bmatrix}.$$

显然 $r(A)=1$. 增广矩阵 $\overline{A}$ 这时成为

$$\overline{A} = \begin{bmatrix} 1 & 1 & 1 & 1 \\ 1 & 1 & 1 & 1 \\ 1 & 1 & 1 & 1 \end{bmatrix}.$$

同理, $r(\overline{A})=1$. 所以此方程组有解. 此时,方程组与

$$x_1 + x_2 + x_3 = 1$$

同解. 因此,一般解为

$$x_1 = 1 - x_2 - x_3 \quad (x_2, x_3 \text{ 为自由未知量})$$

(3) 当 $a=-2$ 时,增广矩阵 $\overline{A}$ 成为

$$\overline{A} = \begin{bmatrix} 2 & 1 & 1 & 1 \\ 1 & -2 & 1 & -2 \\ 1 & 1 & -2 & 4 \end{bmatrix}.$$

$\overline{A}$ 的下述 3 阶子式

$$\begin{vmatrix} 1 & 1 & 1 \\ -2 & 1 & -2 \\ 1 & -2 & 4 \end{vmatrix} = 9 \neq 0.$$

所以 $r(\overline{A})=3$. 而 A 的唯一的 3 阶子式 $D=0$, 因此 $r(A)<3$, 从而 A 与 $\overline{A}$ 的秩不相等,所以此时方程组无解.

当线性方程组有解时,可以用系数矩阵的秩判断它何时有唯一解,何时有无穷多个解.

应用消元法求解时曾看到,线性方程组(1)有解时,如果它化成的阶梯形方程组的方程个数 r 等于未知量个数 n,则方程组(1)

有唯一解;如果 $r<n$,则方程组(1)有无穷多个解. 因为阶梯形方程组的方程个数等于相应的阶梯形矩阵的非零行行数,即等于原方程组的增广矩阵的秩,而在方程组(1)有解时,它也就等于系数矩阵的秩,因此得到：

命题 线性方程组(1)有解时,如果它的系数矩阵的秩 r 等于未知量个数 n,则方程组(1)有唯一解;如果 $r<n$,则方程组(1)有无穷多个解.

把这个命题用到齐次线性方程组上就得到下述定理.

定理 12 齐次线性方程组

$$\begin{cases} a_{11}x_1 + a_{12}x_2 + \cdots + a_{1n}x_n = 0, \\ a_{21}x_1 + a_{22}x_2 + \cdots + a_{2n}x_n = 0, \\ \cdots\cdots\cdots\cdots\cdots\cdots\cdots\cdots\cdots\cdots\cdots \\ a_{s1}x_1 + a_{s2}x_2 + \cdots + a_{sn}x_n = 0, \end{cases}$$

有非零解的充分必要条件是：它的系数矩阵的秩 r 小于未知量个数 n.

推论 齐次线性方程组

$$\begin{cases} a_{11}x_1 + a_{12}x_2 + \cdots + a_{1n}x_n = 0, \\ a_{21}x_1 + a_{22}x_2 + \cdots + a_{2n}x_n = 0, \\ \cdots\cdots\cdots\cdots\cdots\cdots\cdots\cdots\cdots\cdots\cdots \\ a_{n1}x_1 + a_{n2}x_2 + \cdots + a_{nn}x_n = 0, \end{cases}$$

有非零解的充分必要条件是：它的系数行列式等于 0.

例 3 求 λ 使齐次线性方程组

$$\begin{cases} (\lambda+3)x_1 + x_2 + 2x_3 = 0, \\ \lambda x_1 + (\lambda-1)x_2 + x_3 = 0, \\ 3(\lambda+1)x_1 + \lambda x_2 + (\lambda+3)x_3 = 0, \end{cases}$$

有非零解,并求一般解.

解：计算系数行列式：

$$D = \begin{vmatrix} \lambda+3 & 1 & 2 \\ \lambda & \lambda-1 & 1 \\ 3(\lambda+1) & \lambda & \lambda+3 \end{vmatrix} = \begin{vmatrix} \lambda & 1 & 2 \\ 0 & \lambda-1 & 1 \\ \lambda & \lambda & \lambda+3 \end{vmatrix}$$

$$= \begin{vmatrix} \lambda & 1 & 2 \\ 0 & \lambda-1 & 1 \\ 0 & \lambda-1 & \lambda+1 \end{vmatrix} = \begin{vmatrix} \lambda & 1 & 2 \\ 0 & \lambda-1 & 1 \\ 0 & 0 & \lambda \end{vmatrix} = \lambda^2(\lambda-1).$$

所以,当 $D=0$,即 $\lambda=0$ 或 1 时,此方程组有非零解.

当 $\lambda=0$ 时,方程组成为:

$$\begin{cases} 3x_1 + x_2 + 2x_3 = 0, \\ -x_2 + x_3 = 0, \\ 3x_1 + 3x_3 = 0. \end{cases}$$

其一般解为:

$$\begin{cases} x_1 = -x_3, \\ x_2 = x_3, \end{cases}$$

其中 x_3 为自由未知量.

当 $\lambda=1$ 时,方程组成为:

$$\begin{cases} 4x_1 + x_2 + 2x_3 = 0, \\ x_1 + x_3 = 0, \\ 6x_1 + x_2 + 4x_3 = 0. \end{cases}$$

其一般解为:

$$\begin{cases} x_1 = -x_3, \\ x_2 = 2x_3, \end{cases}$$

其中 x_3 为自由未知量.

应用矩阵的行列式秩的概念,可以直接从矩阵的元素来计算矩阵的秩,因而也就给出了一个直接从线性方程组的系数和常数项来判断这个线性方程组有没有解的方法. 不但如此,在线性方程组有解的情形下,还可以直接从原方程组求出一般解. 下面就来介绍这个方法.

设线性方程组

$$\begin{cases} a_{11}x_1 + a_{12}x_2 + \cdots + a_{1n}x_n = b_1, \\ a_{21}x_1 + a_{22}x_2 + \cdots + a_{2n}x_n = b_2, \\ \cdots\cdots\cdots\cdots\cdots\cdots\cdots\cdots\cdots\cdots\cdots \\ a_{s1}x_1 + a_{s2}x_2 + \cdots + a_{sn}x_n = b_s, \end{cases} \quad (1)$$

有解,其系数矩阵 A 和增广矩阵 $\overline{A}$ 的秩都等于 r. 根据定理 10,矩阵 A 有一个不等于零的 r 阶子式 D,当然,D 也是 $\overline{A}$ 的一个不等于零的子式. 为了讨论方便,不妨假设 D 位于 $\overline{A}$ 的左上角,即

$$D = \begin{vmatrix} a_{11} & a_{12} & \cdots & a_{1r} \\ a_{21} & a_{22} & \cdots & a_{2r} \\ \cdots & \cdots & \cdots & \cdots \\ a_{r1} & a_{r2} & \cdots & a_{rr} \end{vmatrix} \neq 0.$$

于是,$\overline{A}$ 的前 r 行就是 $\overline{A}$ 的行向量组的一个极大线性无关组,第 $r+1,\cdots,s$ 行都可以由它们线性表出,因此,方程组(1)与方程组

$$\begin{cases} a_{11}x_1 + a_{12}x_2 + \cdots + a_{1n}x_n = b_1, \\ a_{21}x_1 + a_{22}x_2 + \cdots + a_{2n}x_n = b_2, \\ \cdots\cdots\cdots\cdots\cdots\cdots\cdots\cdots\cdots\cdots\cdots \\ a_{r1}x_1 + a_{r2}x_2 + \cdots + a_{rn}x_n = b_r, \end{cases} \quad (2)$$

同解.

如果 $r=n$,则由克莱姆法则知:方程组(2)有唯一解,也就是方程组(1)有唯一解. 这个解可以应用克莱姆法则从方程组(2)解出来.

如果 $r<n$,把方程组(2)改写成

$$\begin{cases} a_{11}x_1 + a_{12}x_2 + \cdots + a_{1r}x_r = b_1 - a_{1,r+1}x_{r+1} - \cdots - a_{1n}x_n, \\ a_{21}x_1 + a_{22}x_2 + \cdots + a_{2r}x_r = b_2 - a_{2,r+1}x_{r+1} - \cdots - a_{2n}x_n, \\ \cdots\cdots\cdots\cdots\cdots\cdots\cdots\cdots\cdots\cdots\cdots\cdots\cdots\cdots\cdots\cdots\cdots \\ a_{r1}x_1 + a_{r2}x_2 + \cdots + a_{rr}x_r = b_r - a_{r,r+1}x_{r+1} - \cdots - a_{rn}x_n. \end{cases}$$

$$(3)$$

把方程组(3)看作 $x_1, x_2, \cdots, x_r$ 的一个方程组，它的系数行列式 $D \neq 0$. 任意给定了 $x_{r+1}, x_{r+2}, \cdots, x_n$ 的一组值后，由克莱姆法则，方程组(3)也即方程组(1)都有唯一解. $x_{r+1}, \cdots, x_n$ 就是方程组(1)的一组自由未知量. 从而得线性方程组(1)的一般解为：

$$\begin{cases} x_1 = d_1 + c_{1,r+1} x_{r+1} + \cdots + c_{1n} x_n, \\ x_2 = d_2 + c_{2,r+1} x_{r+1} + \cdots + c_{2n} x_n, \\ \cdots\cdots\cdots\cdots\cdots\cdots\cdots\cdots\cdots\cdots \\ x_r = d_r + c_{r,r+1} x_{r+1} + \cdots + c_{rn} x_n. \end{cases} \quad (4)$$

其中 $x_{r+1}, \cdots, x_n$ 是自由未知量.

习 题 2.7(1)

1. 判断下列线性方程组有没有解.
$$\begin{cases} x_1 + x_2 + x_3 = 1, \\ 3x_1 + 5x_2 + 2x_3 = 4, \\ 9x_1 + 25x_2 + 4x_3 = 16, \\ 27x_1 + 125x_2 + 8x_3 = 64. \end{cases}$$

2. 讨论 a 取什么值时，线性方程组：
$$\begin{cases} 3ax_1 + (2a+1)x_2 + (a+1)x_3 = a, \\ (2a-1)x_1 + (2a-1)x_2 + (a-2)x_3 = a+1, \\ (4a-1)x_1 + 3ax_2 + 2ax_3 = 1, \end{cases}$$
有解，并在有解时求出一般解.

3. λ 取何值时，下述齐次线性方程组：
$$\begin{cases} (\lambda-2)x_1 - 3x_2 - 2x_3 = 0, \\ -x_1 + (\lambda-8)x_2 - 2x_3 = 0, \\ 2x_1 + 14x_2 + (\lambda+3)x_3 = 0, \end{cases}$$
有非零解，并且求出它的一般解.

现在讨论线性方程组的解的结构问题. 在方程组只有唯一解的情形，当然没有什么结构问题，只要把这个解求出来就行了. 在方程组有无穷多个解的情况下,所谓解的结构问题,就是解与解之间的关系问题.下面将证明,虽然这时有无穷多个解,但是全部的解都可以用有限多个解表示出来.这就是下面要讨论的中心问题以及所得到的结果.

以下的讨论当然都是对于有解的情况讲的,这一点就不再每次都说明了.

n 元线性方程组的解可以看作 n 维向量. 在解不是唯一的情况下,同一个线性方程组的解向量之间有什么关系呢? 先来讨论齐次线性方程组的情形. 设

$$\begin{cases} a_{11}x_1 + a_{12}x_2 + \cdots + a_{1n}x_n = 0, \\ a_{21}x_1 + a_{22}x_2 + \cdots + a_{2n}x_n = 0, \\ \cdots\cdots\cdots\cdots\cdots\cdots\cdots\cdots\cdots\cdots \\ a_{s1}x_1 + a_{s2}x_2 + \cdots + a_{sn}x_n = 0, \end{cases} \tag{5}$$

是一个齐次线性方程组,它的解集合具有下面两个重要性质:

1. 两个解的和还是方程组的解.

证明:设 $(k_1, k_2, \cdots, k_n)$ 与 $(l_1, l_2, \cdots, l_n)$ 是方程组(5)的两个解,这就是说,把它们代入方程组(5)后,每个方程都成为恒等式,即

$$\sum_{j=1}^{n} a_{ij}k_j = 0 \quad (i = 1, 2, \cdots, s);$$

$$\sum_{j=1}^{n} a_{ij}l_j = 0 \quad (i = 1, 2, \cdots, s).$$

把这两个解的和

$$(k_1 + l_1, k_2 + l_2, \cdots, k_n + l_n) \tag{6}$$

代入方程组,得

$$\sum_{j=1}^{n} a_{ij}(k_j + l_j) = \sum_{j=1}^{n} a_{ij}k_j + \sum_{j=1}^{n} a_{ij}l_j = 0 + 0 = 0$$

$$(i = 1, 2, \cdots, s).$$

这说明(6)确实是方程组(5)的解.

2. 一个解的倍数还是方程组的解.

证明：设$(k_1,k_2,\cdots,k_n)$是方程组(5)的一个解,那么
$$\sum_{j=1}^{n}a_{ij}(ck_j)=c\sum_{j=1}^{n}a_{ij}k_j=c\cdot 0=0 \quad (i=1,2,\cdots,s).$$
这说明这个解的倍数$(ck_1,ck_2,\cdots,ck_n)$还是方程组的解.

综合以上两点,即知:对于齐次线性方程组,解的线性组合还是方程组的解.这个性质说明:如果找出了方程组的几个解,那么这些解的所有可能的线性组合就给出了很多的解.因此,我们要问:齐次线性方程组的全部解是否能够通过它的有限的几个解的线性组合得出来？回答是肯定的.为此,下面先给出一个定义.

定义 18　设$\boldsymbol{\eta}_1,\boldsymbol{\eta}_2,\cdots,\boldsymbol{\eta}_t$是齐次线性方程组(5)的一组解,如果

1. $\boldsymbol{\eta}_1,\boldsymbol{\eta}_2,\cdots,\boldsymbol{\eta}_t$线性无关；

2. 方程组(5)的任一个解都能表成$\boldsymbol{\eta}_1,\boldsymbol{\eta}_2,\cdots,\boldsymbol{\eta}_t$的线性组合.

则$\boldsymbol{\eta}_1,\boldsymbol{\eta}_2,\cdots,\boldsymbol{\eta}_t$称为方程组(5)的一个**基础解系**.

定义中的条件 2 保证了方程组(5)的全部解都可以由$\boldsymbol{\eta}_1,\boldsymbol{\eta}_2,\cdots,\boldsymbol{\eta}_t$线性表出.而条件 1 是为了保证基础解系中没有多余的解.否则,若$\boldsymbol{\eta}_1,\boldsymbol{\eta}_2,\cdots,\boldsymbol{\eta}_t$是线性相关的话,那么其中有一个可以表成其他解的线性组合,譬如说,$\boldsymbol{\eta}_t$可以表成$\boldsymbol{\eta}_1,\boldsymbol{\eta}_2,\cdots,\boldsymbol{\eta}_{t-1}$的线性组合.于是$\boldsymbol{\eta}_1,\boldsymbol{\eta}_2,\cdots,\boldsymbol{\eta}_{t-1}$也具有性质 2.

下面来证明只要齐次线性方程组有非零解,那么它一定有基础解系.

定理 13　在齐次线性方程组有非零解的情况下,它一定有基础解系,并且基础解系所含解的个数等于$n-r$,这里r表示系数矩阵的秩.

证明：设方程组(5)的系数矩阵的秩为r,不妨假设左上角的r阶子式不等于零.于是按上节最后一段的分析,方程组(5)可以

改写成

$$\begin{cases} a_{11}x_1 + a_{12}x_2 + \cdots + a_{1r}x_r = -a_{1,r+1}x_{r+1} - \cdots - a_{1n}x_n, \\ a_{21}x_1 + a_{22}x_2 + \cdots + a_{2r}x_r = -a_{2,r+1}x_{r+1} - \cdots - a_{2n}x_n, \\ \cdots\cdots\cdots\cdots\cdots\cdots\cdots\cdots\cdots\cdots\cdots\cdots\cdots\cdots\cdots\cdots \\ a_{r1}x_1 + a_{r2}x_2 + \cdots + a_{rr}x_r = -a_{r,r+1}x_{r+1} - \cdots - a_{rn}x_n. \end{cases} \quad (7)$$

如果 $r=n$,那么方程组有唯一解,即只有零解,当然没有基础解系;因此,如果方程组(5)有非零解,那么一定 $r<n$. 此时便有 $n-r$ 个自由未知量. 我们知道,把自由未知量的任意一组值 $(c_{r+1}, \cdots, c_n)$ 代入(7),应用克莱姆法则解出唯一的 $x_1, x_2, \cdots, x_r$,就得到方程组(5)的一个解. 这就是说,只要自由未知量的值一样,方程组(5)的两个解就完全一样. 特别地,如果在一个解中,自由未知量的值全为零,那么这个解就一定是零解.

在(7)中分别用 $n-r$ 组数

$$(1,0,\cdots,0), (0,1,\cdots,0), \cdots, (0,0,\cdots,1) \quad (8)$$

代替自由未知量 $(x_{r+1}, \cdots, x_n)$,得出方程组(7),也就是方程组(5)的 $n-r$ 个解:

$$\begin{cases} \boldsymbol{\eta}_1 = (c_{11}, \cdots, c_{1r}, 1, 0, \cdots, 0), \\ \boldsymbol{\eta}_2 = (c_{21}, \cdots, c_{2r}, 0, 1, \cdots, 0), \\ \cdots\cdots\cdots\cdots\cdots\cdots\cdots\cdots\cdots\cdots\cdots\cdots \\ \boldsymbol{\eta}_{n-r} = (c_{n-r,1}, \cdots, c_{n-r,r}, 0, 0, \cdots, 1). \end{cases} \quad (9)$$

现在来证明:(9)就是方程组(5)的一个基础解系. 首先证明 $\boldsymbol{\eta}_1, \boldsymbol{\eta}_2, \cdots, \boldsymbol{\eta}_{n-r}$ 是线性无关的. 因为向量组(9)可以看成是由向量组(8)在每个向量中添加 r 个分量而得到的. 而向量组(8)是 $n-r$ 个 $n-r$ 维基本向量,所以是线性无关的,因此向量组(9)也是线性无关的.

下面来证明方程组(5)的任一个解都可以由 $\boldsymbol{\eta}_1, \boldsymbol{\eta}_2, \cdots, \boldsymbol{\eta}_{n-r}$ 线性表出. 设

$$\boldsymbol{\eta} = (c_1, \cdots, c_r, c_{r+1}, \cdots, c_n) \tag{10}$$

是(5)的一个解. 由于 $\boldsymbol{\eta}_1, \boldsymbol{\eta}_2, \cdots, \boldsymbol{\eta}_{n-r}$ 都是方程组(5)的解，所以它们的线性组合

$$c_{r+1}\boldsymbol{\eta}_1 + c_{r+2}\boldsymbol{\eta}_2 + \cdots + c_n\boldsymbol{\eta}_{n-r} \tag{11}$$

也是方程组(5)的一个解. 比较(10)和(11)的最后 $n-r$ 个分量可知：这两个解的自由未知量有相同的值，因而这两个解完全一样，即

$$\boldsymbol{\eta} = c_{r+1}\boldsymbol{\eta}_1 + c_{r+2}\boldsymbol{\eta}_2 + \cdots + c_n\boldsymbol{\eta}_{n-r}.$$

这就是说，方程组(5)的任意一个解都可以表成 $\boldsymbol{\eta}_1, \boldsymbol{\eta}_2, \cdots, \boldsymbol{\eta}_{n-r}$ 的线性组合. 综合以上两点，就证明了 $\boldsymbol{\eta}_1, \boldsymbol{\eta}_2, \cdots, \boldsymbol{\eta}_{n-r}$ 确是方程组(5)的一个基础解系，也就是证明了齐次线性方程组的确有基础解系.

证明中给出的这个基础解系是由 $n-r$ 个解组成的. 至于方程组(5)其他的基础解系，由定义可知，都是与这个基础解系等价的. 同时它们也都是线性无关的，因此包含的向量个数也是相同的. 这就证明了方程组(5)的基础解系所包含的解的个数都等于 $n-r$. ▎

定理的证明给出了一个具体找基础解系的方法. 从证明中可以看出，$n-r$ 也就是自由未知量的个数，并且从基础解系的定义及齐次线性方程组解的性质可知齐次线性方程组(5)的全部解就是

$$k_1\boldsymbol{\eta}_1 + k_2\boldsymbol{\eta}_2 + \cdots + k_{n-r}\boldsymbol{\eta}_{n-r}.$$

其中 $k_1, k_2, \cdots, k_{n-r}$ 是数域 **P** 中任意数.

例4 求下列线性方程组的一个基础解系，并用基础解系表示出全部解.

$$\begin{cases} x_1 + x_2 + x_3 + x_4 + x_5 = 0, \\ 3x_1 + 2x_2 + x_3 \quad\quad -3x_5 = 0, \\ \quad\quad x_2 + 2x_3 + 3x_4 + 6x_5 = 0, \\ 5x_1 + 4x_2 + 3x_3 + 2x_4 + 6x_5 = 0. \end{cases}$$

解：首先将系数矩阵化为阶梯形：

$$\begin{bmatrix} 1 & 1 & 1 & 1 & 1 \\ 3 & 2 & 1 & 0 & -3 \\ 0 & 1 & 2 & 3 & 6 \\ 5 & 4 & 3 & 2 & 6 \end{bmatrix} \rightarrow \begin{bmatrix} 1 & 1 & 1 & 1 & 1 \\ 0 & -1 & -2 & -3 & -6 \\ 0 & 1 & 2 & 3 & 6 \\ 0 & -1 & -2 & -3 & 1 \end{bmatrix}$$

$$\rightarrow \begin{bmatrix} 1 & 1 & 1 & 1 & 1 \\ 0 & 1 & 2 & 3 & 6 \\ 0 & 0 & 0 & 0 & 1 \\ 0 & 0 & 0 & 0 & 0 \end{bmatrix}.$$

得同解方程组

$$\begin{cases} x_1 + x_2 + x_3 + x_4 + x_5 = 0, \\ \quad x_2 + 2x_3 + 3x_4 + 6x_5 = 0, \\ \quad\quad x_5 = 0. \end{cases}$$

取 x_3, x_4 为自由未知量,将方程组改写成

$$\begin{cases} x_1 + x_2 + x_5 = -x_3 - x_4, \\ \quad x_2 + 6x_5 = -2x_3 - 3x_4, \\ \quad\quad x_5 = 0. \end{cases}$$

将 $x_3 = 1, x_4 = 0$ 代入,得

$$\begin{cases} x_1 + x_2 + x_5 = -1, \\ \quad x_2 + 6x_5 = -2, \\ \quad\quad x_5 = 0. \end{cases}$$

于是得一个解:$(1, -2, 1, 0, 0)$.

将 $x_3 = 0, x_4 = 1$ 代入,得

$$\begin{cases} x_1 + x_2 + x_5 = -1, \\ \quad x_2 + 6x_5 = -3, \\ \quad\quad x_5 = 0. \end{cases}$$

于是得另一解:$(2, -3, 0, 1, 0)$.

从而得到线性方程组的一个基础解系:$(1, -2, 1, 0, 0)$,$(2,$

$-3, 0, 1, 0)$. 而这个线性方程组的全部解为：
$$k_1 \eta_1 + k_2 \eta_2$$
其中 k_1, k_2 为数域 **P** 中任意数.

由于齐次线性方程组的常数项都是零，所以在上例中只是对系数矩阵进行了初等变换，而没有用增广矩阵. 最后列出同解的阶梯形方程组时，必须注意到这一点.

当齐次线性方程组有非零解时，基础解系有很多种取法. 这一点可以从下述例题看出：

例 5 证明与基础解系等价的线性无关向量组也是基础解系.

证明：设 $\eta_1, \eta_2, \cdots, \eta_t$ 是一个基础解系；$\alpha_1, \alpha_2, \cdots, \alpha_t$ 是一个与 $\eta_1, \eta_2, \cdots, \eta_t$ 等价的线性无关向量组（因为等价的线性无关向量组所含向量的个数是相同的，所以这两组向量包含的向量个数相同）.

由于解的线性组合还是解，而每个 α_i 都可以表成 $\eta_1, \cdots, \eta_t$ 的线性组合，所以每个 $\alpha_i (i=1, 2, \cdots, t)$ 都是解.

如果 η 是任一个解，那么 η 可以由基础解系 $\eta_1, \eta_2, \cdots, \eta_t$ 线性表出. 根据等价性：$\eta_1, \eta_2, \cdots, \eta_t$ 可以由 $\alpha_1, \alpha_2, \cdots, \alpha_t$ 线性表出，所以 η 也可以由 $\alpha_1, \alpha_2, \cdots, \alpha_t$ 线性表出.

又由假设：$\alpha_1, \alpha_2, \cdots, \alpha_t$ 是线性无关的，所以 $\alpha_1, \alpha_1, \cdots, \alpha_t$ 也是一个基础解系.

习 题 2.7(2)

1. 求下列齐次线性方程组的一个基础解系，并用基础解系表出方程组的全部解：

$$(1) \begin{cases} x_1 + 2x_2 + 3x_3 + 3x_4 + 7x_5 = 0, \\ 3x_1 + 2x_2 + x_3 + x_4 - 3x_5 = 0, \\ x_2 + 2x_3 + 2x_4 + 6x_5 = 0, \\ 5x_1 + 4x_2 + 3x_3 + 3x_4 - x_5 = 0; \end{cases}$$

(2) $\begin{cases} 2x_1 + x_2 - x_3 - x_4 + x_5 = 0, \\ x_1 - x_2 + x_3 + x_4 - 2x_5 = 0, \\ 3x_1 + 3x_2 - 3x_3 - 3x_4 + 4x_5 = 0, \\ 4x_1 + 5x_2 - 5x_3 - 5x_4 + 7x_5 = 0; \end{cases}$

(3) $\begin{cases} x_1 - 2x_2 + 3x_3 - 4x_4 = 0, \\ x_2 - x_3 + x_4 = 0, \\ x_1 + 3x_2 - 3x_4 = 0, \\ x_1 - 4x_2 + 3x_2 - 2x_4 = 0; \end{cases}$

(4) $x_1 + x_2 + x_3 + x_4 + x_5 = 0$.

2. 设下列齐次线性方程组的秩为 r,

$$\begin{cases} a_{11}x_1 + a_{12}x_2 + \cdots + a_{1n}x_n = 0, \\ a_{21}x_1 + a_{22}x_2 + \cdots + a_{2n}x_n = 0, \\ \cdots\cdots\cdots\cdots\cdots\cdots\cdots\cdots\cdots\cdots \\ a_{s1}x_1 + a_{s2}x_2 + \cdots + a_{sn}x_n = 0. \end{cases}$$

求证:方程组的任意 $n-r$ 个线性无关的解都是它的一个基础解系.

下面来讨论一般线性方程组的解的结构. 如果把一般线性方程组

$$\begin{cases} a_{11}x_1 + a_{12}x_2 + \cdots + a_{1n}x_n = b_1, \\ a_{21}x_1 + a_{22}x_2 + \cdots + a_{2n}x_n = b_2, \\ \cdots\cdots\cdots\cdots\cdots\cdots\cdots\cdots\cdots\cdots \\ a_{s1}x_1 + a_{s2}x_2 + \cdots + a_{sn}x_n = b_s \end{cases} \quad (1)$$

的常数项换成 0,就得到齐次线性方程组(5). 方程组(5)称为方程组(1)的**导出组**. 一般方程组的解与它的导出组的解之间有密切的关系:

1. 线性方程组(1)的两个解的差是它的导出组(5)的解.

证明:设 $(k_1, k_2, \cdots, k_n), (l_1, l_2, \cdots, l_n)$ 是方程组(1)的两个解,即

$$\sum_{j=1}^{n} a_{ij}k_j = b_i \quad (i = 1, 2, \cdots, s);$$

$$\sum_{j=1}^{n} a_{ij} l_j = b_i \quad (i = 1, 2, \cdots, s).$$

它们的差是 $(k_1 - l_1, k_2 - l_2, \cdots, k_n - l_n)$.

将它代入方程组(5)的第 i 个方程的左边,得

$$\sum_{j=1}^{n} a_{ij}(k_j - l_j) = \sum_{j=1}^{n} a_{ij} k_j - \sum_{j=1}^{n} a_{ij} l_j = b_i - b_j = 0$$
$$(i = 1, 2, \cdots, s).$$

这就证明(1)的两个解的差 $(k_1 - l_1, k_2 - l_2, \cdots, k_n - l_n)$ 是导出组(5)的解.

2. 线性方程组(1)的一个解与它的导出组(5)的一个解的和还是方程组(1)的一个解.

证明:设 $(k_1, k_2, \cdots, k_n)$ 是方程组(1)的一个解,即

$$\sum_{j=1}^{n} a_{ij} k_j = b_i \quad (i = 1, 2, \cdots, s);$$

再设 $(l_1, l_2, \cdots, l_n)$ 是导出组(5)的一个解,即

$$\sum_{j=1}^{n} a_{ij} l_j = 0 \quad (i = 1, 2, \cdots, s).$$

于是 $$\sum_{j=1}^{n} a_{ij}(k_j + l_j) = \sum_{j=1}^{n} a_{ij} k_j + \sum_{j=1}^{n} a_{ij} l_j = b_i + 0 = b_i$$
$$(i = 1, 2, \cdots, s).$$

这就证明了 $(k_1 + l_1, k_2 + l_2, \cdots, k_n + l_n)$ 即 $(k_1, k_2, \cdots, k_n) + (l_1, l_2, \cdots, l_n)$ 是方程组(1)的一个解.

根据上述两点很容易证明:

定理 14 如果 γ_0 是方程组(1)的一个解,那么方程组(1)的任一个解都可以表示成:

$$\gamma = \gamma_0 + \eta \tag{12}$$

的形式,其中 η 是导出组(5)的一个解.

证明: γ 与 γ_0 的差是导出组(5)的一个解.

令 $$\eta = \gamma - \gamma_0,$$
即得 $$\gamma = \gamma_0 + \eta.$$

既然方程组(1)的任一个解都能表示成(12)的形式,而且形如(12)的向量当然都是方程组(1)的解.那么当 η 取遍导出组(5)的全部解的时候,
$$\gamma = \gamma_0 + \eta$$
就取遍方程组(1)的全部解.因此,要找出一个线性方程组的全部解,只要找出它的一个解及它的导出组的全部解就行了.由于导出组是一个齐次线性方程组,所以它的解的全体可以用基础解系来表出.于是,可以用导出组的基础解系来表出一般线性方程组的全部解:取定方程组(1)的一个解 γ_0,再找出导出组的一个基础解系 $\eta_1, \eta_2, \cdots, \eta_{n-r}$,那么方程组(1)的任一个解 γ 都可以表示成:
$$\gamma = \gamma_0 + k_1 \eta_1 + k_2 \eta_2 + \cdots + k_{n-r} \eta_{n-r}.$$
其中 γ_0 称为方程组(1)的一个**特解**(方程组(1)的任一个解都可取作特解).为了方便,我们把线性方程组的导出组的基础解系就称为这个线性方程组的基础解系.

推论 在方程组(1)有解的前提下,解是唯一的充分必要条件是:它的导出组(5)只有零解.

证明:充分性:如果方程组(1)有两个不同的解,那么它们的差就是导出组的一个非零解.因此,如果导出组只有零解,那么方程组(1)只有唯一解.

必要性:如果导出组有非零解,那么这个解与方程组(1)的一个解的和就是方程组(1)的另一个解,这说明方程组(1)不只一个解.因此,如果方程组(1)有唯一解,那么它的导出组只有零解.|

例6 求方程组
$$\begin{cases} x_1 - 2x_2 + x_3 - x_4 + x_5 = 1, \\ 2x_1 + x_2 - x_3 + 2x_4 - 3x_5 = 2, \\ 3x_1 - 2x_2 - x_3 + x_4 - 2x_5 = 2, \\ 2x_1 - 5x_2 + x_3 - 2x_4 + 2x_5 = 1 \end{cases}$$
的全部解.

解：用初等变换把增广矩阵化为阶梯形：

$$\begin{bmatrix} 1 & -2 & 1 & -1 & 1 & 1 \\ 2 & 1 & -1 & 2 & -3 & 2 \\ 3 & -2 & -1 & 1 & -2 & 2 \\ 2 & -5 & 1 & -2 & 2 & 1 \end{bmatrix} \rightarrow \begin{bmatrix} 1 & -2 & 1 & -1 & 1 & 1 \\ 0 & 5 & -3 & 4 & -5 & 0 \\ 0 & 4 & -4 & 4 & -5 & -1 \\ 0 & -1 & 1 & 0 & 0 & -1 \end{bmatrix}$$

$$\rightarrow \begin{bmatrix} 1 & -2 & 1 & -1 & 1 & 1 \\ 0 & 1 & 1 & 0 & 0 & 1 \\ 0 & 0 & -8 & 4 & -5 & -5 \\ 0 & 0 & -8 & 4 & -5 & -5 \end{bmatrix} \rightarrow \begin{bmatrix} 1 & -2 & 1 & -1 & 1 & 1 \\ 0 & 1 & 1 & 0 & 0 & 1 \\ 0 & 0 & 8 & -4 & 5 & 5 \\ 0 & 0 & 0 & 0 & 0 & 0 \end{bmatrix}.$$

得同解方程组

$$\begin{cases} x_1 - 2x_2 + x_3 - x_4 + x_5 = 1, \\ x_2 + x_3 = 1, \\ 8x_3 - 4x_4 + 5x_5 = 5. \end{cases}$$

取 x_4, x_5 作为自由未知量，将方程改写成：

$$\begin{cases} x_1 - 2x_2 + x_3 = 1 + x_4 - x_5, \\ x_2 + x_3 = 1, \\ 8x_3 = 5 + 4x_4 - 5x_5. \end{cases}$$

求得方程组的一般解为：

$$\begin{cases} x_1 = \dfrac{9}{8} - \dfrac{1}{2}x_4 + \dfrac{7}{8}x_5, \\ x_2 = \dfrac{3}{8} - \dfrac{1}{2}x_4 + \dfrac{5}{8}x_5, \\ x_3 = \dfrac{5}{8} + \dfrac{1}{2}x_4 + \dfrac{5}{8}x_5. \end{cases}$$

其中 x_1, x_2, x_3 为自由未知量

将 $x_4 = x_5 = 0$ 代入，得到一个特解：

$$\left(\dfrac{9}{8}, \dfrac{3}{8}, \dfrac{5}{8}, 0, 0 \right).$$

下面求其导出组的基础解系. 因为导出组是由原方程组把常

数项改成 0 而得到的,而它的系数矩阵和原方程组仍是一样的,因此,用和上面同样的初等变换可以得到与导出组同解的方程组

$$\begin{cases} x_1 - 2x_2 + x_3 - x_4 + x_5 = 0, \\ x_2 + x_3 = 0, \\ 8x_3 - 4x_4 + 5x_5 = 0. \end{cases}$$

仍取 x_4, x_5 为自由未知量,得一般解为:

$$\begin{cases} x_1 = -\frac{1}{2}x_4 + \frac{7}{8}x_5, \\ x_2 = -\frac{1}{2}x_4 + \frac{5}{8}x_5, \\ x_3 = \frac{1}{2}x_4 - \frac{5}{8}x_5. \end{cases}$$

其中 x_4, x_5 为自由变量.

分别用 $(1,0),(0,1)$ 代替自由未知量 (x_4, x_5),得到一个基础解系:

$$\left(-\frac{1}{2}, -\frac{1}{2}, \frac{1}{2}, 1, 0\right), \left(\frac{7}{8}, \frac{5}{8}, -\frac{5}{8}, 0, 1\right).$$

所以,原方程组的全部解为:

$$\left(\frac{9}{8}, \frac{3}{8}, \frac{5}{8}, 0, 0\right) + k_1\left(-\frac{1}{2}, -\frac{1}{2}, \frac{1}{2}, 1, 0\right)$$
$$+ k_2\left(\frac{7}{8}, \frac{5}{8}, -\frac{5}{8}, 0, 1\right).$$

其中 k_1, k_2 是数域 **P** 中任意数.

习 题 2.7(3)

1. 用基础解系表出下列方程组的全部解:

(1) $\begin{cases} 2x_1 + x_2 - x_3 + x_4 = 1, \\ x_1 + 2x_2 + x_3 - x_4 = 2, \\ x_1 + x_2 + 2x_3 + x_4 = 3; \end{cases}$

(2) $\begin{cases} x_1 + x_2 - 3x_4 - x_5 = 2, \\ x_1 - x_2 + 2x_3 - x_4 = 1, \\ 4x_1 - 2x_2 + 6x_3 + 3x_4 - 4x_5 = 8, \\ 2x_1 + 4x_2 - 2x_3 + 4x_4 - 7x_5 = 9; \end{cases}$

(3) $\begin{cases} x_1+2x_2+x_3-x_4=6, \\ 2x_1-x_2+x_3+3x_4+4x_5=-7, \\ 2x_1-x_2+2x_3+x_4-2x_5=-4, \\ 2x_1-3x_2+x_3+2x_4-2x_5=-9, \\ x_1+x_3-2x_4-6x_5=4; \end{cases}$

(4) $\begin{cases} 3x_1+2x_2-x_3+2x_4=1, \\ 4x_1+x_2-3x_4=2, \\ 2x_1-x_2-2x_3+x_4+x_5=-3, \\ 3x_1+x_2+3x_3-9x_4-x_5=6, \\ 3x_1-x_2-5x_3+7x_4+2x_5=-7. \end{cases}$

2. 线性方程组

$$\begin{cases} a_{11}x_1+a_{12}x_2+\cdots+a_{1n}x_n=0, \\ a_{21}x_1+a_{22}x_2+\cdots+a_{2n}x_n=0, \\ \cdots\cdots\cdots\cdots\cdots\cdots\cdots\cdots\cdots\cdots\cdots \\ a_{n-1,1}x_1+a_{n-1,2}x_2+\cdots+a_{n-1,n}x_n=0 \end{cases}$$

的系数矩阵为

$$A=\begin{bmatrix} a_{11} & a_{12} & \cdots & a_{1n} \\ a_{21} & a_{22} & \cdots & a_{2n} \\ \cdots & \cdots & \cdots & \cdots \\ a_{n-1,1} & a_{n-1,2} & \cdots & a_{n-1,n} \end{bmatrix}.$$

设 $M_j(j=1,2,\cdots,n)$ 是在矩阵 A 中划去第 j 列所得到的 n-1 阶子式. 试证:

(1) $(M_1,-M_2,\cdots(-1)^{n-1}M_n)$ 是方程组的一个解;

(2) 如果 A 的秩为 n-1, 那么方程组的解全是 $(M_1,-M_2,\cdots,(-1)^{n-1}M_n)$ 的倍数.

3. 假设 $\eta_1,\eta_2,\cdots,\eta_t$ 是某个线性方程组的解, 且常数 $u_1,u_2,\cdots,u_t$ 的和等于 1, 求证: $u_1\boldsymbol{\eta}_1+u_2\boldsymbol{\eta}_2+\cdots+u_t\boldsymbol{\eta}_t$ 也是这个方程组的一个解.

内 容 提 要

1. n 维向量空间

（1）n 维向量空间

1）n 维向量及其运算；

2）运算的基本规律.

（2）线性相关性

基本概念：线性组合、线性表出、线性相关、线性无关、等价、极大线性无关组、向量组的秩.

主要结论：

1）设
$$\boldsymbol{\alpha}_1 = (a_{11}, a_{12}, \cdots, a_{1n}),$$
$$\boldsymbol{\alpha}_2 = (a_{21}, a_{22}, \cdots, a_{2n}),$$
$$\cdots\cdots\cdots\cdots\cdots\cdots\cdots$$
$$\boldsymbol{\alpha}_s = (a_{s1}, a_{s2}, \cdots, a_{sn}),$$
$$\boldsymbol{\beta} = (b_1, b_2, \cdots, b_n).$$

$\boldsymbol{\beta}$ 可以被 $\boldsymbol{\alpha}_1, \boldsymbol{\alpha}_2, \cdots, \boldsymbol{\alpha}_s$ 线性表出的充分必要条件是下述线性方程组有解：

$$\begin{cases} a_{11}x_1 + a_{21}x_2 + \cdots + a_{s1}x_s = b_1, \\ a_{12}x_1 + a_{22}x_2 + \cdots + a_{s2}x_s = b_2, \\ \cdots\cdots\cdots\cdots\cdots\cdots\cdots\cdots\cdots \\ a_{1n}x_1 + a_{2n}x_2 + \cdots + a_{sn}x_s = b_n. \end{cases}$$

2）设 $\boldsymbol{\alpha}_1, \boldsymbol{\alpha}_2, \cdots, \boldsymbol{\alpha}_s$ 如上. 向量组 $\boldsymbol{\alpha}_1, \boldsymbol{\alpha}_2, \cdots, \boldsymbol{\alpha}_s$ 线性相关的充分必要条件是下述齐次线性方程组有非零解：

$$\begin{cases} a_{11}x_1 + a_{21}x_2 + \cdots + a_{s1}x_s = 0, \\ a_{12}x_1 + a_{22}x_2 + \cdots + a_{s2}x_s = 0, \\ \cdots\cdots\cdots\cdots\cdots\cdots\cdots\cdots\cdots \\ a_{1n}x_1 + a_{2n}x_2 + \cdots + a_{sn}x_s = 0. \end{cases}$$

特别地,当 $s=n$ 时,$\boldsymbol{\alpha}_1,\boldsymbol{\alpha}_2,\cdots,\boldsymbol{\alpha}_n$ 线性相关的充分必要条件是:

$$\begin{vmatrix} a_{11} & a_{12} & \cdots & a_{1n} \\ a_{21} & a_{22} & \cdots & a_{2n} \\ \cdots\cdots\cdots\cdots\cdots\cdots \\ a_{n1} & a_{n2} & \cdots & a_{nn} \end{vmatrix} = 0.$$

3) 如果 $\boldsymbol{\alpha}_1,\boldsymbol{\alpha}_2,\cdots,\boldsymbol{\alpha}_s$ 线性无关,而 $\boldsymbol{\alpha}_1,\boldsymbol{\alpha}_2,\cdots,\boldsymbol{\alpha}_s,\boldsymbol{\beta}$ 线性相关,那么 $\boldsymbol{\beta}$ 可以由 $\boldsymbol{\alpha}_1,\boldsymbol{\alpha}_2,\cdots,\boldsymbol{\alpha}_s$ 线性表出,并且表法唯一.

4) 一个向量组线性相关的充分必要条件是:其中有一个向量可以由其他的向量线性表出.

5) 如果向量组 $\boldsymbol{\alpha}_1,\boldsymbol{\alpha}_2,\cdots,\boldsymbol{\alpha}_r$ 可由 $\boldsymbol{\beta}_1,\boldsymbol{\beta}_2,\cdots,\boldsymbol{\beta}_s$ 线性表出,而且 $r>s$,那么 $\boldsymbol{\alpha}_1,\boldsymbol{\alpha}_2,\cdots,\boldsymbol{\alpha}_r$ 一定线性相关.

6) 多于 n 个的 n 维向量一定线性相关.

7) 等价的线性无关的向量组所含的向量个数是相同的.

8) 向量组的极大线性无关组与原向量组是等价的.

9) 向量组的任一线性无关的部分组都可以扩充成一个极大线性无关组.

10) 等价的向量组有相同的秩.

2. 矩阵的秩

(1) 矩阵的概念

(1) 矩阵的秩的概念

矩阵的秩=行秩=列秩=行列式秩

(3) 矩阵的秩的求法

1) 用初等行变换将矩阵化为阶梯形;

2) 找出阶数最大的非零子式.

3. 克莱姆法则

(1) 如果线性方程组

$$\begin{cases} a_{11}x_1 + a_{12}x_2 + \cdots + a_{1n}x_n = b_1, \\ a_{21}x_1 + a_{22}x_2 + \cdots + a_{2n}x_n = b_2, \\ \cdots\cdots\cdots\cdots\cdots\cdots\cdots\cdots\cdots\cdots\cdots\cdots \\ a_{n1}x_1 + a_{n2}x_2 + \cdots + a_{nn}x_n = b_n \end{cases}$$

的系数行列式 $D \neq 0$,那么这个方程组有解,并且解是唯一的,表示成

$$x_i = \frac{D_i}{D} \quad (i = 1, 2, \cdots, n).$$

其中 D 是系数行列式;D_i 是把 D 中第 i 列(即 x_i 的系数)的元素换成常数 $b_i (i=1,2,\cdots,n)$ 所构成的行列式.

(2) 将克莱姆法则应用于齐次线性方程组

如果齐次线性方程组

$$\begin{cases} a_{11}x_1 + a_{12}x_2 + \cdots + a_{1n}x_n = 0, \\ a_{21}x_1 + a_{22}x_2 + \cdots + a_{2n}x_n = 0, \\ \cdots\cdots\cdots\cdots\cdots\cdots\cdots\cdots\cdots\cdots\cdots\cdots \\ a_{n1}x_1 + a_{n2}x_2 + \cdots + a_{nn}x_n = 0 \end{cases}$$

的系数行列式不等于零,那么这个方程组只有零解.

4. 线性方程组有解判别定理

线性方程组

$$\begin{cases} a_{11}x_1 + a_{12}x_2 + \cdots + a_{1n}x_n = b_1, \\ a_{21}x_1 + a_{22}x_2 + \cdots + a_{2n}x_n = b_2, \\ \cdots\cdots\cdots\cdots\cdots\cdots\cdots\cdots\cdots\cdots\cdots\cdots \\ a_{s1}x_1 + a_{s2}x_2 + \cdots + a_{sn}x_n = b_s \end{cases} \quad (1)$$

有解的充分必要条件是:它的系数矩阵

$$A = \begin{bmatrix} a_{11} & a_{12} & \cdots & a_{1n} \\ a_{21} & a_{22} & \cdots & a_{2n} \\ \cdots\cdots\cdots\cdots\cdots\cdots\cdots \\ a_{s1} & a_{s2} & \cdots & a_{sn} \end{bmatrix}$$

与增广矩阵

$$\overline{A} = \begin{bmatrix} a_{11} & a_{12} & \cdots & a_{1n} & b_1 \\ a_{21} & a_{22} & \cdots & a_{2n} & b_2 \\ \multicolumn{5}{c}{\cdots\cdots\cdots\cdots\cdots\cdots} \\ a_{s1} & a_{s2} & \cdots & a_{sn} & b_s \end{bmatrix}$$

有相同的秩,即 $r(A) = r(\overline{A})$.

5. 线性方程组解的个数

(1) 齐次线性方程组

1) 如果齐次线性方程组

$$\begin{cases} a_{11}x_1 + a_{12}x_2 + \cdots + a_{1n}x_n = 0, \\ a_{21}x_1 + a_{22}x_2 + \cdots + a_{2n}x_n = 0, \\ \cdots\cdots\cdots\cdots\cdots\cdots\cdots\cdots\cdots \\ a_{s1}x_1 + a_{s2}x_2 + \cdots + a_{sn}x_n = 0 \end{cases} \quad (2)$$

的系数矩阵的 $r(A) = n$,那么方程组(2)只有零解.

2) 如果 $r(A) = r < n$,那么方程组(2)有非零解. 此时方程组有 $n-r$ 个自由未知量,有无穷多解.

3) 特别地,当 $s=n$ 时,齐次方程组有非零解的充分必要条件是:系数行列式等于零.

(2) 一般线性方程组

1) 如果 $r(A) = r(\overline{A}) = n$,则线性方程组(1)有唯一解.

2) 如果 $r(A) = r(\overline{A}) = r < n$,则线性方程组(1)有 $n-r$ 个自由未知量,有无穷多解.

6. 线性方程组解的结构

(1) 齐次线性方程组

解的性质:

1) 如果 α, β 是齐次线性方程组的解,那么 $\alpha + \beta$ 也是这个方程组的解.

2) 如果 α 是齐次方程组的解,那么 $k\alpha$ 也是这个方程组的解.

归纳 1)和 2)知:齐次线性方程组的解的线性组合还是这个方程组的解.

解的结构:

1) 基础解系的定义及存在性.

2) 如果 $r(A)=r$,那么齐次线性方程组(2)的基础解系包含 $n-r$ 个解.

3) 如果 $\boldsymbol{\eta}_1,\boldsymbol{\eta}_2,\cdots,\boldsymbol{\eta}_{n-r}$ 是齐次线性方程组(2)的一个基础解系,那么方程组(2)的全部解就是
$$k_1\boldsymbol{\eta}_1+k_2\boldsymbol{\eta}_2+\cdots+k_{n-r}\boldsymbol{\eta}_{n-r},$$
其中 $k_1,k_2,\cdots,k_{n-r}$ 可以是指定数域中的任意数.

(2) 一般线性方程组

齐次线性方程组(2)称为线性方程组(1)的导出组.

解的性质:

1) 如果 $\boldsymbol{\alpha},\boldsymbol{\beta}$ 都是方程组(1)的解,那么 $\boldsymbol{\alpha}-\boldsymbol{\beta}$ 是导出组(2)的解.

2) 如果 $\boldsymbol{\alpha}$ 是方程组(1)的解,$\boldsymbol{\gamma}$ 是导出组(2)的解,那么 $\boldsymbol{\alpha}+\boldsymbol{\gamma}$ 是方程组(1)的解.

解的结构:

如果 $\boldsymbol{\gamma}_0$ 是方程组(1)的一个解(称为特解),$\boldsymbol{\eta}_1,\boldsymbol{\eta}_2,\cdots,\boldsymbol{\eta}_{n-r}$ 是一个基础解系(即导出组(2)的基础解系). 那么方程组(1)的全部解就是
$$\boldsymbol{\gamma}_0+k_1\boldsymbol{\eta}_1+k_2\boldsymbol{\eta}_2+\cdots+k_{n-r}\boldsymbol{\eta}_{n-r},$$
其中 $k_1,k_2,\cdots,k_{n-r}$ 是指定数域中的任意数.

7. 线性方程组解的求法

(1) 将线性方程组用初等变换化为阶梯形方程组.

(2) 找出 A 的阶数最大的子式,应用克莱姆法则求解.

复习题 2

1. 用基础解系表示出下列线性方程组的全部解:

(1) $\begin{cases} x_1+2x_2+x_3-3x_4+2x_5=1, \\ 2x_1+x_2+x_3+x_4-3x_5=6, \\ x_1+x_2+2x_3+2x_4-2x_5=2, \\ 2x_1+3x_2-5x_3-17x_4+10x_5=5; \end{cases}$

(2) $\begin{cases} x_1+2x_2-x_3+3x_4-x_5+2x_6=-5, \\ 2x_1-x_2+3x_3-4x_4+x_5-x_6=14, \\ 3x_1+x_2-x_3+2x_4+x_5+3x_6=-11, \\ 4x_1-7x_2+8x_3-15x_4+6x_5-5x_6=32, \\ 5x_1+5x_2-6x_3+11x_4+9x_6=-41; \end{cases}$

(3) $\begin{cases} x_1-5x_2+2x_3-3x_4=11, \\ -3x_1+x_2-4x_3+2x_4=-5, \\ -x_1-9x_2-4x_4=17, \\ 5x_1+3x_2+6x_3-x_4=-1; \end{cases}$

(4) $x_1+2x_2+3x_3+4x_4+5x_5=1.$

2. 讨论 a,b 取什么值时下列线性方程组有解,并在有解时求出全部解:

(1) $\begin{cases} ax_1+x_2+x_3=4, \\ x_1+bx_2+x_3=3, \\ x_1+2bx_2+x_3=4; \end{cases}$

(2) $\begin{cases} x_1+2x_2+x_3+x_4+x_5=1, \\ 3x_1+4x_2+x_3+x_4+3x_5=a, \\ x_1-x_3-x_4+x_5=-2, \\ 5x_1+4x_2-x_3-x_4+5x_5=b. \end{cases}$

3. 假设向量 $\boldsymbol{\beta}$ 可以由向量组 $\boldsymbol{\alpha}_1,\boldsymbol{\alpha}_2,\cdots,\boldsymbol{\alpha}_s$ 线性表出. 证明: 表法是唯一的充分必要条件为 $\boldsymbol{\alpha}_1,\boldsymbol{\alpha}_2,\cdots,\boldsymbol{\alpha}_s$ 线性无关.

4. 设 $\boldsymbol{\alpha}_1,\boldsymbol{\alpha}_2,\cdots,\boldsymbol{\alpha}_n$ 是一组 n 维向量, 已知 n 维基本向量 $\boldsymbol{\varepsilon}_1,\boldsymbol{\varepsilon}_2,\cdots,\boldsymbol{\varepsilon}_n$ 都可由它们线性表出. 求证: $\boldsymbol{\alpha}_1,\boldsymbol{\alpha}_2,\cdots,\boldsymbol{\alpha}_n$ 线性无关.

5. 设 $\boldsymbol{\alpha}_1,\boldsymbol{\alpha}_2,\cdots,\boldsymbol{\alpha}_n$ 是一组 n 维向量. 试证: $\boldsymbol{\alpha}_1,\boldsymbol{\alpha}_2,\cdots,\boldsymbol{\alpha}_n$ 线性无关的充

分必要条件是:任一 n 维向量都可由它们线性表出.

6. 试证:线性方程组
$$\begin{cases} a_{11}x_1 + a_{12}x_2 + \cdots + a_{1n}x_n = b_1, \\ a_{21}x_1 + a_{22}x_2 + \cdots + a_{2n}x_n = b_2, \\ \cdots\cdots\cdots\cdots\cdots\cdots\cdots\cdots\cdots\cdots\cdots \\ a_{n1}x_1 + a_{n2}x_2 + \cdots + a_{nn}x_n = b_n \end{cases}$$

对任何 $b_1, b_2, \cdots, b_n$ 都有解的充分必要条件是:系数行列式
$$\begin{vmatrix} a_{11} & a_{12} & \cdots & a_{1n} \\ a_{21} & a_{22} & \cdots & a_{2n} \\ \cdots & \cdots & \cdots & \cdots \\ a_{n1} & a_{n2} & \cdots & a_{nn} \end{vmatrix} \neq 0.$$

7. 设
$$\boldsymbol{\beta}_1 = \boldsymbol{\alpha}_2 + \boldsymbol{\alpha}_3 + \cdots + \boldsymbol{\alpha}_t$$
$$\boldsymbol{\beta}_2 = \boldsymbol{\alpha}_1 + \boldsymbol{\alpha}_3 + \cdots + \boldsymbol{\alpha}_t$$
$$\cdots\cdots\cdots\cdots\cdots\cdots\cdots\cdots$$
$$\boldsymbol{\beta}_t = \boldsymbol{\alpha}_1 + \boldsymbol{\alpha}_2 + \cdots + \boldsymbol{\alpha}_{t-1} \quad (t > 1).$$

试证:$r\{\boldsymbol{\alpha}_1, \boldsymbol{\alpha}_2, \cdots, \boldsymbol{\alpha}_t\} = r\{\boldsymbol{\beta}_1, \boldsymbol{\beta}_2, \cdots, \boldsymbol{\beta}_t\}$.

8. 证明:若向量组 $\boldsymbol{\alpha}_1, \boldsymbol{\alpha}_2, \cdots, \boldsymbol{\alpha}_s$ 与向量组 $\boldsymbol{\alpha}_1, \boldsymbol{\alpha}_2, \cdots, \boldsymbol{\alpha}_s, \boldsymbol{\beta}$ 有相同的秩,则向量组 $\boldsymbol{\alpha}_1, \boldsymbol{\alpha}_2, \cdots, \boldsymbol{\alpha}_s$ 的任一个极大线性无关组也是向量组 $\boldsymbol{\alpha}_1, \boldsymbol{\alpha}_2, \cdots, \boldsymbol{\alpha}_s, \boldsymbol{\beta}$ 的一个极大线性无关组.

9. 证明:若向量组 $\boldsymbol{\alpha}_1, \boldsymbol{\alpha}_2, \cdots, \boldsymbol{\alpha}_s$ 与向量组 $\boldsymbol{\alpha}_1, \boldsymbol{\alpha}_2, \cdots, \boldsymbol{\alpha}_s, \boldsymbol{\beta}$ 有相同的秩,则 $\boldsymbol{\beta}$ 可由向量组 $\boldsymbol{\alpha}_1, \boldsymbol{\alpha}_2, \cdots, \boldsymbol{\alpha}_s$ 线性表出.

10. 已知两向量组有相同的秩,并且其中之一可以由另一组线性表出,试证明:这两个向量组等价.

第 3 章 矩 阵

在第 2 章讨论线性方程组的时候,曾经引入了矩阵的概念.从那里已经知道,不仅线性方程组可以用矩阵来表示,而且线性方程组的一些重要性质也可以通过它的系数矩阵和增广矩阵的性质来反映,甚至解方程组的过程也是通过变换矩阵来进行的.以后还可以看到:除了线性方程组以外,还有许多问题不但可以用矩阵来表现,而且还可以利用矩阵来研究和解决这些问题;有些性质完全不同的、表面上毫无联系的问题,归结成矩阵问题以后,却可能是相同的了.这就使矩阵成为数学中一个极其重要而且应用广泛的工具,因而矩阵就成为代数特别是线性代数的一个主要研究对象.

这一章介绍矩阵的运算,并讨论矩阵运算的一些基本性质.这些性质在以后各章中都要用到.

本章所讨论的矩阵都是某个取定的数域 P 上的矩阵,所提到的数也都是同一个数域 P 中的数.

3.1 矩阵的运算

首先来定义矩阵的运算,即矩阵的加法、乘法、矩阵与数的乘法以及矩阵的转置.

1. 矩阵的加法

定义 1 设

$$A = \begin{bmatrix} a_{11} & a_{12} & \cdots & a_{1n} \\ a_{21} & a_{22} & \cdots & a_{2n} \\ \multicolumn{4}{c}{\cdots\cdots\cdots\cdots\cdots} \\ a_{s1} & a_{s2} & \cdots & a_{sn} \end{bmatrix},$$

$$B = \begin{bmatrix} b_{11} & b_{12} & \cdots & b_{1n} \\ b_{21} & b_{22} & \cdots & b_{2n} \\ \multicolumn{4}{c}{\cdots\cdots\cdots\cdots\cdots} \\ b_{s1} & b_{s2} & \cdots & b_{sn} \end{bmatrix}$$

是两个 $s \times n$ 矩阵,则 $s \times n$ 矩阵

$$C = \begin{bmatrix} a_{11}+b_{11} & a_{12}+b_{12} & \cdots & a_{1n}+b_{1n} \\ a_{21}+b_{21} & a_{22}+b_{22} & \cdots & a_{2n}+b_{2n} \\ \multicolumn{4}{c}{\cdots\cdots\cdots\cdots\cdots\cdots\cdots\cdots} \\ a_{s1}+b_{s1} & a_{s2}+b_{s2} & \cdots & a_{sn}+b_{sn} \end{bmatrix}$$

称为 A 与 B 的和,记作

$$C = A + B.$$

从定义可以看出:两个矩阵必须在行数与列数分别相同的情况下才能相加.

例1 $\begin{bmatrix} 1 & 2 & 3 & 1 \\ 1 & -1 & 2 & 0 \\ 3 & 1 & 2 & -2 \end{bmatrix} + \begin{bmatrix} 0 & 1 & 2 & 3 \\ -1 & 2 & 4 & 1 \\ -3 & 2 & 0 & 1 \end{bmatrix}$

$= \begin{bmatrix} 1+0 & 2+1 & 3+2 & 1+3 \\ 1+(-1) & (-1)+2 & 2+4 & 0+1 \\ 3+(-3) & 1+2 & 2+0 & (-2)+1 \end{bmatrix}$

$$= \begin{bmatrix} 1 & 3 & 5 & 4 \\ 0 & 1 & 6 & 1 \\ 0 & 3 & 2 & -1 \end{bmatrix}.$$

例 2 $\begin{bmatrix} a_1 \\ a_2 \\ \vdots \\ a_n \end{bmatrix} + \begin{bmatrix} b_1 \\ b_2 \\ \vdots \\ b_n \end{bmatrix} = \begin{bmatrix} a_1 + b_1 \\ a_2 + b_2 \\ \vdots \\ a_n + b_n \end{bmatrix}.$

由于矩阵的加法就是把矩阵对应的元素相加,因此,矩阵的加法满足

交换律:$A+B=B+A$.

结合律:$A+(B+C)=(A+B)+C$.

元素都是零的矩阵称为**零矩阵**,记为 $O_{s \times n}$. 在不致于混淆的情况下,可以简单地记为 O. 显然,对任意矩阵 A,都有

$$A + O = A.$$

当然,这里的 O 是表示与 A 的行数与列数都相同的那个零矩阵.

矩阵

$$\begin{bmatrix} -a_{11} & -a_{12} & \cdots & -a_{1n} \\ -a_{21} & -a_{22} & \cdots & -a_{2n} \\ \multicolumn{4}{c}{\dotfill} \\ -a_{s1} & -a_{s2} & \cdots & -a_{sn} \end{bmatrix}$$

称为矩阵 A 的**负矩阵**,记作 $-A$. 显然有

$$A + (-A) = O.$$

两个行数与列数相同的矩阵可以相减. 设 A,B 如上述,那么

$$A - B = \begin{bmatrix} a_{11} - b_{11} & a_{12} - b_{12} & \cdots & a_{1n} - b_{1n} \\ a_{21} - b_{21} & a_{22} - b_{22} & \cdots & a_{2n} - b_{2n} \\ \cdots\cdots\cdots\cdots\cdots\cdots\cdots\cdots\cdots\cdots\cdots\cdots \\ a_{s1} - b_{s1} & a_{s2} - b_{s2} & \cdots & a_{sn} - b_{sn} \end{bmatrix}.$$

矩阵的减法可以用负矩阵表示为

$$A - B = A + (-B).$$

于是,矩阵方程 $X + A = B$ 总有唯一解 $X = B - A$.

例3 求矩阵 X,使

$$\begin{bmatrix} 1 & 2 & 3 & -1 \\ 2 & 0 & 1 & 2 \\ -1 & 1 & 0 & -1 \end{bmatrix} + X = \begin{bmatrix} 0 & -1 & 2 & 3 \\ 3 & 0 & 1 & -1 \\ 1 & 2 & -2 & 0 \end{bmatrix}.$$

解:

$$X = \begin{bmatrix} 0 & -1 & 2 & 3 \\ 3 & 0 & 1 & -1 \\ 1 & 2 & -2 & 0 \end{bmatrix} - \begin{bmatrix} 1 & 2 & 3 & -1 \\ 2 & 0 & 1 & 2 \\ -1 & 1 & 0 & -1 \end{bmatrix}$$

$$= \begin{bmatrix} -1 & -3 & -1 & 4 \\ 1 & 0 & 0 & -3 \\ 2 & 1 & -2 & 1 \end{bmatrix}.$$

习 题 3.1(1)

1. 计算:

(1) $\begin{bmatrix} 2 & 1 & 0 \\ 1 & 1 & 2 \\ -1 & 2 & 1 \end{bmatrix} + \begin{bmatrix} 3 & 1 & -2 \\ 3 & -2 & 1 \\ -3 & 1 & -1 \end{bmatrix}$;

(2) $\begin{bmatrix} 0 & 1 & 2 & 3 \\ 1 & 3 & 1 & 4 \\ 2 & 0 & 3 & 1 \end{bmatrix} + \begin{bmatrix} 3 & 2 & 1 & 0 \\ 2 & -1 & -1 & 1 \\ 0 & -1 & 3 & 2 \end{bmatrix} - \begin{bmatrix} -1 & 2 & 3 & 4 \\ 0 & 2 & 0 & -1 \\ -1 & 1 & 3 & 1 \end{bmatrix}.$

2. 求 X,使

$$\begin{bmatrix} 2 & 1 & 1 \\ 3 & 1 & 2 \\ -1 & 0 & 1 \end{bmatrix} + X - \begin{bmatrix} 2 & 3 & 0 \\ -1 & 0 & -1 \\ 2 & -1 & 1 \end{bmatrix} = \begin{bmatrix} 1 & 2 & 3 \\ 4 & 5 & 6 \\ -3 & -1 & 2 \end{bmatrix}.$$

3. 求 X,使

$$\begin{bmatrix} a & b & c \\ 2b & 3c-1 & a-b \\ 1 & 2+a & a-c \end{bmatrix} + X = \begin{bmatrix} 1-a & b+c & c-3 \\ 2a & 3b+c & 3 \\ 2 & -1 & c \end{bmatrix}.$$

2. 矩阵的乘法

在叙述矩阵乘法的定义以前,先看一个引出矩阵乘法的例子.

设 $x_1, x_2, x_3; y_1, y_2, y_3; z_1, z_2, z_3$ 是三组变量,且 x_1, x_2, x_3 与 y_1, y_2, y_3 之间的关系为

$$\begin{cases} x_1 = a_{11} y_1 + a_{12} y_2 + a_{13} y_3, \\ x_2 = a_{21} y_1 + a_{22} y_2 + a_{23} y_3, \\ x_3 = a_{31} y_1 + a_{32} y_2 + a_{33} y_3, \end{cases} \tag{1}$$

显然,这个关系是由系数 a_{ij} 完全确定的,把系数写成一个矩阵

$$A = \begin{bmatrix} a_{11} & a_{12} & a_{13} \\ a_{21} & a_{22} & a_{23} \\ a_{31} & a_{32} & a_{33} \end{bmatrix};$$

再设 $y_1, y_2, y_3; z_1, z_2, z_3$ 之间的关系为:

$$\begin{cases} y_1 = b_{11} z_1 + b_{12} z_2 + b_{13} z_3, \\ y_2 = b_{21} z_1 + b_{22} z_2 + b_{23} z_3, \\ y_3 = b_{31} z_1 + b_{32} z_2 + b_{33} z_3. \end{cases} \tag{2}$$

把系数写成一个矩阵

$$B = \begin{bmatrix} b_{11} & b_{12} & b_{13} \\ b_{21} & b_{22} & b_{23} \\ b_{31} & b_{32} & b_{33} \end{bmatrix}.$$

最后,设 x_1, x_2, x_3 与 z_1, z_2, z_3 之间的关系为

$$\begin{cases} x_1 = c_{11}z_1 + c_{12}z_2 + c_{13}z_3, \\ x_2 = c_{21}z_1 + c_{22}z_2 + c_{23}z_3, \\ x_3 = c_{31}z_1 + c_{32}z_2 + c_{33}z_3. \end{cases} \tag{3}$$

其系数所成的矩阵为

$$C = \begin{bmatrix} c_{11} & c_{12} & c_{13} \\ c_{21} & c_{22} & c_{23} \\ c_{31} & c_{32} & c_{33} \end{bmatrix}.$$

但是 x_1, x_2, x_3 与 z_1, z_2, z_3 之间的关系由(1)和(2)所决定,将(2)代入(1),得

$$x_i = \sum_{k=1}^{3} a_{ik} y_k = \sum_{k=1}^{3} a_{ik} \Big(\sum_{y=1}^{3} b_{kj} z_j \Big) = \sum_{k=1}^{3} \sum_{j=1}^{3} a_{ik} b_{kj} z_j$$
$$= \sum_{j=1}^{3} \sum_{k=1}^{3} a_{ik} b_{kj} z_j = \sum_{j=1}^{3} \Big(\sum_{k=1}^{3} a_{ik} b_{kj} \Big) z_j \quad (i = 1, 2, 3).$$

与(3)式比较,即得

$$c_{ij} = \sum_{k=1}^{3} a_{ik} b_{kj} \quad (i, j = 1, 2, 3).$$

满足这个等式的矩阵 C 就称做矩阵 A 与 B 的乘积.

一般地,定义矩阵的乘法如下:

定义 2 设 A 是一个 $s \times n$ 矩阵:

$$A = \begin{bmatrix} a_{11} & a_{12} & \cdots & a_{1n} \\ a_{21} & a_{22} & \cdots & a_{2n} \\ \cdots\cdots\cdots\cdots\cdots\cdots \\ a_{s1} & a_{s2} & \cdots & a_{sn} \end{bmatrix};$$

B 是一个 $n \times m$ 矩阵：

$$B = \begin{bmatrix} b_{11} & b_{12} & \cdots & b_{1m} \\ b_{21} & b_{22} & \cdots & b_{2m} \\ \cdots\cdots\cdots\cdots\cdots\cdots \\ b_{n1} & b_{n2} & \cdots & b_{nm} \end{bmatrix}.$$

作 $s \times m$ 矩阵

$$C = \begin{bmatrix} c_{11} & c_{12} & \cdots & c_{1m} \\ c_{21} & c_{22} & \cdots & c_{2m} \\ \cdots\cdots\cdots\cdots\cdots\cdots \\ c_{s1} & c_{s2} & \cdots & c_{sm} \end{bmatrix},$$

其中

$$c_{ij} = a_{i1}b_{1j} + a_{i2}b_{2j} + \cdots + a_{in}b_{nj} = \sum_{k=1}^{n} a_{ik}b_{kj}$$
$$(i = 1, 2, \cdots, s;\ j = 1, 2, \cdots, m). \tag{4}$$

矩阵 C 称为矩阵 A 与 B 的**乘积**，记为

$$C = AB.$$

在矩阵乘积的定义中，要求第一个矩阵的列数必须等于第二个矩阵的行数。公式(4)说明乘积 C 的第 i 行第 j 列的元素等于 A 的第 i 行与 B 的第 j 列的对应元素的乘积的和。

例 4 设

$$A = \begin{bmatrix} 1 & 0 & 2 & -1 \\ 0 & 1 & -1 & 3 \\ -1 & 2 & 0 & 1 \end{bmatrix}, \quad B = \begin{bmatrix} 1 & 2 \\ 2 & 1 \\ 0 & 3 \\ 1 & 4 \end{bmatrix},$$

那么

$$AB = \begin{bmatrix} 1\times1+0\times2+2\times0+(-1)\times1 & 1\times2+0\times1+2\times3+(-1)\times4 \\ 0\times1+1\times2+(-1)\times0+3\times1 & 0\times2+1\times1+(-1)\times3+3\times4 \\ (-1)\times1+2\times2+0\times0+1\times1 & (-1)\times2+2\times1+0\times3+1\times4 \end{bmatrix}$$

$$= \begin{bmatrix} 0 & 4 \\ 5 & 10 \\ 4 & 4 \end{bmatrix}.$$

矩阵的乘法与数的乘法有一个极不相同的地方,就是矩阵的乘法不满足交换律,也就是说:矩阵的乘积 AB 与 BA 不一定相等.看下面的例子.

例 5 设

$$A = \begin{bmatrix} 1 & 2 & 3 \\ 2 & -1 & 1 \\ 0 & 2 & 4 \end{bmatrix}, \quad B = \begin{bmatrix} 2 & 1 & -1 \\ 0 & 2 & 1 \\ 1 & 0 & -2 \end{bmatrix}.$$

那么
$$AB = \begin{bmatrix} 5 & 5 & -5 \\ 5 & 0 & -5 \\ 4 & 4 & -6 \end{bmatrix};$$

$$BA = \begin{bmatrix} 4 & 1 & 3 \\ 4 & 0 & 6 \\ 1 & -2 & -5 \end{bmatrix}.$$

例 6 设

$$A = \begin{bmatrix} a_1 \\ a_2 \\ \vdots \\ a_n \end{bmatrix}, \quad B = \begin{bmatrix} b_1 & b_2 & \cdots & b_n \end{bmatrix},$$

那么
$$AB = \begin{bmatrix} a_1 b_1 & a_1 b_2 & \cdots & a_1 b_n \\ a_2 b_1 & a_2 b_2 & \cdots & a_2 b_n \\ \cdots\cdots\cdots\cdots\cdots\cdots \\ a_n b_1 & a_n b_2 & \cdots & a_n b_n \end{bmatrix};$$

$$BA = \left[\sum_{i=1}^{n} a_i b_i \right].$$

例 7 给了线性方程组
$$\begin{cases} a_{11}x_1 + a_{12}x_2 + \cdots + a_{1n}x_n = b_1, \\ a_{21}x_1 + a_{22}x_2 + \cdots + a_{2n}x_n = b_2, \\ \cdots\cdots\cdots\cdots\cdots\cdots\cdots\cdots\cdots\cdots \\ a_{s1}x_1 + a_{s2}x_2 + \cdots + a_{sn}x_n = b_s. \end{cases}$$

它的系数矩阵为
$$A = \begin{bmatrix} a_{11} & a_{12} & \cdots & a_{1n} \\ a_{21} & a_{22} & \cdots & a_{2n} \\ \cdots\cdots\cdots\cdots\cdots\cdots \\ a_{s1} & a_{s2} & \cdots & a_{sn} \end{bmatrix}.$$

再令
$$X = \begin{bmatrix} x_1 \\ x_2 \\ \vdots \\ x_n \end{bmatrix}; \quad B = \begin{bmatrix} b_1 \\ b_2 \\ \vdots \\ b_s \end{bmatrix}.$$

那么线性方程组就可以写成一个矩阵方程:
$$AX = B.$$

由于矩阵的乘法不满足交换律,所以作矩阵乘法时必须注意.首先,当 AB 有意义时,BA 却不一定有意义. 例 4 就是这种情形;其次,即使 AB 与 BA 都有意义,它们的级数也不一定相等. 例 6 就是这种情形;最后,即使 A,B 都是 $n\times n$ 矩阵,AB 与 BA 都有意义,而且都是 $n\times n$ 矩阵,但是它们也不一定相等. 如例 5 中 A 与 B 都是 3×3 矩阵,但是 $AB\neq BA$. 矩阵的乘法还有一个特点:两个不等于零的矩阵之积可以是零矩阵.

例 8 $\begin{bmatrix} 1 & 1 \\ -1 & -1 \end{bmatrix}\begin{bmatrix} 1 & -1 \\ -1 & 1 \end{bmatrix} = \begin{bmatrix} 0 & 0 \\ 0 & 0 \end{bmatrix}.$

因此,在讨论矩阵的时候必须注意:从 $AB=O$,不能推出 $A=O$ 或 $B=O$.

例 9 如果 $AB=BA$,就说矩阵 A 与 B **可交换**. 设

$$A = \begin{bmatrix} 1 & 1 & 0 \\ 0 & 1 & 1 \\ 0 & 0 & 1 \end{bmatrix}.$$

求所有与 A 可交换的矩阵.

解:设

$$X = \begin{bmatrix} x_1 & y_1 & z_1 \\ x_2 & y_2 & z_2 \\ x_3 & y_3 & z_3 \end{bmatrix}.$$

那么

$$AX = \begin{bmatrix} x_1+x_2 & y_1+y_2 & z_1+z_2 \\ x_2+x_3 & y_2+y_3 & z_2+z_3 \\ x_3 & y_3 & z_3 \end{bmatrix};$$

$$XA = \begin{bmatrix} x_1 & x_1+y_1 & y_1+z_1 \\ x_2 & x_2+y_2 & y_2+z_2 \\ x_3 & x_3+y_3 & y_3+z_3 \end{bmatrix}.$$

因此,X 与 A 可交换的充分必要条件是

$$\begin{cases} x_1 + x_2 = x_1, \\ y_1 + y_2 = x_1 + y_1, \\ z_1 + z_2 = y_1 + z_1, \\ x_2 + x_3 = x_2, \\ y_2 + y_3 = x_2 + y_2, \\ z_2 + z_3 = y_2 + z_2, \\ y_3 = x_3 + y_3, \\ z_3 = y_3 + z_3. \end{cases}$$

而这一组条件又等价于

$$\begin{cases} x_2 = x_3 = y_3 = 0, \\ x_1 = y_2 = z_3, \\ y_1 = z_2. \end{cases}$$

所以与 A 可交换的全部矩阵都可表成:

$$X = \begin{bmatrix} x_1 & y_1 & z_1 \\ 0 & x_1 & y_1 \\ 0 & 0 & x_1 \end{bmatrix},$$

其中 x_1, y_1, z_1 可以取数域 **P** 中任意的数.

上面通过例子指出矩阵的乘法有一些与数的乘法不同的地方. 这是需要经常注意的. 但是矩阵的乘法也有许多与数的乘法相类似的地方,即矩阵的乘法满足以下一些规律. 这些规律可以简化矩阵的运算.

(1) 矩阵乘法满足结合律,即
$$A(BC) = (AB)C.$$
当然,这里的 AB 与 BC 都被认为在乘法运算中是有意义的. 这一点以后就不再说明了.

证明:设
$$A = [a_{ij}]_{sn}; \quad B = [b_{jk}]_{nm}; \quad C = [c_{kl}]_{mt}.$$
令
$$U = BC = [u_{jl}]_{nt};$$
$$V = AB = [v_{ik}]_{sm}.$$
根据乘法公式,知
$$u_{jl} = \sum_{k=1}^{m} b_{jk} c_{kl} \quad (j = 1, 2, \cdots, n; \ l = 1, 2, \cdots, t);$$
$$v_{ik} = \sum_{j=1}^{n} a_{ij} b_{jk} \quad (i = 1, 2, \cdots, s; \ k = 1, 2, \cdots, m).$$
于是 $A(BC) = AU$ 的第 i 行第 l 列处的元素为:
$$\sum_{j=1}^{n} a_{ij} u_{jl} = \sum_{j=1}^{n} a_{ij} \left(\sum_{k=1}^{m} b_{jk} c_{kl} \right) = \sum_{j=1}^{n} \sum_{k=1}^{m} a_{ij} b_{jk} c_{kl};$$
而 $(AB)C = VC$ 的第 i 行第 l 列处的元素为:
$$\sum_{k=1}^{m} v_{ik} c_{kl} = \sum_{k=1}^{m} \left(\sum_{j=1}^{n} a_{ij} b_{jk} \right) c_{kl} = \sum_{k=1}^{m} \sum_{j=1}^{n} a_{ij} b_{jk} c_{kl}.$$
由于双重连加号可以交换次序,所以
$$\sum_{j=1}^{n} \sum_{k=1}^{m} a_{ij} b_{jk} c_{kl} = \sum_{k=1}^{m} \sum_{j=1}^{n} a_{ij} b_{jk} c_{kl}.$$
这就证明了 $A(BC) = (AB)C$.

(2) 矩阵中有一类特殊的矩阵,起着与数的乘法中 1 相同的作用,即所谓单位矩阵. 主对角线上的元素全是 1,其余的元素全是 0 的 n 阶方阵

$$\begin{bmatrix} 1 & 0 & \cdots & 0 \\ 0 & 1 & \cdots & 0 \\ \multicolumn{4}{c}{\cdots\cdots\cdots} \\ 0 & 0 & \cdots & 1 \end{bmatrix}$$

称为 **n 阶单位矩阵**，记作 E_n. 在不致混淆的情况下，可以简单地写成 E. 很容易检验

$$A_{sn}E_n = A_{sn};$$
$$E_s A_{sn} = A_{sn}.$$

（3）矩阵的乘法和加法满足分配律，即
$$A(B+C) = AB + AC;$$
$$(B+C)A = BA + CA.$$
由于矩阵的乘法不满足交换律，所以这是两条不同的规律. 证明留给读者.

因为矩阵的乘法满足结合律，所以可以定义矩阵的方幂. 设 A 是一个 n 阶矩阵. 用 $A^k(k>0)$ 表示 k 个 A 的连乘积，称为 **A 的 k 次方幂**. 规定 $A^0 = E$，容易看出

$$A^k \cdot A^l = A^{k+l},$$
$$(A^k)^l = A^{kl},$$
$$(k, l \geqslant 0).$$

需要注意的是：由于矩阵的乘法不满足交换律，所以等式
$$(AB)^k = A^k B^k$$
一般不成立.

习 题 3.1(2)

1. 求下列矩阵的乘积：

(1) $\begin{bmatrix} 1 & 2 \\ 3 & 4 \end{bmatrix} \begin{bmatrix} 1 & -1 \\ 1 & 2 \end{bmatrix}$;

(2) $\begin{bmatrix} 3 & 1 & 1 \\ 2 & 1 & 2 \\ 1 & 2 & 3 \end{bmatrix} \begin{bmatrix} 1 & 1 & 1 \\ 1 & 2 & -1 \\ 1 & 1 & 0 \end{bmatrix}$;

(3) $\begin{bmatrix} a & b & c \\ c & a & b \\ 1 & 1 & 1 \end{bmatrix} \begin{bmatrix} a & c & 1 \\ b & a & 1 \\ c & b & 1 \end{bmatrix}$;

(4) $\begin{bmatrix} i & 3 & \frac{1}{2} \\ 0 & 1+i & 1 \\ -1 & 0 & 1 \end{bmatrix} \begin{bmatrix} -i & 1-i & -1 \\ 1 & 4 & i \\ 0 & 1+i & 2 \end{bmatrix}$.

2. 计算

$$\begin{bmatrix} 1 & 2 & 3 \\ -1 & 2 & 1 \\ 1 & -3 & 2 \end{bmatrix} \begin{bmatrix} 1 & 2 & 4 \\ 2 & -4 & 1 \\ -1 & 1 & 0 \end{bmatrix} + \begin{bmatrix} 2 & 4 & 5 \\ 5 & 1 & -1 \\ 3 & -2 & 7 \end{bmatrix}.$$

3. 设

$$A = \begin{bmatrix} 2 & 4 \\ 1 & -1 \\ 3 & 1 \end{bmatrix}, \quad B = \begin{bmatrix} 2 & 3 & 1 \\ 2 & 1 & 0 \end{bmatrix}, \quad C = \begin{bmatrix} 2 & 1 & 3 \\ 4 & -1 & -2 \\ -1 & 0 & 1 \end{bmatrix}.$$

求 $AB, (AB)C, BC, A(BC)$.

4. (1) 举出两个 2 阶矩阵 A 与 B, 使 $(AB)^2 = A^2 B^2$;

(2) 举出两个 2 阶矩阵 A 与 B, 使 $(AB)^2 \ne A^2 B^2$.

5. 计算

(1) $\begin{bmatrix} 2 & 1 & 1 \\ 3 & 1 & 0 \\ 0 & 1 & 2 \end{bmatrix}^2$;   (2) $\begin{bmatrix} 1 & 2 \\ -2 & 1 \end{bmatrix}^5$;

(3) $\begin{bmatrix} 1 & 1 & 0 \\ 0 & 1 & 0 \\ 0 & 0 & 1 \end{bmatrix}^n$ $(n>0)$;   (4) $\begin{bmatrix} 1 & -1 & -1 & -1 \\ -1 & 1 & -1 & -1 \\ -1 & -1 & 1 & -1 \\ -1 & -1 & -1 & 1 \end{bmatrix}^n$ $(n>0)$;

6. 求与下列矩阵 A 可交换的矩阵：

(1) $A = \begin{bmatrix} 1 & 1 \\ 0 & 2 \end{bmatrix}$；

(2) $A = \begin{bmatrix} 0 & 1 & 0 \\ 0 & 0 & 1 \\ 1 & 0 & 0 \end{bmatrix}$；   (3) $A = \begin{bmatrix} 1 & 0 & 0 \\ 0 & 2 & 0 \\ 0 & 0 & 3 \end{bmatrix}$.

7. (1) 试证：如果 B_1,B_2 都与 A 可交换,那么 B_1+B_2, $B_1 B_2$ 也与 A 可交换；

(2) 试证：如果 B 与 A 可交换,那么 B 的 $k(k \geqslant 0)$ 次幂也与 A 可交换.

3. 矩阵与数的乘法

定义 3 设 A 是一个 $s \times n$ 矩阵, $A = [a_{ij}]_{sn}$; k 是一个数,矩阵

$$\begin{bmatrix} ka_{11} & ka_{12} & \cdots & ka_{1n} \\ ka_{21} & ka_{22} & \cdots & ka_{2n} \\ \multicolumn{4}{c}{\cdots\cdots\cdots\cdots\cdots\cdots} \\ ka_{s1} & ka_{s2} & \cdots & ka_{sn} \end{bmatrix}$$

称为 A 与 k 的**数量乘积**,记作 kA.

也就是说,用数 k 乘矩阵 A,就是把 A 的每个元素都乘上 k. 根据定义可以直接验证数量乘积满足下列规律:

$$(k+l)A = kA + lA;$$

$$k(A+B) = kA + kB;$$

$$k(lA) = (kl)A;$$

$$1 \cdot A = A;$$
$$k(AB) = (kA)B = A(kB).$$

矩阵
$$kE = \begin{bmatrix} k & 0 & \cdots & 0 \\ 0 & k & \cdots & 0 \\ \multicolumn{4}{c}{\cdots\cdots\cdots\cdots} \\ 0 & 0 & \cdots & k \end{bmatrix}$$

称为**数量矩阵**. 对于 $s \times n$ 矩阵 A,有
$$kA = (kE_s)A = A(kE_n).$$

特别地,如果 A 是一个 $n \times n$ 矩阵;kE 是一个 n 阶数量矩阵,那么
$$(kE)A = A(kE).$$

这个式子说明:n 阶数量矩阵与所有的 $n \times n$ 矩阵作乘法是可交换的.

另外还有:
$$kE + lE = (k+l)E;$$
$$(kE) \cdot (lE) = (kl)E.$$

这就是说,数量矩阵的加法与乘法完全可以归结为数的加法与乘法.

4. 矩阵的转置

把一个矩阵 A 的行列互换,所得到的矩阵称为这个矩阵的转置,即

定义 4 设 A 是一个 $s \times n$ 矩阵

$$A = \begin{bmatrix} a_{11} & a_{12} & \cdots & a_{1n} \\ a_{21} & a_{22} & \cdots & a_{2n} \\ \multicolumn{4}{c}{\cdots\cdots\cdots\cdots\cdots\cdots} \\ a_{s1} & a_{s2} & \cdots & a_{sn} \end{bmatrix},$$

那么，$n \times s$ 矩阵

$$\begin{bmatrix} a_{11} & a_{21} & \cdots & a_{s1} \\ a_{12} & a_{22} & \cdots & a_{s2} \\ \cdots\cdots\cdots\cdots\cdots\cdots \\ a_{1n} & a_{2n} & \cdots & a_{sn} \end{bmatrix}$$

称为 A 的**转置矩阵**，简称 A 的转置，记作 A^T 或 A'。

矩阵的转置满足以下规律：

$$(A^T)^T = A;$$
$$(A + B)^T = A^T + B^T;$$
$$(AB)^T = B^T A^T;$$
$$(kA)^T = k A^T.$$

下面只证明第三个等式，其余的留给读者验证。

设

$$A = \begin{bmatrix} a_{11} & a_{12} & \cdots & a_{1n} \\ a_{21} & a_{22} & \cdots & a_{2n} \\ \cdots\cdots\cdots\cdots\cdots\cdots \\ a_{s1} & a_{s2} & \cdots & a_{sn} \end{bmatrix}, \quad B = \begin{bmatrix} b_{11} & b_{12} & \cdots & b_{1m} \\ b_{21} & b_{22} & \cdots & b_{2m} \\ \cdots\cdots\cdots\cdots\cdots\cdots \\ b_{n1} & b_{n2} & \cdots & b_{nm} \end{bmatrix},$$

首先 $(AB)^T$ 与 $B^T A^T$ 都是 $m \times s$ 矩阵，而且 AB 中第 i 行第 j 列的元素为：

$$\sum_{k=1}^{n} a_{ik} b_{kj}.$$

所以 $(AB)^T$ 中第 i 行第 j 列的元素是：

$$\sum_{k=1}^{n} a_{jk} b_{ki}.$$

B^T 的第 i 行第 k 列的元素是 b_{ki}；A^T 的第 k 行第 j 列的元素是 a_{jk}，因此，$B^T A^T$ 中第 i 行第 j 列的元素是：

$$\sum_{k=1}^{n} b_{ki} a_{jk} = \sum_{k=1}^{n} a_{jk} b_{ki}.$$

这就证明了 $(AB)^T = B^T A^T$.

例 10 设

$$A = \begin{bmatrix} 1 & -1 & 2 \\ 1 & 0 & 3 \\ -1 & 2 & -1 \end{bmatrix}, \quad B = \begin{bmatrix} 1 & 1 \\ 2 & -1 \\ 3 & 2 \end{bmatrix},$$

那么

$$AB = \begin{bmatrix} 5 & 6 \\ 10 & 7 \\ 0 & -5 \end{bmatrix},$$

$$A^T = \begin{bmatrix} 1 & 1 & -1 \\ -1 & 0 & 2 \\ 2 & 3 & -1 \end{bmatrix}, \quad B^T = \begin{bmatrix} 1 & 2 & 3 \\ 1 & -1 & 2 \end{bmatrix},$$

$$B^T A^T = \begin{bmatrix} 5 & 10 & 0 \\ 6 & 7 & -5 \end{bmatrix} = (AB)^T.$$

习 题 3.1(3)

1. 设

$$A = \begin{bmatrix} 1 & 2 & -1 \\ 2 & 3 & 2 \\ -1 & 0 & 2 \end{bmatrix}, \quad B = \begin{bmatrix} 0 & 1 & 2 \\ 2 & -1 & 0 \\ -1 & -1 & 3 \end{bmatrix},$$

计算 $A^T, B^T, A+B, A^T+B^T, AB, BA, A^T B^T, B^T A^T, A^2, (A^T)^2$.

2. 用两种方法求 $(ABC)^T$，其中

$$A = \begin{bmatrix} -1 & 3 & 1 \\ 0 & 4 & 2 \end{bmatrix}, \quad B = \begin{bmatrix} 4 & 1 \\ 2 & 5 \\ 3 & 4 \end{bmatrix}, \quad C = \begin{bmatrix} 2 & -1 \\ 4 & 2 \end{bmatrix}.$$

3. 设 $f(x)$ 是一个系数在数域 **P** 中的多项式：
$$f(x) = a_m x^m + a_{m-1} x^{m-1} + \cdots + a_1 x + a_0;$$
A 是数域 **P** 上的一个 n 阶矩阵，
$$f(A) = a_m A^m + a_{m-1} A^{m-1} + \cdots + a_1 A + a_0 E,$$
(其中 E 是 n 阶单位矩阵)称为矩阵 A 的多项式. 求 $f(A)$：

(1) $f(x) = x^2 + x - 1$, $A = \begin{bmatrix} 2 & 1 & -1 \\ 1 & 0 & 3 \\ 2 & -1 & -4 \end{bmatrix}$;

(2) $f(x) = x^3 - 3x^2 + 3x - 1$, $A = \begin{bmatrix} 1 & 1 & 0 \\ 0 & 1 & 1 \\ 0 & 0 & 1 \end{bmatrix}$.

4. 试证：如果 A 与 B 可交换，那么 A 的任一个多项式也与 B 可交换.

5. 设 $AB = BA$. 求证：

(1) $(A+B)^2 = A^2 + 2AB + B^2$;

(2) $A^2 - B^2 = (A+B)(A-B)$.

3.2 矩阵的分块

这一节介绍在处理阶数较高的矩阵时常用的一个方法，即矩阵的分块. 把一个大矩阵看成是由一些小矩阵组成的，就如矩阵是由数组成的一样，这就是所谓**矩阵的分块**.

先举一个例子说明. 假设给了两个矩阵：

$$A = \begin{bmatrix} 1 & 0 & 0 & 0 \\ 0 & 1 & 0 & 0 \\ -1 & 2 & 1 & 0 \\ 1 & 1 & 0 & 1 \end{bmatrix}, \quad B = \begin{bmatrix} 1 & 0 & 3 & 2 \\ -1 & 2 & 0 & 1 \\ 1 & 0 & 4 & 1 \\ -1 & -1 & 2 & 0 \end{bmatrix}.$$

将矩阵 A 分成一些小块：

$$A = \begin{bmatrix} 1 & 0 & 0 & 0 \\ 0 & 1 & 0 & 0 \\ \hdashline -1 & 2 & 1 & 0 \\ 1 & 1 & 0 & 1 \end{bmatrix} = \begin{bmatrix} E_2 & O \\ A_1 & E_2 \end{bmatrix},$$

其中 E_2 是 2 阶单位矩阵，O 是 2 阶零矩阵，而

$$A_1 = \begin{bmatrix} -1 & 2 \\ 1 & 1 \end{bmatrix}.$$

再将 B 分成一些小块：

$$B = \begin{bmatrix} 1 & 0 & 3 & 2 \\ -1 & 2 & 0 & 1 \\ \hdashline 1 & 0 & 4 & 1 \\ -1 & -1 & 2 & 0 \end{bmatrix} = \begin{bmatrix} B_{11} & B_{12} \\ B_{21} & B_{22} \end{bmatrix},$$

其中 $B_{11} = \begin{bmatrix} 1 & 0 \\ -1 & 2 \end{bmatrix}, \quad B_{12} = \begin{bmatrix} 3 & 2 \\ 0 & 1 \end{bmatrix},$

$B_{21} = \begin{bmatrix} 1 & 0 \\ -1 & -1 \end{bmatrix}, \quad B_{22} = \begin{bmatrix} 4 & 1 \\ 2 & 0 \end{bmatrix}.$

在计算 $A+B$ 及 AB 时，把 A, B 看成是由这些小矩阵组成的，于是可以按 2 阶矩阵来运算：

$$A + B = \begin{bmatrix} E_2 & O \\ A_1 & E_2 \end{bmatrix} + \begin{bmatrix} B_{11} & B_{12} \\ B_{21} & B_{22} \end{bmatrix} = \begin{bmatrix} E_2 + B_{11} & B_{12} \\ A_1 + B_{21} & E_2 + B_{22} \end{bmatrix}$$

$$= \begin{bmatrix} 2 & 0 & 3 & 2 \\ -1 & 3 & 0 & 1 \\ 0 & 2 & 5 & 1 \\ 0 & 0 & 2 & 1 \end{bmatrix}.$$

$$AB = \begin{bmatrix} E_2 & O \\ A_1 & E_2 \end{bmatrix} \begin{bmatrix} B_{11} & B_{12} \\ B_{21} & B_{22} \end{bmatrix}$$

$$= \begin{bmatrix} B_{11} & B_{12} \\ A_1 B_{11} + B_{21} & A_1 B_{12} + B_{22} \end{bmatrix},$$

其中 $A_1 B_{11} + B_{21}, A_1 B_{12} + B_{22}$ 可以按 2 阶矩阵计算：

$$A_1 B_{11} + B_{21} = \begin{bmatrix} -1 & 2 \\ 1 & 1 \end{bmatrix} \begin{bmatrix} 1 & 0 \\ -1 & 2 \end{bmatrix} + \begin{bmatrix} 1 & 0 \\ -1 & -1 \end{bmatrix}$$

$$= \begin{bmatrix} -3 & 4 \\ 0 & 2 \end{bmatrix} + \begin{bmatrix} 1 & 0 \\ -1 & -1 \end{bmatrix} = \begin{bmatrix} -2 & 4 \\ -1 & 1 \end{bmatrix};$$

$$A_1 B_{12} + B_{22} = \begin{bmatrix} -1 & 2 \\ 1 & 1 \end{bmatrix} \begin{bmatrix} 3 & 2 \\ 0 & 1 \end{bmatrix} + \begin{bmatrix} 4 & 1 \\ 2 & 0 \end{bmatrix}$$

$$= \begin{bmatrix} -3 & 0 \\ 3 & 3 \end{bmatrix} + \begin{bmatrix} 4 & 1 \\ 2 & 0 \end{bmatrix} = \begin{bmatrix} 1 & 1 \\ 5 & 3 \end{bmatrix}.$$

于是得
$$AB = \begin{bmatrix} 1 & 0 & 3 & 2 \\ -1 & 2 & 0 & 1 \\ -2 & 4 & 1 & 1 \\ -1 & 1 & 5 & 3 \end{bmatrix}.$$

读者可以验证一下，直接按矩阵乘法的定义来计算，结果是一样的.

需要注意的是，应用矩阵分块来进行运算，必须将矩阵分成可以作运算的一些小块. 用分块矩阵来做矩阵加法时，必须将矩阵分成大小相同的小块. 一般地，设 A, B 都是 $s \times n$ 矩阵. 把 A, B 分成同样的小块矩阵：

$$A = \begin{array}{c} \\ s_1 \\ s_2 \\ \vdots \\ s_t \end{array} \overset{\begin{array}{cccc} n_1 & n_2 & \cdots & n_l \end{array}}{\begin{bmatrix} A_{11} & A_{12} & \cdots & A_{1l} \\ A_{21} & A_{22} & \cdots & A_{2l} \\ \cdots & \cdots & \cdots & \cdots \\ A_{t1} & A_{t2} & \cdots & A_{tl} \end{bmatrix}}$$

$$B = \begin{array}{c} s_1 \\ s_2 \\ \vdots \\ s_t \end{array} \begin{bmatrix} \overset{n_1}{B_{11}} & \overset{n_2}{B_{12}} & \cdots & \overset{n_l}{B_{1l}} \\ B_{21} & B_{22} & \cdots & B_{2l} \\ \multicolumn{4}{c}{\cdots\cdots\cdots\cdots\cdots\cdots} \\ B_{t1} & B_{t2} & \cdots & B_{tl} \end{bmatrix} \quad \begin{array}{l}(s_1 + s_2 + \cdots + s_t = s; \\ n_1 + n_2 + \cdots + n_l = n),\end{array}$$

其中 A_{ij} 与 B_{ij} 都是 $s_i \times n_j$ 矩阵 $(i=1,2,\cdots,t; j=1,2,\cdots,l)$, 那么

$$A + B = \begin{bmatrix} A_{11} + B_{11} & A_{12} + B_{12} & \cdots & A_{1l} + B_{1l} \\ A_{21} + B_{21} & A_{22} + B_{22} & \cdots & A_{2l} + B_{2l} \\ \multicolumn{4}{c}{\cdots\cdots\cdots\cdots\cdots\cdots\cdots\cdots\cdots\cdots} \\ A_{t1} + B_{t1} & A_{t2} + B_{t2} & \cdots & A_{tl} + B_{tl} \end{bmatrix}.$$

如果要用分块矩阵作乘法,由于两个矩阵相乘时,第 1 个矩阵的列数必须等于第 2 个矩阵的行数,所以用分块矩阵计算 AB 时,对矩阵 A 的列的分法必须与矩阵 B 的行的分法相一致. 设 A 是一个 $s \times n$ 矩阵, B 是一个 $n \times m$ 矩阵, 把 A,B 分成一些小矩阵:

$$A = \begin{array}{c} s_1 \\ s_2 \\ \vdots \\ s_t \end{array} \begin{bmatrix} \overset{n_1}{A_{11}} & \overset{n_2}{A_{12}} & \cdots & \overset{n_l}{A_{1l}} \\ A_{21} & A_{22} & \cdots & A_{2l} \\ \multicolumn{4}{c}{\cdots\cdots\cdots\cdots\cdots\cdots} \\ A_{t1} & A_{t2} & \cdots & A_{tl} \end{bmatrix} \quad \begin{array}{l}(s_1 + s_2 + \cdots + s_t = s; \\ n_1 + n_2 + \cdots + n_l = n),\end{array}$$

$$B = \begin{array}{c} n_1 \\ n_2 \\ \vdots \\ n_l \end{array} \begin{bmatrix} \overset{m_1}{B_{11}} & \overset{m_2}{B_{12}} & \cdots & \overset{m_r}{B_{1r}} \\ B_{21} & B_{22} & \cdots & B_{2r} \\ \multicolumn{4}{c}{\cdots\cdots\cdots\cdots\cdots\cdots} \\ B_{l1} & B_{l2} & \cdots & B_{lr} \end{bmatrix} \quad \begin{array}{l}(n_1 + n_2 + \cdots + n_l = n; \\ m_1 + m_2 + \cdots + m_n = m).\end{array}$$

其中 A_{ij} 是 $s_i \times n_j$ 矩阵 $(i=1,2,\cdots,t, j=1,2,\cdots,l)$；$B_{jk}$ 是 $n_j \times m_k$ 矩阵 $(j=1,2,\cdots,l, k=1,2,\cdots,r)$，于是

$$AB = \begin{array}{c} \\ s_1 \\ s_2 \\ \vdots \\ s_t \end{array} \begin{array}{cccc} m_1 & m_2 & \cdots & m_r \\ \left[\begin{array}{cccc} C_{11} & C_{12} & \cdots & C_{1r} \\ C_{21} & C_{22} & \cdots & C_{2r} \\ \cdots\cdots\cdots\cdots\cdots\cdots \\ C_{t1} & C_{t2} & \cdots & C_{tr} \end{array}\right] \end{array},$$

其中

$$C_{ij} = A_{i1}B_{1j} + A_{i2}B_{2j} + \cdots + A_{il}B_{lj} = \sum_{k=1}^{l} A_{ik}B_{kj}$$

$(i = 1,2,\cdots,t; j = 1,2,\cdots,r).$

以上用分块矩阵作加法和乘法运算的两个结果都可以用矩阵的加法与乘法的定义来验证，这里就不详细说明了．

以后会看到，把矩阵分块运算有许多方便之处．因为在分块之后，矩阵间的相互关系可以看得更清楚．作为例子，下面应用分块矩阵来证明关于矩阵的秩的两个定理．

定理 1　两个矩阵的和的秩不超过这两个矩阵的秩的和，即
$$r(A + B) \leqslant r(A) + r(B)$$

证明：　设 A,B 是两个 $s \times n$ 矩阵．用 $A_1, A_2, \cdots, A_s$ 及 $B_1, B_2, \cdots, B_s$ 表示 A 及 B 的行向量．于是 A 与 B 都可以表成分块矩阵：

$$A = \begin{bmatrix} A_1 \\ A_2 \\ \cdots \\ A_s \end{bmatrix}, \quad B = \begin{bmatrix} B_1 \\ B_2 \\ \cdots \\ B_s \end{bmatrix}.$$

从而
$$A+B = \begin{bmatrix} A_1+B_1 \\ A_2+B_2 \\ \cdots\cdots \\ A_s+B_s \end{bmatrix}.$$

这说明 $A+B$ 的行向量组可以由向量组 $A_1, A_2, \cdots, A_s$ 及 $B_1, B_2, \cdots, B_s$ 线性表出,因此

$$\begin{aligned} r(A+B) &\leqslant r\{A_1, A_2, \cdots, A_s, B_1, B_2, \cdots, B_s\} \\ &\leqslant r\{A_1, A_2, \cdots, A_s\} + r\{B_1, B_2, \cdots, B_s\} \\ &= r(A) + r(B). \end{aligned}$$

推论
$$r(A_1 + A_2 + \cdots + A_t) \leqslant r(A_1) + r(A_2) + \cdots + r(A_t)$$

定理 2 矩阵乘积的秩不超过各因子的秩,即
$$r(AB) \leqslant \min\{r(A), r(B)\}.$$

证明:设

$$A = \begin{bmatrix} a_{11} & a_{12} & \cdots & a_{1n} \\ a_{21} & a_{22} & \cdots & a_{2n} \\ \cdots\cdots\cdots\cdots\cdots\cdots \\ a_{s1} & a_{s2} & \cdots & a_{sn} \end{bmatrix}, \quad B = \begin{bmatrix} b_{11} & b_{12} & \cdots & b_{1m} \\ b_{21} & b_{22} & \cdots & b_{2m} \\ \cdots\cdots\cdots\cdots\cdots\cdots \\ b_{n1} & b_{n2} & \cdots & b_{nm} \end{bmatrix},$$

用 $B_1, B_2, \cdots, B_n$ 表示 B 的行向量,那么 B 可以表成分块矩阵

$$B = \begin{bmatrix} B_1 \\ B_2 \\ \cdots \\ B_n \end{bmatrix}.$$

于是

$$AB = \begin{bmatrix} a_{11} & a_{12} & \cdots & a_{1n} \\ a_{21} & a_{22} & \cdots & a_{2n} \\ \cdots & \cdots & \cdots & \cdots \\ a_{s1} & a_{s2} & \cdots & a_{sn} \end{bmatrix} \begin{bmatrix} B_1 \\ B_2 \\ \cdots \\ B_n \end{bmatrix}$$

$$= \begin{bmatrix} a_{11}B_1 + a_{12}B_2 + \cdots + a_{1n}B_n \\ a_{21}B_1 + a_{22}B_2 + \cdots + a_{2n}B_n \\ \cdots \cdots \cdots \cdots \cdots \\ a_{s1}B_1 + a_{s2}B_2 + \cdots + a_{sn}B_n \end{bmatrix}.$$

这说明 AB 的行向量组可以由 B 的行向量组线性表出,所以
$$\mathrm{r}(AB) \leqslant \mathrm{r}(B).$$

再用 $A_1, A_2, \cdots, A_n$ 表示 A 的列向量. 那么 A 可以表成分块矩阵
$$A = [A_1 \quad A_2 \quad \cdots \quad A_n].$$

于是
$$AB = [A_1 \quad A_2 \quad \cdots \quad A_n] \begin{bmatrix} b_{11} & b_{12} & \cdots & b_{1m} \\ b_{21} & b_{22} & \cdots & b_{2m} \\ \cdots & \cdots & \cdots & \cdots \\ b_{n1} & b_{n2} & \cdots & b_{nm} \end{bmatrix}$$

$$= \left(\sum_{k=1}^{n} b_{k1} A_k, \sum_{k=1}^{n} b_{k2} A_k, \cdots, \sum_{k=1}^{n} b_{km} A_k \right).$$

这说明 AB 的列向量组可以由 A 的列向量组线性表出,所以
$$\mathrm{r}(AB) \leqslant \mathrm{r}(A).$$

综合以上两点,即得
$$\mathrm{r}(AB) \leqslant \min\{\mathrm{r}(A), \mathrm{r}(B)\}. \quad |$$

应用数学归纳法,可以将定理 2 推广到多个因子的情况.

推论 $\mathrm{r}(A_1 A_2 \cdots A_t) \leqslant \min\{\mathrm{r}(A_1), \mathrm{r}(A_2), \cdots, \mathrm{r}(A_t)\}.$

从定理 1,2 的证明可以看出矩阵的和、积的行与列与原矩阵的行列有以下关系.

命题 设矩阵 A 的行向量组是 $A_1, A_2, \cdots, A_s$；列向量组是 $C_1, C_2, \cdots, C_n$；B 的行向量组是 $B_1, B_2, \cdots, B_s$，列向量组是 $D_1, D_2, \cdots, D_n$，则 $A+B$ 的行向量组是 $A_1+B_1, A_2+B_2, \cdots, A_s+B_s$，列向量组是 $C_1+D_1, C_2+D_2, \cdots, C_n+D_n$.

命题 设

$$A = \begin{bmatrix} a_{11} & a_{12} & \cdots & a_{1n} \\ a_{21} & a_{22} & \cdots & a_{2n} \\ \cdots\cdots\cdots\cdots\cdots\cdots \\ a_{s1} & a_{s2} & \cdots & a_{sn} \end{bmatrix},$$

$$B = \begin{bmatrix} b_{11} & b_{12} & \cdots & b_{1m} \\ b_{21} & b_{22} & \cdots & b_{2m} \\ \cdots\cdots\cdots\cdots\cdots\cdots \\ b_{n1} & b_{n2} & \cdots & b_{nm} \end{bmatrix},$$

则 AB 的行都是 B 的行向量组的线性组合，而且 AB 的第 i 行表成 B 的行向量的线性组合时系数为 A 的第 i 行，即 $a_{i1}, a_{i2}, \cdots, a_{in}$ ($i=1,2,\cdots,s$). AB 的列都是 A 的列向量组的线性组合，而且 AB 的第 j 列表成 A 的列向量的线性组合时，系数为 B 的第 j 列，即 $b_{1j}, b_{2j}, \cdots, b_{nj}$ ($j=1,2,\cdots,m$).

从定理 2 可以推出：当 A, B 都是 n 阶矩阵时，如果矩阵 A, B 的行列式中有一个等于零，那么这个矩阵的秩就小于 n. 因此，AB 的秩也就小于 n，AB 的行列式也等于零. 比这个结果更确切的，关于矩阵乘积的行列式有下述定理：

定理 3 矩阵乘积的行列式等于矩阵因子的行列式的乘积，即

$$|AB| = |A| \cdot |B|.$$

证明：设

$$A = \begin{bmatrix} a_{11} & a_{12} & \cdots & a_{1n} \\ a_{21} & a_{22} & \cdots & a_{2n} \\ \multicolumn{4}{c}{\cdots\cdots\cdots\cdots\cdots} \\ a_{n1} & a_{n2} & \cdots & a_{nn} \end{bmatrix}, \quad B = \begin{bmatrix} b_{11} & b_{12} & \cdots & b_{1n} \\ b_{21} & b_{22} & \cdots & b_{2n} \\ \multicolumn{4}{c}{\cdots\cdots\cdots\cdots\cdots} \\ b_{n1} & b_{n2} & \cdots & b_{nn} \end{bmatrix},$$

它们的乘积

$$D = AB = \begin{bmatrix} d_{11} & d_{12} & \cdots & d_{1n} \\ d_{21} & d_{22} & \cdots & d_{2n} \\ \multicolumn{4}{c}{\cdots\cdots\cdots\cdots\cdots} \\ d_{n1} & d_{n2} & \cdots & d_{nn} \end{bmatrix},$$

其中

$$d_{ij} = \sum_{k=1}^{n} a_{ik} b_{kj} \quad (i, j = 1, 2, \cdots, n).$$

另作一个 $2n$ 级矩阵

$$C = \begin{bmatrix} A & O \\ -E & B \end{bmatrix}.$$

由第 1 章 1.6 节的例 6 可推知：

$$|C| = |A| \cdot |B|.$$

下面来证 $|C| = |D|$. 为此，对 C 进行初等列变换：将第 1 列的 b_{11} 倍，第 2 列的 b_{21} 倍，$\cdots$，第 n 列的 b_{n1} 倍加到第 $n+1$ 列；再将第 1 列的 b_{12} 倍，第 2 列的 b_{22} 倍，$\cdots$，第 n 列的 b_{n2} 倍加到第 $n+2$ 列；一般地，把第 1 列的 b_{1k} 倍，第 2 列的 b_{2k} 倍，$\cdots$，第 n 列的 b_{nk} 倍加到第 $n+k$ 列；最后，把第 1 列的 b_{1n} 倍，第 2 列的 b_{2n} 倍，$\cdots$，第 n 列的 b_{nn} 倍加到第 $2n$ 列. 这样就把矩阵 C 变成矩阵

$$C_1 = \begin{bmatrix} A & D \\ -E & O \end{bmatrix}.$$

因为初等变换不改变矩阵的行列式，所以

现在
$$|C| = |C_1|.$$

$$|C_1| = (-1)^n |D| \cdot |-E|$$
$$= (-1)^n \cdot |D| \cdot (-1)^n = |D|.$$

因此
$$|C| = |D|.$$

这就证明了
$$|AB| = |A| \cdot |B|.$$

这个定理也可以推广到多个因子的情形:

推论 $|A_1 A_2 \cdots A_t| = |A_1| \cdot |A_2| \cdots |A_t|$.

当然,这里的 $A_i (i=1,2,\cdots,t)$ 都是 n 阶矩阵.

定义 5 如果 n 级矩阵 A 的行列式 $|A|$ 不等于零,则称 A 为**非退化的**. 否则, 称为**退化的**.

根据定义,可知:

命题 一个 n 阶矩阵是非退化的充分必要条件是:它的秩等于 n.

因此,非退化矩阵也称**满秩矩阵**.

从定理 3,可以推得:

命题 设 A,B 都是 n 阶矩阵,矩阵 AB 是非退化的充分必要条件是: A,B 都是非退化的.

习 题 3.2

1. 用矩阵的分块方法计算 AB,其中

$$A = \begin{bmatrix} 1 & -2 & 7 & 0 & 0 \\ -1 & 3 & 6 & 0 & 0 \\ -3 & 2 & -5 & 0 & 0 \\ 0 & 0 & 0 & 1 & 2 \\ 0 & 0 & 0 & 0 & 5 \end{bmatrix}, \quad B = \begin{bmatrix} 3 & 0 & 0 & 1 & 2 \\ 0 & 3 & 0 & 3 & 4 \\ 0 & 0 & 3 & 5 & 6 \\ 0 & 0 & 0 & 3 & 4 \\ 0 & 0 & 0 & 5 & -1 \end{bmatrix}.$$

2. 设 $A = \begin{bmatrix} A_1 & & & \\ & A_2 & & \\ & & \ddots & \\ & & & A_s \end{bmatrix}$,其中 A_i 是 n_i 阶方阵,求证 $|A| = |A_1||A_2|$ $\cdots |A_s|$.

3. (1) 试找两个矩阵 A、B,使
$$r(A+B) = r(A) + r(B);$$
   (2) 试找两个矩阵 A、B,使
$$r(A+B) < r(A) + r(B).$$

4. (1) 试找两个矩阵 A、B,使
$$r(AB) = \min[r(A), r(B)];$$
   (2) 试找两个矩阵 A、B,使
$$r(AB) < \min[r(A), r(B)].$$

5. 设 A 是一个 n 阶矩阵. 试证:存在一个 n 阶非零矩阵 B,使得 $AB=O$ 的充分必要条件是:$|A|=0$.

6. 设 A,B 都是 n 阶矩阵. 试证:如果 $AB=O$,那么
$$r(A) + r(B) \leqslant n.$$

3.3 矩阵的逆

以上两节介绍了矩阵的运算. 当两个矩阵的行数、列数适当的时候,可以相加、相减及相乘. 那么给了两个矩阵,能不能做除法呢? 说得具体一些,就是:给了两个矩阵 A,B,能不能找到满足
$$AX = B, \quad YA = B$$
的矩阵 X 与 Y 呢? 这一节就是讨论这个问题.

根据矩阵乘积的秩的定理,我们知道不是对于任意的 A,B 都可找到满足上述方程的 X 与 Y 的. 那么需要 A,B 满足什么条件

时，X 与 Y 才存在呢？为此，首先讨论方程
$$AX = E, \quad YA = E$$
的解.

这一节讨论的矩阵，如不特别说明，都是指 n 阶方阵.

定义 6 对于矩阵 A，如果有矩阵 B，使得
$$AB = BA = E. \tag{1}$$
则 A 称为**可逆的**；B 称为 A 的**逆矩阵**，记作 A^{-1}.

关于这个定义，应注意以下两点：首先，满足(1)式的矩阵 B 是唯一的（如果存在的话）. 这一点可以这样来证明：如果有 B_1，B_2 两个满足条件(1)的矩阵，那么
$$B_1 AB_2 = B_1(AB_2) = B_1 E = B_1$$
$$= (B_1 A)B_2 = EB_2 = B_2,$$
即
$$B_1 = B_2.$$
这就证明了 A 的逆矩阵是唯一的.

其次，如果矩阵 B 满足
$$BA = E,$$
那么，B 一定也满足
$$AB = E.$$
由于矩阵的乘法一般是不可交换的，所以在定义 6 中，特地强调指出逆矩阵满足 $AB=BA=E$.

例 1 单位矩阵 E 是可逆矩阵，而且
$$E^{-1} = E.$$
这是因为 $EE=E$ 的缘故.

例 2 因为对任意矩阵 A，$OA=AO=O$，所以零矩阵不是可逆矩阵.

例 3 设 $a_1, a_2, \cdots, a_n$ 都不等于零，求证：对角矩阵

$$A = \begin{bmatrix} a_1 & & & \\ & a_2 & & \\ & & \ddots & \\ & & & a_n \end{bmatrix}$$

是可逆矩阵,并且

$$A^{-1} = \begin{bmatrix} a_1^{-1} & & & \\ & a_2^{-1} & & \\ & & \ddots & \\ & & & a_n^{-1} \end{bmatrix}.$$

证明:因为

$$\begin{bmatrix} a_1 & & & \\ & a_2 & & \\ & & \ddots & \\ & & & a_n \end{bmatrix} \begin{bmatrix} a_1^{-1} & & & \\ & a_2^{-1} & & \\ & & \ddots & \\ & & & a_n^{-1} \end{bmatrix} = E,$$

$$\begin{bmatrix} a_1^{-1} & & & \\ & a_2^{-1} & & \\ & & \ddots & \\ & & & a_n^{-1} \end{bmatrix} \begin{bmatrix} a_1 & & & \\ & a_2 & & \\ & & \ddots & \\ & & & a_n \end{bmatrix} = E,$$

所以根据定义 6,结论成立.

下面来讨论矩阵 A 可逆的条件是什么?如果 A 可逆,怎样来求 A^{-1}?

从可逆矩阵的定义可以看出,A 可逆的条件必须是非退化的. 反过来,如果 A 是非退化的,那么 A 是否一定是可逆的呢?换句话说,当 A 为非退化时,是否一定能够找到满足条件(1)的矩阵 B 呢?为此,先来观察一下 A 的逆矩阵的元素与 A 的元素之间有什么关系.

设 $$A = [a_{ij}], \quad B = [b_{ij}],$$
如果 $AB = E$,那么 B 的第 j 列元素 $b_{1j}, b_{2j}, \cdots, b_{nj}$ 适合下列等式：

$$\sum_{i=1}^{n} a_{ik} b_{kj} = \begin{cases} 1, & i = j; \\ 0, & i \neq j. \end{cases}$$

因此根据行列式按一行展开的公式,可以把 b_{ij} 求出来. 继续讨论,需要用到下述定义.

定义 7 设 A_{ij} 是矩阵

$$A = \begin{bmatrix} a_{11} & a_{12} & \cdots & a_{1n} \\ a_{21} & a_{22} & \cdots & a_{2n} \\ \cdots\cdots\cdots\cdots\cdots\cdots \\ a_{n1} & a_{n2} & \cdots & a_{nn} \end{bmatrix}$$

中元素 a_{ij} 的代数余子式. 矩阵

$$A^* = \begin{bmatrix} A_{11} & A_{21} & \cdots & A_{n1} \\ A_{12} & A_{22} & \cdots & A_{n2} \\ \cdots\cdots\cdots\cdots\cdots\cdots \\ A_{1n} & A_{2n} & \cdots & A_{nn} \end{bmatrix}$$

称为 A 的**伴随矩阵**.

根据按一行(列)展开的公式,可得到

$$AA^* = A^* A = \begin{bmatrix} |A| & 0 & \cdots & 0 \\ 0 & |A| & \cdots & 0 \\ \cdots\cdots\cdots\cdots\cdots\cdots \\ 0 & 0 & \cdots & |A| \end{bmatrix} = |A| E.$$

例 4 设

$$A = \begin{bmatrix} 1 & -4 & -3 \\ 2 & -5 & -3 \\ -1 & 2 & 1 \end{bmatrix},$$

求 A^*.

解：因为

$$A_{11} = 1, \quad A_{12} = 1, \quad A_{13} = -1,$$
$$A_{21} = -2, \quad A_{22} = -2, \quad A_{23} = 2,$$
$$A_{31} = -3, \quad A_{32} = -3, \quad A_{33} = 3,$$

所以
$$A^* = \begin{bmatrix} 1 & -2 & -3 \\ 1 & -2 & -3 \\ -1 & 2 & 3 \end{bmatrix}.$$

读者可以验证一下

$$AA^* = A^*A = |A|E = O.$$

如果 $|A| \neq 0$，那么就有

$$A\left(\frac{1}{|A|}A^*\right) = \left(\frac{1}{|A|}A^*\right)A = E, \tag{2}$$

即得 $A^{-1} = \dfrac{1}{|A|}A^*$.

因此，有以下定理：

定理 4 矩阵 A 是可逆的充分必要条件是：A 是非退化的，而且当 A 可逆时，

$$A^{-1} = \frac{1}{|A|}A^*. \tag{3}$$

证明：如果 A 可逆，那么有 A^{-1}，使

$$AA^{-1} = E.$$

取等式两端的行列式，得

$$|A| \cdot |A^{-1}| = |E| = 1,$$

所以$|A|\neq 0$,即 A 是非退化的.

如果 A 是非退化的,那么$|A|\neq 0$.由(2)式即知 A^{-1} 存在,且
$$A^{-1} = \frac{1}{|A|}A^*. \quad |$$

定理中的公式(3)就是求逆阵的公式.

例 5 判断矩阵
$$A = \begin{bmatrix} 2 & 1 & 1 \\ 3 & 1 & 2 \\ 1 & -1 & 0 \end{bmatrix}$$

是否可逆.如果可逆,求 A^{-1}.

解:因为
$$|A| = \begin{vmatrix} 2 & 1 & 1 \\ 3 & 1 & 2 \\ 1 & -1 & 0 \end{vmatrix} = 2 \neq 0,$$

所以 A 是可逆的.

又因 $A_{11}=2,\quad A_{12}=2,\quad A_{13}=-4,$
$A_{21}=-1,\quad A_{22}=-1,\quad A_{23}=3,$
$A_{31}=1,\quad A_{32}=-1,\quad A_{33}=-1,$

所以
$$A^{-1} = \frac{1}{2}\begin{bmatrix} 2 & -1 & 1 \\ 2 & -1 & -1 \\ -4 & 3 & -1 \end{bmatrix}.$$

可逆矩阵有下述一些性质:

性质 1 根据逆矩阵的定义
$$AB = BA = E$$

可以看到:A,B 互为逆矩阵,即$(A^{-1})^{-1} = A$.

性质 2 $|A^{-1}| = \dfrac{1}{|A|}$.

性质 3 如果矩阵 A 可逆,那么转置矩阵 A^T 也可逆,而且
$$(A^T)^{-1} = (A^{-1})^T.$$

这是因为 $A^T \cdot (A^{-1})^T = (A^{-1}A)^T = E^T = E$.

性质 4 如果 A, B 都可逆,那么 AB 也可逆.而且
$$(AB)^{-1} = B^{-1}A^{-1}.$$

证明:因为
$$(AB)(B^{-1}A^{-1}) = A(BB^{-1})A^{-1}$$
$$= AEA^{-1} = AA^{-1} = E.$$

性质 4 可以推广到几个因子的情形:

如果 $A_1, A_2, \cdots, A_s$ 是同阶可逆矩阵,则 $A_1 A_2 \cdots A_s$ 也可逆,并且
$$(A_1 \ A_2 \cdots A_s)^{-1} = A_s^{-1} \cdots A_2^{-1} A_1^{-1}.$$

性质 5 如果 $A_1, A_2, \cdots, A_s$ 都是可逆矩阵,则
$$A = \begin{bmatrix} A_1 & & & \\ & A_2 & & \\ & & \ddots & \\ & & & A_s \end{bmatrix}$$

也可逆,并且
$$A^{-1} = \begin{bmatrix} A_1^{-1} & & & \\ & A_2^{-1} & & \\ & & \ddots & \\ & & & A_s^{-1} \end{bmatrix}.$$

定理 4 不但给出了一个矩阵可逆的条件,同时也给出了求逆

矩阵的公式(3). 按照这个公式来求逆矩阵,计算量一般是非常大的,在以后我们将给出另一种求逆矩阵的方法.

关于矩阵及可逆矩阵乘积的秩之间有下述关系:

定理 5 设 A 是一个 $s \times n$ 矩阵,P 是 s 阶可逆矩阵,Q 是 n 阶可逆矩阵,那么
$$r(A) = r(PA) = r(AQ) = r(PAQ).$$

证明:令
$$B = PA,$$
由定理 2 知:
$$r(B) \leqslant r(A).$$
但是
$$A = P^{-1}B,$$
故再根据定理 2,又可得
$$r(A) \leqslant r(B),$$
所以
$$r(A) = r(B) = r(PA).$$
同样可以证明等式
$$r(A) = r(AQ).$$
综合这两个等式,即得
$$r(A) = r(PAQ). \quad |$$

最后,讨论矩阵方程
$$AX = B.$$
如果 A 是一个可逆方阵,那么这个方程有唯一解
$$X = A^{-1}B.$$
这里的 B 可以推广到 $n \times m$ 矩阵的情形,即:如果 A 是一个 n 阶可逆矩阵,B 是一个 $n \times m$ 矩阵,那么方程
$$AX = B$$
有唯一解
$$X = A^{-1}B.$$
且解 X 也是一个 $n \times m$ 矩阵.

特别地,当 B 是一个 $n \times 1$ 矩阵,即列矩阵时,这个公式给出克莱姆法则的另一个证明:

线性方程组
$$\begin{cases} a_{11}x_1 + a_{12}x_2 + \cdots + a_{1n}x_n = b_1, \\ a_{21}x_1 + a_{22}x_2 + \cdots + a_{2n}x_n = b_2, \\ \cdots\cdots\cdots\cdots\cdots\cdots\cdots\cdots\cdots\cdots \\ a_{n1}x_1 + a_{n2}x_2 + \cdots + a_{nn}x_n = b_n, \end{cases} \tag{4}$$

可以写成矩阵方程
$$AX = B. \tag{5}$$

其中
$$A = \begin{bmatrix} a_{11} & a_{12} & \cdots & a_{1n} \\ a_{21} & a_{22} & \cdots & a_{2n} \\ \cdots\cdots\cdots\cdots\cdots\cdots \\ a_{n1} & a_{n2} & \cdots & a_{nn} \end{bmatrix},$$

$$X = \begin{bmatrix} x_1 \\ x_2 \\ \vdots \\ x_n \end{bmatrix}, \quad B = \begin{bmatrix} b_1 \\ b_2 \\ \vdots \\ b_n \end{bmatrix}.$$

如果 $|A| \neq 0$,那么 A 可逆,方程(5)有唯一解
$$X = A^{-1}B,$$

这也是方程组(4)的解. 将 $A^{-1} = \dfrac{1}{|A|} A^*$ 代入,乘出来,就是克莱姆法则给出的公式.

如果 A 不是可逆方阵,我们来讨论更一般的情形. 设 A 是一个 $s \times n$ 矩阵,B 是一个 $s \times m$ 矩阵,考虑方程
$$AX = B. \tag{6}$$

这里的未知矩阵 X 是一个 $n \times m$ 矩阵. 现在用分块矩阵来讨论这

个问题,将 B,X 用列向量表成
$$B = (B_1 \quad B_2 \quad \cdots \quad B_m);$$
$$X = (X_1 \quad X_2 \quad \cdots \quad X_m),$$
其中 B_i 都是 $s \times 1$ 列矩阵;X_i 都是 $n \times 1$ 列矩阵. 于是方程(6)可写成
$$A(X_1 \quad X_2 \quad \cdots \quad X_m) = (B_1 \quad B_2 \quad \cdots \quad B_m).$$
它等价于方程组
$$\begin{cases} AX_1 = B_1, \\ AX_2 = B_2, \\ \cdots\cdots\cdots\cdots \\ AX_m = B_m. \end{cases} \quad (7)$$
再将 A 表成分块矩阵:
$$A = (A_1 \quad A_2 \quad \cdots \quad A_n),$$
其中 A_j 是 A 的第 j 个列向量,是 $s \times 1$ 矩阵. 于是方程组(7)可写成
$$(A_1 \quad A_2 \quad \cdots \quad A_n)X_k = B_k \quad (k = 1, 2, \cdots, m). \quad (8)$$
因为方程组(8)有解的条件是 $B_k(k=1,2,\cdots,m)$ 可以被 $A_1, A_2,$ $\cdots, A_n$ 线性表出,所以方程(6)有解的充分必要条件是 B 的列向量组可以由 A 的列向量组线性表出. 这个结论当然也包含 A 是可逆矩阵的情形.

方程 $YA = B$ 也可以类似地讨论,这里就不详细讲了.

例 6 求 X,使
$$\begin{bmatrix} 3 & 0 & 8 \\ 3 & -1 & 6 \\ -2 & 0 & -5 \end{bmatrix} X = \begin{bmatrix} 1 & -1 & 2 \\ -1 & 3 & 4 \\ -2 & 0 & 5 \end{bmatrix}.$$

解:

$$X = \begin{bmatrix} 3 & 0 & 8 \\ 3 & -1 & 6 \\ -2 & 0 & -5 \end{bmatrix}^{-1} \begin{bmatrix} 1 & -1 & 2 \\ -1 & 3 & 4 \\ -2 & 0 & 5 \end{bmatrix}$$

$$= \begin{bmatrix} -5 & 0 & -8 \\ -3 & -1 & -6 \\ 2 & 0 & 3 \end{bmatrix} \begin{bmatrix} 1 & -1 & 2 \\ -1 & 3 & 4 \\ -2 & 0 & 5 \end{bmatrix}$$

$$= \begin{bmatrix} 11 & 5 & -50 \\ 10 & 0 & -40 \\ -4 & -2 & 19 \end{bmatrix}.$$

习 题 3.3

1. 求下列矩阵 A 的伴随矩阵 A^*，并验证 $A^* A = A A^* = |A| \cdot E$.

(1) $A = \begin{bmatrix} 3 & 1 \\ 0 & 2 \end{bmatrix}$;

(2) $A = \begin{bmatrix} 3 & 7 & -3 \\ -2 & -5 & 2 \\ -4 & -10 & 3 \end{bmatrix}$;

(3) $A = \begin{bmatrix} 1 & 2 & -1 \\ 0 & 5 & -3 \\ -1 & 2 & 4 \end{bmatrix}$.

2. 求下列矩阵的逆矩阵：

(1) $\begin{bmatrix} a & b \\ c & d \end{bmatrix}$ $(ad - bc \neq 0)$;

(2) $\begin{bmatrix} 2 & 3 & 4 \\ 5 & -2 & 1 \\ 1 & 2 & 3 \end{bmatrix}$;

(3) $\begin{bmatrix} 1 & 5 & 2 \\ 0 & 3 & 10 \\ 1 & 2 & 1 \end{bmatrix}$;

(4) $\begin{bmatrix} 1 & 1 & 1 & 1 \\ 1 & 1 & -1 & -1 \\ 1 & -1 & 1 & -1 \\ 1 & -1 & -1 & 1 \end{bmatrix}$;

(5) $\begin{bmatrix} 1 & 2 & 3 & 4 \\ 0 & 1 & 2 & 3 \\ 0 & 0 & 1 & 2 \\ 0 & 0 & 0 & 1 \end{bmatrix}$.

3. 试证:如果 $A^k=0$. 那么 $E-A$ 可逆,并且
$$(E-A)^{-1} = E+A+A^2+\cdots+A^{k-1}.$$

4. 设矩阵 A 可逆,求证 A^* 也可逆,并求 $(A^*)^{-1}$.

5. 试证:如果 A 与 B 可交换,并且 A 是可逆的,那么 A^{-1} 与 B 也可交换.

6. 求满足下列条件的 X:

(1) $\begin{bmatrix} 1 & -5 \\ -1 & 4 \end{bmatrix} X = \begin{bmatrix} 3 & 2 \\ 1 & 4 \end{bmatrix}$;

(2) $X \begin{bmatrix} 1 & -1 & 1 \\ 1 & 1 & 0 \\ 2 & 1 & 1 \end{bmatrix} = \begin{bmatrix} 1 & 2 & -3 \\ 2 & 0 & 4 \\ 0 & -1 & 5 \end{bmatrix}$;

(3) $\begin{bmatrix} 1 & -1 & 1 \\ 1 & 1 & 0 \\ 3 & 2 & 1 \end{bmatrix} X \begin{bmatrix} 1 & -1 & 1 \\ 1 & 1 & 0 \\ 3 & 2 & 1 \end{bmatrix} = \begin{bmatrix} 4 & 2 & 3 \\ 0 & -1 & 5 \\ 2 & -1 & 1 \end{bmatrix}$;

(4) $\begin{bmatrix} 1 & -1 & 0 \\ 2 & 0 & 1 \end{bmatrix} X = \begin{bmatrix} 2 & 5 \\ 1 & 4 \end{bmatrix}$.

7. (1) 假设 A,B 都可逆. 求证:$\begin{bmatrix} O & A \\ B & O \end{bmatrix}$ 可逆,并且
$$\begin{bmatrix} O & A \\ B & O \end{bmatrix}^{-1} = \begin{bmatrix} O & B^{-1} \\ A^{-1} & O \end{bmatrix};$$

(2) 计算

$$\begin{bmatrix} -3 & -2 & 0 & 0 \\ 5 & -3 & 0 & 0 \\ 0 & 0 & 3 & 4 \\ 0 & 0 & 1 & 1 \end{bmatrix}^{-1} \text{及} \begin{bmatrix} 0 & 0 & 0 & 1 & 2 \\ 0 & 0 & 0 & 2 & 3 \\ 1 & 1 & 0 & 0 & 0 \\ 0 & 1 & 1 & 0 & 0 \\ 0 & 0 & 1 & 0 & 0 \end{bmatrix}^{-1}.$$

8. 假设 A,B 都可逆,求证
$$\begin{bmatrix} A & O \\ C & B \end{bmatrix} \text{及} \begin{bmatrix} A & D \\ O & B \end{bmatrix}$$

也都可逆,并且
$$\begin{bmatrix} A & O \\ C & B \end{bmatrix}^{-1} = \begin{bmatrix} A^{-1} & O \\ -B^{-1}CA^{-1} & B^{-1} \end{bmatrix},$$
$$\begin{bmatrix} A & D \\ O & B \end{bmatrix}^{-1} = \begin{bmatrix} A^{-1} & A^{-1}DB^{-1} \\ O & B^{-1} \end{bmatrix}.$$

3.4 等价矩阵

在上一章里,曾经介绍过应用初等变换求矩阵的秩的方法.在那里,我们看到,用初等变换可以将矩阵化简,而且变换前后的矩阵具有许多共同的性质.可以用初等变换互相变换的矩阵称为**等价矩阵**.这一节讨论等价矩阵的标准形,并在此基础上给出用初等变换求逆矩阵的方法.

定义 8 如果矩阵 B 可以从矩阵 A 经过一系列初等变换而得到,则称矩阵 A 与 B 是**等价的**.

等价是矩阵间的一种关系.不难证明,这种关系具有下述 3 个性质:

1. 反身性:矩阵 A 与本身总是等价的.
2. 对称性:如果矩阵 A 与 B 等价,那么矩阵 B 也与 A 等价.
3. 传递性:如果 A 与 B 等价,B 与 C 等价,那么 A 与 C 也等价.

为了将矩阵间的等价关系通过矩阵运算来表示,下面先来建立矩阵的初等变换与矩阵乘法的联系.

定义 9 由单位矩阵 E 经过一次初等变换而得到的矩阵称为**初等矩阵**.

因为初等变换有 3 种,所以初等矩阵也有 3 类.每个初等行变换都有一个初等矩阵与之对应.

1. 把矩阵 E 的 i 行与 j 行互换后,得到初等矩阵

$$P(i,j) = \begin{bmatrix} 1 \\ & \ddots \\ & & 1 \\ & & & 0 & \cdots & 1 \\ & & & & 1 \\ & & & & & \ddots \\ & & & & & & 1 \\ & & & 1 & \cdots & 0 \\ & & & & & & & 1 \\ & & & & & & & & \ddots \\ & & & & & & & & & 1 \end{bmatrix} \begin{matrix} \text{第 } i \text{ 行} \\ \\ \text{第 } j \text{ 行} \end{matrix}.$$

2. 用数域 **P** 中的非零数 c 乘 E 的第 i 行,得到初等矩阵

$$P(i(c)) = \begin{bmatrix} 1 \\ & \ddots \\ & & 1 \\ & & & c \\ & & & & 1 \\ & & & & & \ddots \\ & & & & & & 1 \end{bmatrix} \text{第 } i \text{ 行}.$$

3. 把矩阵 E 的第 j 行的 k 倍加到第 i 行上,得到初等矩阵

第 i 列   第 j 列

$$P(i,j(k)) = \begin{bmatrix} 1 \\ & \ddots \\ & & 1 & \cdots & k \\ & & & \ddots & \vdots \\ & & & & 1 \\ & & & & & \ddots \\ & & & & & & 1 \end{bmatrix} \begin{matrix} \text{第 } i \text{ 行} \\ \\ \text{第 } j \text{ 行} \end{matrix}.$$

同样可以得到与列变换相应的初等矩阵,请读者自己试作一

下.可以看到,对单位矩阵作 1 次初等列变换所得到的矩阵也包括在上面这 3 类矩阵之中.譬如说,把 E 的第 i 列的 k 倍加到第 j 列上,仍然得到 $P(i,j(k))$.因此,这 3 类矩阵也就是全部初等矩阵.

不难看出,初等矩阵都是可逆的,它们的逆矩阵还是初等矩阵:

$$P(i,j)^{-1} = P(i,j);$$
$$P(i(c))^{-1} = P(i(c^{-1}));$$
$$P(i,j(k))^{-1} = P(i,j(-k)).$$

我们对矩阵进行初等变换,可以通过用乘以初等矩阵的形式来表示.下述定理说明了这一点.

定理 6 设 A 是一个 $s \times n$ 矩阵.对 A 施行 1 次初等行变换,就相当于在 A 的左边乘上一个相应的 s 阶初等矩阵;对 A 施行 1 次初等列变换,就相当于在 A 的右边乘上一个相应的 n 阶初等矩阵.

证明:在此只证明行变换的情形,列变换的情形可以同样证明.

设 A 的行向量为 $A_1, A_2, \cdots, A_s$. 将 A 表成分块矩阵

$$A = \begin{bmatrix} A_1 \\ A_2 \\ \vdots \\ A_s \end{bmatrix}.$$

用 s 阶初等矩阵 $P(i,j)$ 左乘 A,得

$$P(i,j)\cdot A = \begin{bmatrix} A_1 \\ \vdots \\ A_j \\ \vdots \\ A_i \\ \vdots \\ A_s \end{bmatrix} \begin{matrix} \\ \\ i\text{ 行} \\ \\ j\text{ 行} \\ \\ \end{matrix}.$$

这相当于把第 i 行与第 j 行互换;用 $P(i(c))$ 左乘 A,得

$$P(i(c))\cdot A = \begin{bmatrix} A_1 \\ \vdots \\ cA_i \\ \vdots \\ A_s \end{bmatrix} \text{第 } i \text{ 行}$$

这相当于用 c 乘 A 的第 i 行;用 $P(i,j(k))$ 左乘 A,得

$$P(i,j(k))\cdot A = \begin{bmatrix} A_1 \\ \vdots \\ A_i+kA_j \\ \vdots \\ A_j \\ \vdots \\ A_s \end{bmatrix} \begin{matrix} \\ \\ i\text{ 行} \\ \\ j\text{ 行} \\ \\ \end{matrix},$$

这相当于把 A 的第 j 行的 k 倍加到第 i 行上. ▮

根据这个定理,可以把矩阵的等价关系用矩阵的乘法方式表

示出来. 即

推论 矩阵 A, B 等价的充分必要条件是:有初等矩阵 $P_1, \cdots, P_l, Q_1, \cdots, Q_t$,使

$$A = P_1 P_2 \cdots P_l B Q_1 Q_2 \cdots Q_t.$$

我们已知,用初等行变换可以将矩阵化成梯阵和简化梯阵.如果同时施行初等行变换与初等列变换于矩阵上,那么,矩阵还可以进一步化简.看下述定理.

定理 7 任意一个矩阵 A 都与一个形如

$$\begin{bmatrix} 1 & 0 & \cdots & 0 & \cdots & 0 \\ 0 & 1 & \cdots & 0 & \cdots & 1 \\ & & \cdots\cdots\cdots\cdots & & \\ 0 & 0 & \cdots & 1 & \cdots & 0 \\ 0 & 0 & \cdots & 0 & \cdots & 0 \\ & & \cdots\cdots\cdots\cdots & & \\ 0 & 0 & \cdots & 0 & \cdots & 0 \end{bmatrix}$$

的矩阵等价,它称为矩阵 A(在等价关系下)的**标准形**,主对角线上 1 的个数等于 A 的秩(1 的个数可以是零).

证明:如果 $A = 0$,那么它已经是标准形了.以下设 $A \neq 0$. 经过互换两行及互换两列,A 一定可以变成一个左上角的元素不为零的矩阵,因此可设 $a_{11} \neq 0$.

从第 $i(i=2, \cdots, s)$ 行减去第 1 行的 $a_{11}^{-1} a_{i1}$ 倍;从第 $j(j=2, \cdots, n)$ 列减去第 1 列的 $a_{11}^{-1} a_{1j}$ 倍后,再用 a_{11}^{-1} 乘第 1 行,A 就变成

$$\begin{bmatrix} 1 & 0 & \cdots & 0 \\ 0 & & & \\ \vdots & & A_1 & \\ 0 & & & \end{bmatrix}.$$

其中 A_1 是一个 $(s-1)\times(n-1)$ 矩阵. 对 A_1 再重复以上的步骤. 这样继续变换下去, 就可得到所要的标准形.

标准形的秩就等于它的主对角线上 1 的个数. 我们知道, 初等变换不改变矩阵的秩, 所以标准形中 1 的个数也就是矩阵 A 的秩. ∎

例 1 用初等变换把矩阵 A 化为标准形:

$$A = \begin{bmatrix} 0 & 0 & 3 & 1 \\ 2 & 1 & -1 & 2 \\ 4 & 2 & 3 & 1 \\ -2 & -1 & 4 & -3 \end{bmatrix}.$$

解:

$$A = \begin{bmatrix} 0 & 0 & 3 & 1 \\ 2 & 1 & -1 & 2 \\ 4 & 2 & 3 & 1 \\ -2 & -1 & 4 & -3 \end{bmatrix} \rightarrow \begin{bmatrix} 2 & 1 & -1 & 2 \\ 0 & 0 & 3 & 1 \\ 4 & 2 & 3 & 1 \\ -2 & -1 & 4 & -3 \end{bmatrix}$$

$$\rightarrow \begin{bmatrix} 2 & 1 & -1 & 2 \\ 0 & 0 & 3 & 1 \\ 0 & 0 & 5 & -3 \\ 0 & 0 & 3 & -1 \end{bmatrix} \rightarrow \begin{bmatrix} 2 & 0 & 0 & 0 \\ 0 & 0 & 3 & 1 \\ 0 & 0 & 5 & -3 \\ 0 & 0 & 3 & -1 \end{bmatrix}$$

$$\rightarrow \begin{bmatrix} 1 & 0 & 0 & 0 \\ 0 & 0 & 3 & 1 \\ 0 & 0 & 5 & -3 \\ 0 & 0 & 3 & -1 \end{bmatrix} \rightarrow \begin{bmatrix} 1 & 0 & 0 & 0 \\ 0 & 1 & 3 & 0 \\ 0 & -3 & 5 & 0 \\ 0 & -1 & 3 & 0 \end{bmatrix}$$

$$\rightarrow \begin{bmatrix} 1 & 0 & 0 & 0 \\ 0 & 1 & 3 & 0 \\ 0 & 0 & 14 & 0 \\ 0 & 0 & 6 & 0 \end{bmatrix} \rightarrow \begin{bmatrix} 1 & 0 & 0 & 0 \\ 0 & 1 & 0 & 0 \\ 0 & 0 & 14 & 0 \\ 0 & 0 & 0 & 0 \end{bmatrix}$$

$$\rightarrow \begin{bmatrix} 1 & 0 & 0 & 0 \\ 0 & 1 & 0 & 0 \\ 0 & 0 & 1 & 0 \\ 0 & 0 & 0 & 0 \end{bmatrix}.$$

从前面两节可看到,n 阶可逆矩阵的秩为 n,所以可逆矩阵的标准形为单位矩阵;显然,反过来也是对的.这说明一个矩阵可逆的充分必要条件是:它与单位矩阵等价.因此,由定理 6 的推论有:

定理 8 n 阶方阵 A 可逆的充分必要条件是:它能表成一些初等矩阵的乘积:

$$A = Q_1 Q_2 \cdots Q_m.$$

把这个式子改写一下,即得

$$Q_m^{-1} Q_{m-1}^{-1} \cdots Q_2^{-1} Q_1^{-1} A = E.$$

因为初等矩阵的逆矩阵还是初等矩阵,而在矩阵 A 的左边乘上一个初等矩阵就相当于对 A 作一个初等行变换.因此,上式说明了可逆矩阵的一个重要性质:

推论 1 可逆矩阵可以经过一系列初等行变换化成单位矩阵.

从定理 6 的推论及定理 8,还可推得:

推论 2　两个 $s \times n$ 矩阵 A, B 等价的充分必要条件是:存在可逆的 s 阶矩阵 P 和可逆的 n 阶矩阵 Q,使得
$$B = PAQ.$$

上一节的定理 4 给出了当矩阵 A 可逆时,计算逆矩阵 A^{-1} 的公式 $A^{-1} = \dfrac{1}{|A|} A^*$. 但按照这个公式来求逆矩阵时,计算量一般是非常大的. 下面介绍另一种求逆矩阵的方法,即用初等变换求逆矩阵的方法.

根据定理 8 的推论 1,如果 A 可逆,那么 A 可以经过一系列初等行变换化成单位矩阵. 而对一个矩阵作一次初等行变换就相当于将一个相应的初等矩阵左乘这个矩阵. 因此,存在一系列初等矩阵 $P_1, P_2, \cdots, P_m$,使
$$P_m \cdots P_2 P_1 A = E.$$
于是
$$P_m \cdots P_2 P_1 E = A^{-1}.$$

这两个式子说明:如果用一系列初等行变换把可逆矩阵 A 化为单位矩阵,那么用同样的初等行变换作用于单位矩阵 E,就可得到 A 的逆矩阵 A^{-1}. 从而得到一个用初等变换求逆矩阵的方法:

作一个 $n \times 2n$ 矩阵
$$[A E].$$
对这个矩阵施行初等行变换,将它的左半部的矩阵 A 化为单位矩阵. 那么,右半部的单位矩阵 E 就同时化成了 A^{-1}:
$$[A E] \longrightarrow [E A^{-1}].$$

例 2　设

$$A = \begin{bmatrix} 0 & 2 & 1 \\ -1 & 1 & 4 \\ 2 & -1 & -3 \end{bmatrix},$$

求 A^{-1}.

解：对 $[AE]$ 施行初等行变换：

$$\begin{bmatrix} 0 & 2 & 1 & 1 & 0 & 0 \\ -1 & 1 & 4 & 0 & 1 & 0 \\ 2 & -1 & -3 & 0 & 0 & 1 \end{bmatrix}$$

$$\rightarrow \begin{bmatrix} -1 & 1 & 4 & 0 & 1 & 0 \\ 0 & 2 & 1 & 1 & 0 & 0 \\ 2 & -1 & -3 & 0 & 0 & 1 \end{bmatrix}$$

$$\rightarrow \begin{bmatrix} -1 & 1 & 4 & 0 & 1 & 0 \\ 0 & 2 & 1 & 1 & 0 & 0 \\ 0 & 1 & 5 & 0 & 2 & 1 \end{bmatrix} \rightarrow \begin{bmatrix} -1 & 1 & 4 & 0 & 1 & 0 \\ 0 & 1 & 5 & 0 & 2 & 1 \\ 0 & 2 & 1 & 1 & 0 & 0 \end{bmatrix}$$

$$\rightarrow \begin{bmatrix} -1 & 1 & 4 & 0 & 1 & 0 \\ 0 & 1 & 5 & 0 & 2 & 1 \\ 0 & 0 & -9 & 1 & -4 & -2 \end{bmatrix}$$

$$\rightarrow \begin{bmatrix} 1 & -1 & -4 & 0 & -1 & 0 \\ 0 & 1 & 5 & 0 & 2 & 1 \\ 0 & 0 & 1 & -\dfrac{1}{9} & \dfrac{4}{9} & \dfrac{2}{9} \end{bmatrix}$$

$$\rightarrow \begin{bmatrix} 1 & 0 & 0 & \frac{1}{9} & \frac{5}{9} & \frac{7}{9} \\ 0 & 1 & 0 & \frac{5}{9} & -\frac{2}{9} & -\frac{1}{9} \\ 0 & 0 & 1 & -\frac{1}{9} & \frac{4}{9} & \frac{2}{9} \end{bmatrix},$$

所以 $$A^{-1} = \begin{bmatrix} \frac{1}{9} & \frac{5}{9} & \frac{7}{9} \\ \frac{5}{9} & -\frac{2}{9} & -\frac{1}{9} \\ -\frac{1}{9} & \frac{4}{9} & \frac{2}{9} \end{bmatrix}.$$

习 题 3.4

1. 写出 4 阶方阵的全部可能的等价标准形.
2. 试证：矩阵 A, B 等价的充分必要条件是：它们的标准形相同.
3. 试证：矩阵 A, B 等价的充分必要条件是：它们的秩相等.
4. 用初等变换将下列矩阵化为标准形：

(1) $\begin{bmatrix} 3 & 2 & -4 \\ 3 & 2 & -4 \\ 1 & 2 & -1 \end{bmatrix}$;   (2) $\begin{bmatrix} 1 & 7 & -1 & 3 \\ -1 & 4 & 0 & 2 \\ 1 & 7 & -1 & 3 \\ 3 & -1 & -1 & -1 \\ 5 & 1 & 3 & 0 \end{bmatrix}$;

(3) $\begin{bmatrix} -1 & -1 & 2 & 1 & 0 \\ 2 & -2 & 4 & -2 & 0 \\ 3 & 0 & 6 & -1 & 1 \\ 3 & 0 & 6 & 3 & 1 \end{bmatrix}.$

5. 求下列矩阵的逆矩阵：

(1) $\begin{bmatrix} 2 & 1 & 7 \\ 5 & 3 & -1 \\ -4 & -3 & 2 \end{bmatrix}$; (2) $\begin{bmatrix} 3 & -1 & 0 & 5 \\ 2 & 0 & 5 & 0 \\ 3 & 1 & 5 & 4 \\ 3 & 0 & 5 & 2 \end{bmatrix}$;

(3) $\begin{bmatrix} \frac{3}{5} & -\frac{2}{5} & \frac{1}{5} \\ 2 & \frac{1}{2} & \frac{1}{3} \\ -3 & 2 & -\frac{1}{4} \end{bmatrix}$; (4) $\begin{bmatrix} 1 & 0 & 1 & -1 \\ 2 & 0 & 1 & 0 \\ 3 & 1 & 2 & 0 \\ -3 & 1 & 0 & 4 \end{bmatrix}$.

3.5 正交矩阵

为了以后的应用,这一节介绍一类特殊的矩阵:正交矩阵.本节中所提到的矩阵、向量及数都是实的.

定义 10 如果实数域上的矩阵 A 满足 $AA^T = A^T A = E$,那么,A 称为**正交矩阵**.

例如,实矩阵 $\begin{bmatrix} 1 & 0 \\ 0 & 1 \end{bmatrix}$,$\begin{bmatrix} 1 & \\ & -1 \end{bmatrix}$ 和 $\begin{bmatrix} \frac{1}{3} & \frac{2}{3} & \frac{2}{3} \\ \frac{2}{3} & \frac{1}{3} & -\frac{2}{3} \\ \frac{2}{3} & -\frac{2}{3} & \frac{1}{3} \end{bmatrix}$

都是正交矩阵.

正交矩阵有以下一些性质:

1. 正交矩阵的行列式等于 1 或 -1.

证明:设 A 是正交矩阵,则
$$AA^T = E$$

两边取行列式得:

于是
$$|A||A^T|=|E|=1,$$
$$|A|^2=1,$$
$$|A|=\pm 1.$$

2. 如果 A 是正交矩阵，则 $A^{-1}=A^T$.

3. 如果 A 是正交矩阵，则 A^{-1} 也是正交矩阵.

4. 如果 A,B 是同阶正交矩阵，则它们的乘积 AB 也是正交矩阵.

这些性质的证明留给读者作为习题.

下面来讨论正交矩阵的元素之间的关系.

设

$$A=\begin{bmatrix}a_{11}&a_{12}&\cdots&a_{1n}\\a_{21}&a_{22}&\cdots&a_{2n}\\\cdots&\cdots&\cdots&\cdots\\a_{n1}&a_{n2}&\cdots&a_{nn}\end{bmatrix}$$

是一个正交矩阵，根据正交矩阵的定义：

$$AA^T=\begin{bmatrix}a_{11}&a_{12}&\cdots&a_{1n}\\a_{21}&a_{22}&\cdots&a_{2n}\\\cdots&\cdots&\cdots&\cdots\\a_{n1}&a_{n2}&\cdots&a_{nn}\end{bmatrix}\begin{bmatrix}a_{11}&a_{21}&\cdots&a_{n1}\\a_{12}&a_{22}&\cdots&a_{n2}\\\cdots&\cdots&\cdots&\cdots\\a_{1n}&a_{2n}&\cdots&a_{nn}\end{bmatrix}$$

$$=\begin{bmatrix}1&0&0&\cdots&0\\0&1&0&\cdots&0\\\cdots&\cdots&\cdots&\cdots&\cdots\\0&0&0&\cdots&1\end{bmatrix},$$

推出
$$\begin{cases}a_{i1}^2+a_{i2}^2+\cdots+a_{in}^2=1,\\a_{i1}a_{j1}+a_{i2}a_{j2}+\cdots+a_{in}a_{jn}=0\quad(\text{当 }i\neq j\text{ 时}),\end{cases}$$

即
$$\sum_{k=1}^{n} a_{ik}a_{jk} = \delta_{ij} \quad (i,j = 1,2,\cdots,n).$$

式中的 δ_{ij}，当 $i=j$ 时，为 1；当 $i\neq j$ 时，为 0．这组等式表明正交矩阵的行向量之间的重要关系，通常称为**正交条件**．

同样地，正交矩阵的列向量也满足正交条件：
$$\sum_{k=1}^{n} a_{ki}a_{kj} = \delta_{ij}.$$

这组等式可以从 $A^{\mathrm{T}}A=E$ 得到．

为了进一步讨论有关正交矩阵的问题，引入下列定义：

定义 11 两个 n 维实向量
$$\boldsymbol{\alpha} = (a_1, a_2, \cdots, a_n), \quad \boldsymbol{\beta} = (b_1, b_2, \cdots, b_n)$$
的**内积** $(\boldsymbol{\alpha}, \boldsymbol{\beta})$ 定义为
$$(\boldsymbol{\alpha}, \boldsymbol{\beta}) = a_1 b_1 + a_2 b_2 + \cdots + a_n b_n.$$

当 $(\boldsymbol{\alpha}, \boldsymbol{\beta}) = 0$ 时，则称 $\boldsymbol{\alpha}$ 与 $\boldsymbol{\beta}$ **正交**．

由定义可知，零向量与任何向量都是正交的．

定义 12 如果向量组 $\boldsymbol{\alpha}_1, \boldsymbol{\alpha}_2, \cdots, \boldsymbol{\alpha}_s$ 中任意两个向量都正交，而且每个 $\boldsymbol{\alpha}_i (i=1,2,\cdots,s)$ 都不是零向量，那么，这个向量组就称为**正交向量组**．

例如 n 个基本向量组成一个正交向量组．

如果 A 是一个正交矩阵，那么正交条件
$$\sum_{k=1}^{n} a_{ik}a_{jk} = 0 \quad (i \neq j, i,j = 1,2,\cdots,n)$$
说明了 A 的 n 个行向量是两两正交的．又由于 A 可逆，所以它的行向量都不是零向量，这说明正交矩阵 A 的行向量组成一个正交向量组．同样地，正交条件

$$\sum_{k=1}^{n} a_{ki}a_{kj} = 0 \quad (i \neq j, i,j = 1,2,\cdots,n)$$

说明了 A 的列向量也组成一个正交向量组.

为了刻划条件

$$\sum_{k=1}^{n} a_{ik}^2 = 1; \quad \sum_{k=1}^{n} a_{ki}^2 = 1,$$

引入以下定义:

定义 13 设 $\boldsymbol{\alpha} = (a_1, a_2, \cdots, a_n)$ 是一个 n 维实向量,令 $|\boldsymbol{\alpha}| = \sqrt{(\boldsymbol{\alpha},\boldsymbol{\alpha})}$. $|\boldsymbol{\alpha}|$ 称为 $\boldsymbol{\alpha}$ 的**长度**. 如果 $|\boldsymbol{\alpha}| = 1$,则 $\boldsymbol{\alpha}$ 称为**单位向量**.

因为 $\boldsymbol{\alpha} = (a_1, a_2, \cdots, a_n)$ 是实向量,所以 $(\boldsymbol{\alpha},\boldsymbol{\alpha}) = a_1^2 + a_2^2 + \cdots + a_n^2 \geq 0$, $|\boldsymbol{\alpha}| = \sqrt{(\boldsymbol{\alpha},\boldsymbol{\alpha})}$ 总是有意义的.

从定义可知:$|\boldsymbol{\alpha}| = 0$ 的充分必要条件是 $\boldsymbol{\alpha} = \boldsymbol{0}$;$\boldsymbol{\alpha}$ 是单位向量的充分必要条件是 $(\boldsymbol{\alpha},\boldsymbol{\alpha}) = 1$.

例如,基本向量以及正交矩阵的行向量与列向量都是单位向量.

根据定义,有:

定理 9 n 阶矩阵 A 是正交矩阵的充分必要条件是:它的行(列)向量组是正交的单位向量组.

因此,只要找出 n 个正交的 n 维单位向量,以它们为行(或列)作成的矩阵一定是正交矩阵. 下面将介绍一种找正交向量组的方法——正交化方法. 在介绍这个方法以前,先对向量的内积进行一些讨论.

向量的内积具有下列性质:

1. $(\boldsymbol{\alpha},\boldsymbol{\beta}) = (\boldsymbol{\beta},\boldsymbol{\alpha})$;

2. $(\boldsymbol{\alpha}_1 + \boldsymbol{\alpha}_2, \boldsymbol{\beta}) = (\boldsymbol{\alpha}_1, \boldsymbol{\beta}) + (\boldsymbol{\alpha}_2, \boldsymbol{\beta})$;

3. $(k\boldsymbol{\alpha},\boldsymbol{\beta})=k(\boldsymbol{\alpha},\boldsymbol{\beta})$ （k 是任意实数）.

这些性质都可以直接从内积的定义推得. 请读者自己验证一下.

从这 3 个性质又可以推出：
$$(k_1\boldsymbol{\alpha}_1+k_2\boldsymbol{\alpha}_2,\boldsymbol{\beta})=k_1(\boldsymbol{\alpha}_1,\boldsymbol{\beta})+k_2(\boldsymbol{\alpha}_2,\boldsymbol{\beta});$$
$$(\boldsymbol{\alpha},l_1\boldsymbol{\beta}_1+l_2\boldsymbol{\beta}_2)=l_1(\boldsymbol{\alpha},\boldsymbol{\beta}_1)+l_2(\boldsymbol{\alpha},\boldsymbol{\beta}_2).$$

这两个性质均可推广到一些向量的线性组合的情形.

下面证明关于正交向量组的一个重要性质.

定理 10 正交向量组一定是线性无关的.

证明：设 $\boldsymbol{\alpha}_1,\boldsymbol{\alpha}_2,\cdots,\boldsymbol{\alpha}_s$ 是一个正交向量组，如果
$$k_1\boldsymbol{\alpha}_1+k_2\boldsymbol{\alpha}_2+\cdots+k_s\boldsymbol{\alpha}_s=0,$$
那么 $(\boldsymbol{\alpha}_i,k_1\boldsymbol{\alpha}_1+\cdots+k_s\boldsymbol{\alpha}_s)=0$ （$i=1,2,\cdots,s$），
展开得 $k_1(\boldsymbol{\alpha}_i,\boldsymbol{\alpha}_1)+k_2(\boldsymbol{\alpha}_i,\boldsymbol{\alpha}_2)+\cdots+k_s(\boldsymbol{\alpha}_i,\boldsymbol{\alpha}_s)=0.$
因为 $\boldsymbol{\alpha}_i$ 与 $\boldsymbol{\alpha}_1,\cdots,\boldsymbol{\alpha}_{i-1},\boldsymbol{\alpha}_{i+1},\cdots,\boldsymbol{\alpha}_s$ 都正交，所以
$$k_i(\boldsymbol{\alpha}_i,\boldsymbol{\alpha}_i)=0 \quad (i=1,2,\cdots,s).$$
又因 $\boldsymbol{\alpha}_i\neq 0$，所以 $(\boldsymbol{\alpha}_i,\boldsymbol{\alpha}_i)\neq 0$. 由此得
$$k_i=0 \quad (i=1,2,\cdots,s).$$
这就证明了 $\boldsymbol{\alpha}_1,\boldsymbol{\alpha}_2,\cdots,\boldsymbol{\alpha}_s$ 是线性无关的. ▌

定理 11 设 $\boldsymbol{\alpha}_1,\boldsymbol{\alpha}_2,\cdots,\boldsymbol{\alpha}_s$ 是一组线性无关的向量，那么，可以找到一组正交的向量 $\boldsymbol{\beta}_1,\boldsymbol{\beta}_2,\cdots,\boldsymbol{\beta}_s$，使得 $\boldsymbol{\alpha}_1,\boldsymbol{\alpha}_2,\cdots,\boldsymbol{\alpha}_i$ 与 $\boldsymbol{\beta}_1,\boldsymbol{\beta}_2,\cdots,\boldsymbol{\beta}_i$（$i=1,2,\cdots,s$）等价.

证明：只要令

$$\begin{cases} \boldsymbol{\beta}_1 = \boldsymbol{\alpha}_1 \\ \boldsymbol{\beta}_2 = \boldsymbol{\alpha}_2 - \dfrac{(\boldsymbol{\alpha}_2,\boldsymbol{\beta}_1)}{(\boldsymbol{\beta}_1,\boldsymbol{\beta}_1)}\boldsymbol{\beta}_1 \\ \boldsymbol{\beta}_3 = \boldsymbol{\alpha}_3 - \dfrac{(\boldsymbol{\alpha}_3,\boldsymbol{\beta}_1)}{(\boldsymbol{\beta}_1,\boldsymbol{\beta}_1)}\boldsymbol{\beta}_1 - \dfrac{(\boldsymbol{\alpha}_3,\boldsymbol{\beta}_2)}{(\boldsymbol{\beta}_2,\boldsymbol{\beta}_2)}\boldsymbol{\beta}_2 \\ \cdots\cdots\cdots\cdots\cdots\cdots\cdots\cdots\cdots\cdots \\ \boldsymbol{\beta}_s = \boldsymbol{\alpha}_s - \dfrac{(\boldsymbol{\alpha}_s,\boldsymbol{\beta}_1)}{(\boldsymbol{\beta}_1,\boldsymbol{\beta}_1)}\boldsymbol{\beta}_1 - \cdots - \dfrac{(\boldsymbol{\alpha}_s,\boldsymbol{\beta}_{s-1})}{(\boldsymbol{\beta}_{s-1},\boldsymbol{\beta}_{s-1})}\boldsymbol{\beta}_{s-1} \end{cases}$$

即可.

这个证明给出了求与已知线性无关向量组等价的正交向量组的方法. 通常称为**施密特正交化方法**. 如果再将所得的正交向量组单位化, 即令

$$\boldsymbol{\gamma}_i = \frac{\boldsymbol{\beta}_i}{|\boldsymbol{\beta}_i|} \quad (i=1,2,\cdots,s).$$

就得到一组与 $\boldsymbol{\alpha}_1,\boldsymbol{\alpha}_2,\cdots,\boldsymbol{\alpha}_s$ 等价的正交单位向量组 $\boldsymbol{\gamma}_1,\boldsymbol{\gamma}_2,\cdots,\boldsymbol{\gamma}_s$.

例 1 求与向量组

$$\boldsymbol{\alpha}_1 = (1,1,1,1),$$
$$\boldsymbol{\alpha}_2 = (1,-2,-3,-4),$$
$$\boldsymbol{\alpha}_3 = (1,2,2,3),$$

等价的正交单位向量组.

解：令

$$\boldsymbol{\beta}_1 = \boldsymbol{\alpha}_1 = (1,1,1,1),$$
$$\begin{aligned}\boldsymbol{\beta}_2 &= \boldsymbol{\alpha}_2 - \frac{(\boldsymbol{\alpha}_2,\boldsymbol{\beta}_1)}{(\boldsymbol{\beta}_1,\boldsymbol{\beta}_1)}\boldsymbol{\beta}_1 \\ &= (1,-2,-3,-4)+2(1,1,1,1) \\ &= (3,0,-1,-2)\end{aligned}$$

$$\beta_3 = \alpha_3 - \frac{(\alpha_3, \beta_1)}{(\beta_1, \beta_1)}\beta_1 - \frac{(\alpha_3, \beta_2)}{(\beta_2, \beta_2)}\beta_2$$

$$= (1,2,2,3) - 2(1,1,1,1) + \frac{5}{14}(3,0,-1,-2)$$

$$= \left(\frac{1}{14}, 0, \frac{-5}{14}, \frac{4}{14}\right).$$

$\beta_1, \beta_2, \beta_3$ 就是与 $\alpha_1, \alpha_2, \alpha_3$ 等价的正交向量组. 再令

$$\gamma_1 = \frac{\beta_1}{|\beta_1|} = \left(\frac{1}{2}, \frac{1}{2}, \frac{1}{2}, \frac{1}{2}\right),$$

$$\gamma_2 = \frac{\beta_2}{|\beta_2|} = \left(\frac{3}{\sqrt{14}}, 0, \frac{-1}{\sqrt{14}}, \frac{-2}{\sqrt{14}}\right)$$

$$= \left(\frac{3}{14}\sqrt{14}, 0, \frac{-1}{14}\sqrt{14}, \frac{-1}{7}\sqrt{14}\right),$$

$$\gamma_3 = \frac{\beta_3}{|\beta_3|} = \left(\frac{1}{42}\sqrt{42}, 0, -\frac{5}{42}\sqrt{42}, -\frac{2}{21}\sqrt{42}\right).$$

那么，$\gamma_1, \gamma_2, \gamma_3$ 就是与 $\alpha_1, \alpha_2, \alpha_3$ 等价的正交单位向量组.

我们在上一章中曾经证明了：任意给了一组线性无关的 n 维向量 $\alpha_1, \alpha_2, \cdots, \alpha_s$. 总可以找到 $n-s$ 个向量 $\alpha_{s+1}, \alpha_{s+2}, \cdots, \alpha_n$, 使得 $\alpha_1, \alpha_2, \cdots, \alpha_n$ 线性无关. 于是以 $\alpha_1, \alpha_2, \cdots, \alpha_n$ 为行（或列）作一个矩阵，就得到一个可逆矩阵. 也就是说：任给 s 个线性无关的向量，总可以作为某个可逆矩阵的一部分行（列）向量. 对于正交单位向量组有更进一步的结论. 下面举例说明这一事实.

例 2 已知正交单位向量

$$\alpha_1 = \left(\frac{1}{2}, \frac{1}{2}, \frac{1}{2}, \frac{1}{2}\right), \alpha_2 = \left(\frac{1}{2}, \frac{1}{2}, -\frac{1}{2}, -\frac{1}{2}\right).$$

(1) 求 α_3, α_4 使 $\alpha_1, \alpha_2, \alpha_3, \alpha_4$ 是正交单位向量组；

(2) 求一个以 α_1, α_2 为第 1,2 列的正交矩阵.

解:(1) 由于 $\boldsymbol{\alpha}_1,\boldsymbol{\alpha}_2$ 是线性无关的,所以可取两个向量

$$\boldsymbol{\beta}_3=(1,0,0,0), \quad \boldsymbol{\beta}_4=(0,0,1,0),$$

使 $\boldsymbol{\alpha}_1,\boldsymbol{\alpha}_2,\boldsymbol{\beta}_3,\boldsymbol{\beta}_4$ 线性无关.

将 $\boldsymbol{\alpha}_1,\boldsymbol{\alpha}_2,\boldsymbol{\beta}_3,\boldsymbol{\beta}_4$ 正交化,得一个正交向量组:

$$\boldsymbol{\alpha}_1=\left(\frac{1}{2},\frac{1}{2},\frac{1}{2},\frac{1}{2}\right), \quad \boldsymbol{\alpha}_2=\left(\frac{1}{2},\frac{1}{2},-\frac{1}{2},-\frac{1}{2}\right),$$

$$\boldsymbol{\gamma}_3=\boldsymbol{\beta}_3-\frac{(\boldsymbol{\beta}_3,\boldsymbol{\alpha}_1)}{(\boldsymbol{\alpha}_1,\boldsymbol{\alpha}_1)}\boldsymbol{\alpha}_1-\frac{(\boldsymbol{\beta}_3,\boldsymbol{\alpha}_2)}{(\boldsymbol{\alpha}_2,\boldsymbol{\alpha}_2)}\boldsymbol{\alpha}_2$$

$$=\boldsymbol{\beta}_3-\frac{1}{2}\boldsymbol{\alpha}_1-\frac{1}{2}\boldsymbol{\alpha}_2$$

$$=\left(\frac{1}{2},-\frac{1}{2},0,0\right),$$

$$\boldsymbol{\gamma}_4=\boldsymbol{\beta}_4-\frac{(\boldsymbol{\beta}_4,\boldsymbol{\alpha}_1)}{(\boldsymbol{\alpha}_1,\boldsymbol{\alpha}_1)}\boldsymbol{\alpha}_1-\frac{(\boldsymbol{\beta}_4,\boldsymbol{\alpha}_2)}{(\boldsymbol{\alpha}_2,\boldsymbol{\alpha}_2)}\boldsymbol{\alpha}_2-\frac{(\boldsymbol{\beta}_4,\boldsymbol{\gamma}_3)}{(\boldsymbol{\gamma}_3,\boldsymbol{\gamma}_3)}\boldsymbol{\gamma}_3$$

$$=\boldsymbol{\beta}_4-\frac{1}{2}\boldsymbol{\alpha}_1+\frac{1}{2}\boldsymbol{\alpha}_2$$

$$=\left(0,0,\frac{1}{2},-\frac{1}{2}\right).$$

再将这组向量单位化,即得到一个正交单位向量组:

$$\boldsymbol{\alpha}_1=\left(\frac{1}{2},\frac{1}{2},\frac{1}{2},\frac{1}{2}\right), \quad \boldsymbol{\alpha}_2=\left(\frac{1}{2},\frac{1}{2},-\frac{1}{2},-\frac{1}{2}\right),$$

$$\boldsymbol{\alpha}_3=\left(\frac{\sqrt{2}}{2},-\frac{\sqrt{2}}{2},0,0\right), \quad \boldsymbol{\alpha}_4=\left(0,0,\frac{\sqrt{2}}{2},-\frac{\sqrt{2}}{2}\right),$$

其中向量 $\boldsymbol{\alpha}_3,\boldsymbol{\alpha}_4$ 即为所求.

(2) 以 $\boldsymbol{\alpha}_1,\boldsymbol{\alpha}_2,\boldsymbol{\alpha}_3,\boldsymbol{\alpha}_4$ 为列作一个矩阵 T:

$$T = \begin{bmatrix} \dfrac{1}{2} & \dfrac{1}{2} & \dfrac{\sqrt{2}}{2} & 0 \\ \dfrac{1}{2} & \dfrac{1}{2} & -\dfrac{\sqrt{2}}{2} & 0 \\ \dfrac{1}{2} & -\dfrac{1}{2} & 0 & \dfrac{\sqrt{2}}{2} \\ \dfrac{1}{2} & -\dfrac{1}{2} & 0 & -\dfrac{\sqrt{2}}{2} \end{bmatrix}$$

则因 $\boldsymbol{\alpha}_1, \boldsymbol{\alpha}_2, \boldsymbol{\alpha}_3, \boldsymbol{\alpha}_4$ 是正交单位向量组,所以 T 是一个正交矩阵,而且以 $\boldsymbol{\alpha}_1, \boldsymbol{\alpha}_2$ 为第 $1,2$ 列.

从这个例题可以看出:正交单位向量 $\boldsymbol{\alpha}_1$ 与 $\boldsymbol{\alpha}_2$ 在正交化及单位化的过程中都不会改变. 这说明:任意 $s(s \leqslant n)$ 个 n 维正交的单位向量都可以作为某个 n 阶正交矩阵的 s 个行(或列). 例题还介绍了计算这个正交矩阵的方法. 这是一个很重要的结论.

习 题 3.5

1. 判断下列矩阵是否正交矩阵:

(1) $\begin{bmatrix} \dfrac{\sqrt{3}}{2} & -\dfrac{1}{2} \\ \dfrac{1}{2} & \dfrac{\sqrt{3}}{2} \end{bmatrix}$;

(2) $\begin{bmatrix} \dfrac{1}{9} & -\dfrac{8}{9} & -\dfrac{4}{9} \\ -\dfrac{8}{9} & \dfrac{1}{9} & -\dfrac{4}{9} \\ -\dfrac{4}{9} & -\dfrac{4}{9} & \dfrac{7}{9} \end{bmatrix}$;

(3) $\begin{bmatrix} \frac{\sqrt{2}}{2} & \frac{\sqrt{2}}{6} & \frac{\sqrt{2}}{3} \\ 0 & -\frac{2\sqrt{2}}{3} & \frac{1}{3} \\ -\frac{\sqrt{2}}{2} & \frac{\sqrt{2}}{6} & \frac{2}{3} \end{bmatrix}$;

(4) $\begin{bmatrix} \frac{\sqrt{2}}{2} & \frac{\sqrt{6}}{6} & \frac{\sqrt{3}}{6} & \frac{1}{2} \\ \frac{\sqrt{2}}{2} & -\frac{\sqrt{6}}{6} & -\frac{\sqrt{3}}{6} & -\frac{1}{2} \\ 0 & \frac{\sqrt{6}}{3} & -\frac{\sqrt{3}}{6} & -\frac{1}{2} \\ 0 & 0 & -\frac{\sqrt{3}}{2} & \frac{1}{2} \end{bmatrix}$.

2. 试证:若 A 是正交矩阵,则 A^T 也是正交矩阵.

3. 试证:若 A,B 是同阶正交矩阵,则 AB 也是正交矩阵.

4. 计算 $(\boldsymbol{\alpha},\boldsymbol{\beta})$:

(1) $\boldsymbol{\alpha}=(-1,0,3,-5), \boldsymbol{\beta}=(4,-2,0,1)$;

(2) $\boldsymbol{\alpha}=(\sqrt{3}/2,-1/3,\sqrt{3}/4,-1), \boldsymbol{\beta}=(-\sqrt{3}/2,-2,\sqrt{3},2/3)$.

5. 把下列向量单位化 $\left(\text{即求} \frac{1}{|\boldsymbol{\alpha}|}\boldsymbol{\alpha}\right)$:

(1) $\boldsymbol{\alpha}=(3,0,-1,4)$;　　(2) $\boldsymbol{\alpha}=(5,1,-2,0)$.

6. 试证:如果 $\boldsymbol{\alpha}$ 与 $\boldsymbol{\beta}_1,\boldsymbol{\beta}_2,\cdots,\boldsymbol{\beta}_s$ 都正交,那么 $\boldsymbol{\alpha}$ 与 $\boldsymbol{\beta}_1,\boldsymbol{\beta}_2,\cdots,\boldsymbol{\beta}_s$ 的任一个线性组合也正交.

7. 试证:若 n 维实向量 $\boldsymbol{\alpha}$ 与任意 n 维实向量都正交,则 $\boldsymbol{\alpha}$ 必定是零向量.

8. 试证:若 A 是实对称矩阵,T 是正交矩阵,则 $T^{-1}AT$ 也是实对称矩阵.

9. 求与向量组 $(1,0,1,1),(1,1,1,-1),(1,2,3,1)$ 等价的正交单位向量组.

10. 求两个正交矩阵,以 $\left(\frac{1}{2},\frac{1}{2},\frac{1}{2},\frac{1}{2}\right)$ 及 $\left(\frac{1}{6},\frac{1}{6},\frac{1}{2},-\frac{5}{6}\right)$ 为前两行.

内 容 提 要

1. 矩阵的运算

(1) 矩阵运算的定义

1) 矩阵的加法:

$$[a_{ij}]_{sn} + [b_{ij}]_{sn} = [a_{ij} + b_{ij}]_{sn}.$$

2) 矩阵的乘法:

$$[a_{ij}]_{sn} \cdot [b_{ij}]_{nm} = [c_{ij}]_{sm},$$

其中 $c_{ij} = \sum_{k=1}^{n} a_{ik} b_{kj}$ $(i=1,2,\cdots,s; j=1,2,\cdots,m)$.

3) 矩阵与数的乘法:

$$k[a_{ij}] = [ka_{ij}].$$

4) 矩阵的转置:

$$[a_{ij}]_{sn}^{T} = [a'_{ij}]_{ns},$$

其中 $a'_{ij} = a_{ji}$ $(i=1,2,\cdots,s; j=1,2,\cdots,n)$.

(2) 矩阵运算满足的一些规律

$$A + (B+C) = (A+B) + C,$$
$$A + B = B + A,$$
$$A(BC) = (AB)C,$$

$$A(B+C) = AB + AC,$$
$$(B+C)A = BA + CA,$$
$$(k+l)A = kA + lA,$$
$$k(A+B) = kA + kB,$$
$$k(lA) = (kl)A,$$
$$1 \cdot A = A,$$
$$k(AB) = (kA)B = A(kB),$$
$$(A^T)^T = A,$$
$$(A+B)^T = A^T + B^T,$$
$$(AB)^T = B^T A^T,$$
$$(kA)^T = kA^T.$$

（3）零矩阵、负矩阵及单位矩阵
$$A + O = O + A = A,$$
$$A + (-A) = O,$$
$$A - B = A + (-B),$$

对 $s \times n$ 矩阵 A，有
$$E_s A = A E_n = A.$$

2. 矩阵的分块运算.

3. 关于矩阵的秩和行列式的定理
$$r(A+B) \leqslant r(A) + r(B),$$
$$r(AB) \leqslant \min\{r(A), r(B)\},$$
$$|AB| = |A| \cdot |B|,$$

当 A 可逆时，
$$r(AB) = r(B),$$

$$r(CA) = r(C).$$

4. 矩阵的等价

（1）初等变换与初等矩阵

由单位矩阵经过一次初等变换所得到的矩阵称为初等矩阵. 对一个矩阵作一次初等行（列）变换，就相当于用相应的初等矩阵去左（右）乘这个矩阵.

（2）矩阵的等价

1）矩阵等价的定义：如果矩阵 B 可以从矩阵 A 经过一系列初等变换而得到，则称矩阵 A 与 B 是等价的.

2）等价关系满足以下 3 个规则：

① 反身性：矩阵 A 与自身等价；

② 对称性：如果矩阵 A 与 B 等价，那么矩阵 B 也与 A 等价；

③ 传递性：如果 A 与 B 等价，B 与 C 等价，那么 A 与 C 也等价.

3）矩阵（在等价关系下）的标准形：

每一个矩阵都可以经初等变换化为标准形：

$$\begin{bmatrix} E_r & 0 \\ 0 & 0 \end{bmatrix},$$

其中 r 是原矩阵的秩.

4）等价的充分必要条件：

矩阵 A 与 B 等价 $\begin{cases} \Longleftrightarrow \text{存在初等矩阵 } P_1, P_2, \cdots, P_s; \\ \quad Q_1, Q_2, \cdots, Q_t, \text{使得} \\ \quad B = P_s \cdots P_2 P_1 A Q_1 Q_2 \cdots Q_t. \\ \Longleftrightarrow \text{存在可逆矩阵 } P, Q, \text{使得} \\ \quad B = PAQ. \\ \Longleftrightarrow A, B \text{ 的标准形相同}. \\ \Longleftrightarrow A, B \text{ 的秩相等}. \end{cases}$

5. 矩阵的逆

(1) **定义**：如果有矩阵 B，使
$$AB = BA = E,$$
那么 A 称为**可逆矩阵**，B 称为 A 的**逆矩阵**，记作 A^{-1}.

(2) 逆矩阵的性质：

$$(A^{-1})^{-1} = A$$
$$(AB)^{-1} = B^{-1}A^{-1}$$
$$(A')^{-1} = (A^{-1})'$$

(3) 矩阵可逆的条件：

矩阵 A 可逆 $\begin{cases} \Longleftrightarrow A \text{ 非退化，即 } |A| \neq 0. \\ \Longleftrightarrow A \text{ 的 } n \text{ 个行(列)向量线性无关}. \\ \Longleftrightarrow A \text{ 可以表成一些初等矩阵的乘积}. \\ \Longleftrightarrow A \text{ 可以经初等行变换化为单位矩阵}. \end{cases}$

(4) 逆矩阵的求法：

1) 用伴随矩阵求逆：

$$A^{-1} = \frac{1}{|A|}A^* = \frac{1}{|A|}\begin{bmatrix} A_{11} & A_{21} & \cdots & A_{n1} \\ A_{12} & A_{22} & \cdots & A_{n2} \\ \multicolumn{4}{c}{\cdots\cdots\cdots\cdots\cdots} \\ A_{1n} & A_{2n} & \cdots & A_{nn} \end{bmatrix}.$$

2）用初等行变换求逆：

$$(AE) \xrightarrow{\text{初等行变换}} (EA^{-1}).$$

6. 正交矩阵

（1）正交矩阵的定义：

实数矩阵 A，如果满足

$$AA^\mathrm{T} = A^\mathrm{T}A = E$$

即

$$A^{-1} = A^\mathrm{T}.$$

则称 A 为正交矩阵.

（2）n 阶实矩阵 $A = [a_{ij}]$ 是正交矩阵的条件：

$$A \text{ 是正交矩阵} \begin{cases} \Longleftrightarrow \sum_{k=1}^{n} a_{ik}a_{jk} = \delta_{ij} & (i,j = 1,2,\cdots,n). \\ \Longleftrightarrow \sum_{k=1}^{n} a_{ki}a_{kj} = \delta_{ij} & (i,j = 1,2,\cdots,n). \\ \Longleftrightarrow A \text{ 的 } n \text{ 个行（列）向量组成正交单位向量组.} \end{cases}$$

（3）正交化方法

设 $\boldsymbol{\alpha}_1, \boldsymbol{\alpha}_2, \cdots, \boldsymbol{\alpha}_s$ 是一组线性无关的实向量，令

$$\boldsymbol{\beta}_1 = \boldsymbol{\alpha}_1;$$

$$\boldsymbol{\beta}_i = \boldsymbol{\alpha}_i - \sum_{j=1}^{i=1} \frac{(\boldsymbol{\alpha}_i, \boldsymbol{\beta}_j)}{(\boldsymbol{\beta}_j, \boldsymbol{\beta}_j)} \boldsymbol{\beta}_j \quad (i = 2,3,\cdots,s),$$

则 $\boldsymbol{\beta}_1, \boldsymbol{\beta}_2, \cdots, \boldsymbol{\beta}_s$ 是一个正交向量组，使得 $\boldsymbol{\alpha}_1, \boldsymbol{\alpha}_2, \cdots, \boldsymbol{\alpha}_i$ 与 $\boldsymbol{\beta}_1, \boldsymbol{\beta}_2, \cdots, \boldsymbol{\beta}_i (i=1,2,\cdots,s)$ 等价.

如果再令
$$\boldsymbol{\gamma}_j = \frac{\boldsymbol{\beta}_j}{|\boldsymbol{\beta}_j|} \quad (j=1,2,\cdots,n),$$
则 $\boldsymbol{\gamma}_1, \boldsymbol{\gamma}_2, \cdots, \boldsymbol{\gamma}_s$ 是使得 $\boldsymbol{\alpha}_1, \cdots, \boldsymbol{\alpha}_i$ 与 $\boldsymbol{\gamma}_1, \cdots, \boldsymbol{\gamma}_i (i=1,2,\cdots,s)$ 等价的正交单位向量组.

复习题 3

1. 求满足下列条件的矩阵 A:

(1) $\begin{bmatrix} 1 & 0 & -2 \\ -3 & 4 & -1 \\ 2 & 1 & 3 \end{bmatrix} A = \begin{bmatrix} 5 & -1 \\ -2 & 3 \\ 1 & 4 \end{bmatrix}$;

(2) $A \begin{bmatrix} 1 & 0 & -2 \\ -3 & 4 & -1 \\ 2 & 1 & 3 \end{bmatrix} = \begin{bmatrix} -1 & 0 & 6 \\ 2 & 1 & 0 \end{bmatrix}$;

(3) $\begin{bmatrix} 1 & -2 & 0 \\ 4 & -2 & -1 \\ -3 & 1 & 2 \end{bmatrix} A \begin{bmatrix} 3 & -1 & 2 \\ 1 & 0 & -1 \\ -2 & 1 & 4 \end{bmatrix}$
$= \begin{bmatrix} 5 & 0 & -1 \\ 1 & -3 & 0 \\ -2 & 1 & 3 \end{bmatrix}$;

(4) $\begin{bmatrix} 1 & 2 & 3 \\ -2 & 1 & -1 \\ 3 & 2 & 1 \end{bmatrix} A + \begin{bmatrix} 2 & -1 & 0 \\ -1 & 3 & 1 \\ 2 & 1 & 1 \end{bmatrix}$
$= 3A + \begin{bmatrix} 1 & 2 & 1 \\ 2 & -1 & 3 \\ 3 & 2 & 1 \end{bmatrix}.$

2. 设

$$A = \begin{bmatrix} a_1 & & & \\ & a_2 & & \\ & & \ddots & \\ & & & a_n \end{bmatrix}$$

其中 $a_1, a_2, \cdots, a_n$ 两两不同. 求证与 A 可交换的矩阵一定是对角矩阵.

3. 证明与一切 n 阶矩阵都可交换的矩阵一定是 n 阶数量矩阵.

4. 矩阵 A 如果满足 $A^T = A (A^T = -A)$,则称 A 为对称(反对称)矩阵. 证明:

   (1) 两个对称(反对称)矩阵的和也是对称(反对称)矩阵;

   (2) 一个数与一个对称(反对称)矩阵的乘积也是对称(反对称)矩阵.

5. 设 A, B 是同阶对称矩阵,则 AB 是对称矩阵的充分必要条件是:A 与 B 可交换.

6. 设 A, B 是两个反对称矩阵. 试证:

   (1) A^2 是对称矩阵;

   (2) $AB - BA$ 是反对称矩阵;

   (3) AB 是对称矩阵的充要条件是:$AB = BA$.

7. (1) 试证:任一 n 阶矩阵都可表为一个对称矩阵与一个反对称矩阵之和;

   (2) 把矩阵

   $$A = \begin{bmatrix} 1 & 2 & 3 \\ 0 & 2 & 4 \\ 0 & 0 & 5 \end{bmatrix}$$

   表成一个对称矩阵与一个反对称矩阵之和.

8. (1) 如果 A 是实对称矩阵,且 $A^2 = O$,则 $A = O$;

   (2) 举例说明在一般情况下,由 $A^2 = O$ 推不出 $A = O$.

9. 设 A 是一个 n 阶方阵,如果对任一 n 维列向量,X 都有 $AX = O$,则 $A = O$.

10. 设 A 是一个 n 阶矩阵$(n \geqslant 2)$. 试证：
$$r(A^*) = \begin{cases} n, & \text{当 } r(A) = n; \\ 1, & \text{当 } r(A) = n-1; \\ 0, & \text{当 } r(A) < n-1. \end{cases}$$

11. 设 A 是一个 n 阶矩阵$(n \geqslant 2)$. 求证：
$$|A^*| = |A|^{n-1}.$$

12. 设 A 是一个 n 阶矩阵$(n > 2)$. 求证：
$$(A^*)^* = |A|^{n-2} A.$$

13. 试证：如果 $A^2 = E$，那么
$$r(A+E) + r(A-E) = n.$$

14. 试证：如果 $A^2 = A$，那么
$$r(A) + r(A-E) = n.$$

15. 设 A 是一个 n 阶矩阵，$r(A) = 1$. 试证：

(1) A 可表成：
$$A = \begin{bmatrix} a_1 \\ a_2 \\ \vdots \\ a_n \end{bmatrix} [b_1 \ b_2 \ \cdots \ b_n];$$

(2) $A^2 = kA$.

16. 设 $\boldsymbol{\alpha}$ 是一个 n 维实向量. 已知 $\boldsymbol{\alpha}$ 是一个单位向量，令矩阵 $T = E - 2\boldsymbol{\alpha}^T \boldsymbol{\alpha}$. 试证：$T$ 是一个对称的正交矩阵.

17. 设
$$A = \begin{bmatrix} 0 & 10 & 6 \\ 1 & -3 & -3 \\ -2 & 10 & 8 \end{bmatrix}, \quad P = \begin{bmatrix} 2 & 2 & 3 \\ 1 & -1 & 0 \\ -1 & 2 & 1 \end{bmatrix}.$$

(1) 求 $P^{-1}AP$；

(2) 求 A^k（k 为正整数）.

18. (1) 证明：任一 n 阶实可逆矩阵 A 都可表成一个正交矩阵 T 与一个上三角矩阵 P 的乘积：
$$A = TP;$$

(2) 设
$$A = \begin{bmatrix} 1 & 1 & 1 \\ 1 & 2 & 0 \\ 1 & 0 & -1 \end{bmatrix}.$$

求正交矩阵 T 及上三角矩阵 P 使 $A = TP$.

第 4 章 矩阵的对角化问题

在上一章中我们定义了矩阵的等价. 从那里看到,有些问题,特别是矩阵的秩的问题可以应用矩阵在等价关系下的标准形来解决.

这一章讨论矩阵的相似问题. 矩阵 $X^{-1}AX$ 与 A 称为相似. 矩阵的相似关系可以用来简化运算. 例如,如果 $B=X^{-1}AX$,那么 $B^k=X^{-1}A^kX$, $A^k=XB^kX^{-1}$. 因此,当 B 比较简单时,可以利用 B^k 来计算 A^k. 相似矩阵还可以用来简化线性方程组及微分方程组. 当然,相似矩阵的应用还远不止于此.

那么,给了一个矩阵 A,在和 A 相似的矩阵之中,最简单的矩阵是什么样的呢?怎样去找可逆矩阵 X,使 $X^{-1}AX$ 最简单呢?这就是求矩阵的标准形问题,也就是这一章要讨论的主要内容.

矩阵在相似关系下的标准形问题不仅可以简化运算,在理论上也是非常重要的. 在其他学科中也有极广泛的应用. 另外,本章还将介绍的特征值和特征向量等概念,也是非常重要的,应用也很广泛.

本章将在某个确定的数域 **P** 上进行讨论,所讨论的矩阵都是数域 **P** 上的矩阵.

4.1 相似矩阵

定义 1 设 A,B 是两个同阶方阵,如果存在可逆矩阵 X,使得 $B=X^{-1}AX$,就说 A 相似于 B,记作 $A\sim B$.

例如,因为

$$\begin{bmatrix} 2 & 2 & 3 \\ 1 & -1 & 0 \\ -1 & 2 & 1 \end{bmatrix}^{-1} \begin{bmatrix} 0 & 10 & 6 \\ 1 & -3 & -3 \\ -2 & 10 & 8 \end{bmatrix} \begin{bmatrix} 2 & 2 & 3 \\ 1 & -1 & 0 \\ -1 & 2 & 1 \end{bmatrix}$$

$$= \begin{bmatrix} 2 & 0 & 0 \\ 0 & 1 & 0 \\ 0 & 0 & 2 \end{bmatrix},$$

所以 $\begin{bmatrix} 0 & 10 & 6 \\ 1 & -3 & -3 \\ -2 & 10 & 8 \end{bmatrix} \sim \begin{bmatrix} 2 & 0 & 0 \\ 0 & 1 & 0 \\ 0 & 0 & 2 \end{bmatrix}.$

"相似"是矩阵之间的一种关系,这种关系具有下面3个性质:

1. 反身性:$A \sim A$.

这是因为 $A = E^{-1}AE$.

2. 对称性:如果 $A \sim B$,那么 $B \sim A$.

这是因为,如果 $A \sim B$,那么有 X,使 $B = X^{-1}AX$. 令 $Y = X^{-1}$, 就有 $A = XBX^{-1} = Y^{-1}BY$,所以 $B \sim A$.

3. 传递性:如果 $A \sim B, B \sim C$,那么 $A \sim C$.

这是因为,已知 $A \sim B, B \sim C$,所以有 X 和 Y,使 $B = X^{-1}AX$, $C = Y^{-1}BY$,于是

$$C = Y^{-1}(X^{-1}AX)Y = (XY)^{-1}A(XY),$$

因此 $A \sim C$.

根据相似关系的对称性,当 $A \sim B$ 时,既可以说 A 与 B 相似,也可以说 B 与 A 相似.

相似矩阵还有下面的一些性质:

1. 相似矩阵有相同的行列式.

证明:设 $A \sim B$,那么有 X,使 $B = X^{-1}AX$. 于是 $|B| = |X^{-1}AX| = |X^{-1}||A||X| = |X|^{-1}|A||X| = |A|$.

因为矩阵可逆的充分必要条件是它的行列式不等于零.由此可知:

2. 相似矩阵或者同时可逆,或者都不可逆. 而且,如果 $B = X^{-1}AX$,那么,当它们可逆时,它们的逆矩阵也相似,即 $B^{-1} = X^{-1}A^{-1}X$.

3. 如果 $B_1 = X^{-1}A_1X, B_2 = X^{-1}A_2X$,那么
$$B_1 + B_2 = X^{-1}(A_1 + A_2)X;$$
$$B_1 B_2 = X^{-1}(A_1 A_2)X;$$
$$kB_1 = X^{-1}(kA_1)X.$$

因此,如果 $B = X^{-1}AX, f(x)$ 是系数在数域 **P** 中的一个多项式,那么
$$f(B) = X^{-1}f(A)X.$$

这 4 个等式都可以根据矩阵运算的规律直接验证. 请读者自己证明一下. 根据相似矩阵的这些性质,就可以简化矩阵的运算. 问题是:给了一个矩阵 A,如何去找矩阵 X,使 $X^{-1}AX$ 最简单?最简单的矩阵当然是数量矩阵 kE. 但是与数量矩阵 kE 相似的矩阵只有它自己:
$$X^{-1}(kE)X = kE.$$

由此可知,不是每个矩阵都可以与某个数量矩阵相似的. 于是,退而求其次. 比数量矩阵稍为复杂些的是对角矩阵,那么,是不是任一个矩阵都可与某个对角矩阵相似呢?现在首先来分析矩阵 A 与对角矩阵相似的条件.

为了简便起见,以后用 $[a_1, a_2, \cdots, a_n]$ 表示对角矩阵:
$$\begin{bmatrix} a_1 & 0 & 0 & \cdots & 0 \\ 0 & a_1 & 0 & \cdots & 0 \\ \cdots\cdots\cdots\cdots\cdots\cdots \\ 0 & 0 & 0 & \cdots & a_n \end{bmatrix};$$

用 $[A_1, A_2, \cdots, A_s]$ 表示准对角矩阵:

$$\begin{bmatrix} A_1 & O & O & \cdots & O \\ O & A_2 & O & \cdots & O \\ \multicolumn{5}{c}{\cdots\cdots\cdots\cdots\cdots\cdots} \\ O & O & O & \cdots & A_s \end{bmatrix}.$$

设 A 是一个 n 阶矩阵：
$$A = (a_{ij}),$$
X 是一个 n 阶可逆矩阵：
$$X = (x_{ij}).$$
并设
$$X^{-1}AX = [\lambda_1, \lambda_2, \cdots, \lambda_n]$$
是对角矩阵.

用 $X_1, X_2, \cdots, X_n$ 表示 X 的 n 个列向量，并将 X 表成分块矩阵：
$$X = [X_1 \quad X_2 \quad \cdots \quad X_n].$$
于是从 $X^{-1}AX = [\lambda_1, \lambda_2, \cdots, \lambda_n]$ 得到
$$AX = X[\lambda_1, \lambda_2, \cdots, \lambda_n],$$
即 $A[X_1 \quad X_2 \quad \cdots \quad X_n] = [X_1 \quad X_2 \quad \cdots \quad X_n]\begin{bmatrix} \lambda_1 & & & \\ & \lambda_2 & & O \\ & & \ddots & \\ & O & & \lambda_n \end{bmatrix}$

$$= [\lambda_1 X_1 \quad \lambda_2 X_2 \quad \cdots \quad \lambda_n X_n].$$
等式左右两边的列向量应该依次相等，所以
$$AX_i = \lambda_i X_i \quad (i = 1, 2, \cdots, n).$$

这说明：如果可逆矩阵 X 使 $X^{-1}AX$ 为对角矩阵，那么 X 的列向量必须满足上述条件. 满足这个条件的向量就是特征向量. 下一节将讨论特征向量的性质及求法，并在这个基础上进一步解决矩阵 A 能否相似于对角矩阵的问题.

习　题　4.1

1. 试证：如果 $A \sim B$，那么 $A^T \sim B^T$.
2. 试证：如果 A 与 B 可交换，那么 $X^{-1}AX$ 与 $X^{-1}BX$ 也可交换.
3. 设 $A \sim B, C \sim D$. 试证：
$$\begin{bmatrix} A & O \\ O & C \end{bmatrix} \sim \begin{bmatrix} B & O \\ O & D \end{bmatrix}.$$
4. 试证：如果 A 可逆，那么 $AB \sim BA$.
5. 矩阵 A 称作**幂零**的，如果有正整数 k 使 $A^k = O$；A 称作**幂等**的，如果 $A^2 = A$，从而对正整数 k 都有 $A^k = A$；A 称为**幺幂**的，如果有正整数 k 使 $A^k = E$. 试证：

   (1) 与幂零矩阵相似的矩阵都是幂零矩阵；

   (2) 与幂等矩阵相似的矩阵都是幂等矩阵；

   (3) 与幺幂矩阵相似的矩阵都是幺幂矩阵.

4.2　特征值与特征向量

定义 2　设 A 是数域 P 上一个 n 阶矩阵，λ_0 是 P 中一个数，如果有 P 上非零列向量（即 $n \times 1$ 矩阵）$\boldsymbol{\alpha}$，使得

$$A\boldsymbol{\alpha} = \lambda_0 \boldsymbol{\alpha}, \tag{1}$$

就称 λ_0 是 A 的一个**特征值**，$\boldsymbol{\alpha}$ 是 A 的属于特征值 λ_0 的**特征向量**，简称特征向量.

例如，因为

$$\begin{bmatrix} 1 & -2 & 2 \\ -2 & -2 & 4 \\ 2 & 4 & -2 \end{bmatrix} \begin{bmatrix} 2 \\ 0 \\ 1 \end{bmatrix} = \begin{bmatrix} 4 \\ 0 \\ 2 \end{bmatrix} = 2 \begin{bmatrix} 2 \\ 0 \\ 1 \end{bmatrix},$$

所以，2 是矩阵

$$\begin{bmatrix} 1 & -2 & 2 \\ -2 & -2 & 4 \\ 2 & 4 & -2 \end{bmatrix}$$

的一个特征值，$\begin{bmatrix} 2 \\ 0 \\ 1 \end{bmatrix}$ 是属于特征值 2 的一个特征向量.

定理 1　n 阶矩阵 A 与一个对角矩阵相似的充分必要条件是：A 有 n 个线性无关的特征向量.

证明　必要性：如果 A 与对角矩阵 $[\lambda_1, \lambda_2, \cdots, \lambda_n]$ 相似，那么有可逆矩阵 X，使 $X^{-1}AX = [\lambda_1, \lambda_2, \cdots, \lambda_n]$. X 的列向量 $X_1, X_2, \cdots, X_n$ 满足

$$AX_i = \lambda_i X_i \quad (i = 1, 2, \cdots, n).$$

X_i 当然都不是零向量，所以 $X_i (i = 1, 2, \cdots, n)$ 都是 A 的特征向量. 而且因为 X 可逆，所以这 n 个特征向量是线性无关的.

充分性：如果 A 有 n 个线性无关的特征向量 $\boldsymbol{\alpha}_1, \boldsymbol{\alpha}_2, \cdots, \boldsymbol{\alpha}_n$. 它们所对应的特征值依次为 $\lambda_1, \lambda_2, \cdots, \lambda_n$：

$$A\boldsymbol{\alpha}_i = \lambda_i \boldsymbol{\alpha}_i \quad (i = 1, 2, \cdots, n).$$

以 $\boldsymbol{\alpha}_1, \boldsymbol{\alpha}_2, \cdots, \boldsymbol{\alpha}_n$ 为列向量作一个矩阵 X：

$$X = [\boldsymbol{\alpha}_1 \quad \boldsymbol{\alpha}_2 \quad \cdots \quad \boldsymbol{\alpha}_n],$$

因为 $\boldsymbol{\alpha}_1, \boldsymbol{\alpha}_2, \cdots, \boldsymbol{\alpha}_n$ 是线性无关的，所以 X 是可逆矩阵. 而且

$$AX = X[\lambda_1, \lambda_2, \cdots, \lambda_n],$$

即

$$X^{-1}AX = [\lambda_1, \lambda_2, \cdots, \lambda_n].$$

所以 A 与一个对角矩阵相似.　∎

因此，是否每一个矩阵都与某一个对角矩阵相似的问题就归结为：是否每一个 n 阶矩阵都有 n 个线性无关的特征向量的问题了. 为了解决这个问题，下面先讨论特征向量的求法.

设 $\boldsymbol{\alpha} = \begin{bmatrix} c_1 \\ c_2 \\ \vdots \\ c_n \end{bmatrix} \neq 0$

是矩阵 $A = \begin{bmatrix} a_{11} & a_{12} & \cdots & a_{1n} \\ a_{21} & a_{22} & \cdots & a_{2n} \\ \cdots\cdots\cdots\cdots\cdots\cdots \\ a_{n1} & a_{n2} & \cdots & a_{nn} \end{bmatrix}$

的属于特征值 λ_0 的特征向量,那么

$$A\boldsymbol{\alpha} = \lambda_0 \boldsymbol{\alpha}.$$

具体写出来,就是

$$\begin{bmatrix} a_{11} & a_{12} & \cdots & a_{1n} \\ a_{21} & a_{22} & \cdots & a_{2n} \\ \cdots\cdots\cdots\cdots\cdots\cdots \\ a_{n1} & a_{n2} & \cdots & a_{nn} \end{bmatrix} \begin{bmatrix} c_1 \\ c_2 \\ \vdots \\ c_n \end{bmatrix} = \lambda_0 \begin{bmatrix} c_1 \\ c_2 \\ \vdots \\ c_n \end{bmatrix}.$$

将等式两端乘开,比较分量,得:

$$\begin{cases} a_{11}c_1 + a_{12}c_2 + \cdots + a_{1n}c_n = \lambda_0 c_1, \\ a_{21}c_1 + a_{22}c_2 + \cdots + a_{2n}c_n = \lambda_0 c_2, \\ \cdots\cdots\cdots\cdots\cdots\cdots\cdots\cdots\cdots\cdots\cdots\cdots \\ a_{n1}c_1 + a_{n2}c_2 + \cdots + a_{nn}c_n = \lambda_0 c_n. \end{cases}$$

移项,得:

$$\begin{cases} (\lambda_0 - a_{11})c_1 - a_{12}c_2 - \cdots - a_{1n}c_n = 0, \\ -a_{21}c_1 + (\lambda_0 - a_{22})c_2 - \cdots - a_{2n}c_n = 0, \\ \cdots\cdots\cdots\cdots\cdots\cdots\cdots\cdots\cdots\cdots\cdots\cdots \\ -a_{n1}c_1 - a_{n2}c_2 - \cdots + (\lambda_0 - a_{nn})c_n = 0. \end{cases}$$

这说明 $(c_1, c_2, \cdots, c_n)$ 是齐次线性方程组

$$\begin{cases} (\lambda_0 - a_{11})x_1 - a_{12}x_2 - \cdots - a_{1n}x_n = 0, \\ -a_{21}x_1 + (\lambda_0 - a_{22})x_2 - \cdots - a_{2n}x_n = 0, \\ \cdots\cdots\cdots\cdots\cdots\cdots\cdots\cdots\cdots\cdots\cdots\cdots\cdots \\ -a_{n1}x_1 - a_{n2}x_2 + \cdots + (\lambda_0 - a_{nn})x_n = 0, \end{cases} \quad (2)$$

的一个解. 这个齐次方程组既然有非零解,所以它的系数行列式等于零:

$$\begin{vmatrix} \lambda_0 - a_{11} & -a_{12} & \cdots & -a_{1n} \\ -a_{21} & \lambda_0 - a_{22} & \cdots & -a_{2n} \\ \cdots\cdots\cdots\cdots\cdots\cdots\cdots\cdots\cdots\cdots\cdots \\ -a_{n1} & -a_{n2} & \cdots & \lambda_0 - a_{nn} \end{vmatrix} = 0,$$

即 $|\lambda_0 E - A| = 0.$

定义 3 A 是一个 n 阶矩阵,λ 是一个未知量,矩阵 $\lambda E - A$ 称为 A 的**特征矩阵**,它的行列式

$$|\lambda E - A| = \begin{vmatrix} \lambda - a_{11} & -a_{12} & \cdots & -a_{1n} \\ -a_{21} & \lambda - a_{22} & \cdots & -a_{2n} \\ \cdots\cdots\cdots\cdots\cdots\cdots\cdots\cdots\cdots\cdots\cdots \\ -a_{n1} & -a_{n2} & \cdots & \lambda - a_{nn} \end{vmatrix}$$

是 λ 的一个多项式,称为 A 的**特征多项式**.

上面的分析说明:如果 λ_0 是矩阵 A 的一个特征值,那么 λ_0 一定是 A 的特征多项式的一个根;反过来,如果 λ_0 是 A 的特征多项式的一个根,即 $|\lambda_0 E - A| = 0$,那么齐次线性方程组(2)就有非零解,因此,λ_0 是 A 的特征值,而方程组(2)的每一个非零解都是 A 的属于 λ_0 的特征向量. 这就是说:矩阵 A 的特征值就是 A 的特征多项式的根,所以特征值也叫做**特征根**. 而且也可以用此作为特征值的定义.

归纳以上讨论,可总结出矩阵 A 的特征值和特征向量的求法:

(1) 计算 A 的特征多项式 $f(\lambda) = |\lambda E - A|$;

(2) 求出 $f(\lambda)$ 在数域 P 中的全部根,就是 A 的全部特征值;

(3) 对于每个特征值 λ_0,求出齐次线性方程组(2)的非零解,就是属于 λ_0 的特征向量.

例 1 求矩阵 A 的特征值与特征向量:
$$A = \begin{bmatrix} 1 & -2 & 2 \\ -2 & -2 & 4 \\ 2 & 4 & -2 \end{bmatrix}.$$

解: 先求 A 的特征多项式
$$|\lambda E - A| = \begin{vmatrix} \lambda-1 & 2 & -2 \\ 2 & \lambda+2 & -4 \\ -2 & -4 & \lambda+2 \end{vmatrix} = (\lambda-2)^2(\lambda+7).$$

所以 A 的特征值为 $2(2\,\text{重}), -7$.

把 $\lambda = 2$ 代入齐次线性方程组(2),得
$$\begin{cases} x_1 + 2x_2 - 2x_3 = 0, \\ 2x_1 + 4x_2 - 4x_3 = 0, \\ -2x_1 - 4x_2 + 4x_3 = 0. \end{cases}$$

化简,即得:
$$x_1 + 2x_2 - 2x_3 = 0.$$

它的一个基础解系是
$$\begin{bmatrix} 2 \\ 0 \\ 1 \end{bmatrix}, \begin{bmatrix} 0 \\ 1 \\ 1 \end{bmatrix}.$$

把 $\lambda = -7$ 代入(2),得
$$\begin{cases} -8x_1 + 2x_2 - 2x_3 = 0, \\ 2x_1 - 5x_2 - 4x_3 = 0, \\ -2x_1 - 4x_2 - 5x_3 = 0. \end{cases}$$

化简,得:

$$\begin{cases} 2x_1 - 5x_2 - 4x_3 = 0 \\ x_2 + x_3 = 0. \end{cases}$$

它的一个基础解系是

$$\begin{bmatrix} 1 \\ 2 \\ -2 \end{bmatrix}.$$

因此,A 的特征值为 $2, -7$. 属于 2 的特征向量是

$$k_1 \begin{bmatrix} 2 \\ 0 \\ 1 \end{bmatrix} + k_2 \begin{bmatrix} 0 \\ 1 \\ 1 \end{bmatrix} \quad (k_1, k_2 \text{ 不全为 } 0);$$

属于 -7 的特征向量是

$$k \begin{bmatrix} 1 \\ 2 \\ -2 \end{bmatrix} \quad (k \neq 0).$$

例 2 求矩阵 B 的特征值与特征向量:

$$B = \begin{bmatrix} 3 & 1 & 0 \\ -4 & -1 & 0 \\ 4 & -8 & -2 \end{bmatrix}.$$

解:B 的特征多项式为

$$|\lambda E - B| = \begin{vmatrix} \lambda - 3 & -1 & 0 \\ 4 & \lambda + 1 & 0 \\ -4 & 8 & \lambda + 2 \end{vmatrix} = (\lambda - 1)^2 (\lambda + 2).$$

所以 B 的特征值为 $1(2 \text{ 重}), -2$.

把 $\lambda = 1$ 代入齐次线性方程组 (2),得

$$\begin{cases} -2x_1 - x_2 = 0, \\ 4x_1 + 2x_2 = 0, \\ -4x_1 + 8x_2 + 3x_3 = 0. \end{cases}$$

其基础解系为 $\begin{bmatrix} 3 \\ -6 \\ 20 \end{bmatrix}$;

把 $\lambda=-2$ 代入(2),得

$$\begin{cases} -5x_1 - x_2 = 0 \\ 4x_1 - x_2 = 0 \\ -4x_1 + 8x_2 = 0. \end{cases}$$

其基础解系为 $\begin{bmatrix} 0 \\ 0 \\ 1 \end{bmatrix}$.

所以,B 的特征值为 $1,-2$. 属于 1 的特征向量为:

$$k\begin{bmatrix} 3 \\ -6 \\ 20 \end{bmatrix} \quad (k \neq 0);$$

属于 -2 的特征向量为:

$$l\begin{bmatrix} 0 \\ 0 \\ 1 \end{bmatrix} \quad (l \neq 0).$$

因为凡是 A 的属于 λ_0 的特征向量都是齐次线性方程组(2)的解;反过来,凡是方程组(2)的非零解一定都是 A 的属于 λ_0 的特征向量,所以,为了求 A 的属于 λ_0 的全部特征向量,只需找出方程组(2)的一个基础解系,设为 $\boldsymbol{\alpha}_1, \boldsymbol{\alpha}_2, \cdots, \boldsymbol{\alpha}_s$, 那么 A 的属于 λ_0 的全部特征向量就是

$$k_1 \boldsymbol{\alpha}_1 + k_2 \boldsymbol{\alpha}_2 + \cdots + k_s \boldsymbol{\alpha}_s.$$

其中 $k_1, k_2, \cdots, k_s$ 可以取数域 P 中任意的数. 需要注意的是:因为特征向量是非零向量,所以 $k_1, k_2, \cdots, k_s$ 必须不全为零.

下面对矩阵的特征多项式作几点说明. 首先来证明下述定理.

定理 2 相似矩阵有相同的特征多项式.

证明: 设 $A \sim B$,那么有可逆矩阵 X,使
$$B = X^{-1}AX.$$
于是 A,B 的特征矩阵有下述关系:
$$\lambda E - B = \lambda E - X^{-1}AX = X^{-1}(\lambda E - A)X.$$
求等式两端的行列式,得
$$|\lambda E - B| = |X^{-1}(\lambda E - A)X| = |X^{-1}||\lambda E - A||X|$$
$$= |\lambda E - A|.$$
这就证明了 A,B 有相同的特征多项式. ∎

但是,特征多项式相等的矩阵却并不一定相似,例如矩阵
$$A = \begin{bmatrix} 1 & 0 \\ 0 & 1 \end{bmatrix}, \quad B = \begin{bmatrix} 1 & 1 \\ 0 & 1 \end{bmatrix}$$
的特征多项式都等于 $(\lambda - 1)^2$,但它们显然不相似,因为与 A 相似的矩阵只有它自己.

由于矩阵的特征值就是它的特征多项式的根,因此,从定理 2 可得出下述推论.

推论 相似矩阵有相同的特征值.

如果 A 是一个 n 阶矩阵,那么它的特征多项式一定是一个 n 次多项式.事实上,如果
$$A = [a_{ij}],$$
那么
$$f(\lambda) = |\lambda E - A| = \begin{vmatrix} \lambda - a_{11} & -a_{12} & \cdots & -a_{1n} \\ -a_{21} & \lambda - a_{22} & \cdots & -a_{2n} \\ \cdots\cdots\cdots\cdots\cdots\cdots\cdots\cdots \\ -a_{n1} & -a_{n2} & \cdots & \lambda - a_{nn} \end{vmatrix}.$$
其中包含 λ 的元素只有 $\lambda - a_{11}, \lambda - a_{22}, \cdots, \lambda - a_{nn}$.由于这些元素位于不同行不同列,所以
$$f(\lambda) = (\lambda - a_{11})(\lambda - a_{22})\cdots(\lambda - a_{nn}) + \cdots.$$
其他的项至少包含一个因子 $(-a_{ij})$.如果包含 $-a_{ij}$,那么就不能

包含 $\lambda-a_{ii}$(因为这个元素与 $-a_{ij}$ 在同一行),也不能包含 $\lambda-a_{jj}$(因为这个元素与 $-a_{ij}$ 在同一列),所以其他的项最多是 $n-2$ 次.
于是
$$f(\lambda)=\lambda^n-(a_{11}+a_{22}+\cdots+a_{nn})\lambda^{n-1}+c_{n-2}\lambda^{n-2}$$
$$+\cdots+c_1\lambda+c_0.$$

这说明:$f(\lambda)$ 是 λ 的一个 n 次多项式,首项系数是 1,λ^{n-1} 的系数是
$$-(a_{11}+a_{22}+\cdots+a_{nn}).$$
其中 $a_{11}+a_{22}+\cdots+a_{nn}$ 是 A 的主对角线上的元素之和.称为 A 的迹.

定义 4 设 $A=(a_{ij})$ 是一个 n 阶矩阵,A 的对角线元素之和称为 A 的**迹**,记 $\mathrm{tr}A$:
$$\mathrm{tr}A=a_{11}+a_{22}+\cdots+a_{nn}.$$

由于 n 阶矩阵的特征多项式中 λ^{n-1} 的系数等于这个矩阵的迹的负值.所以当 A 与 B 是两个相似矩阵时,它们的特征多项式相等,因而它们的迹也相等.这就是说:**相似矩阵有相同的迹**.

A 的特征多项式 $f(\lambda)$ 的常数项可以很容易地计算出来:在等式

$$\begin{vmatrix} \lambda-a_{11} & -a_{12} & \cdots & -a_{1n} \\ -a_{21} & \lambda-a_{22} & \cdots & -a_{2n} \\ \cdots\cdots\cdots\cdots\cdots\cdots\cdots\cdots \\ -a_{n1} & -a_{n2} & \cdots & \lambda-a_{nn} \end{vmatrix}=\lambda^n-(a_{11}+\cdots+a_{nn})\lambda^{n-1}$$
$$+\cdots+c_1\lambda+c_0$$

中,两边用 $\lambda=0$ 代入,即得

$$\begin{vmatrix} -a_{11} & -a_{12} & \cdots & -a_{1n} \\ -a_{21} & -a_{22} & \cdots & -a_{2n} \\ \cdots\cdots\cdots\cdots\cdots\cdots\cdots\cdots \\ -a_{n1} & -a_{n2} & \cdots & -a_{nn} \end{vmatrix}=c_0.$$

所以
$$c_0=(-1)^n|A|.$$

因为矩阵 A 的特征值是 A 的特征多项式的根,而多项式的求根问题是与所考虑的数域有关的,因此,矩阵 A 的特征值与特征向量的存在也与所考虑的数域有关,在不同的数域中,可以得到不同的结果.下面举例说明.

例 3 求矩阵 A 的特征值与特征向量:

$$A = \begin{bmatrix} 5 & 6 & -3 \\ -1 & 0 & 1 \\ 1 & 2 & -1 \end{bmatrix}.$$

解:A 的特征多项式为

$$f(\lambda) = |\lambda E - A| = \begin{vmatrix} \lambda-5 & -6 & 3 \\ 1 & \lambda & -1 \\ -1 & -2 & \lambda+1 \end{vmatrix}$$

$$= (\lambda-2)(\lambda^2 - 2\lambda - 2).$$

如果在有理数域中考虑,那么 A 只有一个特征值 $\lambda=2$. 把 $\lambda=2$ 代入方程组(2)中,得

$$\begin{cases} -3x_1 - 6x_2 + 3x_3 = 0, \\ x_1 + 2x_2 - x_3 = 0, \\ -x_1 - 2x_2 + 3x_3 = 0. \end{cases}$$

求得一般解为:

$$x_1 = -2x_2$$
$$x_3 = 0$$

其中 x_2 为自由未知量.

其基础解系为:$\begin{bmatrix} 2 \\ -1 \\ 0 \end{bmatrix}.$

所以 A 的全部特征向量为:

$$k\begin{bmatrix} 2 \\ -1 \\ 0 \end{bmatrix}\quad (k\text{ 为不等于零的有理数}).$$

如果在实数域中考虑,那么除去 $\lambda=2$ 外,A 还有两个特征值 $\lambda=1\pm\sqrt{3}$,把 $\lambda=1\pm\sqrt{3}$ 分别代入方程组(2)中,得

$$\begin{cases} (-4+\sqrt{3})x_1 - 6x_2 + 3x_3 = 0, \\ x_1 + (1+\sqrt{3})x_2 - x_3 = 0, \\ -x_1 - 2x_2 + (2+\sqrt{3})x_3 = 0, \end{cases}$$

和

$$\begin{cases} (-4-\sqrt{3})x_1 - 6x_2 + 3x_3 = 0, \\ x_1 + (1-\sqrt{3})x_2 - x_3 = 0, \\ -x_1 - 2x_2 + (2-\sqrt{3})x_3 = 0. \end{cases}$$

它们的基础解系分别为:

$$\begin{bmatrix} 6+3\sqrt{3} \\ -2-\sqrt{3} \\ 1 \end{bmatrix} \text{和} \begin{bmatrix} 6-3\sqrt{3} \\ -2+\sqrt{3} \\ 1 \end{bmatrix}.$$

所以 A 的全部特征向量为

$$k\begin{bmatrix} 2 \\ -1 \\ 0 \end{bmatrix},\ l\begin{bmatrix} 6+3\sqrt{3} \\ -2-\sqrt{3} \\ 1 \end{bmatrix},\ m\begin{bmatrix} 6-3\sqrt{3} \\ -2+\sqrt{3} \\ 1 \end{bmatrix}.$$

其中 k, l, m 都是非零实数.

因为复系数多项式在复数域中一定有根,所以在复数域中考虑时,任一个矩阵一定都有特征向量.

最后,我们指出如下一个重要结论而不加证明.

定理 3(汉密尔顿-凯莱(Hamilton-Caylay)定理) 设 A 是一个 n 阶矩阵,$f(\lambda)=|\lambda E-A|$ 是 A 的特征多项式,那么 $f(A)=O$.

习 题 4.2

1. 求下列复系数矩阵的特征值和特征向量：

   (1) $\begin{bmatrix} 3 & 4 \\ 5 & 2 \end{bmatrix}$;

   (2) $\begin{bmatrix} 2 & -1 & 2 \\ 5 & -3 & 3 \\ -1 & 0 & -2 \end{bmatrix}$;

   (3) $\begin{bmatrix} 3 & 7 & -3 \\ -2 & -5 & 2 \\ -4 & -10 & 3 \end{bmatrix}$

   (4) $\begin{bmatrix} 0 & 0 & 1 \\ 0 & 1 & 0 \\ 1 & 0 & 0 \end{bmatrix}$;

   (5) $\begin{bmatrix} 0 & 2 & 1 \\ -2 & 0 & 3 \\ -1 & -3 & 0 \end{bmatrix}$.

2. 试证：

   (1) $\mathrm{tr}(A+B) = \mathrm{tr}A + \mathrm{tr}B$;

   (2) $\mathrm{tr}(kA) = k\mathrm{tr}A$;

   (3) $\mathrm{tr}(AB) = \mathrm{tr}(BA)$.

3. 设 $\boldsymbol{\alpha}$ 是 A 的属于特征值 λ_0 的特征向量．求证：

   (1) 对任意数非零 k, $\boldsymbol{\alpha}$ 是 kA 的属于特征值 $k\lambda_0$ 的特征向量；

   (2) 对正整数 m, $\boldsymbol{\alpha}$ 是 A^m 的属于特征值 λ_0^m 的特征向量；

   (3) 如果 A 可逆，则 $\lambda_0 \neq 0$, 且 $\boldsymbol{\alpha}$ 是 A^{-1} 的属于 λ_0^{-1} 的特征向量.

4. 试证：

   (1) 幂零矩阵的特征值都等于 0；

   (2) 幂等矩阵的特征值等于 0 或 1；

   (3) 幺幂矩阵的特征值都是单位根.(如果复数 λ_0 满足 $\lambda_0^k = 1$, (k 是正整数).则称 λ_0 是一个 m 次单位根)

5. 证明：如果 $\boldsymbol{\alpha}_1, \boldsymbol{\alpha}_2, \cdots, \boldsymbol{\alpha}_s$ 是矩阵 A 的属于特征值 λ_0 的一组线性无关的特征向量；$k_1, k_2, \cdots, k_s$ 是一组不全为零的数，则 $k_1\boldsymbol{\alpha}_1 + k_2\boldsymbol{\alpha}_2 + \cdots + k_s\boldsymbol{\alpha}_s$ 也是 A 的属于特征值 λ_0 的特征向量.

4.3 矩阵可对角化的条件

这一节讨论矩阵与某一个对角矩阵相似的条件. 如果 A 与一个对角矩阵相似,就说 A 对角化. 定理 1 说明了: n 阶矩阵 A 可对角化的充分必要条件是: A 有 n 个线性无关的特征向量. 然而,上节的例题和习题告诉我们: 并不是所有的 n 阶矩阵都有 n 个线性无关的特征向量. 因而并不是每一个矩阵都可以对角化,现在引用上节中的例 1 和例 2 来核对这个论断. 例 1 中的 3 阶矩阵 A 有 3 个线性无关的特征向量:

$$\begin{bmatrix} 2 \\ 0 \\ 1 \end{bmatrix}, \begin{bmatrix} 0 \\ 1 \\ 1 \end{bmatrix} \text{ 与 } \begin{bmatrix} 1 \\ 2 \\ -2 \end{bmatrix},$$

以它们为列作一个矩阵

$$X = \begin{bmatrix} 2 & 0 & 1 \\ 0 & 1 & 2 \\ 1 & 1 & -2 \end{bmatrix}.$$

那么,$X^{-1}AX$ 就一定是对角矩阵:

$$X^{-1}AX = \begin{bmatrix} 2 & 0 & 0 \\ 0 & 2 & 0 \\ 0 & 0 & -7 \end{bmatrix}.$$

读者可以验证一下这个等式.

但是,例 2 中的 3 阶矩阵 B 只有 2 个线性无关的特征向量,所以 B 一定不能与一个对角矩阵相似. 这个例子明确地回答了在第一节中提出的问题. 就是说,并不是任一个矩阵 A 都可找到可逆矩阵 X,使 $X^{-1}AX$ 成为对角矩阵. 或者简单地说,并不是任意矩阵都可以化为对角形.

如果 A 可以化为对角形 B: $B = X^{-1}AX$. 那么,B 与 A 有相同

的特征值. 而 B 的特征值就是它的对角线上的元素,所以 B 除了对角线上的元素的排列次序可以不同外,是唯一确定的. 但是,因为特征向量不是唯一的,所以 X 的取法有无穷多种.

又因为特征值、特征向量的存在与所考虑的数域有关,所以一个矩阵能不能对角化,也与所考虑的数域有关. 例如上节例 3 中的矩阵 A,如果把它考虑为有理系数的矩阵,那么它只有一个线性无关的特征向量,所以不能对角化. 即,不能找到可逆的系数为有理数的矩阵 X,使 $X^{-1}AX$ 为对角矩阵. 但是,如果把 A 看成一个实数域上的矩阵,那么就可以找到可逆矩阵

$$X = \begin{bmatrix} 2 & 6+3\sqrt{3} & 6-3\sqrt{3} \\ -1 & -2-\sqrt{3} & -2+\sqrt{3} \\ 0 & 1 & 1 \end{bmatrix},$$

使 $X^{-1}AX$ 为对角矩阵:

$$X^{-1}AX = \begin{bmatrix} 2 & 0 & 0 \\ 0 & 1+\sqrt{3} & 0 \\ 0 & 0 & 1-\sqrt{3} \end{bmatrix}.$$

在应用时常常要求特征向量是线性无关的. 对于同一个特征值,在求特征向量的时候,只要取一个基础解系,那么对应的特征向量一定包含了尽可能多的线性无关的特征向量. 对于不同的特征值,当分别取了线性无关的特征向量(例如,可以取基础解系)以后,把它们放在一起合成一个向量组,是不是还线性无关呢?答案是肯定的. 下面的定理就证明了这一点.

定理 4 如果 $\lambda_1, \lambda_2, \cdots, \lambda_t$ 是矩阵 A 的不同的特征值;$\boldsymbol{\alpha}_{i1}$, $\boldsymbol{\alpha}_{i2}, \cdots, \boldsymbol{\alpha}_{is_i}$ 是 A 的属于 λ_i 的线性无关的特征向量$(i=1,2,\cdots,t)$. 那么向量组 $\boldsymbol{\alpha}_{11}, \boldsymbol{\alpha}_{12}, \cdots, \boldsymbol{\alpha}_{1s_1}, \cdots, \boldsymbol{\alpha}_{t1}, \boldsymbol{\alpha}_{t2}, \cdots, \boldsymbol{\alpha}_{ts_t}$ 也是线性无关的.

证明:对特征值的个数 t 用归纳法.

当 $t=1$ 时,由假设知 $\boldsymbol{\alpha}_{11}, \boldsymbol{\alpha}_{12}, \cdots, \boldsymbol{\alpha}_{1s_1}$ 是线性无关的. 设 $t=k$

时结论成立,即 $\boldsymbol{\alpha}_{11}, \boldsymbol{\alpha}_{12}, \cdots, \boldsymbol{\alpha}_{1s_1}, \cdots, \boldsymbol{\alpha}_{k1}, \boldsymbol{\alpha}_{k2}, \cdots, \boldsymbol{\alpha}_{ks_k}$ 是线性无关的,下面证 $t=k+1$ 时结论也成立.

假设有关系式
$$a_{11}\boldsymbol{\alpha}_{11}+\cdots+a_{1s_1}\boldsymbol{\alpha}_{1s_1}+\cdots+a_{k1}\boldsymbol{\alpha}_{k1}+\cdots+a_{ks_k}\boldsymbol{\alpha}_{ks_k}$$
$$+a_{k+1,1}\boldsymbol{\alpha}_{k+1,1}+\cdots+a_{k+1,s_{k+1}}\boldsymbol{\alpha}_{k+1,s_{k+1}}=0 \quad (1)$$

成立.在等式两边乘以 λ_{k+1},得:
$$a_{11}\lambda_{k+1}\boldsymbol{\alpha}_{11}+\cdots+a_{1s_1}\lambda_{k+1}\boldsymbol{\alpha}_{1s_1}+\cdots+a_{k1}\lambda_{k+1}\boldsymbol{\alpha}_{k1}+\cdots$$
$$+a_{ks_k}\lambda_{k+1}\boldsymbol{\alpha}_{ks_k}+a_{k+1,1}\lambda_{k+1}\boldsymbol{\alpha}_{k+1,1}+\cdots$$
$$+a_{k+1,s_{k+1}}\lambda_{k+1}\boldsymbol{\alpha}_{k+1,s_{k+1}}=0. \quad (2)$$

在(1)式两端同用矩阵 A 左乘,得
$$a_{11}\lambda_1\boldsymbol{\alpha}_{11}+\cdots+a_{1s_1}\lambda_1\boldsymbol{\alpha}_{1s_1}+\cdots+a_{k1}\lambda_k\boldsymbol{\alpha}_{k1}+\cdots+a_{ks_k}\lambda_k\boldsymbol{\alpha}_{ks_k}$$
$$+a_{k+1,1}\lambda_{k+1}\boldsymbol{\alpha}_{k+1,1}+\cdots+a_{k+1,s_{k+1}}\lambda_{k+1}\boldsymbol{\alpha}_{k+1,s_{k+1}}=0. \quad (3)$$

从(2)式减去(3)式,得
$$a_{11}(\lambda_{k+1}-\lambda_1)\boldsymbol{\alpha}_{11}+\cdots+a_{1s_1}(\lambda_{k+1}-\lambda_1)\boldsymbol{\alpha}_{1s_1}+\cdots$$
$$+a_{k1}(\lambda_{k+1}-\lambda_k)\boldsymbol{\alpha}_{k1}+\cdots+a_{ks_k}(\lambda_{k+1}-\lambda_k)\boldsymbol{\alpha}_{ks_k}=0.$$

根据归纳法假设:$\boldsymbol{\alpha}_{11},\cdots,\boldsymbol{\alpha}_{1s_1},\cdots,\boldsymbol{\alpha}_{k1},\cdots,\boldsymbol{\alpha}_{ks_k}$ 是线性无关的,于是
$$a_{ij}(\lambda_{k+1}-\lambda_i)=0 \quad (i=1,2,\cdots,k;\ j=1,2,\cdots,s_i).$$

但是 $\lambda_{k+1}-\lambda_i\neq 0(i=1,2,\cdots,k)$,所以
$$a_{ij}=0 \quad (i=1,2,\cdots,k;\ j=1,2,\cdots,s_i).$$

于是(1)式变成
$$a_{k+1,1}\boldsymbol{\alpha}_{k+1,1}+\cdots+a_{k+1,s_{k+1}}\boldsymbol{\alpha}_{k+1,s_{k+1}}=0.$$

由题设:$\boldsymbol{\alpha}_{k+1,1},\cdots,\boldsymbol{\alpha}_{k+1,s_{k+1}}$ 是线性无关的,所以
$$a_{k+1,j}=0 \quad (j=1,2,\cdots,s_{k+1}).$$

这就证明了 $\boldsymbol{\alpha}_{11},\cdots,\boldsymbol{\alpha}_{1s_1},\cdots,\boldsymbol{\alpha}_{k+1,1},\cdots,\boldsymbol{\alpha}_{k+1,s_{k+1}}$ 是线性无关的.

根据归纳法原理,定理得证. ▮

在定理 4 中如果每个 λ_i 取一个特征向量 $\boldsymbol{\alpha}_i(i=1,\cdots,t)$,那

么,$\alpha_1,\alpha_2,\cdots\alpha_t$ 线性无关. 这说明属于不同特征值的特征向量是线性无关的. 由此得到矩阵 A 与对角矩阵相似的一个充分条件:

定理 5 如果 n 阶矩阵有 n 个不同的特征值,那么 A 可以对角化.

在复数域中,因为每个 n 次多项式都有 n 个根,所以从定理 5 可以得到:

推论 如果复数域上的矩阵 A 的特征多项式没有重根,那么 A 可以化为对角形.

需要注意的是,这两个条件都不是必要的. 例如,n 阶单位矩阵 E 本身就是对角形,可是 E 只有唯一的特征值 1,它是 E 的特征多项式的 n 重根.

习 题 4.3

1. 习题 4.2 第 1 题中的矩阵哪些可以对角化?哪些不能?对于能对角化的矩阵 A,试找出可逆矩阵 X,使 $X^{-1}AX$ 为对角矩阵.
2. 设 α,β 分别是 A 的属于 λ_1,λ_2 的特征向量,而且 $\lambda_1 \neq \lambda_2$. 试证:

    (1) α,β 线性无关;

    (2) $\alpha+\beta$ 不可能是 A 的特征向量.
3. 设上三角矩阵

$$A = \begin{bmatrix} a_{11} & a_{12} & \cdots & a_{1n} \\ 0 & a_{22} & \cdots & a_{2n} \\ \multicolumn{4}{c}{\cdots\cdots\cdots\cdots\cdots\cdots} \\ 0 & 0 & \cdots & a_{nn} \end{bmatrix}$$

的对角线元素 $a_{11},a_{22},\cdots,a_{nn}$ 各不相同,试证:A 可以对角化.

4. A 是一个 3 阶方阵. 已知它的特征值为 $\lambda_1=1,\lambda_2=-1,\lambda_3=0$. A 的属于特征值 $\lambda_1,\lambda_2,\lambda_3$ 的特征向量依次为:

$$\alpha_1 = \begin{bmatrix} 1 \\ 2 \\ 1 \end{bmatrix}, \quad \alpha_2 = \begin{bmatrix} 0 \\ -2 \\ 1 \end{bmatrix}, \quad \alpha_3 = \begin{bmatrix} 1 \\ 1 \\ 2 \end{bmatrix}$$

求 A.

5. 计算
$$\begin{bmatrix} 1 & 2 & 2 \\ 2 & 1 & 2 \\ 2 & 2 & 1 \end{bmatrix}^k \quad (k>0,整数).$$

4.4　实对称矩阵的对角化

这一节讨论实对称矩阵的标准形问题. 主要证明：任一个实对称矩阵都可以化为对角形. 为了证明这个结论，必须先对实对称矩阵的特征值加以讨论，首先来证明下述定理.

定理 6　实对称矩阵的特征多项式的根都是实数.

证明：设 $A=[a_{ij}]$ 是一个 n 阶实对称矩阵；λ_0 是 A 的特征多项式 $f(\lambda)=|\lambda E-A|$ 的一个根. $\boldsymbol{\alpha} = \begin{bmatrix} c_1 \\ c_2 \\ \vdots \\ c_n \end{bmatrix}$ 是齐次线性方程组 $(\lambda_0 E-A)X=0$ 的一个非零解，即 $\boldsymbol{\alpha}$ 满足
$$(\lambda_0 E-A)\boldsymbol{\alpha} = 0.$$
其中 $\lambda_0, c_1, c_2, \cdots, c_n$ 都是复数. 于是
$$A\boldsymbol{\alpha} = \lambda_0 \boldsymbol{\alpha}.$$
乘开后比较各分量，得
$$\begin{cases} a_{11}c_1 + a_{12}c_2 + \cdots + a_{1n}c_n = \lambda_0 c_1, \\ a_{21}c_1 + a_{22}c_2 + \cdots + a_{2n}c_n = \lambda_0 c_2, \\ \cdots\cdots\cdots\cdots\cdots\cdots\cdots\cdots\cdots\cdots\cdots\cdots \\ a_{n1}c_1 + a_{n2}c_2 + \cdots + a_{nn}c_n = \lambda_0 c_n. \end{cases}$$
将第 i 个式子乘上 c_i 的共轭复数 $\bar{c}_i (i=1,2,\cdots,n)$，并将所得到的 n 个式子相加，得

$$\sum_{i=1}^{n}\sum_{j=1}^{n}a_{ij}\bar{c}_i c_j = \sum_{i=1}^{n}\lambda_0 \bar{c}_i c_i = \lambda_0 \sum_{i=1}^{n} \bar{c}_i c_i.$$

因为 $\boldsymbol{\alpha}$ 是非零向量,所以 $c_1, c_2, \cdots, c_n$ 不全为零,$\sum_{i=1}^{n} \bar{c}_i c_i$ 是一个非零实数,可解出 λ_0:

$$\lambda_0 = \frac{\sum_{i=1}^{n}\sum_{j=1}^{n}a_{ij}\bar{c}_i c_j}{\sum_{i=1}^{n}\bar{c}_i c_i}.$$

要证明 λ_0 是一个实数,只要证明:

$$\sum_{i=1}^{n}\sum_{j=1}^{n}a_{ij}\bar{c}_i c_j$$

是一个实数就行了. 为此,下面证明这个数的共轭复数就等于它自己:

$$\overline{\sum_{i=1}^{n}\sum_{j=1}^{n}a_{ij}\bar{c}_i c_j} = \sum_{i=1}^{n}\sum_{j=1}^{n}\overline{a_{ij}\bar{c}_i c_j} = \sum_{i=1}^{n}\sum_{j=1}^{n}a_{ij}c_i \bar{c}_j$$

$$= \sum_{i=1}^{n}\sum_{j=1}^{n}a_{ji}c_j \bar{c}_i = \sum_{i=1}^{n}\sum_{j=1}^{n}a_{ji}\bar{c}_i c_j.$$

其中倒数第二个等式的成立是由于 A 是一个实对称矩阵,所以 $a_{ij} = a_{ji}$. 而最后一个等式成立是由于双重连加号的可交换性. 于是定理得到证明. ▊

推论 n 阶实对称矩阵有 n 个特征值(重根按重数计算).

应用定理 6,可以证明下述定理.

定理 7 设 A 是一个 n 阶实对称矩阵,那么可以找到 n 阶正交矩阵 T,使得 $T^{-1}AT$ 为对角矩阵.

证明:对实对称矩阵 A 的阶数 n 作归纳法:当 $n=1$ 时,结论是显然成立的. 假设对于 $n-1$ 阶实对称矩阵结论成立. 下面证明对于 n 阶实对称矩阵结论也成立.

设 λ_1 是 A 的一个特征值,并设 $\boldsymbol{\alpha}$ 是 A 的属于 λ_1 的一个特征

向量. 于是
$$A\boldsymbol{\alpha} = \lambda_1 \boldsymbol{\alpha}.$$
因为特征向量的非零倍数还是特征向量. 所以可设 $\boldsymbol{\alpha}$ 是一个单位向量.

以 $\boldsymbol{\alpha}$ 为第 1 列作一个正交矩阵 T_1,那么
$$T_1^{-1}AT_1 = \begin{bmatrix} \lambda_1 & b_2 & \cdots & b_n \\ 0 & & & \\ \vdots & & A_1 & \\ 0 & & & \end{bmatrix}.$$

但是,因为 T_1 是正交矩阵,所以
$$(T_1^{-1}AT_1)^{\mathrm{T}} = T_1^{\mathrm{T}} A^{\mathrm{T}} (T_1^{-1})^{\mathrm{T}} = T_1^{-1}AT_1.$$
即 $T_1^{-1}AT_1$ 也是对称矩阵,所以 $b_2 = \cdots = b_n = 0$,而且 A_1 是 $n-1$ 阶实对称矩阵:
$$T_1^{-1}AT_1 = \begin{bmatrix} \lambda_1 & O \\ O & A_1 \end{bmatrix}.$$

根据归纳法假设,有 $n-1$ 阶正交矩阵 T_2,使得 $T_2^{-1}A_1T_2$ 为对角矩阵.
$$T_2^{-1}A_1T_2 = [\lambda_2, \cdots, \lambda_n].$$
令
$$T_3 = \begin{bmatrix} 1 & O \\ O & T_2 \end{bmatrix},$$
则
$$T_3^{-1}\begin{bmatrix} \lambda_1 & O \\ O & A_1 \end{bmatrix}T_3 = \begin{bmatrix} \lambda_1 & O \\ O & T_2^{-1}A_1T_2 \end{bmatrix} = \begin{bmatrix} \lambda_1 & & & O \\ & \lambda_2 & & \\ & & \ddots & \\ O & & & \lambda_n \end{bmatrix}.$$

再令
$$T = T_1T_3,$$
即得
$$T^{-1}AT = [\lambda_1, \lambda_2, \cdots, \lambda_n].$$
其中 T 是两个正交矩阵的乘积,仍是一个正交矩阵. ∎

定理 7 说明了使 A 化为对角形的正交矩阵 T 的存在性. 那么具体的 T 怎样去找呢？因为 $T^{-1}AT$ 是对角形, 所以 T 的每个列都是 A 的特征向量. 而且, 因为 T 是一个正交矩阵, 所以 T 的 n 个列组成一个正交的单位向量组. 因此在求出 A 的 n 个线性无关的特征向量以后, 还需要再把这 n 个向量正交化与单位化. 因为属于不同特征值的特征向量的和不再是特征向量（见习题 4.3 第 2 题），所以为了保证正交化后所得到的向量仍是特征向量, 需要用到下述定理：

定理 8 设 A 是一个实对称矩阵. 那么属于 A 的不同特征值的特征向量一定是正交的.

证明：设 $\boldsymbol{\alpha}_1, \boldsymbol{\alpha}_2$ 分别是 A 的属于不同特征值 λ_1, λ_2 的实特征向量：
$$A\boldsymbol{\alpha}_1 = \lambda_1 \boldsymbol{\alpha}_1, \quad A\boldsymbol{\alpha}_2 = \lambda_2 \boldsymbol{\alpha}_2, \quad \lambda_1 \neq \lambda_2.$$
于是
$$(A\boldsymbol{\alpha}_1, \boldsymbol{\alpha}_2) = (\lambda_1 \boldsymbol{\alpha}_1, \boldsymbol{\alpha}_2) = \lambda_1 (\boldsymbol{\alpha}_1, \boldsymbol{\alpha}_2).$$
而
$$(A\boldsymbol{\alpha}_1, \boldsymbol{\alpha}_2) = (A\boldsymbol{\alpha}_1)^{\mathrm{T}} \boldsymbol{\alpha}_2 = \boldsymbol{\alpha}_1^{\mathrm{T}} A^{\mathrm{T}} \boldsymbol{\alpha}_2 = \boldsymbol{\alpha}_1^{\mathrm{T}} A \boldsymbol{\alpha}_2 = (\boldsymbol{\alpha}_1, A\boldsymbol{\alpha}_2)$$
$$= (\boldsymbol{\alpha}_1, \lambda_2 \boldsymbol{\alpha}_2) = \lambda_2 (\boldsymbol{\alpha}_1, \boldsymbol{\alpha}_2),$$
所以
$$\lambda_1 (\boldsymbol{\alpha}_1, \boldsymbol{\alpha}_2) = \lambda_2 (\boldsymbol{\alpha}_1, \boldsymbol{\alpha}_2).$$
但是 $\lambda_1 \neq \lambda_2$, 所以 $(\boldsymbol{\alpha}_1, \boldsymbol{\alpha}_2) = 0$, 即 $\boldsymbol{\alpha}_1$ 与 $\boldsymbol{\alpha}_2$ 是正交的. ▌

根据上面的分析, 对于 n 阶实对称矩阵 A, 正交矩阵 T 的求法可按照以下步骤进行：

1. 求出特征多项式 $f(\lambda) = |\lambda E - A|$ 的全部根, 即 A 的特征值, 设 A 的全部不同的特征值为 $\lambda_1, \lambda_2, \cdots, \lambda_t$.

2. 对每个 $\lambda_i (i=1,2,\cdots,t)$ 解齐次线性方程组
$$(\lambda_i E - A)X = 0,$$
找出一个基础解系 $\boldsymbol{\alpha}_{i1}, \boldsymbol{\alpha}_{i2}, \cdots, \boldsymbol{\alpha}_{is_i}$.

3. 将 $\boldsymbol{\alpha}_{i1}, \boldsymbol{\alpha}_{i2}, \cdots, \boldsymbol{\alpha}_{is_i}$ 正交化, 单位化, 得到一组正交的单位向量 $\boldsymbol{\eta}_{i1}, \boldsymbol{\eta}_{i2}, \cdots, \boldsymbol{\eta}_{is_i}$. 它们是 A 的属于 λ_i 的线性无关的特征向量.

4. 因为 $\lambda_1, \lambda_2, \cdots, \lambda_t$ 各不相同, 向量组

$$\pmb{\eta}_{11},\cdots,\pmb{\eta}_{1s_1},\pmb{\eta}_{21},\cdots,\pmb{\eta}_{2s_2},\cdots,\pmb{\eta}_{t1},\cdots,\pmb{\eta}_{ts_t}.$$

仍是正交的单位向量组. 它们的总数共 n 个. 以这一组向量为列, 作一个矩阵 T, 那么 T 即为所求的正交矩阵.

例 1 设

$$A = \begin{bmatrix} 2 & -1 & -1 & 1 \\ -1 & 2 & 1 & -1 \\ -1 & 1 & 2 & -1 \\ 1 & -1 & -1 & 2 \end{bmatrix},$$

求正交矩阵 T, 使 $T^{-1}AT$ 为对角形.

解: 首先求 A 的特征值. 因为

$$|\lambda E - A| = \begin{vmatrix} \lambda-2 & 1 & 1 & -1 \\ 1 & \lambda-2 & -1 & 1 \\ 1 & -1 & \lambda-2 & 1 \\ -1 & 1 & 1 & \lambda-2 \end{vmatrix} = (\lambda-1)^3(\lambda-5),$$

所以 A 的特征值为 1(3 重),5.

其次,求属于 1 的特征向量:把 $\lambda_1 = 1$ 代入齐次线性方程组 $(\lambda E - A)X = 0$,得

$$\begin{cases} -x_1 + x_2 + x_3 - x_4 = 0, \\ x_1 - x_2 - x_3 + x_4 = 0, \\ x_1 - x_2 - x_3 + x_4 = 0, \\ -x_1 + x_2 + x_3 - x_4 = 0. \end{cases}$$

求得一个基础解系:

$$\begin{cases} \pmb{\alpha}_1 = (1,1,0,0), \\ \pmb{\alpha}_2 = (1,0,1,0), \\ \pmb{\alpha}_3 = (1,0,0,-1). \end{cases}$$

把它正交化,得

$$\begin{cases} \boldsymbol{\beta}_1 = \boldsymbol{\alpha}_1, \\ \boldsymbol{\beta}_2 = \boldsymbol{\alpha}_2 - \dfrac{(\boldsymbol{\alpha}_2, \boldsymbol{\beta}_1)}{(\boldsymbol{\beta}_1, \boldsymbol{\beta}_1)}\boldsymbol{\beta}_1 = \left(\dfrac{1}{2}, -\dfrac{1}{2}, 1, 0\right), \\ \boldsymbol{\beta}_3 = \boldsymbol{\alpha}_3 - \dfrac{(\boldsymbol{\alpha}_3, \boldsymbol{\beta}_1)}{(\boldsymbol{\beta}_1, \boldsymbol{\beta}_1)}\boldsymbol{\beta}_1 - \dfrac{(\boldsymbol{\alpha}_3, \boldsymbol{\beta}_2)}{(\boldsymbol{\beta}_2, \boldsymbol{\beta}_2)}\boldsymbol{\beta}_2 = \left(\dfrac{1}{3}, -\dfrac{1}{3}, -\dfrac{1}{3}, -1\right) \end{cases}$$

再单位化,得

$$\boldsymbol{\eta}_1 = \left(\dfrac{\sqrt{2}}{2}, \dfrac{\sqrt{2}}{2}, 0, 0\right),$$

$$\boldsymbol{\eta}_2 = \left(\dfrac{\sqrt{6}}{6}, -\dfrac{\sqrt{6}}{6}, \dfrac{\sqrt{6}}{3}, 0\right),$$

$$\boldsymbol{\eta}_3 = \left(\dfrac{\sqrt{3}}{6}, -\dfrac{\sqrt{3}}{6}, -\dfrac{\sqrt{3}}{6}, -\dfrac{\sqrt{3}}{2}\right).$$

再求属于 5 的特征向量:把 $\lambda_2 = 5$ 代入 $(\lambda E - A)X = 0$,得

$$\begin{cases} 3x_1 + x_2 + x_3 - x_4 = 0, \\ x_1 + 3x_2 - x_3 + x_4 = 0, \\ x_1 - x_2 + 3x_3 + x_4 = 0, \\ -x_1 + x_2 + x_3 + 3x_4 = 0. \end{cases}$$

求得基础解系为

$$\boldsymbol{\alpha}_4 = (1, -1, -1, 1).$$

$\boldsymbol{\alpha}_4$ 一定与 $\boldsymbol{\eta}_2, \boldsymbol{\eta}_2, \boldsymbol{\eta}_3$ 正交.再将 $\boldsymbol{\alpha}_4$ 单位化,得

$$\boldsymbol{\eta}_4 = \left(\dfrac{1}{2}, -\dfrac{1}{2}, -\dfrac{1}{2}, \dfrac{1}{2}\right).$$

$\boldsymbol{\eta}_1^T, \boldsymbol{\eta}_2^T, \boldsymbol{\eta}_3^T, \boldsymbol{\eta}_4^T$ 是 A 的一组单位正交的特征向量.以它们为列,作一个矩阵

$$T = \begin{bmatrix} \dfrac{\sqrt{2}}{2} & \dfrac{\sqrt{6}}{6} & \dfrac{\sqrt{3}}{6} & \dfrac{1}{2} \\ \dfrac{\sqrt{2}}{2} & -\dfrac{\sqrt{6}}{6} & -\dfrac{\sqrt{3}}{6} & -\dfrac{1}{2} \\ 0 & \dfrac{\sqrt{6}}{3} & -\dfrac{\sqrt{3}}{6} & -\dfrac{1}{2} \\ 0 & 0 & -\dfrac{\sqrt{3}}{2} & \dfrac{1}{2} \end{bmatrix}$$

T 是一个正交矩阵，而且

$$T^{-1}AT = [1, 1, 1, 5].$$

习 题 4.4

1. 求正交矩阵 T，使 $T^{-1}AT$ 为对角矩阵：

(1) $A = \begin{bmatrix} 2 & -2 & 0 \\ -2 & 1 & -2 \\ 0 & -2 & 0 \end{bmatrix}$; (2) $A = \begin{bmatrix} 1 & -2 & 2 \\ -2 & -2 & 4 \\ 2 & 4 & -2 \end{bmatrix}$;

(3) $A = \begin{bmatrix} 1 & 2 & 4 \\ 2 & -2 & 2 \\ 4 & 2 & 1 \end{bmatrix}$;

(4) $A = \begin{bmatrix} 3 & 1 & 0 & -1 \\ 1 & 3 & -1 & 0 \\ 0 & -1 & 3 & 1 \\ -1 & 0 & 1 & 3 \end{bmatrix}$;

(5) $A = \begin{bmatrix} 1 & -1 & 0 & 0 \\ -1 & 1 & 0 & 0 \\ 0 & 0 & 1 & -1 \\ 0 & 0 & -1 & 1 \end{bmatrix}$.

2. 试证：若 A 是 n 阶实对称矩阵，并且 $A^2 = A$，则存在正交矩阵 T，使得

$$T^{-1}AT = \begin{bmatrix} E_r & \\ & O \end{bmatrix}.$$

3. 试证：若 A 是 n 阶实对称矩阵，并且 $A^2=E$，则存在正交矩阵 T，使得
$$T^{-1}AT = \begin{bmatrix} E_r & \\ & -E_{n-r} \end{bmatrix}.$$
4. 试证：若 A 是 n 阶实对称矩阵，并且 A 是幂零矩阵，则 $A=O$.
5. 试证：实反对称矩阵的特征多项式的根是零或是纯虚数.

4.5 约当标准形简单介绍

我们知道，并不是每个矩阵都与一个对角矩阵相似. 这一节介绍，已知一个矩阵 A，与 A 相似的较简单的矩阵是什么形状. 本节讨论在复数域中进行.

定义 5 形式为

$$J = \begin{bmatrix} \lambda_0 & 1 & 0 & \cdots & 0 & 0 \\ 0 & \lambda_0 & 1 & \cdots & 0 & 0 \\ \cdots\cdots\cdots\cdots\cdots\cdots \\ 0 & 0 & 0 & \cdots & \lambda_0 & 1 \\ 0 & 0 & 0 & \cdots & 0 & \lambda_0 \end{bmatrix}$$

的矩阵称为**约当(Jordan)块**. 其中 λ_0 是复数. 由若干个约当块组成的准对角矩阵称为**约当形矩阵**.

1 阶约当块就是 1 阶矩阵，所以对角矩阵是约当形矩阵的特例.

本节要介绍的主要结果是：

定理 9 每个 n 阶复系数矩阵 A 都与一个约当形矩阵相似. 这个约当形矩阵除去其中约当块的排列次序外，是被矩阵 A 唯一决定的，它称为 A 的**约当标准形**.

因为约当形矩阵是上三角矩阵，所以不难算出，在矩阵 A 的约当标准形中，对角线上的元素正好就是 A 的特征多项式的全部根（重根按重数计算）.

这个定理的证明比较复杂,超出了本册所要求的范围,这里就不讲了.下面证明一个较为容易的定理.这个定理的证明与定理 7 的证明是完全相仿的.

定理 10　每个复系数矩阵都与一个上三角矩阵相似.

证明:对于矩阵的阶数 n 作归纳法:当 $n=1$ 时,结论是显然成立的.假设结论对 $n-1$ 阶矩阵成立,下面证明结论对 n 阶矩阵也成立.

设 A 是一个 n 阶复矩阵.并设 $\boldsymbol{\alpha}_1$ 是 A 的属于 λ_1 的特征向量:
$$A\boldsymbol{\alpha}_1 = \lambda_1 \boldsymbol{\alpha}_1.$$
再选 $n-1$ 个向量 $\boldsymbol{\alpha}_2,\cdots,\boldsymbol{\alpha}_n$,使得 $\boldsymbol{\alpha}_1,\boldsymbol{\alpha}_2,\cdots,\boldsymbol{\alpha}_n$ 线性无关.以 $\boldsymbol{\alpha}_1,\boldsymbol{\alpha}_2,\cdots,\boldsymbol{\alpha}_n$ 为例,作一个矩阵 X_1. X_1 是一个可逆矩阵,而且
$$X_1^{-1} A X_1 = \begin{bmatrix} \lambda_1 & b \\ O & A_1 \end{bmatrix}.$$
其中 O 是 $(n-1)\times 1$ 零矩阵;b 是 $1\times(n-1)$ 矩阵;A_1 是 $n-1$ 阶方阵.

根据归纳假设,结论对 $n-1$ 阶矩阵成立,所以有 $n-1$ 阶可逆矩阵 X_2,使 $X_2^{-1} A_1 X_2$ 为上三角矩阵:
$$X_2^{-1} A_1 X_2 = \begin{bmatrix} \lambda_2 & & * \\ & \ddots & \\ O & & \lambda_n \end{bmatrix}.$$
(* 代表矩阵中主对角线上方的元素).

令 $X_3 = [1, \ X_2]$,那么
$$X_3^{-1} \begin{bmatrix} \lambda_1 & b \\ O & A_1 \end{bmatrix} X_3 = \begin{bmatrix} 1 & O \\ O & X_2^{-1} \end{bmatrix} \begin{bmatrix} \lambda_1 & b \\ O & A_1 \end{bmatrix} \begin{bmatrix} 1 & O \\ O & X_2 \end{bmatrix}$$
$$= \begin{bmatrix} \lambda_1 & bX_2 \\ O & X_2^{-1} A_1 X_2 \end{bmatrix} = \begin{bmatrix} \lambda_1 & & & * \\ & \lambda_2 & & \\ & & \ddots & \\ O & & & \lambda_n \end{bmatrix}.$$

再令 $X = X_1 X_3$,
那么 $X^{-1}AX = (X_1 X_3)^{-1} A (X_1 X_3) = X_3^{-1}(X_1^{-1}AX_1)X_3$

$$= X_3^{-1} \begin{bmatrix} \lambda_1 & b \\ O & A_1 \end{bmatrix} X_3 = \begin{bmatrix} \lambda_1 & & & * \\ & \lambda_2 & & \\ & & \ddots & \\ O & & & \lambda_n \end{bmatrix}.$$

所以 A 相似于一个上三角矩阵.

同样,如果 A 与上三角矩阵 B 相似,那么 B 的对角线元素正好是 A 的特征多项式的全部根(重根按重数计算).

下面我们来举例说明这个定理的应用.

例 1 设 n 阶矩阵 A 的特征多项式的 n 个根是 $\lambda_1, \lambda_2, \cdots, \lambda_n$; $f(x)$ 是一个多项式. 求证: $f(A)$ 的特征多项式的 n 个根是 $f(\lambda_1)$, $f(\lambda_2), \cdots, f(\lambda_n)$.

证明: 由题设,根据定理 10, A 与一个上三角形 B 相似:

$$B = \begin{bmatrix} \lambda_1 & & & * \\ & \lambda_2 & & \\ & & \ddots & \\ & & & \lambda_n \end{bmatrix}.$$

于是 $f(A)$ 与 $f(B)$ 相似:

$$f(B) = \begin{bmatrix} f(\lambda_1) & & & * \\ & f(\lambda_2) & & \\ & & \ddots & \\ & & & f(\lambda_n) \end{bmatrix}.$$

$f(A)$ 与 $f(B)$ 有相同的特征多项式,所以 $f(A)$ 的特征多项式的 n 个根是 $f(\lambda_1), f(\lambda_2), \cdots, f(\lambda_n)$.

习 题 4.5

1. 计算

$$\begin{bmatrix} \lambda_0 & 1 \\ & \lambda_0 \end{bmatrix}^k, \quad \begin{bmatrix} \lambda_0 & 1 & \\ & \lambda_0 & 1 \\ & & \lambda_0 \end{bmatrix}^k \quad (k>0,整数).$$

2. 试证 $\begin{bmatrix} 2 & 1 \\ -1 & 0 \end{bmatrix}$ 的约当标准形是 $\begin{bmatrix} 1 & 1 \\ 0 & 1 \end{bmatrix}$.

3. 求可逆矩阵 T,使 $T^{-1}\begin{bmatrix} 2 & 1 \\ -1 & 0 \end{bmatrix}T = \begin{bmatrix} 1 & 1 \\ 0 & 1 \end{bmatrix}$.

4. 求 $\begin{bmatrix} 2 & 1 \\ -1 & 0 \end{bmatrix}^k$ $(k>0,整数)$.

内 容 提 要

1. 相似矩阵
(1) 矩阵相似的定义
(1) 相似矩阵的公共性质
2. 特征值与特征向量
(1) 基本概念:特征值、特征向量、特征矩阵、特征多项式.
(2) 矩阵 A 的特征向量的求法:
1) 计算 A 的特征多项式 $f(\lambda)=|\lambda E-A|$.
2) 求出 $f(\lambda)$ 的全部根,它们也就是 A 的全部特征值.
3) 把 A 的特征值逐个代入齐次线性方程组

$$(\lambda E-A)X = 0,$$

求出这个方程组的一个基础解系. 那么,这个基础解系的非零线性组合就是 A 的属于这个特征值的全部特征向量.

(3) 特征向量的重要性质:
1) 属于不同特征值的特征向量是线性无关的.
2) 属于同一个特征值的特征向量是非零线性组合还是属于这个特征值的特征向量;属于不同特征值的特征向量的和不再是特征向量.

3. 相似于对角矩阵的条件

(1) 相似于对角矩阵的条件:

1) n 阶矩阵 A 相似于一个对角矩阵的必要充分条件是: A 有 n 个线性无关的特征向量;

2) 如果 n 阶矩阵 A 有 n 个不同的特征值,那么,A 与一个对角矩阵相似.

3) 如果复数域上的矩阵 A 的特征多项式没有重根,那么 A 可对角化.

(2) 求矩阵 X,使 $X^{-1}AX$ 为对角矩阵的方法:

如果 n 阶矩阵相似于一个对角矩阵,那么,A 有 n 个线性无关的特征向量. 以 n 个线性无关的特征向量为列,作矩阵 X,那么,矩阵 X 可逆,并且

$$X^{-1}AX = [\lambda_1, \lambda_2, \cdots, \lambda_n],$$

其中 $\lambda_1, \lambda_2, \cdots, \lambda_n$ 是 X 的 n 个列所对应的特征值.

4. 实对称矩阵的对角化问题

(1) 主要结果:

设 A 是一个 n 阶实对称矩阵,那么,可以找到一个 n 阶正交矩阵 T,使得

$$T^{-1}AT = [\lambda_1, \lambda_2, \cdots, \lambda_n],$$

其中 $\lambda_1, \lambda_2, \cdots, \lambda_n$ 是 A 的特征值.

(2) 实对称矩阵的特征值和特征向量的重要性质:

1) 实对称矩阵的特征多项式的根都是实数;

2) n 阶实对称矩阵有 n 个实特征值;

3) 实对称矩阵的属于不同特征值的特征向量是正交的.

(3) T 的求法:

1) 找出实对称矩阵 A 的 n 个线性无关的特征向量;

2) 把属于同一特征值的特征向量正交化,单位化,得到 n 个单位正交的特征向量 $\eta_1, \eta_2, \cdots, \eta_n$;

3) 以 $\boldsymbol{\eta}_1, \boldsymbol{\eta}_2, \cdots, \boldsymbol{\eta}_n$ 为列作一个矩阵 T, 则 T 就是正交矩阵, 并且
$$T^{-1}AT = [\lambda_1, \lambda_2, \cdots, \lambda_n],$$
其中 λ_i 是 $\boldsymbol{\eta}_i$ 所对应的特征值.

5. 约当标准形

(1) 每个复矩阵 A 都与一个约当形矩阵相似,而且与 A 相似的约当形矩阵除去其中约当块的排列次序外是唯一的. 此约当形矩阵称为 A 的约当标准形.

(2) 每个复矩阵都与一个上三角矩阵相似.

(3) 如果 A 与上三角矩阵 B 相似,那么 B 的对角线元素就是 A 的特征多项式的全部根(重根按重数计算).

复 习 题 4

1. 求下列矩阵的全部特征值与特征向量:

(1) $A = \begin{bmatrix} 1 & -1 & 3 \\ 0 & 1 & 2 \\ 0 & 0 & 2 \end{bmatrix};$ (2) $A = \begin{bmatrix} 6 & 2 & 4 \\ 2 & 3 & 2 \\ 4 & 2 & 6 \end{bmatrix};$

(3) $A = \begin{bmatrix} 1 & 2 & 3 \\ 2 & 1 & 3 \\ 3 & 3 & 6 \end{bmatrix};$ (4) $A = \begin{bmatrix} -1 & 1 & 0 \\ -4 & 3 & 0 \\ 1 & 0 & 2 \end{bmatrix}.$

2. 找出 1. 题中可对角化的矩阵 A, 并求可逆矩阵 X 使 $X^{-1}AX$ 为对角矩阵.

3. 求正交矩阵 T 使 $T^{-1}AT$ 为对角矩阵:

(1) $A = \begin{bmatrix} 2 & 2 & -2 \\ 2 & 5 & -4 \\ -2 & -4 & 5 \end{bmatrix};$ (2) $A = \begin{bmatrix} 0 & -2 & 2 \\ -2 & -3 & 4 \\ 2 & 4 & -3 \end{bmatrix};$

(3) $A = \begin{bmatrix} 1 & 3 & -3 & 3 \\ 3 & 1 & 3 & -3 \\ -3 & 3 & 1 & 3 \\ 3 & -3 & 3 & 1 \end{bmatrix};$

(4) $A = \begin{bmatrix} 1 & 1 & 0 & -1 \\ 1 & 1 & -1 & 0 \\ 0 & -1 & 1 & 1 \\ -1 & 0 & 1 & 1 \end{bmatrix}$.

4. 试证：矩阵 A 可逆的充分必要条件是：它的特征值都不等于零.

5. 设 n 阶可逆矩阵 A 的特征值是 $\lambda_1, \lambda_2, \cdots, \lambda_n$，证明：$A^{-1}$ 的特征值是 λ_1^{-1}，$\lambda_2^{-1}, \cdots, \lambda_n^{-1}$.

6. 设 λ_0 是 n 阶矩阵 A 的特征多项式的 k 重根，求证：A 的属于 λ_0 的特征向量最多有 k 个是线性无关的.

7. 设 A 是一个 n 阶复矩阵，$\lambda_1, \lambda_2, \cdots, \lambda_s$ 是它的全部不同特征值，重数分别为 $n_1, n_2, \cdots, n_s$. 求证：A 可以对角化的充分必要条件是：对每个 λ_i，A 恰有 n_i 个线性无关的特征向量，$i = 1, 2, \cdots, s$.

8. 如果任一个 n 维非零向量都是 n 阶矩阵 A 的特征向量，则 A 是一个数量矩阵.

9. A 是一个 n 阶实对称矩阵，试证：如果 λ_0 是 A 的 k 重特征值，则矩阵 $\lambda_0 E - A$ 的秩等于 $n - k$.

10. 设 A, B 都是实对称矩阵，试证：存在正交矩阵 T，使 $T^{-1}AT = B$ 的充分必要条件是：A 与 B 的特征多项式相等.

第 5 章 二 次 型

二次型的问题起源于化二次曲线和二次曲面为标准形的问题. 在解析几何中,曾介绍过,当坐标原点与中心重合时,有心二次曲线的一般方程是:
$$ax^2 + 2bxy + cy^2 = f.$$
为了便于研究这个二次曲线,可以将坐标轴适当旋转而把上述方程化成标准方程. 在二次曲面的研究中也有类似的情况.

上述方程式的左端是一个二次齐次多项式. 二次齐次多项式不但在几何中有,而且在数学的其他分支以及物理、力学中也常常会碰到. 这一章的内容就是介绍二次齐次多项式的一些重要性质.

5.1 二次型及其矩阵表示

设 **P** 是一个数域,以 **P** 中的数作系数的 $x_1, x_2, \cdots, x_n$ 的二次齐次多项式
$$f(x_1, x_2, \cdots, x_n) = a_{11}x_1^2 + 2a_{12}x_1x_2 + \cdots + 2a_{1n}x_1x_n \\ + a_{22}x_2^2 + \cdots + 2a_{2n}x_2x_n + \cdots + a_{nn}x_n^2 \tag{1}$$
称为数域 **P** 上的一个 n 元二次型,在不致引起混淆的情况下,也简称二次型. 例如
$$x_1^2 - 2x_1x_2 + 8x_1x_3 - x_2^2 + 5x_2x_3 + x_3^2$$
就是实数域上的一个 3 元二次型. 为了以后讨论方便,把(1)中 $x_ix_j (i<j)$ 的系数写成 $2a_{ij}$,而不简单地写成 a_{ij}.

与在几何中一样,讨论二次型问题的主要内容是:用变量的线性变换来化简二次型. 为此,首先引入下述定义:

定义 1 设 $x_1, x_2, \cdots, x_n; y_1, y_2, \cdots, y_n$ 是两组变量,系数在数域 **P** 中的一组关系式

$$\begin{cases} x_1 = c_{11}y_1 + c_{12}y_2 + \cdots + c_{1n}y_n, \\ x_2 = c_{21}y_1 + c_{22}y_2 + \cdots + c_{2n}y_n, \\ \cdots\cdots\cdots\cdots\cdots\cdots\cdots\cdots\cdots\cdots \\ x_n = c_{n1}y_1 + c_{n2}y_2 + \cdots + c_{nn}y_n, \end{cases} \quad (2)$$

称为由 $x_1, x_2, \cdots, x_n$ 到 $y_1, y_2, \cdots, y_n$ 的一个**线性替换**,简称**线性替换**,如果系数矩阵

$$C = \begin{bmatrix} c_{11} & c_{12} & \cdots & c_{1n} \\ c_{21} & c_{22} & \cdots & c_{2n} \\ \cdots\cdots\cdots\cdots\cdots\cdots \\ c_{n1} & c_{n2} & \cdots & c_{nn} \end{bmatrix}$$

是非退化的,就称线性替换(2)是**非退化**的或**可逆**的. 当 **P** 是实数域时,如果系数矩阵 C 是正交的,就称(2)为**正交**的. 正交的线性替换简称正交替换.

不难看出:如果把(2)代入(1),那么得到的 $y_1, y_2, \cdots, y_n$ 的多项式仍然是二次齐次的. 这就是说,二次型经过线性替换后还是二次型. 这一章的主要内容就是研究二次型在非退化线性替换下的变化情况.

线性替换可以用它的系数矩阵来表示. 令

$$X = \begin{bmatrix} x_1 \\ x_2 \\ \vdots \\ x_n \end{bmatrix}, Y = \begin{bmatrix} y_1 \\ y_2 \\ \vdots \\ y_n \end{bmatrix},$$

那么(2)就可以写成

$$\begin{bmatrix} x_1 \\ x_2 \\ \vdots \\ x_n \end{bmatrix} = \begin{bmatrix} c_{11} & c_{12} & \cdots & c_{1n} \\ c_{21} & c_{22} & \cdots & c_{2n} \\ \multicolumn{4}{c}{\dotfill} \\ c_{n1} & c_{n2} & \cdots & c_{nn} \end{bmatrix} \begin{bmatrix} y_1 \\ y_2 \\ \vdots \\ y_n \end{bmatrix},$$

即
$$X = CY. \tag{3}$$

如果(2)是一个可逆的线性替换,那么它的系数矩阵 C 是可逆的,用 C^{-1} 左乘(3)的两边,得

$$Y = C^{-1}X.$$

设
$$C^{-1} = \begin{bmatrix} c'_{11} & c'_{12} & \cdots & c'_{1n} \\ c'_{21} & c'_{22} & \cdots & c'_{2n} \\ \multicolumn{4}{c}{\dotfill} \\ c'_{n1} & c'_{n2} & \cdots & c'_{nn} \end{bmatrix},$$

那么 $y_1, y_2, \cdots, y_n$ 也可以由 $x_1, x_2, \cdots, x_n$ 表出:

$$\begin{cases} y_1 = c'_{11}x_1 + c'_{12}x_2 + \cdots + c'_{1n}x_n, \\ y_2 = c'_{21}x_1 + c'_{22}x_2 + \cdots + c'_{2n}x_n, \\ \cdots\cdots\cdots\cdots\cdots\cdots\cdots\cdots\cdots \\ y_n = c'_{n1}x_1 + c'_{n2}x_2 + \cdots + c'_{nn}x_n. \end{cases} \tag{4}$$

(4)与(2)表示同一个线性替换. 以后有时候也用(4)给出线性替换.

如果再设

$$\begin{cases} y_1 = d_{11}z_1 + d_{12}z_2 + \cdots + d_{1n}z_n, \\ y_2 = d_{21}z_1 + d_{22}z_2 + \cdots + d_{2n}z_n, \\ \cdots\cdots\cdots\cdots\cdots\cdots\cdots\cdots\cdots \\ y_n = d_{n1}z_1 + d_{n2}z_2 + \cdots + d_{nn}z_n, \end{cases} \tag{5}$$

是 $y_1, y_2, \cdots, y_n$ 到 $z_1, z_2, \cdots, z_n$ 的一个线性替换,它的系数矩阵是:

$$D = \begin{bmatrix} d_{11} & d_{12} & \cdots & d_{1n} \\ d_{21} & d_{22} & \cdots & d_{2n} \\ \multicolumn{4}{c}{\dotfill} \\ d_{n1} & d_{n2} & \cdots & d_{nn} \end{bmatrix}.$$

令
$$Z = \begin{bmatrix} z_1 \\ z_2 \\ \vdots \\ z_n \end{bmatrix}.$$

那么(5)可表成
$$Y = DZ. \tag{6}$$

将(5)代入(2),得到 $x_1, x_2, \cdots, x_n$ 到 $z_1, z_2, \cdots, z_n$ 的一个线性替换,这个线性替换的系数可以通过系数矩阵求出来.因为将(5)代入(2)相当于将(6)代入(3),因此得到 $x_1, \cdots, x_n$ 与 $z_1, z_2, \cdots, z_n$ 间的关系式:
$$X = CY = C(DZ) = (CD)Z.$$

这说明,两个线性替换连续施行(或称相乘)的结果,还是一个线性替换,它的系数矩阵等于原来两个线性替换的矩阵的乘积.

因为可逆矩阵的乘积还是可逆矩阵,所以,可逆的线性替换连续施行的结果还是可逆的.

因为正交矩阵都是可逆的,所以正交替换也一定是可逆的,而且由于正交矩阵的乘积是正交的,所以两个正交替换连续施行的结果,还是一个正交替换.

在讨论二次型时,矩阵是一个有力的工具,因此我们先把二次型用矩阵来表示.

令 $\quad a_{ji} = a_{ij} \quad (i < j).$
因为 $\quad x_i x_j = x_j x_i,$
所以二次型(1)可以写成
$$\begin{aligned} f(x_1, x_2, \cdots, x_n) &= a_{11}x_1^2 + a_{12}x_1x_2 + \cdots + a_{1n}x_1x_n \\ &\quad + a_{21}x_2x_1 + a_{22}x_2^2 + \cdots + a_{2n}x_2x_n + \cdots \\ &\quad + a_{n1}x_nx_1 + a_{n2}x_nx_2 + \cdots + a_{nn}x_n^2 \\ &= \sum_{i=1}^{n}\sum_{j=1}^{n} a_{ij}x_ix_j. \end{aligned} \tag{7}$$

把(7)的系数排成一个矩阵

$$A = \begin{bmatrix} a_{11} & a_{12} & \cdots & a_{1n} \\ a_{21} & a_{22} & \cdots & a_{2n} \\ \cdots\cdots\cdots\cdots\cdots\cdots \\ a_{n1} & a_{n2} & \cdots & a_{nn} \end{bmatrix}.$$

它称为**二次型(7)的矩阵**. 因为 $a_{ij} = a_{ji}$,所以 A 是一个对称矩阵. 也就是说,二次型的矩阵都是对称矩阵.

令

$$X = \begin{bmatrix} x_1 \\ x_2 \\ \vdots \\ x_n \end{bmatrix},$$

于是二次型就可以用矩阵的乘积表示出来:

$$f(x_1, x_2, \cdots, x_n) = \sum_{i=1}^{n} \sum_{j=1}^{n} a_{ij} x_i x_j$$

$$= \begin{bmatrix} x_1 & x_2 & \cdots & x_n \end{bmatrix} \begin{bmatrix} \sum_{j=1}^{n} a_{1j} x_j \\ \sum_{j=1}^{n} a_{2j} x_j \\ \vdots \\ \sum_{j=1}^{n} a_{nj} x_j \end{bmatrix}$$

$$= \begin{bmatrix} x_1 & x_2 & \cdots & x_n \end{bmatrix} \begin{bmatrix} a_{11} & a_{12} & \cdots & a_{1n} \\ a_{21} & a_{22} & \cdots & a_{2n} \\ \cdots\cdots\cdots\cdots\cdots\cdots \\ a_{n1} & a_{n2} & \cdots & a_{nn} \end{bmatrix} \begin{bmatrix} x_1 \\ x_2 \\ \vdots \\ x_n \end{bmatrix}$$

$$= X^{\mathrm{T}} A X.$$

即
$$f(x_1, x_2, \cdots, x_n) = X^{\mathrm{T}} A X.$$

容易看到，二次型(7)的矩阵 A 的对角线元素 $a_{11}, a_{22}, \cdots, a_{nn}$ 刚好就是(7)中 $x_1^2, x_2^2, \cdots, x_n^2$ 的系数；而 $a_{ij} = a_{ji} (i \neq j)$ 刚好就是 $x_i x_j$ 的系数的一半. 因此二次型与它的矩阵是相互唯一决定的.

二次型经过非退化线性替换后仍是二次型，现在看替换前后的二次型之间有什么关系. 为此，我们来找出替换前后二次型的矩阵之间的关系.

设
$$f(x_1, x_2, \cdots, x_n) = X^T A X \quad (A^T = A) \tag{8}$$
是一个二次型. 作非退化的线性替换
$$X = CY. \tag{9}$$
得到 $y_1, y_2, \cdots, y_n$ 的一个二次型
$$Y^T B Y.$$
现在来看矩阵 A 与 B 的关系：

把(9)代入(8)，有
$$\begin{aligned} f(x_1, x_2, \cdots, x_n) &= X^T A X = (CY)^T A (CY) = Y^T C^T A C Y \\ &= Y^T (C^T A C) Y = Y^T B Y. \end{aligned}$$
上式中的矩阵 $C^T A C$ 也是对称的. 这是因为
$$(C^T A C)^T = C^T A^T (C^T)^T = C^T A C.$$
所以
$$B = C^T A C.$$
这就是替换前后两个二次型的矩阵之间的关系. 与此相应，有下述定义：

定义 2 对于数域 **P** 上 n 阶矩阵 A, B，如果有 **P** 上的 n 阶可逆矩阵 C，使得
$$B = C^T A C,$$
那么，就说 A 与 B 是**合同的**，记作 $A \simeq B$.

因此，经过非退化的线性替换后，新二次型的矩阵与原二次型的矩阵是合同的，所以可以把二次型的替换通过矩阵表示出来，为以后的讨论提供了有力的工具. 二次型的矩阵的秩称为这个二次

型的秩.

合同是矩阵之间的一种关系,这种关系具有:

1. 反身性:$A \simeq A$.

这是因为
$$A = E^T A E.$$

2. 对称性:如果 $A \simeq B$,那么 $B \simeq A$.

这是因为:由 $B = C^T A C$ 可得出 $A = (C^{-1})^T B C^{-1}$.

3. 传递性:如果 $A_1 \simeq A_2, A_2 \simeq A_3$,那么 $A_1 \simeq A_3$.

这是因为,由 $A_2 = C_1^T A_1 C_1$,$A_3 = C_2^T A_2 C_2$,可得:
$$A_3 = (C_1 C_2)^T A_1 (C_1 C_2).$$

合同矩阵还有下列重要性质:如果 A 与 B 合同:$B = C^T A C$,则 $|B| = |C|^2 |A|$,因此合同矩阵都可逆或都不可逆. 不仅如此,合同矩阵有相同的秩.

最后指出,在对二次型进行替换时,总是要求所作的线性替换是非退化的. 于是,如果对二次型
$$X^T A X$$
作非退化线性替换
$$X = CY$$
后,得到一个新的二次型
$$Y^T B Y,$$
其中
$$B = C^T A C.$$

把 $X = CY$ 写成:
$$Y = C^{-1} X,$$
这也是一个线性替换,并且它把所得的二次型还原. 这样就使我们可从所得到的二次型的性质推出原来二次型的一些性质.

习 题 5.1

1. 证明:

$$\begin{bmatrix} a_1 & 0 & 0 \\ 0 & a_2 & 0 \\ 0 & 0 & a_3 \end{bmatrix} \simeq \begin{bmatrix} a_2 & 0 & 0 \\ 0 & a_3 & 0 \\ 0 & 0 & a_1 \end{bmatrix}.$$

2. 写出下列二次型的矩阵表示:

(1) $f(x_1, x_2, x_3) = -4x_1 x_2 + 2x_1 x_3 + 2x_2 x_3$;

(2) $f(x_1, x_2, x_3) = x_1^2 + 2x_1 x_2 - x_1 x_3 + 2x_3^2$;

(3) $f(x_1, x_2, x_3) = x_1^2 + x_2^2 + x_3^2 + x_1 x_2 + x_1 x_3 + x_2 x_3$;

(4) $f(x_1, x_2, x_3, x_4) = x_1 x_2 - x_3 x_4$.

3. 设 A 是一个 n 阶对称矩阵,如果对任一个 n 维列向量 X 都有 $X^T A X = 0$,则 $A = O$.

4. 试证:

(1) 当 **P** 是实数域时,对称矩阵 $\begin{bmatrix} 1 & 0 \\ 0 & 1 \end{bmatrix}$ 与 $\begin{bmatrix} 1 & 0 \\ 0 & -1 \end{bmatrix}$ 不是合同的;

(2) 当 **P** 是复数域时,对称矩阵 $\begin{bmatrix} 1 & 0 \\ 0 & 1 \end{bmatrix}$ 与 $\begin{bmatrix} 1 & 0 \\ 0 & -1 \end{bmatrix}$ 是合同的.

5.2 用正交替换化实二次型为标准形

这一节讨论用正交的线性替换化简二次型的问题.

因为二次型

$$X^T A X$$

经线性替换

$$X = CY$$

后,成为

$$Y^T B Y = Y^T (C^T A C) Y.$$

所以用线性替换化简二次型的问题,用矩阵来说,就是给了对称矩阵 A,如何选择可逆矩阵 C,使

$$B = C^T A C$$

最简单的问题.

在第 4 章 4.4 节讨论实对称矩阵时,曾经证明了任给一个实对称矩阵 A,总可找到一个正交矩阵 T,使得 $T^{-1}AT$ 为对角矩阵

$$T^{-1}AT = [\lambda_1, \lambda_2, \cdots \lambda_n].$$

因为 T 是正交矩阵,所以
$$T^{-1} = T^{\mathrm{T}}.$$
于是 $\quad T^{\mathrm{T}}AT = T^{-1}AT = [\lambda_1, \lambda_2, \cdots \lambda_n].$

而一个二次型的系数矩阵如果是对角矩阵,那么,这个二次型就是平方和的形式. 因此,有下述定理:

定理 1 任意一个实二次型

$$\sum_{i=1}^{n}\sum_{j=1}^{n} a_{ij}x_i x_j = X^{\mathrm{T}}AX \quad (a_{ij} = a_{ji}, A^{\mathrm{T}} = A) \tag{1}$$

都可以经正交替换化成平方和

$$\lambda_1 y_1^2 + \lambda_2 y_2^2 + \cdots + \lambda_n y_n^2, \tag{2}$$

其中 $\lambda_1, \lambda_2, \cdots, \lambda_n$ 是 A 的全部特征根.

(2)式称为二次型(1)的**标准形**

例 1 用正交替换化实二次型
$$f(x_1, x_2, x_3) = x_1^2 + 4x_2^2 + x_3^2 - 4x_1 x_2 - 8x_1 x_3 - 4x_2 x_3$$
为标准形.

解:$f(x_1, x_2, x_3)$ 的矩阵为
$$A = \begin{bmatrix} 1 & -2 & -4 \\ -2 & 4 & -2 \\ -4 & -2 & 1 \end{bmatrix}.$$

首先找一个正交矩阵 T,使 $T^{-1}AT$ 为对角形.

先求 A 的特征多项式:

$$|\lambda E - A| = \begin{vmatrix} \lambda - 1 & 2 & 4 \\ 2 & \lambda - 4 & 2 \\ 4 & 2 & \lambda - 1 \end{vmatrix} = (\lambda - 5)^2(\lambda + 4),$$

得 A 的特征值是 $5(2\text{重}), -4$.

由 $\lambda = 5$ 得到的齐次方程组是:

$$\begin{cases} 4x_1 + 2x_2 + 4x_3 = 0, \\ 2x_1 + x_2 + 2x_3 = 0, \\ 4x_1 + 2x_2 + 4x_3 = 0. \end{cases}$$

得基础解系：$\boldsymbol{\alpha}_1 = (1, 0, -1)$，$\boldsymbol{\alpha}_2 = (1, -2, 0)$．

正交化后，得 $\boldsymbol{\beta}_1 = (1, 0, -1)$，$\boldsymbol{\beta}_2 = \left(\dfrac{1}{2}, -2, \dfrac{1}{2}\right)$．

单位化后，得 $\boldsymbol{\gamma}_1 = \left(\dfrac{\sqrt{2}}{2}, 0, -\dfrac{\sqrt{2}}{2}\right)$，

$$\boldsymbol{\gamma}_2 = \left(\dfrac{\sqrt{2}}{6}, -\dfrac{2\sqrt{2}}{3}, \dfrac{\sqrt{2}}{6}\right).$$

由 $\lambda = -4$ 得到的齐次方程组是

$$\begin{cases} -5x_1 + 2x_2 + 4x_3 = 0, \\ 2x_1 - 8x_2 + 2x_3 = 0, \\ 4x_1 + 2x_2 - 5x_3 = 0. \end{cases}$$

得基础解系：

$$\boldsymbol{\alpha}_3 = (2, 1, 2).$$

单位化后，得

$$\boldsymbol{\gamma}_3 = \left(\dfrac{2}{3}, \dfrac{1}{3}, \dfrac{2}{3}\right).$$

由 $\boldsymbol{\gamma}_1, \boldsymbol{\gamma}_2, \boldsymbol{\gamma}_3$ 组成正交矩阵

$$T = \begin{bmatrix} \dfrac{\sqrt{2}}{2} & \dfrac{\sqrt{2}}{6} & \dfrac{2}{3} \\ 0 & -\dfrac{2\sqrt{2}}{3} & \dfrac{1}{3} \\ -\dfrac{\sqrt{2}}{2} & \dfrac{\sqrt{2}}{6} & \dfrac{2}{3} \end{bmatrix},$$

则 $f(x_1, x_2, x_3)$ 经正交替换

$$X = TY,$$

即

$$\begin{cases} x_1 = \dfrac{\sqrt{2}}{2}y_1 + \dfrac{\sqrt{2}}{6}y_2 + \dfrac{2}{3}y_3, \\ x_2 = \phantom{-\dfrac{\sqrt{2}}{2}y_1} -\dfrac{2\sqrt{2}}{3}y_2 + \dfrac{1}{3}y_3, \\ x_3 = -\dfrac{\sqrt{2}}{2}y_1 + \dfrac{\sqrt{2}}{6}y_2 + \dfrac{2}{3}y_3, \end{cases}$$

化为标准形 $\quad 5y_1^2 + 5y_2^2 - 4y_3^2.$

需要注意的是，矩阵的合同关系与矩阵的相似关系是两种不同的关系，合同关系只是对称矩阵间的关系．即使对于对称矩阵来说，也可以找到合同但不相似的矩阵以及相似而不合同的矩阵．

例 2 设 $A = \begin{bmatrix} 1 & 0 \\ 0 & 1 \end{bmatrix}$，$B = \begin{bmatrix} 1 & 0 \\ 0 & 4 \end{bmatrix}$．

对此，有可逆矩阵 $\begin{bmatrix} 1 & 0 \\ 0 & 2 \end{bmatrix}$，使得

$$B = \begin{bmatrix} 1 & 0 \\ 0 & 2 \end{bmatrix}^{\mathrm{T}} A \begin{bmatrix} 1 & 0 \\ 0 & 2 \end{bmatrix}.$$

所以 B 与 A 是合同的．但是它们的特征值并不相等，所以它们是不相似的．

然而，如果 A, B 是两个相似的实对称矩阵，那么它们一定是合同的．这个事实可以这样来证明：因为 A, B 相似，所以 A 与 B 的特征多项式的根全部都相等，因而可找到正交矩阵 T，使得

$$B = T^{-1}AT = T^{\mathrm{T}}AT.$$

(见复习题 4 第 8 题)这就证明了 A 与 B 是合同的．这里证明的关键在于 T 是正交矩阵，所以 $T^{\mathrm{T}} = T^{-1}$．这一点也是用正交替换化二次型为平方和的主要根据．

习 题 5.2

用正交替换把下列二次型化为平方和，并写出所作的正交替换：

1. $2x_1^2+5x_2^2+5x_3^2+4x_1x_2-4x_1x_3-8x_2x_3.$
2. $3x_1^2+3x_2^2+6x_3^2+8x_1x_2-4x_1x_3+4x_2x_3.$
3. $2x_1x_2-2x_3x_4.$
4. $x_1^2+x_2^2+x_3^2+x_4^2+4x_1x_2+4x_1x_3+4x_1x_4-4x_2x_3-4x_2x_4-4x_3x_4.$
5. $x_1x_2+x_2x_3+x_3x_4+x_4x_1.$

5.3 用非退化线性替换化二次型为标准形

这一节讨论一般数域上的二次型的化简问题. 二次型中最简单的一种是只包含平方项的形式, 即平方和的形式

$$d_1x_1^2+d_2x_2^2+\cdots+d_nx_n^2. \tag{1}$$

本节的主要结果是:

定理 2 数域 **P** 上任意一个二次型都可以经过非退化的线性替换化成平方和(1)的形式.

证明: 这个证明实际上是一个具体地将二次型化成平方和的方法——配方法.

对变量的个数 n 用归纳法:

当 $n=1$ 时,二次型就是:

$$f(x_1) = a_{11}x_1^2,$$

已经是平方和了. 假定对 $n-1$ 元的二次型定理成立. 下面讨论 n 个变量的二次型:

$$f(x_1,x_2,\cdots,x_n) = \sum_{i=1}^{n}\sum_{j=1}^{n}a_{ij}x_ix_j \quad (a_{ij}=a_{ji}). \tag{2}$$

分 3 种情形讨论:

1. $a_{11} \neq 0$,这时

$$f(x_1,x_2,\cdots,x_n) = a_{11}x_1^2 + \sum_{j=2}^{n}a_{1j}x_1x_j + \sum_{i=2}^{n}a_{i1}x_ix_1$$
$$+ \sum_{i=2}^{n}\sum_{j=2}^{n}a_{ij}x_ix_j$$

$$= a_{11}x_1^2 + 2\sum_{j=2}^{n} a_{1j}x_1 x_j + \sum_{i=2}^{n}\sum_{j=2}^{n} a_{ij}x_i x_j$$

$$= a_{11}\left(x_1 + \sum_{j=2}^{n} a_{11}^{-1} a_{1j}x_j\right)^2 - a_{11}^{-1}\left(\sum_{j=2}^{n} a_{1j}x_j\right)^2$$

$$+ \sum_{i=2}^{n}\sum_{j=2}^{n} a_{ij}x_i x_j$$

$$= a_{11}\left(x_1 + \sum_{j=2}^{n} a_{11}^{-1} a_{1j}x_j\right)^2 + \sum_{i=2}^{n}\sum_{j=2}^{n} b_{ij}x_i x_j.$$

其中 $\sum_{i=2}^{n}\sum_{j=2}^{n} b_{ij}x_i x_j = -a_{11}^{-1}\left(\sum_{j=2}^{n} a_{1j}x_j\right)^2 + \sum_{i=2}^{n}\sum_{j=2}^{n} a_{ij}x_i x_j$ 是 x_2, x_3,
…, x_n 的一个二次型. 令

$$\begin{cases} y_1 = x_1 + \sum_{j=2}^{n} a_{11}^{-1} a_{1j}x_j, \\ y_1 = x_2, \\ \cdots\cdots\cdots \\ y_n = x_n, \end{cases} \quad 即 \quad \begin{cases} x_1 = y_1 - \sum_{j=2}^{n} a_{11}^{-1} a_{1j}y_j, \\ x_2 = y_2, \\ \cdots\cdots\cdots \\ x_n = y_n. \end{cases} \tag{3}$$

这是一个非退化的线性替换. $f(x_1, x_2, \cdots, x_n)$ 经过这个替换后,化成

$$f(x_1, x_2, \cdots, x_n) = a_{11}y_1^2 + \sum_{i=2}^{n}\sum_{j=2}^{n} b_{ij}y_i y_j. \tag{4}$$

根据归纳法假设,有非退化的线性替换:

$$\begin{cases} y_2 = c_{22}z_2 + c_{23}z_3 + \cdots + c_{2n}z_n, \\ y_3 = c_{32}z_2 + c_{33}z_3 + \cdots + c_{3n}z_n, \\ \cdots\cdots\cdots\cdots\cdots\cdots\cdots\cdots\cdots\cdots\cdots \\ y_n = c_{n2}z_2 + c_{n3}z_3 + \cdots + c_{nn}z_n. \end{cases}$$

把二次型 $\sum_{i=2}^{n}\sum_{j=2}^{n} b_{ij}y_i y_j$ 化成平方和

$$d_2 z_2^2 + d_3 z_3^2 + \cdots + d_n z_n^2.$$

于是非退化线性替换
$$\begin{cases} y_1 = z_1, \\ y_2 = c_{22}z_2 + \cdots + c_{2n}z_n, \\ \cdots\cdots\cdots\cdots\cdots\cdots \\ y_n = c_{n2}z_2 + \cdots + c_{nn}z_n, \end{cases} \quad (5)$$

就把(4)式变成平方和
$$f(x_1, x_2, \cdots, x_n) = a_{11}z_1^2 + d_2 z_2^2 + \cdots + d_n z_n^2. \quad (6)$$

因为线性替换(3)和(5)都是非退化的，所以由 $x_1, x_2, \cdots, x_n$ 到 $z_1, z_2, \cdots, z_n$ 的线性替换

$$\begin{cases} x_1 = z_1 - \sum_{j=2}^{n} a_{11}^{-1} a_{1j} z_j \\ x_2 = c_{22}z_2 + c_{23}z_3 + \cdots + c_{2n}z_n \\ \cdots\cdots\cdots\cdots\cdots\cdots\cdots\cdots \\ x_n = c_{n2}z_2 + c_{n3}z_3 + \cdots + c_{nn}z_n \end{cases}$$

也是非退化的，而且这个线性替换直接把(1)式化为(6)式右端的平方和．

2. $a_{11}=0$. 但是至少有一个 $a_{1j} \neq 0 (j=2,3,\cdots,n)$，不失普遍性，可设 $a_{12} \neq 0$. 令

$$\begin{cases} x_1 = y_1 + y_2, \\ x_2 = y_1 - y_2, \\ x_3 = y_3, \\ \cdots\cdots\cdots \\ x_n = y_n, \end{cases}$$

这是一个非退化的线性替换，它使
$$\begin{aligned} f(x_1, x_2, \cdots, x_n) &= 2a_{12}x_1 x_2 + \cdots \\ &= 2a_{12}(y_1 + y_2)(y_1 - y_2) + \cdots \\ &= 2a_{12} y_1^2 - 2a_{12} y_2^2 + \cdots. \end{aligned}$$

这时上式右端是 $y_1, y_2, \cdots, y_n$ 的二次型,且 y_1^2 的系数不为零,属于第一种情况,可化为平方和.

3. $a_{11} = a_{12} = \cdots = a_{1n} = 0$. 由于对称性,有
$$a_{21} = a_{31} = \cdots = a_{n1} = 0.$$
这时
$$f(x_1, x_2, \cdots, x_n) = \sum_{i=2}^{n} \sum_{j=2}^{n} a_{ij} x_i x_j$$
是一个 $n-1$ 元的二次型,根据归纳法假定,它能用非退化的线性替换化成平方和.

这样就完成了定理的证明. ∎

二次型 $f(x_1, x_2, \cdots, x_n)$ 经过非退化线性替换所变成的平方和称为 $f(x_1, x_2, \cdots, x_n)$ 的**标准形**.

例 1 化二次型
$$f(x_1, x_2, x_3) = x_1 x_2 + x_1 x_3 - 3 x_2 x_3$$
为标准形.

解:作非退化线性替换:
$$\begin{cases} x_1 = y_1 + y_2, \\ x_2 = y_1 - y_2, \\ x_3 = y_3, \end{cases}$$
则
$$\begin{aligned} f(x_1, x_2, x_3) &= (y_1 - y_2)(y_1 + y_2) + (y_1 + y_2) y_3 \\ &\quad - 3(y_1 - y_2) y_3 \\ &= y_1^2 - y_2^2 - 2 y_1 y_3 + 4 y_2 y_3 \\ &= (y_1 - y_3)^2 - y_2^2 - y_3^2 + 4 y_2 y_3. \end{aligned}$$
再令
$$\begin{cases} y_1 - y_3 = z_1, \\ y_2 = z_2, \\ y_3 = z_3, \end{cases} \quad 即 \quad \begin{cases} y_1 = z_1 + z_3, \\ y_2 = z_2, \\ y_3 = z_3, \end{cases}$$
得 $f(x_1, x_2, x_3) = z_1^2 - z_2^2 - z_3^2 + 4 z_2 z_3 = z_1^2 - (z_2 - 2 z_3)^2 + 3 z_3^2$.

最后,令

$$\begin{cases} z_1 = w_1, \\ z_2 - 2z_3 = w_2, \\ z_3 = w_3, \end{cases} \text{即} \begin{cases} z_1 = w_1, \\ z_2 = w_2 + 2w_3, \\ z_3 = w_3, \end{cases}$$

就得到 $f(x_1, x_2, x_3) = w_1^2 - w_2^2 + 3w_3^2$.

也就是将 $f(x_1, x_2, x_3)$ 化成了平方和.

上面所作的几次线性替换相当于作一个总的线性替换:

$$\begin{bmatrix} x_1 \\ x_2 \\ x_3 \end{bmatrix} = \begin{bmatrix} 1 & 1 & 0 \\ 1 & -1 & 0 \\ 0 & 0 & 1 \end{bmatrix} \begin{bmatrix} y_1 \\ y_2 \\ y_3 \end{bmatrix}$$

$$= \begin{bmatrix} 1 & 1 & 0 \\ 1 & -1 & 0 \\ 0 & 0 & 1 \end{bmatrix} \begin{bmatrix} 1 & 0 & 1 \\ 0 & 1 & 0 \\ 0 & 0 & 1 \end{bmatrix} \begin{bmatrix} z_1 \\ z_2 \\ z_3 \end{bmatrix}$$

$$= \begin{bmatrix} 1 & 1 & 0 \\ 1 & -1 & 0 \\ 0 & 0 & 1 \end{bmatrix} \begin{bmatrix} 1 & 0 & 1 \\ 0 & 1 & 0 \\ 0 & 0 & 1 \end{bmatrix} \begin{bmatrix} 1 & 0 & 0 \\ 0 & 1 & 2 \\ 0 & 0 & 1 \end{bmatrix} \begin{bmatrix} w_1 \\ w_2 \\ w_3 \end{bmatrix}$$

$$= \begin{bmatrix} 1 & 1 & 3 \\ 1 & -1 & -1 \\ 0 & 0 & 1 \end{bmatrix} \begin{bmatrix} w_1 \\ w_2 \\ w_3 \end{bmatrix},$$

即

$$\begin{cases} x_1 = w_1 + w_2 + 3w_3, \\ x_2 = w_1 - w_2 - w_3, \\ x_3 = w_3. \end{cases}$$

平方和(1)的系数矩阵是对角矩阵:

$$d_1 x_1^2 + d_2 x_2^2 + \cdots + d_n x_n^2$$

$$= (x_1, x_2, \cdots, x_n) \begin{bmatrix} d_1 & 0 & \cdots & 0 \\ 0 & d_2 & \cdots & 0 \\ \cdots & \cdots & \cdots & \cdots \\ 0 & 0 & \cdots & d_n \end{bmatrix} \begin{bmatrix} x_1 \\ x_2 \\ \vdots \\ x_n \end{bmatrix};$$

反过来,系数矩阵为对角形的二次型只含有平方项.因为二次型经过非退化替换后,它的矩阵变到一个合同矩阵.因此,定理 2 关于矩阵的相应的结果为:

定理 3 任一个对称矩阵都合同于一个对角矩阵.

也就是说,对于任一个对称矩阵,总可找到一个可逆矩阵 C,使 $C^T A C$ 为对角矩阵.矩阵 C 的找法与定理 2 的证明过程类似,只要找出与线性替换相应的矩阵即可.举例说明如下:

例 2 设 $A = \begin{bmatrix} 0 & 1 & -2 \\ 1 & 0 & 5 \\ -2 & 5 & 0 \end{bmatrix}$.

求可逆矩阵 C,使 $C^T A C$ 为对角矩阵.

解:因为 A 的第 1 行第 1 列处的元素等于零,所以令

$$C_1 = \begin{bmatrix} 1 & 1 & 0 \\ 1 & -1 & 0 \\ 0 & 0 & 1 \end{bmatrix},$$

则 $C_1^T A C_1 = \begin{bmatrix} 1 & -1 & 0 \\ 1 & -1 & 0 \\ 0 & 0 & 1 \end{bmatrix} \begin{bmatrix} 0 & 1 & -2 \\ 1 & 0 & 5 \\ -2 & 5 & 0 \end{bmatrix} \begin{bmatrix} -1 & 1 & 0 \\ -1 & 1 & 0 \\ 0 & 0 & 1 \end{bmatrix}$

$= \begin{bmatrix} 2 & 0 & 3 \\ 0 & -2 & -7 \\ 3 & -7 & 0 \end{bmatrix} = A_1.$

再令
$$C_2 = \begin{bmatrix} 1 & 0 & -\dfrac{3}{2} \\ 0 & 1 & 0 \\ 0 & 0 & 1 \end{bmatrix},$$

则

$$C_2^\mathrm{T} A_1 C_2 = \begin{bmatrix} 1 & 0 & 0 \\ 0 & 1 & 0 \\ -\dfrac{3}{2} & 0 & 1 \end{bmatrix} \begin{bmatrix} 2 & 0 & 3 \\ 0 & -2 & -7 \\ 3 & -7 & 0 \end{bmatrix} \begin{bmatrix} 1 & 0 & -\dfrac{3}{2} \\ 0 & 1 & 0 \\ 0 & 0 & 1 \end{bmatrix}$$

$$= \begin{bmatrix} 2 & 0 & 0 \\ 0 & -2 & 7 \\ 0 & -7 & -\dfrac{9}{2} \end{bmatrix} = A_2.$$

最后令
$$C_3 = \begin{bmatrix} 1 & 0 & 0 \\ 0 & 1 & -\dfrac{7}{2} \\ 0 & 0 & 1 \end{bmatrix},$$

即得

$$C_3^\mathrm{T} A_2 C_3 = \begin{bmatrix} 1 & 0 & 0 \\ 0 & 1 & 0 \\ 0 & -\dfrac{7}{2} & 1 \end{bmatrix} \begin{bmatrix} 2 & 0 & 0 \\ 0 & -2 & -7 \\ 0 & -7 & -\dfrac{9}{2} \end{bmatrix} \begin{bmatrix} 1 & 0 & 0 \\ 0 & 1 & -\dfrac{7}{2} \\ 0 & 0 & 1 \end{bmatrix}$$

$$= \begin{bmatrix} 2 & 0 & 0 \\ 0 & -2 & 0 \\ 0 & 0 & 20 \end{bmatrix} = A_3.$$

A_3 已经是对角矩阵了. 将 C_1, C_2, C_3 相乘,即得 C:

$$C = C_1 C_2 C_3 = \begin{bmatrix} 1 & 1 & 0 \\ 1 & -1 & 0 \\ 0 & 0 & 1 \end{bmatrix} \begin{bmatrix} 1 & 0 & -\dfrac{3}{2} \\ 0 & 1 & 0 \\ 0 & 0 & 1 \end{bmatrix} \begin{bmatrix} 1 & 0 & 0 \\ 0 & 1 & -\dfrac{7}{2} \\ 0 & 0 & 1 \end{bmatrix}$$

$$-\begin{bmatrix} 1 & 1 & -5 \\ 1 & -1 & 2 \\ 0 & 0 & 1 \end{bmatrix}.$$

于是 C 是可逆矩阵. $C^{\mathrm{T}}AC = \begin{bmatrix} 2 & 0 & 0 \\ 0 & -2 & 0 \\ 0 & 0 & 20 \end{bmatrix}.$

也可以用化二次型为标准形的方法来解例 2,以 A 为矩阵作一个二次型:
$$f(x_1,x_2,x_3) = X^{\mathrm{T}}AX = 2x_1x_2 - 4x_1x_3 + 10x_2x_3$$

令
$$\begin{cases} x_1 = y_1 + y_2, \\ x_2 = y_1 - y_2, \\ x_3 = y_3, \end{cases}$$

即
$$\begin{bmatrix} x_1 \\ x_2 \\ x_3 \end{bmatrix} = \begin{bmatrix} 1 & 1 & 0 \\ 1 & -1 & 0 \\ 0 & 0 & 1 \end{bmatrix} \begin{bmatrix} y_1 \\ y_2 \\ y_3 \end{bmatrix},$$

则
$$\begin{aligned} f(x_1,x_2,x_3) &= 2y_1^2 - 2y_2^2 + 6y_1y_3 - 14y_2y_3. \\ &= 2\left(y_1 + \frac{3}{2}y_3\right)^2 - 2y_2^2 - \frac{9}{2}y_3^2 - 14y_2y_3 \\ &= 2\left(y_1 + \frac{3}{2}y_3\right)^2 - 2\left(y_2 + \frac{7}{2}y_3\right)^2 + 20y_3^2 \end{aligned}$$

再令
$$\begin{cases} y_1 + \frac{3}{2}y_3 = z_1, \\ y_2 + \frac{7}{2}y_3 = z_2, \\ y_3 = z_3, \end{cases}$$

即
$$\begin{bmatrix} y_1 \\ y_2 \\ y_3 \end{bmatrix} = \begin{bmatrix} 1 & 0 & -\frac{3}{2} \\ 0 & 1 & -\frac{7}{2} \\ 0 & 0 & 1 \end{bmatrix} \begin{bmatrix} z_1 \\ z_2 \\ z_3 \end{bmatrix}$$

则 $f(x_1, x_2, x_3)$ 化为平方和：
$$2z_1^2 - 2z_2^2 + 20z_3^2.$$

所作的非退化线性替换为：
$$\begin{bmatrix} x_1 \\ x_2 \\ x_3 \end{bmatrix} = \begin{bmatrix} 1 & 1 & 0 \\ 1 & -1 & 0 \\ 0 & 0 & 1 \end{bmatrix} \begin{bmatrix} y_1 \\ y_2 \\ y_3 \end{bmatrix}$$

$$= \begin{bmatrix} 1 & 1 & 0 \\ 1 & -1 & 0 \\ 0 & 0 & 1 \end{bmatrix} \begin{bmatrix} 1 & 0 & -\frac{3}{2} \\ 0 & 1 & -\frac{7}{2} \\ 0 & 0 & 1 \end{bmatrix} \begin{bmatrix} z_1 \\ z_2 \\ z_3 \end{bmatrix}$$

$$= \begin{bmatrix} 1 & 1 & -5 \\ 1 & -1 & 2 \\ 0 & 0 & 1 \end{bmatrix} \begin{bmatrix} z_1 \\ z_2 \\ z_3 \end{bmatrix}.$$

考虑替换前后的矩阵，令
$$C = \begin{bmatrix} 1 & 1 & -5 \\ 1 & -1 & 2 \\ 0 & 0 & 1 \end{bmatrix}$$

则
$$C^{\mathrm{T}} A C = \begin{bmatrix} 2 & 0 & 0 \\ 0 & -2 & 0 \\ 0 & 0 & 20 \end{bmatrix}.$$

由于把二次型用非退化的线性替换化为标准形的问题，就是把这个二次型的矩阵（对称矩阵）在合同关系下化为对角形的问题，所以也可以用矩阵的方法把二次型化为标准形. 但在例 2 中所用的方法基本上是线性替换的方法，不过只是写成矩阵的形式而已,并没有显示出矩阵方法的优越性来.下面要介绍如何利用初等变换及初等矩阵的概念来简化运算.这里主要解决两个问题:第一是要弄清楚每次的 C_i 怎样求?第二,由于每次需要记下 C_i,最后还要算出这些 C_i 的乘积,很麻烦.故需想法简化这个运算过程.

在第 3 章 3.4 节中曾经介绍过用初等变换将矩阵化成对角形的方法.在那里,变换前后的矩阵是等价的,故对矩阵可以随意作初等变换.在这里,要求变换前后的矩阵是合同的,所以就不能随意地作初等变换了.必须对行、列同时作初等变换,并且要自始至终地使矩阵保持合同关系.那么怎样才能作到这一点呢?我们知道,对 A 施行一次初等列替换,其结果等于在 A 的右边乘上一个初等矩阵 P_1.为了保证所得到的矩阵与 A 合同,就必须在左边乘上 P_1^T,而得 $P_1^T A P_1$.这就需要弄清楚用 P_1 右乘 A 所对应的初等列替换与用 P_1^T 左乘 A 所对应的初等行替换之间的关系.由于初等矩阵有 3 类,所以下面分 3 种情形来说明:

1. $P_1 = P(i,j) = \begin{bmatrix} 1 \\ & \ddots \\ & & 1 \\ & & & 0 & \cdots & 1 \\ & & & & 1 \\ & & & & & \ddots \\ & & & & & & 1 \\ & & & 1 & \cdots & 0 \\ & & & & & & & 1 \\ & & & & & & & & \ddots \\ & & & & & & & & & 1 \end{bmatrix} \begin{matrix} \\ \\ \\ \text{第 } i \text{ 行} \\ \\ \\ \\ \text{第 } j \text{ 行} \\ \\ \\ \end{matrix}$.

此时,$P_1^T = P_1$.用 P_1 右乘 A,相当于把 A 的第 i,j 列互换;而用 P_1^T 左乘 A,相当于把 A 的第 i,j 行互换.

2. $P_1 = P(i(c)) = \begin{bmatrix} 1 \\ & \ddots \\ & & 1 \\ & & & c \\ & & & & 1 \\ & & & & & \ddots \\ & & & & & & 1 \end{bmatrix}$ 第 i 行 $(c \neq 0)$.

此时,$P_1^T = P_1$. 用 P_1 右乘 A,相当于用非零常数 c 乘 A 的第 i 列;用 P_1^T 左乘 A,相当于用 c 乘 A 的第 i 行.

3. $P_1 = P(i, j(k)) = \begin{bmatrix} 1 \\ & \ddots \\ & & 1 \cdots k \\ & & & \ddots \\ & & & & 1 \\ & & & & & \ddots \\ & & & & & & 1 \end{bmatrix}$ 第 i 行
第 j 行

此时, $P_1^T = \begin{bmatrix} 1 \\ & \ddots \\ & & 1 \\ & & \vdots & \ddots \\ & & k \cdots 1 \\ & & & & \ddots \\ & & & & & 1 \end{bmatrix}$ 第 i 行
第 j 行

用 P_1 右乘 A,相当于把 A 的第 i 列的 k 倍加到第 j 列上;而用 P_1^T 左乘 A,相当于把 A 的第 i 行的 k 倍加到第 j 行上.

弄清楚了这 3 对初等矩阵所对应的初等列、行替换之间的关系后,只要每次成对地施行初等列、行替换,就可以保证所得到的矩阵与原来的矩阵合同.

例 3 用初等替换将对称矩阵

$$A = \begin{bmatrix} 1 & 2 & -2 \\ 2 & 4 & -1 \\ -2 & -1 & 0 \end{bmatrix}$$

化为与 A 合同的对角矩阵.

解:首先要把第 1 行的后两个元素化成零. 为此先从 A 的第 2 列减去第 1 列的 2 倍:

$$A \to \begin{bmatrix} 1 & 0 & -2 \\ 2 & 0 & -1 \\ -2 & 3 & 0 \end{bmatrix}$$

为了保证与 A 合同,再从这个矩阵的第 2 行减去第 1 行的 2 倍:

$$\begin{bmatrix} 1 & 0 & -2 \\ 2 & 0 & -1 \\ -2 & 3 & 0 \end{bmatrix} \rightarrow \begin{bmatrix} 1 & 0 & -2 \\ 0 & 0 & 3 \\ -2 & 3 & 0 \end{bmatrix} = A_1.$$

A_1 是与 A 合同的,而且

$$A_1 = P_1^T A P_1,$$

其中 P_1 是一个初等矩阵:

$$P_1 = \begin{bmatrix} 1 & -2 & 0 \\ 0 & 1 & 0 \\ 0 & 0 & 1 \end{bmatrix}.$$

将 A_1 的第 1 列的 2 倍加到第 3 列上;再将所得到的矩阵的第 1 行的 2 倍加到第 3 行上:

$$A_1 \rightarrow \begin{bmatrix} 1 & 0 & 0 \\ 0 & 0 & 3 \\ -2 & 3 & -4 \end{bmatrix} \rightarrow \begin{bmatrix} 1 & 0 & 0 \\ 0 & 0 & 3 \\ 0 & 3 & -4 \end{bmatrix} = A_2.$$

由初等变换与初等矩阵的关系知:

$$A_2 = P_2^T A_1 P_2,$$

其中

$$P_2 = \begin{bmatrix} 1 & 0 & 2 \\ 0 & 1 & 0 \\ 0 & 0 & 1 \end{bmatrix}.$$

至此,A_2 的第 1 行及第 1 列的元素除去对角线上的元素以外,都等于零. 再对下面的小矩阵 $\begin{bmatrix} 0 & 3 \\ 3 & -4 \end{bmatrix}$ 进行变换,由于在 A_2 中,这个小矩阵的上方及左边都是零,所以对这个小矩阵进行初等变换时,这些零不会改变.

因为 $\begin{bmatrix} 0 & 3 \\ 3 & -4 \end{bmatrix}$ 中左上方那个元素等于零,必须先将这个地方换成非零元素. 这有两个办法:一是利用行、列互换,把 -4 换到左上角;另一个办法是将 3 加到左上角去. 下面分别用这两个方法

对 A_2 进行初等变换：把 A_2 的第 2,3 列互换，再把所得到的矩阵的第 2,3 行互换：

$$A_2 \to \begin{bmatrix} 1 & 0 & 0 \\ 0 & 3 & 0 \\ 0 & -4 & 3 \end{bmatrix} \to \begin{bmatrix} 1 & 0 & 0 \\ 0 & -4 & 3 \\ 0 & 3 & 0 \end{bmatrix} = A_3.$$

$$A_3 = P_3^{\mathrm{T}} A_2 P_3.$$

这里
$$P_3 = \begin{bmatrix} 1 & 0 & 0 \\ 0 & 0 & 1 \\ 0 & 1 & 0 \end{bmatrix}.$$

或者，将 A_2 的第 3 列加到第 2 列上，再将所得到的矩阵的第 3 行加到第 2 行上：

$$A_2 \to \begin{bmatrix} 1 & 0 & 0 \\ 0 & 3 & 3 \\ 0 & -1 & -4 \end{bmatrix} \to \begin{bmatrix} 1 & 0 & 0 \\ 0 & 2 & -1 \\ 0 & -1 & -4 \end{bmatrix} = B_3$$

$$B_3 = Q^{\mathrm{T}} A_2 Q.$$

这里
$$Q = \begin{bmatrix} 1 & 0 & 0 \\ 0 & 1 & 0 \\ 0 & 1 & 1 \end{bmatrix}.$$

一般说来，互换行列比较方便一些．但是如果对角线上的元素都等于零时，就必须采用第二种方法了．

最后，将 A_3 的第 2 列的 $\dfrac{3}{4}$ 倍加到第 3 列上，再将第 2 行的 $\dfrac{3}{4}$ 倍加到第 3 行上：

$$A_3 \to \begin{bmatrix} 1 & 0 & 0 \\ 0 & -4 & 0 \\ 0 & 3 & \dfrac{9}{4} \end{bmatrix} \to \begin{bmatrix} 1 & 0 & 0 \\ 0 & -4 & 0 \\ 0 & 0 & \dfrac{9}{4} \end{bmatrix} = A_4.$$

$$A_4 = P_4^{\mathrm{T}} A_3 P_4.$$

这里
$$P_4 = \begin{bmatrix} 1 & 0 & 0 \\ 0 & 1 & \frac{3}{4} \\ 0 & 0 & 1 \end{bmatrix}.$$

于是 $P_4^T P_3^T P_2^T P_1^T A P_1 P_2 P_3 P_4 = \begin{bmatrix} 1 & 0 & 0 \\ 0 & -4 & 0 \\ 0 & 0 & \frac{9}{4} \end{bmatrix}.$

令 $P = P_1 P_2 P_3 P_4,$

即有 $P^T A P = \begin{bmatrix} 1 & 0 & 0 \\ 0 & -4 & 0 \\ 0 & 0 & \frac{9}{4} \end{bmatrix}.$

这里 $P = P_1 P_2 P_3 P_4 = \begin{bmatrix} 1 & 2 & -\frac{1}{2} \\ 0 & 0 & 1 \\ 0 & 1 & \frac{3}{4} \end{bmatrix}.$

上述的过程说明了：为了找 P，需要每次记下 P_i，还需将几个 P_i 相乘. 虽然每个 P_i 都比较简单，但是乘到最后还是比较麻烦的. 下面介绍一个不找出 P_i 而直接求出 P 的方法. 基本的思路是与利用初等变换求逆矩阵的方法一样的. 就用上面这个例题中的 P 来说明. 将 P 写成：

$$P = P_1 P_2 P_3 P_4 = E P_1 P_2 P_3 P_4.$$

由于用初等矩阵右乘，就相当于作一次初等列变换，所以矩阵 P 是由单位矩阵经过 4 次初等列变换而得到的. 这 4 次列变换正好就是对 A 所作的 4 次列变换. 所以当对 A 施行成对的行、列变换化成对角形时，同样的列变换施行于 E 就得到 P. 当然，不必将每次所作的变换记下来，只要对 A 和 E 同时施行初等列变换. 因为

所作的是列变换,故把 E 写在 A 下面. 下面仍用上述的例 3 来说明这个方法:

$$\begin{bmatrix}A\\E\end{bmatrix}=\begin{bmatrix}1&2&-2\\2&4&-1\\-2&-1&0\\1&0&0\\0&1&0\\0&0&1\end{bmatrix}\xrightarrow{\text{第2列减去}\atop\text{第1列的2倍}}\begin{bmatrix}1&0&-2\\2&0&-1\\-2&3&0\\1&-2&0\\0&1&0\\0&0&1\end{bmatrix}$$

$$\xrightarrow{\text{第2行减去}\atop\text{第1行的2倍}}\begin{bmatrix}1&0&-2\\0&0&3\\-2&3&0\\1&-2&0\\0&1&0\\0&0&1\end{bmatrix}\xrightarrow{\text{第1列的2倍}\atop\text{加到第3列上}}$$

$$\begin{bmatrix}1&0&0\\0&0&3\\-2&3&-4\\1&-2&2\\0&1&0\\0&0&1\end{bmatrix}\xrightarrow{\text{第1行的2倍}\atop\text{加到第3行上}}\begin{bmatrix}1&0&0\\0&0&3\\0&3&-4\\1&-2&2\\0&1&0\\0&0&1\end{bmatrix}$$

$$\xleftarrow{\text{第2,3}\atop\text{列互换}}\begin{bmatrix}1&0&0\\0&3&0\\0&-4&3\\1&2&-2\\0&0&1\\0&1&0\end{bmatrix}\xrightarrow{\text{第2,3}\atop\text{行互换}}\begin{bmatrix}1&0&0\\0&-4&3\\0&3&0\\1&2&-2\\0&0&1\\0&1&0\end{bmatrix}$$

$$\xrightarrow{\text{第 2 列的 }\frac{3}{4}\text{ 倍加到第 3 列上}} \begin{bmatrix} 1 & 0 & 0 \\ 0 & -4 & 0 \\ 0 & 3 & \frac{9}{4} \\ 1 & 2 & -\frac{1}{2} \\ 0 & 0 & 1 \\ 0 & 1 & \frac{3}{4} \end{bmatrix} \xrightarrow{\text{第 2 行的 }\frac{3}{4}\text{ 倍加到第 3 行上}} \begin{bmatrix} 1 & 0 & 0 \\ 0 & -4 & 0 \\ 0 & 0 & \frac{9}{4} \\ 1 & 2 & -\frac{1}{2} \\ 0 & 0 & 1 \\ 0 & 1 & \frac{3}{4} \end{bmatrix},$$

所以
$$P = \begin{bmatrix} 1 & 2 & -\frac{1}{2} \\ 0 & 0 & 1 \\ 0 & 1 & \frac{3}{4} \end{bmatrix},$$

使得
$$P^{\mathrm{T}}AP = \begin{bmatrix} 1 & 0 & 0 \\ 0 & -4 & 0 \\ 0 & 0 & \frac{9}{4} \end{bmatrix}.$$

这个例子说明了 P 的求法及其理论根据. 这种方法在求出 P 的同时,把 A 化成了对角形,而且不必写出每个 P_i,省去了很多计算.

因为化简二次型的问题可以通过化简它的矩阵来实现,所以上面介绍的方法也可以用来化简二次型. 举例如下:

例 4 设
$$f(x_1, x_2, x_3, x_4) = x_1^2 + x_2^2 - 2x_1x_2 + 4x_1x_4 + 2x_2x_3 - 2x_2x_4 + 2x_3x_4,$$
用非退化线性替换将 $f(x_1, x_2, x_3, x_4)$ 化为标准形,并写出所作的线性替换.

解: $f(x_1, x_2, x_3, x_4)$ 的矩阵为

$$A = \begin{bmatrix} 1 & -1 & 0 & 2 \\ -1 & 1 & 1 & -1 \\ 0 & 1 & 0 & 1 \\ 2 & -1 & 1 & 0 \end{bmatrix},$$

将 A 用初等变换化为合同的对角矩阵：

$$\begin{bmatrix} A \\ E \end{bmatrix} = \begin{bmatrix} 1 & -1 & 0 & 2 \\ -1 & 1 & 1 & -1 \\ 0 & 1 & 0 & 1 \\ 2 & -1 & 1 & 0 \\ 1 & 0 & 0 & 0 \\ 0 & 1 & 0 & 0 \\ 0 & 0 & 1 & 0 \\ 0 & 0 & 0 & 1 \end{bmatrix} \rightarrow \begin{bmatrix} 1 & 0 & 0 & 0 \\ -1 & 0 & 1 & 1 \\ 0 & 1 & 0 & 1 \\ 2 & 1 & 1 & -4 \\ 1 & 1 & 0 & -2 \\ 0 & 1 & 0 & 0 \\ 0 & 0 & 1 & 0 \\ 0 & 0 & 0 & 1 \end{bmatrix}$$

$$\rightarrow \begin{bmatrix} 1 & 0 & 0 & 0 \\ 0 & 0 & 1 & 1 \\ 0 & 1 & 0 & 1 \\ 0 & 1 & 1 & -4 \\ 1 & 1 & 0 & -2 \\ 0 & 1 & 0 & 0 \\ 0 & 0 & 1 & 0 \\ 0 & 0 & 0 & 1 \end{bmatrix} \rightarrow \begin{bmatrix} 1 & 0 & 0 & 0 \\ 0 & 1 & 1 & 1 \\ 0 & 1 & 0 & 1 \\ 0 & 2 & 1 & -4 \\ 1 & 1 & 0 & -2 \\ 0 & 1 & 0 & 0 \\ 0 & 1 & 1 & 0 \\ 0 & 0 & 0 & 1 \end{bmatrix}$$

$$
\rightarrow \begin{bmatrix} 1 & 0 & 0 & 0 \\ 0 & 2 & 1 & 2 \\ 0 & 1 & 0 & 1 \\ 0 & 2 & 1 & -4 \\ 1 & 1 & 0 & -2 \\ 0 & 1 & 0 & 0 \\ 0 & 1 & 1 & 0 \\ 0 & 0 & 0 & 1 \end{bmatrix} \rightarrow \begin{bmatrix} 1 & 0 & 0 & 0 \\ 0 & 2 & 0 & 0 \\ 0 & 1 & -\dfrac{1}{2} & 0 \\ 0 & 2 & 0 & -6 \\ 1 & 1 & -\dfrac{1}{2} & -3 \\ 0 & 1 & -\dfrac{1}{2} & -1 \\ 0 & 1 & \dfrac{1}{2} & -1 \\ 0 & 0 & 0 & 1 \end{bmatrix}
$$

$$
\rightarrow \begin{bmatrix} 1 & 0 & 0 & 0 \\ 0 & 2 & 0 & 0 \\ 0 & 0 & -\dfrac{1}{2} & 0 \\ 0 & 0 & 0 & -6 \\ 1 & 1 & -\dfrac{1}{2} & -3 \\ 0 & 1 & -\dfrac{1}{2} & -1 \\ 0 & 1 & \dfrac{1}{2} & -1 \\ 0 & 0 & 0 & 1 \end{bmatrix}.
$$

令
$$P = \begin{bmatrix} 1 & 1 & -\frac{1}{2} & -3 \\ 0 & 1 & -\frac{1}{2} & -1 \\ 0 & 1 & \frac{1}{2} & -1 \\ 0 & 0 & 0 & 1 \end{bmatrix},$$

则 P 可逆，并且

$$P^{\mathrm{T}}AP = \begin{bmatrix} 1 & 0 & 0 & 0 \\ 0 & 2 & 0 & 0 \\ 0 & 0 & -\frac{1}{2} & 0 \\ 0 & 0 & 0 & -6 \end{bmatrix}.$$

所以原二次型通过线性替换
$$X = PY,$$

即
$$\begin{cases} x_1 = y_1 + y_2 - \frac{1}{2}y_3 - 3y_4, \\ x_2 = \quad\quad y_2 - \frac{1}{2}y_3 - y_4, \\ x_3 = \quad\quad y_2 + \frac{1}{2}y_3 - y_4, \\ x_4 = \quad\quad\quad\quad\quad\quad y_4, \end{cases}$$

化为标准形： $y_1^2 + 2y_2^2 - \frac{1}{2}y_3^2 - 6y_4^2.$

希望读者在作习题的时候，把配方法和用初等变换化对称矩阵为对角形这两种方法都练习一下.

习 题 5.3

用非退化线性替换化下列二次型为标准形，并写出所作的线性替换（用配方法和用初等变换法分别练习）：

1. $f(x_1,x_2,x_3) = x_1^2 + 2x_2^2 + 2x_1x_2 - 2x_1x_3$.
2. $f(x_1,x_2,x_3) = x_1^2 - x_3^2 + 2x_1x_2 + 2x_2x_3$.
3. $f(x_1,x_2,x_3) = x_1x_2 + x_1x_3 + x_2x_3$.
4. $f(x_1,x_2,x_3,x_4) = x_1^2 + 2x_2^2 + x_4^2 + 4x_1x_2 + 4x_1x_3 + 2x_1x_4 + 2x_2x_3 + 2x_2x_4 + 2x_3x_4$.
5. $f(x_1,x_2,x_3,x_4) = x_1x_2 + x_1x_3 + x_1x_4 + x_2x_3 + x_2x_4 + x_3x_4$.

5.4 规 范 形

一个二次型经过非退化线性替换化成标准形时,如果所作的替换不同,那么所得的标准形也可能不同.例如,二次型
$$f(x_1,x_2,x_3) = x_1x_2 + x_2x_3 + x_1x_3,$$
经非退化线性替换
$$\begin{cases} x_1 = y_1 - y_2 - y_3, \\ x_2 = y_1 + y_2 - y_3, \\ x_3 = y_3, \end{cases}$$
化为
$$y_1^2 - y_2^2 - y_3^2;$$
而经非退化线性替换
$$\begin{cases} x_1 = z_2, \\ x_2 = 3z_1 - z_2 - 2z_3, \\ x_3 = 3z_1 - z_2 + 2z_3, \end{cases}$$
化为
$$9z_1^2 - z_2^2 - 4z_3^2.$$
这就是说,二次型的标准形不是唯一的.

但是,经过非退化线性替换后,二次型的矩阵变成了一个与它合同的矩阵.我们知道,合同的矩阵有相同的秩,所以二次型变换前后的矩阵的秩是相同的.二次型的矩阵的秩就称为这个**二次型的秩**.

由于标准形的矩阵是对角矩阵,对角矩阵的秩等于对角线上

非零元素的个数,因此,同一个二次型的标准形虽然不是唯一的,然而标准形中系数不等于零的平方项的项数却是相同的,就等于二次型的秩.

下面进一步在复数域和实数域中来讨论标准形的唯一性问题. 先看复数域的情形:

设 $f(x_1,x_2,\cdots,x_n)$ 是一个复系数的二次型,经过适当的非退化线性替换后,化成标准形

$$d_1 y_1^2 + d_2 y_2^2 + \cdots + d_r y_r^2 \quad (d_i \neq 0, i = 1,2,\cdots,r), \quad (1)$$

其中 r 是 $f(x_1,x_2,\cdots,x_n)$ 的秩. 因为复数可以开平方,故可再作一次非退化线性替换:

$$\begin{cases} y_1 = \dfrac{1}{\sqrt{d_1}} z_1, \\ \cdots\cdots\cdots \\ y_r = \dfrac{1}{\sqrt{d_r}} z_r, \\ y_{r+1} = z_{r+1}, \\ \cdots\cdots\cdots \\ y_n = z_n, \end{cases}$$

将(1)变成

$$z_1^2 + z_2^2 + \cdots + z_r^2. \quad (2)$$

(2) 称为复二次型 $f(x_1,x_2,\cdots,x_n)$ 的**规范形**. 显然,规范形完全由原二次型的秩所决定,因此有:

定理 4 复系数二次型可以经过适当的非退化线性替换变成规范形;规范形是唯一的.

定理 4 按矩阵来说,就是: 任一复系数对称矩阵都合同于一个形式为:

$$\begin{bmatrix} 1 & & & & & \\ & \ddots & & & & \\ & & 1 & & & \\ & & & 0 & & \\ & & & & \ddots & \\ & & & & & 0 \end{bmatrix}$$

的对角矩阵,其中 1 的个数等于这个矩阵的秩,因此,两个同阶复对称矩阵合同的充分必要条件是它们的秩相等.

再来看实数域的情形:

设 $f(x_1, x_2, \cdots, x_n)$ 是一个实系数二次型.经过一个非退化线性替换,再适当排列变量的次序(这也可看成作一次可逆线性替换),可使 $f(x_1, x_2, \cdots, x_n)$ 变成标准形

$$d_1 y_1^2 + \cdots + d_p y_p^2 - d_{p+1} y_{p+1}^2 - \cdots - d_r y_r^2, \tag{3}$$

其中 $d_i > 0 (i=1,2,\cdots,r)$,r 是 $f(x_1,x_2,\cdots,x_n)$ 的秩.因为在实数域中,正数可以开平方,而且其平方根不等于 0,所以可再作一次非退化线性替换

$$\begin{cases} y_1 = \dfrac{1}{\sqrt{d_1}} z_1, \\ \cdots\cdots\cdots\cdots \\ y_r = \dfrac{1}{\sqrt{d_r}} z_r, \\ y_{r+1} = z_{r+1}, \\ \cdots\cdots\cdots\cdots \\ y_n = z_n, \end{cases}$$

将(3)就变成

$$z_1^2 + \cdots + z_p^2 - z_{p+1}^2 - \cdots - z_r^2. \tag{4}$$

(4) 称为实系数二次型 $f(x_1,\cdots,x_n)$ 的**规范形**.显然,规范形由 r,

p 这两个数所决定.

定理 5(惯性定理) 任意一个实数域上的二次型,总可以经过非退化线性替换化成规范形;规范形是唯一的.

证明:上面的讨论已经证明了:任意一个实二次型都可以化成规范形.下面来证明规范形的唯一性:

设实二次型 $f(x_1,x_2,\cdots,x_n)$ 经过非退化线性替换
$$X = BY$$
化为规范形
$$f(x_1,x_2,\cdots,x_n) = y_1^2 + \cdots + y_p^2 - y_{p+1}^2 - \cdots - y_r^2;$$
而经过非退化线性替换
$$X = CZ,$$
化为规范形
$$f(x_1,x_2,\cdots,x_n) = z_1^2 + \cdots + z_q^2 - z_{q+1}^2 - \cdots - z_r^2.$$
要证明规范形是唯一的,就需要证明 $p=q$.

用反证法:设 $p>q$,根据上面的假设,有
$$y_1^2 + \cdots + y_p^2 - y_{p+1}^2 - \cdots - y_r^2 = z_1^2 + \cdots + z_q^2 - z_{q+1}^2 - \cdots - z_r^2, \quad (5)$$
其中
$$Z = C^{-1}BY. \quad (6)$$

设
$$C^{-1}B = \begin{bmatrix} g_{11} & g_{12} & \cdots & g_{1n} \\ g_{21} & g_{22} & \cdots & g_{2n} \\ \cdots\cdots\cdots\cdots\cdots\cdots \\ g_{n1} & g_{n2} & \cdots & g_{nn} \end{bmatrix},$$

于是(6)式成为
$$\begin{cases} z_1 = g_{11}y_1 + g_{12}y_2 + \cdots + g_{1n}y_n, \\ z_2 = g_{21}y_1 + g_{22}y_2 + \cdots + g_{2n}y_n, \\ \cdots\cdots\cdots\cdots\cdots\cdots\cdots\cdots\cdots\cdots\cdots \\ z_n = g_{n1}y_1 + g_{n2}y_2 + \cdots + g_{nn}y_n. \end{cases} \quad (7)$$

考察齐次线性方程组

$$\begin{cases} g_{11}y_1 + g_{12}y_2 + \cdots + g_{1n}y_n = 0, \\ \cdots\cdots\cdots\cdots\cdots\cdots\cdots\cdots\cdots \\ g_{q1}y_1 + g_{q2}y_2 + \cdots + g_{qn}y_n = 0, \\ y_{p+1} = 0, \\ \cdots\cdots\cdots \\ y_n = 0. \end{cases} \quad (8)$$

这个方程组含有 n 个未知量,而含有
$$q + (n-p) = n - (p-q) < n$$
个方程,所以它有非零解. 设
$$y_1 = k_1, y_2 = k_2, \cdots, y_p = k_p, y_{p+1} = k_{p+1}, \cdots, y_n = k_n,$$
是它的一个非零解. 显然
$$k_{p+1} = \cdots = k_n = 0,$$
所以 $k_1, k_2, \cdots, k_p$ 不全为零,因此,把 $y_i = k_i (i=1,2,\cdots,n)$ 代入 (5) 式左端,得到的值为
$$k_1^2 + k_2^2 + \cdots + k_p^2 > 0.$$
另一方面,因为 $y_i = k_i (i=1,2,\cdots,n)$ 是方程组 (8) 的解,故把它们代入关系式 (7),得到一组 $z_i (i=1,2,\cdots,n)$,其中
$$z_1 = z_2 = \cdots = z_q = 0.$$
将这一组 z_i 代入 (5) 式右端,得到的值是
$$-z_{q+1}^2 - \cdots - z_r^2 \leq 0.$$
这是一个矛盾,这说明 $p > q$ 是不可能的.

同理,可证明 $q > p$ 也是不可能的,因而 $p = q$. 这就证明了规范形的唯一性. ∎

这个定理通常称为惯性定理.

定义 3 在实系数二次型 $f(x_1, x_2, \cdots, x_n)$ 的规范形中,正平方项的个数 p 称为 $f(x_1, x_2, \cdots, x_n)$ 的**正惯性指数**;负平方项的个数 $r-p$ 称为 $f(x_1, x_2, \cdots, x_n)$ 的**负惯性指数**;它们的差 $p - (r-p) = 2p - r$ 称为 $f(x_1, x_2, \cdots, x_n)$ 的**符号差**.

虽然实二次型的标准形不是唯一的,但是根据规范形的唯一性以及上面化标准形为规范形的过程可以看出:标准形中系数为正的平方项个数是唯一确定的,它等于正惯性指数;标准形中系数为负的平方项的个数也是唯一确定的,它等于负惯性指数.因此,两个实系数二次型可以经非退化线性替换互变的充分必要条件是:它们有相同的秩和正惯性指数.

定理 5 用矩阵的语言描述是:任一个实对称矩阵 A 合同于一个形式为

$$\begin{bmatrix} 1 & & & & & & & \\ & \ddots & & & & & & \\ & & 1 & & & & & \\ & & & -1 & & & & \\ & & & & \ddots & & & \\ & & & & & -1 & & \\ & & & & & & 0 & \\ & & & & & & & \ddots \\ & & & & & & & & 0 \end{bmatrix}$$

的对角矩阵.其中 ± 1 的总数等于 A 的秩,1 的个数由 A 唯一确定,称为 A 的正惯性指数,-1 的个数称为 A 的负惯性指数.两个同阶的实对称矩阵合同的充分必要条件是:它们的秩和正惯性指数分别相等.

习 题 5.4

1. 把习题 5.3 中所有二次型化为规范形(分实系数及复系数两种情形),并写出所作的线性替换.
2. 如果把 n 阶实对称矩阵按合同关系分类(即两个 n 阶实对称矩阵属于同一类当且仅当它们是合同的),问共有几类?
3. 试证:一个实二次型可以分解成两个实系数一次多项式的乘积的充分必

要条件是：它的秩等于 2，而且符号差等于 0，或者秩等于 1.

4. 设实二次型 $f(x_1,x_2,\cdots,x_n)$ 的正、负惯性指数分别是 $k,l;a_1,a_2,\cdots,a_k$ 是任意 k 个正数；$b_1,b_2,\cdots,b_l$ 是任意 l 个负数. 试证：$f(x_1,x_2,\cdots,x_n)$ 可经非退化线性替换化成：

$$a_1y_1^2+\cdots+a_ky_k^2+b_1y_{k+1}^2+\cdots+b_ly_{k+l}^2.$$

5.5 正定二次型

在实二次型中，正定二次型有着特殊的地位. 这一节介绍正定二次型的定义及判别条件.

定义 4 实二次型 $f(x_1,x_2,\cdots,x_n)$ 如果对于任意一组不全为零的实数 $c_1,c_2,\cdots,c_n$，都有 $f(c_1,c_2,\cdots,c_n)>0$，就称为**正定的**.

下面讨论实二次型是否正定的判别方法. 首先，如果 $f(x_1,x_2,\cdots,x_n)$ 是平方和

$$f(x_1,x_2,\cdots,x_n)=a_1x_1^2+a_2x_2^2+\cdots+a_nx_n^2.$$

那么，很容易看出：$f(x_1,x_2,\cdots,x_n)$ 是正定的必要充分条件是 $a_i>0(i=1,2,\cdots,n)$. 我们知道，一般地，任一个二次型 $f(x_1,x_2,\cdots,x_n)$ 都可以经过非退化线性替换化为平方和的形式

$$f(x_1,x_2,\cdots,x_n)=b_1y_1^2+b_2y_2^2+\cdots+b_ny_n^2.$$

能不能利用 $b_i(i=1,2,\cdots,n)$ 的正负来判断 $f(x_1,x_2,\cdots,x_n)$ 是否正定呢？答案是肯定的. 对此，有下述定理：

定理 6 n 元实二次型 $f(x_1,x_2,\cdots,x_n)$ 是正定的充分必要条件是：它的正惯性指数等于 n.

证明：设 $f(x_1,x_2,\cdots,x_n)$ 经非退化线性替换

$$X=CY \qquad (1)$$

化为

$$f(x_1,x_2,\cdots,x_n)=b_1y_1^2+b_2y_2^2+\cdots+b_ny_n^2. \qquad (2)$$

如果 $f(x_1,x_2,\cdots,x_n)$ 的正惯性指数等于 n. 那么，$b_i>0(i=$

$1,2,\cdots,n)$. 设 $c_1,c_2,\cdots,c_n$ 是任意 n 个不全为零的实数. 由于线性替换(1)是非退化的, 所以可找到 $y_i(i=1,2,\cdots,n)$ 的一组值
$$y_i = k_i \quad (i=1,2,\cdots,n)$$
使
$$\begin{bmatrix} c_1 \\ c_2 \\ \vdots \\ c_n \end{bmatrix} = C \begin{bmatrix} k_1 \\ k_2 \\ \vdots \\ k_n \end{bmatrix}.$$

显然 $k_i(i=1,2,\cdots,n)$ 不全为零.

将 $x_i = c_i(i=1,2,\cdots,n)$ 代入(2)式左边; 将 $y_i = k_i(i=1,2,\cdots,n)$ 代入(2)式右边, 得到的值应该相等, 因此
$$f(c_1,c_2,\cdots,c_n) = b_1 k_1^2 + b_2 k_2^2 + \cdots + b_n k_n^2 > 0,$$
所以 $f(x_1,x_2,\cdots,x_n)$ 是正定的.

如果 $f(x_1,x_2,\cdots,x_n)$ 的正惯性指数小于 n, 那么, $b_1,b_2,\cdots,b_n$ 不能全大于零, 不妨设 $b_n \leqslant 0$. 令
$$y_1 = y_2 = \cdots = y_{n-1} = 0, y_n = 1,$$
代入(1), 得 x_i 的一组值
$$x_i = c_i \quad (i=1,2,\cdots,n).$$
因为线性替换(1)是可逆的, 所以 $c_i(i=1,2,\cdots,n)$ 不全为零, 将 x_i 及 y_i 相应的值代入(2)式两边, 得:
$$f(c_1,c_2,\cdots,c_n) \leqslant 0.$$
所以 $f(x_1,x_2,\cdots,x_n)$ 不是正定的. ∎

定理 6 说明:

推论 正定二次型的规范形是
$$y_1^2 + y_2^2 + \cdots + y_n^2.$$

定义 5 A 是一个实对称矩阵, 如果实二次型
$$X^\mathrm{T} A X$$
是正定的, 则 A 称为**正定矩阵**.

因为正定二次型的规范形的矩阵是单位矩阵 E,所以一个实对称矩阵是正定的充分必要条件是它与单位矩阵是合同的.即有:

定理 7 实对称矩阵 A 是正定矩阵的充分必要条件是:有可逆矩阵 C,使
$$A = C^T C$$

证明作为习题留给读者.

我们知道,任给一个实二次型
$$f(x_1, x_2, \cdots, x_n) = X^T A X,$$
可以找到一个正交变换
$$X = TY,$$
把 $f(x_1, x_2, \cdots, x_n)$ 化为平方和
$$f(x_1, x_2, \cdots, x_n) = \lambda_1 y_1^2 + \lambda_2 y_2^2 + \cdots + \lambda_n y_n^2,$$
式中 $\lambda_1, \lambda_2, \cdots, \lambda_n$ 是矩阵 A 的特征值.由此可得:

定理 8 实二次型
$$X^T A X$$
正定的充分必要条件是:A 的特征值全大于零.

当然,相应地有:实对称矩阵 A 正定的充分必要条件是:它的特征值全大于零.

可以利用行列式来说明二次型或实对称矩阵正定的条件,先证明下述引理.

引理 正定矩阵的行列式大于零.

证明:设 A 是一个正定矩阵.那么 A 与单位矩阵 E 合同,所以有可逆矩阵 C,使
$$A = C^T E C = C^T C.$$
两边取行列式,就得:
$$|A| = |C^T C| = |C^T| |C| = |C|^2 > 0.$$

定义 6 设 $A = \begin{bmatrix} a_{11} & a_{12} & \cdots & a_{1n} \\ a_{21} & a_{22} & \cdots & a_{2n} \\ \cdots\cdots\cdots\cdots\cdots\cdots \\ a_{n1} & a_{n2} & \cdots & a_{nn} \end{bmatrix}$ 是一个 n 阶矩阵. 行标和列标相同的子式

$$\begin{vmatrix} a_{i_1 i_1} & a_{i_1 i_2} & \cdots & a_{i_1 i_k} \\ a_{i_2 i_1} & a_{i_2 i_2} & \cdots & a_{i_2 i_k} \\ \cdots\cdots\cdots\cdots\cdots\cdots \\ a_{i_k i_1} & a_{i_k i_2} & \cdots & a_{i_k i_k} \end{vmatrix} \quad (1 \leqslant i_1 < i_2 < \cdots < i_k \leqslant n)$$

称为 A 的**主子式**;其中,主子式

$$\begin{vmatrix} a_{11} & a_{12} & \cdots & a_{1i} \\ a_{21} & a_{22} & \cdots & a_{2i} \\ \cdots\cdots\cdots\cdots\cdots\cdots \\ a_{i1} & a_{i2} & \cdots & a_{ii} \end{vmatrix} \quad (i = 1, 2, \cdots, n)$$

称为 A 的**顺序主子式**.

例如,设 $A = \begin{bmatrix} 1 & -1 & 2 & 3 \\ -1 & 0 & -1 & 1 \\ 2 & -1 & 2 & 0 \\ 3 & 1 & 0 & -1 \end{bmatrix}$,

那么 $1, 2, \begin{vmatrix} 1 & -1 \\ -1 & 0 \end{vmatrix}, \begin{vmatrix} 1 & 2 \\ 2 & 2 \end{vmatrix}, \begin{vmatrix} 0 & 1 \\ 1 & -1 \end{vmatrix},$

$\begin{vmatrix} 1 & -1 & 3 \\ -1 & 0 & 1 \\ 3 & 1 & -1 \end{vmatrix}, \begin{vmatrix} 0 & -1 & 1 \\ -1 & 2 & 0 \\ 1 & 0 & -1 \end{vmatrix}$

都是 A 的主子式;而 A 的顺序主子式共有 4 个,即

$1, \begin{vmatrix} 1 & -1 \\ -1 & 0 \end{vmatrix}, \begin{vmatrix} 1 & -1 & 2 \\ -1 & 0 & -1 \\ 2 & -1 & 2 \end{vmatrix}, \begin{vmatrix} 1 & -1 & 2 & 3 \\ -1 & 0 & -1 & 1 \\ 2 & -1 & 2 & 0 \\ 3 & 1 & 0 & -1 \end{vmatrix}.$

定理 9 实二次型

$$f(x_1, x_2, \cdots, x_n) = X^{\mathrm{T}} A X = \sum_{i=1}^{n} \sum_{j=1}^{n} a_{ij} x_i x_j$$

是正定的充分必要条件是：矩阵 A 的顺序主子式全大于零.

证明：先证必要性：设二次型

$$f(x_1, x_2, \cdots, x_n) = \sum_{i=1}^{n} \sum_{j=1}^{n} a_{ij} x_i x_j$$

是正定的. 令

$$f_k(x_1, x_2, \cdots, x_n) = \sum_{i=1}^{n} \sum_{j=1}^{n} a_{ij} x_i x_j \qquad (k=1,2,\cdots,n).$$

下面证明 $f_k(x_1, x_2, \cdots, x_k)$ 是 k 元的正定二次型. 对于任意 k 个不全为零的实数 $c_1, c_2, \cdots, c_k$，有

$$f_k(c_1, c_2, \cdots, c_k) = \sum_{i=1}^{k} \sum_{j=1}^{k} a_{ij} c_i c_j$$
$$= f(c_1, \cdots, c_k, 0, \cdots, 0) > 0.$$

所以 $f_k(x_1, x_2, \cdots, x_k)$ 是正定的，从而 $f_k(x_1, x_2, \cdots, x_k)$ 的矩阵

$$A_k = \begin{bmatrix} a_{11} & a_{12} & \cdots & a_{1k} \\ a_{21} & a_{22} & \cdots & a_{2k} \\ \cdots\cdots\cdots\cdots\cdots\cdots \\ a_{k1} & a_{k2} & \cdots & a_{kk} \end{bmatrix}$$

是正定的，根据引理知：$|A_k| > 0$. 容易看出：$|A_k|$ 就是 A 的第 k 个顺序主子式. 这就证明了必要性.

再来证明充分性：对 n 作数学归纳法.

当 $n=1$ 时，

$$f(x_1) = a_{11}x_1^2.$$

由条件 $a_{11}>0$,显然 $f(x_1)$ 是正定的.

假设充分性的论断对 $n-1$ 元的二次型是成立的,下面来证明 n 元的情形. 令

$$f_{n-1}(x_1,x_2,\cdots,x_{n-1}) = \sum_{i=1}^{n-1}\sum_{j=1}^{n-1}a_{ij}x_ix_j.$$

它的矩阵是

$$A_{n-1} = \begin{bmatrix} a_{11} & a_{12} & \cdots & a_{1,n-1} \\ a_{21} & a_{22} & \cdots & a_{2,n-1} \\ \cdots\cdots\cdots\cdots\cdots\cdots\cdots\cdots \\ a_{n-1,1} & a_{n-1,2} & \cdots & a_{n-1,n-1} \end{bmatrix}$$

A_{n-1} 的顺序主子式就是 A 的前 $n-1$ 个顺序主子式. 现在 A 的顺序主子式全大于零,所以 A_{n-1} 的顺序主子式也全大于零. 由归纳法假设知:$f_{n-1}(x_1,x_2,\cdots,x_{n-1})$ 是正定的,因此有可逆的线性替换

$$\begin{cases} x_1 = g_{11}y_1 + g_{12}y_2 + \cdots + g_{1,n-1}y_{n-1}, \\ x_2 = g_{21}y_1 + g_{22}y_2 + \cdots + g_{2,n-1}y_{n-1}, \\ \cdots\cdots\cdots\cdots\cdots\cdots\cdots\cdots\cdots\cdots\cdots\cdots \\ x_{n-1} = g_{n-1,1}y_1 + g_{n-1,2}y_2 + \cdots + g_{n-1,n-1}y_{n-1}. \end{cases}$$

使 $f_{n-1}(x_1,x_2,\cdots,x_{n-1}) = y_1^2 + y_2^2 + \cdots + y_{n-1}^2.$

作线性替换

$$\begin{cases} x_1 = g_{11}y_1 + g_{12}y_2 + \cdots + g_{1,n-1}y_{n-1}, \\ x_2 = g_{21}y_1 + g_{22}y_2 + \cdots + g_{2,n-1}y_{n-1}, \\ \cdots\cdots\cdots\cdots\cdots\cdots\cdots\cdots\cdots\cdots\cdots\cdots \\ x_{n-1} = g_{n-1,1}y_1 + g_{n-1,2}y_2 + \cdots + g_{n-1,n-1}y_{n-1}. \\ x_n = y_n. \end{cases}$$

这是一个 n 元非退化的线性替换,而且 $f(x_1,x_2,\cdots,x_n)$ 经过这个线性替换化成:

$$f(x_1,x_2,\cdots,x_n) = \sum_{i=1}^{n-1}\sum_{j=1}^{n-1}a_{ij}x_ix_j + 2\sum_{i=1}^{n-1}a_{in}x_ix_n + a_{nn}x_n^2$$

$$= y_1^2 + y_2^2 + \cdots + y_{n-1}^2 + 2\sum_{i=1}^{n-1}b_{in}y_iy_n + a_{nn}y_n^2$$

$$= (y_1 + b_{1n}y_n)^2 + (y_2 + b_{2n}y_n)^2 + \cdots$$
$$+ (y_{n-1} + b_{n-1,n}y_n)^2 + b_{nn}y_n^2.$$

再令
$$\begin{cases} y_1 + b_{1n}y_n = z_1, \\ y_2 + b_{2n}y_n = z_2, \\ \cdots\cdots\cdots\cdots\cdots\cdots \\ y_{n-1} + b_{n-1,n}y_n = z_{n-1}, \\ y_n = z_n, \end{cases}$$

这也是一个可逆的线性替换,$f(x_1,x_2,\cdots,x_n)$再经过这个线性替换后,化成

$$f(x_1,x_2,\cdots,x_n) = z_1^2 + z_2^2 + \cdots + z_{n-1}^2 + b_{nn}z_n^2.$$

$f(x_1,x_2,\cdots,x_n)$经过非退化线性替换化成 $z_1^2 + \cdots + z_{n-1}^2 + b_{nn}z_n^2$,因此矩阵 A 与矩阵

$$\begin{bmatrix} 1 & & & \\ & \ddots & & \\ & & 1 & \\ & & & b_{nn} \end{bmatrix}$$

是合同的,故有可逆矩阵 C,使

$$C^{\mathrm{T}}AC = \begin{bmatrix} 1 & & & \\ & \ddots & & \\ & & 1 & \\ & & & b_{nn} \end{bmatrix}.$$

两边取行列式,即得

$$b_{nn} = |C^{\mathrm{T}}AC| = |C|^2 \cdot |A| > 0,$$

所以 $b_{nn} > 0$. $f(x_1, x_2, \cdots, x_n)$ 的正惯性指数等于 n,从而 $f(x_1, x_2, \cdots, x_n)$ 是正定的.

根据归纳法原理,充分性得证. |

从定理 9 知道:实对称矩阵 A 是正定的当且仅当它的顺序主子式全大于零.

例 1 判别实二次型
$$f(x_1, x_2, x_3) = x_1^2 + 2x_1x_2 + 2x_2^2 + 4x_2x_3 + x_3^2$$
是否正定.

解:$f(x_1, x_2, x_3) = x_1^2 + 2x_1x_2 + 2x_2^2 + 4x_2x_3 + x_3^2$
$$= (x_1 + x_2)^2 + (x_2 + 2x_3)^2 - 3x_3^2.$$

令
$$\begin{cases} x_1 + x_2 = y_1, \\ x_2 + 2x_3 = y_2, \\ x_3 = y_3, \end{cases}$$

这是一个非退化线性替换.经过这个替换,$f(x_1, x_2, x_3)$ 化为
$$f(x_1, x_2, x_3) = y_1^2 + y_2^2 - 3y_3^2,$$
所以 $f(x_1, x_2, x_3)$ 的正惯性指数等于 2,由定理 6 知:$f(x_1, x_2, x_3)$ 不是正定的.

例 2 判别二次型
$$f(x_1, x_2, x_3) = 3x_1^2 + 4x_2^2 + 5x_3^2 + 4x_1x_2 - 4x_2x_3$$
是否正定.

解:$f(x_1, x_2, x_3)$ 的矩阵为
$$A = \begin{bmatrix} 3 & 2 & 0 \\ 2 & 4 & -2 \\ 0 & -2 & 5 \end{bmatrix}.$$

A 的顺序主子式

$$3 > 0, \quad \begin{vmatrix} 3 & 2 \\ 2 & 4 \end{vmatrix} = 8 > 0, \quad \begin{vmatrix} 3 & 2 & 0 \\ 2 & 4 & -2 \\ 0 & -2 & 5 \end{vmatrix} = 28 > 0.$$

根据定理 9 知，$f(x_1,x_2,x_3)$ 是正定的．

与实二次型的正定性相仿的，有下述一些概念：

定义 7 设 $f(x_1,x_2,\cdots,x_n)$ 是一个实二次型，如果对于任意一组不全为零的实数 $c_1,c_2,\cdots,c_n$，都有 $f(c_1,c_2,\cdots,c_n)<0$，就称 $f(x_1,x_2,\cdots,x_n)$ 是**负定**的；如果对任意一组实数 $c_1,c_2,\cdots,c_n$，都有 $f(c_1,c_2,\cdots,c_n)\geqslant 0$，就称 $f(x_1,x_2,\cdots,x_n)$ 是**半正定**的；如果对任意一组实数 $c_1,c_2,\cdots,c_n$，都有 $f(c_1,c_2,\cdots,c_n)\leqslant 0$，就称 $f(x_1,x_2,\cdots,x_n)$ 是**半负定**的；如果 $f(x_1,x_2,\cdots,x_n)$ 既不是半正定的，又不是半负定的，就称它是**不定的**．

设 A 是实对称矩阵，如果二次型 $X^\mathrm{T}AX$ 是负定的，就称 A 是负定的；如果 $X^\mathrm{T}AX$ 是半正定的或半负定的，就称 A 是半正定的或半负定的．

显然，如果 $f(x_1,x_2,\cdots,x_n)$ 是负定的，那么 $-f(x_1,x_2,\cdots,x_n)$ 就是正定的，因此可推得负定的二次型的判别条件如下：

实二次型 $f(x_1,x_2,\cdots,x_n)$ 是负定的充分必要条件是：它的负惯性指数等于 n．因此，负定实二次型的规范形是

$$-y_1^2-y_2^2-\cdots-y_n^2.$$

从定理 8 可推知：实二次型是负定的，当且仅当它的系数矩阵的特征值全小于零．

从定理 9 可以推出用行列式判别一个二次型是不是负定的方法．设 $D_i(i=1,2,\cdots,n)$ 表示实二次型 $f(x_1,x_2,\cdots,x_n)$ 的顺序主子式．那么 $f(x_1,x_2,\cdots,x_n)$ 是负定的充分必要条件是：它的顺序主子式满足

$$(-1)^i D_i>0 \quad (i=1,2,\cdots,n).$$

根据半正定二次型的定义，可以得到与正定条件类似的判别法．下面只写出结果，证明作为习题留给读者．

实二次型 $f(x_1,x_2,\cdots,x_n)$ 是半正定的充分必要条件是 $f(x_1,x_2,\cdots,x_n)$ 的正惯性指数等于它的秩；或 $f(x_1,x_2,\cdots,x_n)$ 的

系数矩阵的特征值全大于或等于零;或 $f(x_1,x_2,\cdots,x_n)$ 的系数矩阵的主子式全大于或等于零.

需要注意的是,一个实二次型必须当它的系数矩阵的主子式全大于或等于零时才是半正定的.只有顺序主子式大于或等于零是不够的.下面举例说明这一点:

例 3 二次型
$$f(x_1,x_2,x_3) = x_1^2 + x_2^2 + x_3^2 + 2x_1x_2 + 4x_1x_3 + 4x_2x_3$$

的矩阵是 $\begin{bmatrix} 1 & 1 & 2 \\ 1 & 1 & 2 \\ 2 & 2 & 1 \end{bmatrix}$.

它的顺序主子式全大于或等于零:

$$1 > 0, \quad \begin{vmatrix} 1 & 1 \\ 1 & 1 \end{vmatrix} = 0, \quad \begin{vmatrix} 1 & 1 & 2 \\ 1 & 1 & 2 \\ 2 & 2 & 1 \end{vmatrix} = 0.$$

但是 $f(x_1,x_2,x_3) = (x_1 + x_2 + 2x_3)^2 - 3x_3^2$
不是半正定的.

实二次型是不是半负定的也有类似的条件,这里就不仔细讲了.

关于实对称矩阵是不是负定的或半正(负)定的也都有与实二次型相类似的判别法则,读者自己把这些条件讨论一下.

习 题 5.5

1. 判别下列二次型是否正定:

    (1) $5x_1^2 + 6x_2^2 + 4x_3^2 - 4x_1x_2 - 4x_2x_3$;

    (2) $99x_1^2 - 12x_1x_2 + 48x_1x_3 + 130x_2^2 - 60x_2x_3 + 71x_3^2$;

    (3) $10x_1^2 + 8x_1x_2 + 24x_1x_3 + 2x_2^2 - 28x_2x_3 + x_3^2$;

    (4) $x_1^2 + x_2^2 + 4x_3^2 + 7x_4^2 + 6x_1x_3 + 4x_1x_4 - 4x_2x_3 + 2x_2x_4 + 4x_3x_4$.

2. t 满足什么条件时,下列二次型是正定的:

(1) $f(x_1,x_2,x_3)=x_1^2+x_2^2+5x_3^2+2tx_1x_2-2x_1x_3+4x_2x_3$;

(2) $f(x_1,x_2,x_3)=x_1^2+4x_2^2+x_3^2+2tx_1x_2+10x_1x_3+6x_2x_3$.

3. 试证：如果 A 是正定矩阵，那么 A 的主子式全大于零.
4. 试证：如果 A 是正定矩阵，那么 A^{-1} 和 A^* 也都是正定矩阵.
5. 试证：如果 A,B 都是 n 阶正定矩阵，那么 $A+B$ 也是正定矩阵.
6. 试证：实二次型 $f(x_1,x_2,\cdots,x_n)$ 是半正定的充分必要条件是 $f(x_1,x_2,\cdots,x_n)$ 的正惯性指数等于它的秩.
7. 试证：实二次型 $f(x_1,x_2,\cdots,x_n)=X^{\mathrm{T}}AX$ 是半正定的充分必要条件是：A 的特征值全大于或等于零.

内 容 提 要

1. 二次型及其矩阵

(1) 二次型：

$$f(x_1,x_2,\cdots,x_n)=\sum_{i=1}^{n}\sum_{j=1}^{n}a_{ij}x_ix_j \quad (a_{ij}=a_{ji})$$
$$=X^{\mathrm{T}}AX;$$

$A=A^{\mathrm{T}}$ 称为二次型 $f(x_1,x_2,\cdots,x_n)$ 的矩阵.

(2) 线性替换、非退化（可逆）线性替换、正交替换.

(3) 二次型 $f(x_1,x_2,\cdots,x_n)=X^{\mathrm{T}}AX$ 经线性替换
$$X=CY,$$
化成 $f(x_1,x_2,\cdots,x_n)=Y^{\mathrm{T}}BY,$
则 $B=C^{\mathrm{T}}AC.$

(4) 矩阵的合同关系.

2. 二次型的标准形

(1) 主要结果：

数域 P 上任一个二次型可以经过系数在数域 P 中的非退化线性替换化成标准形

$$d_1 y_1^2 + d_2 y_2^2 + \cdots + d_n y_n^2.$$

其中,不等于零的系数的个数等于这个二次型的矩阵的秩(也称这个二次型的秩).

(2) 计算方法：

配方法、初等变换的方法.

3. 规范形

(1) 复系数二次型可以经过非退化线性替换化成规范形

$$y_1^2 + y_2^2 + \cdots + y_r^2.$$

规范形是唯一的.

(2) 实系数二次型可以经过实系数的非退化线性替换化成规范形

$$y_1^2 + \cdots + y_p^2 - y_{p+1}^2 - \cdots - y_r^2,$$

规范形是唯一的(惯性定理).

规范形中正系数的个数 p 称为 $f(x_1, x_2, \cdots, x_n)$ 的正惯性指数;负系数的个数 $r-p$ 称为负惯性指数,它们的差 $p-(r-p) = 2p-r$ 称为符号差.

4. 用正交替换化实二次型为平方和

(1) 主要结果：

任一个实二次型 $f(x_1, x_2, \cdots, x_n) = X^\mathrm{T} A X$ 可经过正交替换化成平方和

$$f(x_1, x_2, \cdots, x_n) = \lambda_1 y_1^2 + \lambda_2 y_2^2 + \cdots + \lambda_n y_n^2,$$

其中,$\lambda_1, \lambda_2, \cdots, \lambda_n$ 是 A 的特征多项式的全部根.

(2) 计算方法：

求正交矩阵 T,使 $T^{-1}AT$ 为对角形：

$$T^{-1}AT = T^\mathrm{T}AT = \begin{bmatrix} \lambda_1 & & & \\ & \lambda_2 & & \\ & & \ddots & \\ & & & \lambda_n \end{bmatrix},$$

则正交替换 $X = TY$

将 $f(x_1, x_2, \cdots, x_n) = X^T A X$ 化成平方和：
$$f(x_1, x_2, \cdots, x_n) = \lambda_1 y_1^2 + \lambda_2 y_2^2 + \cdots + \lambda_n y_n^2.$$

5．正定二次型

（1）正定二次型的定义：

实二次型 $f(x_1, x_2, \cdots, x_n)$ 如果对于任意一组不全为零的实数 $c_1, c_2, \cdots, c_n$，都有 $f(c_1, c_2, \cdots, c_n) > 0$，就称 $f(x_1, x_2, \cdots, x_n)$ 为正定的．

（2）正定二次型的判别条件：

下列条件都是实二次型 $f(x_1, x_2, \cdots, x_n) = X^T A X$ 为正定二次型的充分必要条件：

1）$f(x_1, x_2, \cdots, x_n)$ 的正惯性指数等于 n；

2）A 的顺序主子式全大于零；

3）A 的特征值全大于零．

（3）正定矩阵．

（4）其他一些概念：

负定、半正定、半负定、不定二次型．

6．关于对称矩阵的相应定义及结论

复 习 题 5

1．用非退化线性替换把下列二次型化为标准形和规范形（分实数域、复数域两种情况），并写出所作的线性替换
   (1) $f(x_1, x_2, x_3) = x_1^2 + 2x_2^2 + 5x_3^2 + 2x_1 x_2 + 2x_1 x_3 + 8x_2 x_3$；
   (2) $f(x_1, x_2, x_3) = 2x_1 x_2 + 4x_1 x_3$；
   (3) $f(x_1, x_2, x_3, x_4) = x_1 x_2 + x_1 x_3 - x_1 x_4 - x_2 x_3 + x_2 x_4 + x_3 x_4$；
   (4) $f(x_1, x_2, x_3, x_4) = x_1^2 + 5x_2^2 + 4x_3^2 - x_4^2 + 6x_1 x_2 - 4x_1 x_3 - 4x_2 x_4 + 6x_3 x_4$.

2. 写出第 1 题的矩阵结果.
3. 用正交线性替换把下列实二次型化为标准形,写出所作的正交替换和该二次型的正负惯性指数及符号差.

(1) $f(x_1,x_2,x_3)=x_1^2-2x_2^2-2x_3^2-4x_1x_2+4x_1x_3+8x_2x_3$;

(2) $f(x_1,x_2,x_3)=2x_1x_2+2x_3x_4$;

(3) $f(x_1,x_2,x_3,x_4)=x_1^2+x_2^2+x_3^2+x_4^2-2x_1x_2+6x_1x_3-4x_1x_4-4x_2x_3+6x_2x_4-2x_3x_4$.

4. 判断下列实二次型是否正定:

(1) $f(x_1,x_2,x_3)=5x_1^2+x_2^2+5x_3^2+4x_1x_2-8x_1x_3-4x_2x_3$;

(2) $f(x_1,x_2,x_3)=x_1^2+2x_2^2-3x_3^2+4x_1x_2+2x_2x_3$.

5. 求 t,使下列实二次型是正定二次型:

(1) $f(x_1,x_2,x_3)=x_1^2+4x_2^2+2x_3^2+2tx_1x_2+2x_1x_3$;

(2) $f(x_1,x_2,x_3)=x_1^2+2x_2^2+3x_3^2-2tx_1x_2+2x_2x_3$.

6. 设实二次型
$$f(x_1,x_2,\cdots,x_n)=l_1^2+\cdots+l_s^2-l_{s+1}^2-\cdots-l_{s+t}^2,$$
其中,$l_i(i=1,2,\cdots,s+t)$ 是 $x_1,x_2,\cdots,x_n$ 的实系数一次齐次多项式.试证:$f(x_1,x_2,\cdots,x_n)$ 的正惯性指数 $\leqslant s$;负惯性指数 $\leqslant t$.

7. A 是一个实对称矩阵,试证:A 是正定矩阵的充分必要条件是有实可逆矩阵 C 使 $A=C^T C$.

8. A 是一个实对称矩阵,证明:A 是半正定矩阵的充分必要条件是有实矩阵 C 使 $A=C^T C$.

9. 设 A 是实对称矩阵,试证:t 充分大之后,$tE+A$ 是正定矩阵.

10. 设 A 是一个实对称矩阵,且 $|A|<0$,试证:必有实 n 维向量 X,使 $X^T A X<0$.

11. 设 $f(x_1,x_2,\cdots,x_n)=X^T A X$ 是一个实二次型,有实 n 维向量 X_1,X_2,使
$$X_1^T A X_1>0, X_2^T A X_2<0.$$
试证:必存在实 n 维向量 $X_0\neq 0$,使 $X_0^T A X_0=0$.

12. 设 A,B 是两个 n 阶实对称矩阵,并且 A 是正定的,试证:存在一个 n 阶实可逆矩阵 T,使 $T^T A T$ 及 $T^T B T$ 都是对角矩阵.

习题答案与提示

第1章 行列式

习 题 1.1

1. (1) 22； (2) $a^2+2ab-b^2$； (3) -25；
   (4) 56； (5) 0； (6) $3abc-a^3-b^3-c^3$.
2. (1) $x_1=\dfrac{19}{3}$, $x_2=\dfrac{4}{3}$； (2) $x_1=3$, $x_2=-2$, $x_3=-1$；
   (3) $x_1=-\dfrac{11}{8}$, $x_2=-\dfrac{9}{8}$, $x_3=-\dfrac{6}{8}$； (4) $x_1=2$, $x_2=-1$, $x_3=3$.

习 题 1.2(1)

1.

排 列	逆序数
2 4 1 3 5	3
2 4 1 5 3	4
2 4 3 1 5	4
2 4 3 5 1	5
2 4 5 1 3	5
2 4 5 3 1	6

2. 11；22；15.

习 题 1.2(2)

1. 12，偶；6，偶；16，偶；13，奇.
2. (1) $i=3, j=8$； (2) $i=6, j=8$.

3. 3 1 5 6 9 4 2 7 8 $\xrightarrow{(3,1)}$ 1 3 5 6 9 4 2 7 8
$\xrightarrow{(3,2)}$ 1 2 5 6 9 4 3 7 8 $\xrightarrow{(5,3)}$ 1 2 3 6 9 4 5 7 8
$\xrightarrow{(6,4)}$ 1 2 3 4 9 6 5 7 8 $\xrightarrow{(9,5)}$ 1 2 3 4 5 6 9 7 8
$\xrightarrow{(9,7)}$ 1 2 3 4 5 6 7 9 8 $\xrightarrow{(9,8)}$ 1 2 3 4 5 6 7 8 9.
是奇排列.

习 题 1.3

1. (1) $-$; (2) $+$; (3) $-$.
2. $a_{13}a_{25}a_{31}a_{44}a_{52}$, $a_{13}a_{25}a_{32}a_{41}a_{54}$, $a_{13}a_{25}a_{34}a_{42}a_{51}$.
3. (1) $i=3, k=5$; (2) $i=1, k=5$.
4. (1) 120; (2) $a_1a_2a_3a_4a_5$; (3) $(a_1b_2-a_2b_1)(c_1d_2-c_2d_1)$.
5. (1) $(-1)^{n-1}n!$; (2) $(-1)^{(n-1)(n-2)/2}n!$.

习 题 1.4(1)

1. (1) 8015800; (2) -29400000; (3) $-2(x^3+y^3)$;
   (4) 160; (5) a^2b^2; (6) 0.
3. $[a+(n-1)b](a-b)^{n-1}$.
4. $n!$.
5. $(n+1)a_1a_2\cdots a_nb$.

习 题 1.4(2)

1. 1.   2. 0.   3. -42.   4. 780.   5. $-9\dfrac{3}{4}$.

习 题 1.5

1. $M_{11}=3, M_{12}=12, M_{13}=12, M_{14}=21, M_{21}=6, M_{22}=-4, M_{23}=10, M_{24}=14, M_{31}=3, M_{32}=-2, M_{33}=-16, M_{34}=7, M_{41}=12, M_{42}=6, M_{43}=6, M_{44}=0$;

   $A_{11}=3, A_{12}=-12, A_{13}=12, A_{14}=-21, A_{21}=-6, A_{22}=-4, A_{23}=-10, A_{24}=14, A_{31}=3, A_{32}=2, A_{33}=-16, A_{34}=-7, A_{41}=-12, A_{42}=6, A_{43}=$

-6, $A_{44}=0$.

2. $A_{11}=-1$, $A_{21}=1$, $A_{31}=2$, $A_{41}=2$.
3. $A_{11}=-1$, $A_{21}=1$, $A_{31}=2$, $A_{41}=2$.
4. (1) $a_1 a_2 \cdots a_n \sum_{i=1}^{n} \dfrac{1}{a_i}$;

   (2) $(-1)^{\frac{n(n-1)}{2}} a_1 a_2 \cdots a_n \sum_{i=1}^{n} \dfrac{1}{a_i}$.

习 题 1.6

1. (1) 900; (2) 483; (3) -16; (4) 72.
2. -72.
3. $-2 \cdot (n-2)!$.
4. $1+(-1)^{n+1}$.
5. $(n+1)a^n$.
6. $(a^2-b^2)^n$.

复习题 1

1. (1) $x_1 = \dfrac{7}{13}$, $x_2 = -\dfrac{16}{13}$, $x_3 = -\dfrac{4}{13}$;

   (2) $x_1 = \dfrac{(b-d)(c-d)}{(b-a)(c-a)}$, $x_2 = \dfrac{(d-a)(c-d)}{(b-a)(c-b)}$, $x_3 = \dfrac{(d-a)(d-b)}{(c-a)(c-b)}$.

2. (1) 24; (2) $\dfrac{22}{3}$; (3) 5.
3. (1) $(ab+1)(cd+1)+ad$; (2) 0.
4. $\dfrac{1}{4}(n+2)!$.
5. $(-1)^{n-1} \dfrac{1}{2}(n+1)!$.
6. $(-1)^{n-1}(n+1)2^{n-2}$.
7. $a_1 a_2 \cdots a_n \left(a_0 - \sum_{i=1}^{n} \dfrac{1}{a_i} \right)$.
8. $D = \begin{cases} (-1)^k, & \text{当 } n=3k \text{ 或 } 3k+1; \\ 0, & \text{当 } n=3k+2. \end{cases}$

第 2 章 线性方程组

习 题 2.1

1. (1) $(2,4,1,3)$; (2) $(1,1,-1,2)$; (3) $(1,2,-1,-2)$;
   (4) $(-1,1,-1,1,-1)$.

习 题 2.2(1)

1. (1) $(1,1,1,1)$; (2) $(1,-1,0,2)$; (3) $(0,2,-2,0,3)$;
   (4) $(1,-2,3,-2,1)$.

习 题 2.2(2)

1. (1) $\begin{cases} x_1 = 2x_2 - x_3 \\ x_4 = 1, \end{cases}$

其中 x_2, x_3 是自由未知量;

(2) 无解;

(3) $x_1 = 1, x_2 = 2, x_3 = -2$;

(4) $\begin{cases} x_1 = \dfrac{1}{3}(1 + x_5) \\ x_2 = \dfrac{1}{6}(-4 - 3x_4 + 5x_5) \\ x_3 = 0, \end{cases}$

其中 x_4, x_5 是自由未知量;

(5) $x_1 = -8\dfrac{2}{3}, x_2 = -3\dfrac{2}{3}, x_3 = 1\dfrac{2}{3}, x_4 = -6, x_5 = -1\dfrac{1}{3}$;

(6) $x_1 = x_2 = x_3 = x_4 = 0$.

2. $\lambda = 5$ 时有解, 一般解为:

$$\begin{cases} x_1 = \dfrac{1}{5}(4 - x_3 - 6x_4) \\ x_2 = \dfrac{1}{5}(3 + 3x_3 - 7x_4), \end{cases}$$

其中 x_3, x_4 为自由未知量.

3. 当 $a=1$ 或 $b=0$ 时,方程组有非零解.

当 $a=1$ 时,一般解为:
$$\begin{cases} x_1 = -x_3 \\ x_2 = 0, \end{cases}$$
其中 x_3 为自由未知量;

当 $b=0$ 时,一般解为:
$$\begin{cases} x_1 = -x_3 \\ x_2 = (a-1)x_3, \end{cases}$$
其中 x_3 为自由未知量.

4. $a=0, b=2$ 时有解,一般解为:
$$\begin{cases} x_1 = x_3 + x_4 + 5x_5 - 2 \\ x_2 = -2x_3 - 2x_4 - 6x_5 + 3, \end{cases}$$
其中 x_3, x_4, x_5 为自由未知量.

5. 一般解为:
$$\begin{cases} x_1 = a_1 + a_2 + a_3 + a_4 + x_5 \\ x_2 = a_2 + a_3 + a_4 + x_5 \\ x_3 = a_3 + a_4 + x_5 \\ x_4 = a_4 + x_5 \end{cases}$$
其中 x_5 是自由未知量.

习 题 2.3

1. (1) 不是; (2) 不是; (3) 是; (4) 是.

习 题 2.4

1. $-\boldsymbol{\alpha}=(-1,0,1,-2); 2\boldsymbol{\alpha}=(2,0,-2,4); \boldsymbol{\alpha}-\boldsymbol{\beta}=(-2,-2,-5,3);$
$5\boldsymbol{\alpha}+4\boldsymbol{\beta}=(17,8,11,6).$

2. $\boldsymbol{\gamma}=(-3,7,-17,2,-8).$

3. $\boldsymbol{\alpha}=\left(\dfrac{5}{2}, \dfrac{1}{2}, 3, \dfrac{1}{2}, 2\right), \boldsymbol{\beta}=\left(-\dfrac{1}{2}, \dfrac{1}{2}, 2, \dfrac{3}{2}, -2\right)$

4. $\boldsymbol{\alpha}=(10,-5,-9,2), \boldsymbol{\beta}=(-7,4,7,-1).$

5. $(a_1, a_2, \cdots, a_n)$

习 题 2.5(1)

1. (1) $\boldsymbol{\beta} = \frac{5}{4}\boldsymbol{\alpha}_1 + \frac{1}{4}\boldsymbol{\alpha}_2 - \frac{1}{4}\boldsymbol{\alpha}_3 - \frac{1}{4}\boldsymbol{\alpha}_4$;

   (2) $\boldsymbol{\beta} = -\boldsymbol{\alpha}_1 + \boldsymbol{\alpha}_2 + 2\boldsymbol{\alpha}_3 - 2\boldsymbol{\alpha}_4$;

   (3) $\boldsymbol{\beta} = -\boldsymbol{\alpha}_1 + \boldsymbol{\alpha}_2 - \boldsymbol{\alpha}_3 + \frac{1}{2}\boldsymbol{\alpha}_4$.

2. 不一定.

5. 提示:用 $A_{ij}(i,j=1,2,\cdots,n)$ 表示行列式

$$D = \begin{vmatrix} a_{11} & a_{12} & \cdots & a_{1m} \\ a_{21} & a_{22} & \cdots & a_{2m} \\ \cdots & \cdots & \cdots & \cdots \\ a_{m1} & a_{m2} & \cdots & a_{mm} \end{vmatrix}$$

的元素 a_{ij} 的代数余子式,那么

$$\boldsymbol{\alpha}_i = \frac{A_{1i}}{D}\boldsymbol{\beta}_1 + \frac{A_{2i}}{D}\boldsymbol{\beta}_2 + \cdots + \frac{A_{mi}}{D}\boldsymbol{\beta}_m \quad (i=1,2,\cdots,m).$$

习 题 2.5(2)

1. (1) 线性无关; (2) 线性相关; (3) 线性相关; (4) 线性无关.

2. 提示:证明满足 $k_1\boldsymbol{\alpha}_1 + k_2\boldsymbol{\alpha}_2 + \cdots + k_r\boldsymbol{\alpha}_r = 0$ 的数 $k_1, k_2, \cdots, k_r$ 必须全等于 0.

5. 用反证法证明:如果 $\boldsymbol{\alpha}_1, \boldsymbol{\alpha}_2, \cdots, \boldsymbol{\alpha}_s$ 线性相关,那么有不全为零的数 $k_1, k_2, \cdots, k_s$,使 $k_1\boldsymbol{\alpha}_1 + k_2\boldsymbol{\alpha}_2 + \cdots + k_s\boldsymbol{\alpha}_s = 0$.

设 $k_s, k_{s-1}, \cdots, k_1$ 中第一个不等于零的数是 $k_l (1 \leqslant l \leqslant s)$,即 $k_l \neq 0$,而 $k_{l-1} = \cdots = k_s = 0$. 上式可写成

$$k_1\boldsymbol{\alpha}_1 + k_2\boldsymbol{\alpha}_2 + \cdots + k_l\boldsymbol{\alpha}_l = 0.$$

而且,其中 $k_l \neq 0$. 因为 $\boldsymbol{\alpha}_1 \neq 0$,所以 $l \neq 1$. 于是

$$\boldsymbol{\alpha}_l = -\frac{k_1}{k_l}\boldsymbol{\alpha}_1 - \frac{k_2}{k_l}\boldsymbol{\alpha}_2 - \cdots - \frac{k_{l-1}}{k_l}\boldsymbol{\alpha}_{l-1}.$$

这说明 $\boldsymbol{\alpha}_l$ 可以由 $\boldsymbol{\alpha}_1, \boldsymbol{\alpha}_2, \cdots, \boldsymbol{\alpha}_{l-1}$ 线性表出,这与题中假设(2)相矛盾. 所以 $\boldsymbol{\alpha}_1, \boldsymbol{\alpha}_2, \cdots, \boldsymbol{\alpha}_s$ 是线性无关的.

习 题 2.5(3)

1. (1) 秩 $=2$；$\boldsymbol{\alpha}_1,\boldsymbol{\alpha}_2$ 是一个极大线性无关组(极大线性无关组不是唯一的，这里只列出一个.)
   (2) 秩 $=4$；$\boldsymbol{\alpha}_1,\boldsymbol{\alpha}_2,\boldsymbol{\alpha}_3,\boldsymbol{\alpha}_4$ 是极大线性无关组.
   (3) 秩 $=2$；$\boldsymbol{\alpha}_1,\boldsymbol{\alpha}_2$ 是一个极大线性无关组.
2. 提示：证明 $\boldsymbol{\alpha}_{i_1},\boldsymbol{\alpha}_{i_2},\cdots,\boldsymbol{\alpha}_{i_r}$ 满足极大线性无关组的条件.
3. 提示：应用习题 2.5(2)第 3 题.
4. 提示：应用上题.
5. 提示：应用定理 7 推论 1.
6. 提示：应用第 3 题证明 $\boldsymbol{\alpha}_1,\boldsymbol{\alpha}_2,\cdots,\boldsymbol{\alpha}_t$ 的极大线性无关组也是 $\boldsymbol{\alpha}_1,\boldsymbol{\alpha}_2,\cdots,\boldsymbol{\alpha}_t,\boldsymbol{\alpha}_{t+1},\cdots,\boldsymbol{\alpha}_s$ 的极大线性无关组.

习 题 2.6

1. (1) 矩阵 A 共有 5 个 4 阶子式，全等于 0； (2) $r(A)=3$.
2. (1) 2； (2) 4.
3. (1) 秩 $=2$，线性相关； (2) 秩 $=3$，线性相关.
4. $\boldsymbol{\alpha}_3,\boldsymbol{\alpha}_4$ 的取法很多，例如可取 $\boldsymbol{\alpha}_3=(1,0,0,0),\boldsymbol{\alpha}_4=(0,1,0,0)$

习 题 2.7(1)

1. 无解.
2. (1) 当 $a\neq\pm 1$ 时，方程组有唯一解：
$$x_1=\frac{4a+1}{(a-1)(a+1)}, x_2=\frac{a(2a-7)}{(a-1)(a+1)}, x_3=\frac{-3a}{a+1};$$
   (2) 当 $a=1$ 时，方程组有无穷多解，一般解为：
$$\begin{cases}x_1=1-x_2,\\ x_3=-1,\end{cases}$$
其中 x_2 为自由未知量；
   (3) 当 $a=-1$ 时，方程组无解.
3. $\lambda=1,3$ 时有非零解.
   当 $\lambda=1$ 时，一般解为：

$$\begin{cases} x_1 = -2x_3, \\ x_2 = 0. \end{cases}$$

x_3 为自由未知量.

当 $\lambda = 3$ 时,一般解为:

$$\begin{cases} x_1 = \dfrac{1}{2}x_3, \\ x_2 = -\dfrac{1}{2}x_3. \end{cases}$$

x_3 为自由未知量.

习 题 2.7(2)

1. (1) 基础解系:$(1,-2,1,0,0),(1,-2,0,1,0),(5,-6,0,0,1)$,

全部解:$k_1(1,-2,1,0,0)+k_2(1,-2,0,1,0)+k_3(5,-6,0,0,1)$;

k_1,k_2,k_3 是数域 **P** 中任意数;

(2) 基础解系:$(0,1,1,0,0),(0,1,0,1,0),\left(\dfrac{1}{3},-\dfrac{5}{3},0,0,1\right)$

全部解:$k_1(0,1,1,0,0)+k_2(0,1,0,1,0)+k_3\left(\dfrac{1}{3},-\dfrac{5}{3},0,0,1\right)$,

k_1,k_2,k_3 是数域 **P** 中任意数;

(3) 基础解系:$(0,1,2,1)$,

全部解:$k(0,1,2,1)$,k 是数域 **P** 中任意数;

(4) 基础解系:$(1,-1,0,0,0),(1,0,-1,0,0),(1,0,0,-1,0),(1,0,0,0,-1)$,

全部解:$k_1(1,-1,0,0,0)+k_2(1,0,-1,0,0)+k_3(1,0,0,-1,0)+k_4(1,0,0,0,-1)$,$k_1,k_2,k_3,k_4$ 是数域 **P** 中任意数.

(注意,答案不是唯一的,但同一个齐次方程组的基础解系必等价.)

习 题 2.7(3)

1. (1) $(1,0,1,0)+k(3,-3,1,-2)$,k 为数域 **P** 中任意数;

(2) $\left(\dfrac{13}{6},\dfrac{5}{6},0,\dfrac{1}{3},0\right)+k_1(-1,1,1,0,0)+k_2(7,5,0,2,6)$,$k_1,k_2$ 是数域 **P** 中任意数;

(3) $(1,2,-1,-2,0)+k(0,-20,14,-26,11)$,$k$ 是数域 **P** 中任意数;

(4) $\left(\dfrac{5}{16}, \dfrac{3}{4}, \dfrac{23}{16}, 0, 0\right) + k_1\left(\dfrac{9}{8}, \dfrac{-3}{2}, \dfrac{19}{8}, 1, 0\right) + k_2\left(\dfrac{-1}{16}, \dfrac{1}{4}, \dfrac{5}{16}, 0, 1\right)$,

k_1, k_2 是数域 **P** 中任意数.

复习题 2

1. (1) $\left(\dfrac{15}{4}, -\dfrac{5}{4}, -\dfrac{1}{4}, 0, 0\right) + k_1(-1, 3, -2, 1, 0) + k_2(9, -11, 5, 0, 4)$,

k_1, k_2 是数域 **P** 中任意数;

(2) $(1, 2, 3, -1, -2, -3) + k_1(0, -1, 1, 1, 0, 0) + k_2(-8, 14, 5, 0, 15, 0) + k_3(-2, -1, 2, 0, 0, 3)$, k_1, k_2, k_3 是数域 **P** 中任意数;

(3) $(1, -2, 0, 0) + k_1(-9, 1, 7, 0) + k_2(1, -1, 0, 2)$, k_1, k_2 是数域 **P** 中任意数;

(4) $(1, 0, 0, 0, 0) + k_1(-2, 1, 0, 0, 0) + k_2(-3, 0, 1, 0, 0) + k_3(-4, 0, 0, 1, 0) + k_4(-5, 0, 0, 0, 1)$, k_1, k_2, k_3, k_4 是数域 **P** 中任意数.

2. (1) 当 $a \neq 1, b \neq 0$ 时有唯一解:

$$x_1 = \dfrac{2b-1}{b(a-1)}, \quad x_2 = \dfrac{1}{b}, \quad x_3 = \dfrac{2ab - 4b + 1}{b(a-1)};$$

当 $a = 1, b = \dfrac{1}{2}$ 时, 有无穷多解:

$$(2, 2, 0) + k(1, 0, -1),$$

k 是数域 **P** 中任意数;

(2) 当 $a = 0, b = -4$ 时, 有无穷多解:

$$\left(-2, \dfrac{3}{2}, 0, 0, 0\right) + k_1(1, -1, 1, 0, 0) + k_2(1, -1, 0, 1, 0) + k_3(-1, 0, 0, 0, 1)$$

k_1, k_2, k_3 为数域 **P** 中任意数.

4. 提示: 证明 $\boldsymbol{\alpha}_1, \boldsymbol{\alpha}_2, \cdots, \boldsymbol{\alpha}_n$ 与 $\boldsymbol{\varepsilon}_1, \boldsymbol{\varepsilon}_2, \cdots, \boldsymbol{\varepsilon}_n$ 等价.

5. 提示: 应用上题.

6. 提示: 把线性方程组看成向量方程组, 再应用上题.

7. 提示: 将 $\boldsymbol{\alpha}_i (i = 1, 2, \cdots, t)$ 表成 $\boldsymbol{\beta}_1, \boldsymbol{\beta}_2, \cdots, \boldsymbol{\beta}_t$ 的线性组合.

8. 提示: 应用上题.

10. 提示: 应用第 8 题.

第 3 章 矩 阵

习 题 3.1(1)

1. (1) $\begin{bmatrix} 5 & 2 & -2 \\ 4 & -1 & 3 \\ -4 & 3 & 0 \end{bmatrix}$; (2) $\begin{bmatrix} 4 & 1 & 0 & -1 \\ 3 & 0 & 0 & 6 \\ 3 & -2 & 3 & 2 \end{bmatrix}$.

2. $\begin{bmatrix} -1 & 4 & 2 \\ 0 & 4 & 3 \\ 0 & -2 & 2 \end{bmatrix}$.

3. $\begin{bmatrix} 1-2a & c & -3 \\ 2a-2b & 3b-2c+a & 3-a+b \\ 1 & -2-2a & -3+2c \end{bmatrix}$.

习 题 3.1(2)

1. (1) $\begin{bmatrix} 3 & 3 \\ 7 & 5 \end{bmatrix}$; (2) $\begin{bmatrix} -1 & 6 & 2 \\ 1 & 6 & 1 \\ 4 & 8 & -1 \end{bmatrix}$;

(3) $\begin{bmatrix} a^2+b^2+c^2 & ac+ab+bc & a+b+c \\ ac+ab+bc & a^2+b^2+c^2 & a+b+c \\ a+b+c & a+b+c & 3 \end{bmatrix}$;

(4) $\begin{bmatrix} 2 & 13\frac{1}{2}+1\frac{1}{2}i & 1+2i \\ 1+i & 5+5i & 1+i \\ -i & 2i & 3 \end{bmatrix}$.

2. $\begin{bmatrix} 4 & 1 & 11 \\ 7 & -8 & -3 \\ -4 & 14 & 8 \end{bmatrix}$.

3. $AB = \begin{bmatrix} 12 & 10 & 2 \\ 0 & 2 & 1 \\ 8 & 10 & 3 \end{bmatrix}$; $(AB)C = \begin{bmatrix} 62 & 2 & 18 \\ 7 & -2 & -3 \\ 53 & -2 & 7 \end{bmatrix}$;

$BC = \begin{bmatrix} 15 & -1 & 1 \\ 8 & 1 & 4 \end{bmatrix}$; $A(BC) = \begin{bmatrix} 62 & 2 & 18 \\ 7 & -2 & -3 \\ 53 & -2 & 7 \end{bmatrix}$.

4. (1) 例如,令 $A = \begin{bmatrix} 1 & 1 \\ 1 & 1 \end{bmatrix}$, $B = \begin{bmatrix} 1 & -1 \\ 1 & -1 \end{bmatrix}$, 则 $(AB)^2 = A^2 B^2 = \begin{bmatrix} 0 & 0 \\ 0 & 0 \end{bmatrix}$.

(2) 例如,令 $A = \begin{bmatrix} 1 & 0 \\ 0 & -1 \end{bmatrix}$, $B = \begin{bmatrix} 0 & 1 \\ -1 & 0 \end{bmatrix}$, 则 $(AB)^2 = \begin{bmatrix} 1 & 0 \\ 0 & 1 \end{bmatrix}$,

$A^2 B^2 = \begin{bmatrix} -1 & 0 \\ 0 & -1 \end{bmatrix}$, 所以 $(AB)^2 \neq A^2 B^2$.

5. (1) $\begin{bmatrix} 7 & 4 & 4 \\ 9 & 4 & 3 \\ 3 & 3 & 4 \end{bmatrix}$; (2) $\begin{bmatrix} 41 & -38 \\ 38 & 41 \end{bmatrix}$; (3) $\begin{bmatrix} 1 & n & 0 \\ 0 & 1 & 0 \\ 0 & 0 & 1 \end{bmatrix}$;

(4) 当 $n = 2k+1$ 时: $\begin{bmatrix} 4^k & -4^k & -4^k & -4^k \\ -4^k & 4^k & -4^k & -4^k \\ -4^k & -4^k & 4^k & -4^k \\ -4^k & -4^k & -4^k & 4^k \end{bmatrix}$;

当 $n = 2k$ 时: $\begin{bmatrix} 4^k & 0 & 0 & 0 \\ 0 & 4^k & 0 & 0 \\ 0 & 0 & 4^k & 0 \\ 0 & 0 & 0 & 4^k \end{bmatrix}$;

6. (1) $\begin{bmatrix} x & y-x \\ 0 & y \end{bmatrix}$, 其中 x, y 可以是数域 **P** 中的任意数.

(2) $\begin{bmatrix} a & b & c \\ c & a & b \\ b & c & a \end{bmatrix}$ (a, b, c 任意); (3) $\begin{bmatrix} a & 0 & 0 \\ 0 & b & 0 \\ 0 & 0 & c \end{bmatrix}$ (a, b, c 任意).

习 题 3.1(3)

1. $A^T = \begin{bmatrix} 1 & 2 & -1 \\ 2 & 3 & 0 \\ -1 & 2 & 2 \end{bmatrix}$, $B^T = \begin{bmatrix} 0 & 2 & -1 \\ 1 & -1 & -1 \\ 2 & 0 & 3 \end{bmatrix}$,

$A + B = \begin{bmatrix} 1 & 3 & 1 \\ 4 & 2 & 2 \\ -2 & -1 & 5 \end{bmatrix}$, $A^T + B^T = \begin{bmatrix} -1 & 4 & -2 \\ 3 & 2 & -1 \\ 1 & 2 & 5 \end{bmatrix}$,

$$AB = \begin{bmatrix} 5 & 0 & -1 \\ 4 & -3 & 10 \\ -2 & -3 & 4 \end{bmatrix}, BA = \begin{bmatrix} 0 & 3 & 6 \\ 0 & 1 & -4 \\ -6 & -5 & 5 \end{bmatrix},$$

$$A^{\mathrm{T}}B^{\mathrm{T}} = \begin{bmatrix} 0 & 0 & -6 \\ 3 & 1 & -5 \\ 6 & -4 & 5 \end{bmatrix}, B^{\mathrm{T}}A^{\mathrm{T}} = \begin{bmatrix} 5 & 4 & -2 \\ 0 & -3 & -3 \\ -1 & 10 & 4 \end{bmatrix},$$

$$A^2 = \begin{bmatrix} 6 & 8 & 1 \\ 6 & 13 & 8 \\ -3 & -2 & 5 \end{bmatrix}, (A^{\mathrm{T}})^2 = \begin{bmatrix} 6 & 6 & -3 \\ 8 & 13 & -2 \\ 1 & 8 & 5 \end{bmatrix}.$$

2. $(ABC)^{\mathrm{T}} = C^{\mathrm{T}}B^{\mathrm{T}}A^{\mathrm{T}} = \begin{bmatrix} 82 & 140 \\ 31 & 42 \end{bmatrix}.$

3. (1) $\begin{bmatrix} 4 & 4 & 4 \\ 9 & -3 & -10 \\ -3 & 5 & 6 \end{bmatrix}$; (2) O.

习 题 3.2

1. $\begin{bmatrix} 3 & -6 & 21 & 30 & 36 \\ -3 & 9 & 18 & 38 & 46 \\ -9 & 6 & -15 & -22 & -28 \\ 0 & 0 & 0 & 13 & 2 \\ 0 & 0 & 0 & 25 & -5 \end{bmatrix}$

3. (1) 例如,取 $A = \begin{bmatrix} 1 & 0 \\ 0 & 0 \end{bmatrix}, B = \begin{bmatrix} 0 & 0 \\ 0 & 1 \end{bmatrix};$

   (2) 例如,取 $A = \begin{bmatrix} 1 & 0 \\ 0 & 1 \end{bmatrix}, B = \begin{bmatrix} 0 & 0 \\ 0 & 1 \end{bmatrix}.$

4. (1) 例如,取 $A = \begin{bmatrix} 1 & 0 \\ 0 & 1 \end{bmatrix}, B = \begin{bmatrix} 1 & 0 \\ 0 & 0 \end{bmatrix};$

   (2) 例如,取 $A = \begin{bmatrix} 0 & 0 \\ 0 & 1 \end{bmatrix}, B = \begin{bmatrix} 1 & 0 \\ 0 & 0 \end{bmatrix}.$

5. 提示:$AB = 0$ 的充分必要条件是矩阵 B 的每个列都是齐次线性方程组 $AX = 0$ 的解.

6. 提示:同上题.

习 题 3.3

1. (1) $A^* = \begin{bmatrix} 2 & -1 \\ 0 & 3 \end{bmatrix}$;   (2) $A^* = \begin{bmatrix} 5 & 9 & -1 \\ -2 & -3 & 0 \\ 0 & 2 & -1 \end{bmatrix}$;

   (3) $A^* = \begin{bmatrix} 26 & -10 & -1 \\ 3 & 3 & 3 \\ 5 & -4 & 5 \end{bmatrix}$.

2. (1) $\begin{bmatrix} \dfrac{d}{ad-bc} & \dfrac{-b}{ad-bc} \\ \dfrac{-c}{ad-bc} & \dfrac{a}{ad-bc} \end{bmatrix}$;

   (2) $\begin{bmatrix} \dfrac{4}{5} & \dfrac{1}{10} & -\dfrac{11}{10} \\ \dfrac{7}{5} & -\dfrac{1}{5} & -\dfrac{9}{5} \\ -\dfrac{6}{5} & \dfrac{1}{10} & \dfrac{19}{10} \end{bmatrix}$;   (3) $\begin{bmatrix} -\dfrac{17}{27} & -\dfrac{1}{27} & \dfrac{44}{27} \\ \dfrac{10}{27} & -\dfrac{1}{27} & -\dfrac{10}{27} \\ -\dfrac{1}{9} & \dfrac{1}{9} & \dfrac{1}{9} \end{bmatrix}$;

   (4) $\dfrac{1}{4}\begin{bmatrix} 1 & 1 & 1 & 1 \\ 1 & 1 & -1 & -1 \\ 1 & -1 & 1 & -1 \\ 1 & -1 & -1 & 1 \end{bmatrix}$;   (5) $\begin{bmatrix} 1 & -2 & 1 & 0 \\ 0 & 1 & -2 & 1 \\ 0 & 0 & 1 & -2 \\ 0 & 0 & 0 & 1 \end{bmatrix}$.

3. 提示：验证 $(E-A)(E+A+A^2+\cdots+A^{k-1})=E.$

4. $(A^*)^{-1}=\dfrac{1}{|A|}A.$

5. 提示：由 $AB=BA$ 可得 $BA^{-1}=A^{-1}B.$

6. (1) $\begin{bmatrix} -17 & -28 \\ -4 & -6 \end{bmatrix}$;   (2) $\begin{bmatrix} 2 & 9 & -5 \\ -2 & -8 & 6 \\ -4 & -14 & 9 \end{bmatrix}$;

   (3) $\begin{bmatrix} -13 & -75 & 30 \\ 9 & 52 & -21 \\ 21 & 120 & -47 \end{bmatrix}$;   (4) $\begin{bmatrix} a & b \\ a-2 & b-5 \\ -2a+1 & -2b+4 \end{bmatrix}$ (a,b 任意).

7. (2) $\begin{bmatrix} -3 & 2 & 0 & 0 \\ -5 & 3 & 0 & 0 \\ 0 & 0 & -1 & 4 \\ 0 & 0 & 1 & -3 \end{bmatrix}$; $\begin{bmatrix} 0 & 0 & 1 & -1 & 1 \\ 0 & 0 & 0 & 1 & -1 \\ 0 & 0 & 0 & 0 & 1 \\ -3 & 2 & 0 & 0 & 0 \\ 2 & -1 & 0 & 0 & 0 \end{bmatrix}$.

习 题 3.4

1. $\begin{bmatrix} 0 & 0 & 0 & 0 \\ 0 & 0 & 0 & 0 \\ 0 & 0 & 0 & 0 \\ 0 & 0 & 0 & 0 \end{bmatrix}$, $\begin{bmatrix} 1 & 0 & 0 & 0 \\ 0 & 0 & 0 & 0 \\ 0 & 0 & 0 & 0 \\ 0 & 0 & 0 & 0 \end{bmatrix}$, $\begin{bmatrix} 1 & 0 & 0 & 0 \\ 0 & 1 & 0 & 0 \\ 0 & 0 & 0 & 0 \\ 0 & 0 & 0 & 0 \end{bmatrix}$,

$\begin{bmatrix} 1 & 0 & 0 & 0 \\ 0 & 1 & 0 & 0 \\ 0 & 0 & 1 & 0 \\ 0 & 0 & 0 & 0 \end{bmatrix}$, $\begin{bmatrix} 1 & 0 & 0 & 0 \\ 0 & 1 & 0 & 0 \\ 0 & 0 & 1 & 0 \\ 0 & 0 & 0 & 1 \end{bmatrix}$.

2. 提示：应用矩阵等价关系的对称性，传递性.
3. 提示：应用上题.

4. (1) $\begin{bmatrix} 1 & 0 & 0 \\ 0 & 1 & 0 \\ 0 & 0 & 0 \end{bmatrix}$; (2) $\begin{bmatrix} 1 & 0 & 0 & 0 \\ 0 & 1 & 0 & 0 \\ 0 & 0 & 1 & 0 \\ 0 & 0 & 0 & 0 \\ 0 & 0 & 0 & 0 \end{bmatrix}$; (3) $\begin{bmatrix} 1 & 0 & 0 & 0 & 0 \\ 0 & 1 & 0 & 0 & 0 \\ 0 & 0 & 1 & 0 & 0 \\ 0 & 0 & 0 & 0 & 0 \end{bmatrix}$.

5. (1) $\dfrac{1}{21}\begin{bmatrix} -3 & 23 & 22 \\ 6 & -32 & -37 \\ 3 & -2 & -1 \end{bmatrix}$; (2) $\begin{bmatrix} -2 & -7 & -2 & 9 \\ -2 & -6 & -1 & 7 \\ \dfrac{4}{5} & 3 & \dfrac{4}{5} & -\dfrac{18}{5} \\ 1 & 3 & 1 & -4 \end{bmatrix}$;

(3) $\begin{bmatrix} -\dfrac{95}{99} & \dfrac{4}{11} & -\dfrac{28}{99} \\ -\dfrac{20}{33} & \dfrac{6}{11} & \dfrac{8}{33} \\ \dfrac{20}{3} & 0 & \dfrac{4}{3} \end{bmatrix}$; (4) $\begin{bmatrix} -\dfrac{2}{3} & \dfrac{1}{3} & \dfrac{1}{6} & \dfrac{1}{6} \\ -\dfrac{2}{3} & -\dfrac{5}{3} & \dfrac{7}{6} & -\dfrac{1}{6} \\ \dfrac{4}{3} & \dfrac{1}{3} & -\dfrac{1}{3} & \dfrac{1}{3} \\ -\dfrac{1}{3} & \dfrac{2}{3} & -\dfrac{1}{6} & \dfrac{1}{6} \end{bmatrix}$.

习 题 3.5

1. (1) 是；（2) 是；（3) 不是；（4) 是.

4. (1) -9；（2) 0.

5. (1) $|\boldsymbol{\alpha}| = \sqrt{26}$；（2) $|\boldsymbol{\alpha}| = \sqrt{30}$.

7. 提示：$\boldsymbol{\alpha}$ 与 $\boldsymbol{\alpha}$ 正交.

9. $\left[\dfrac{\sqrt{3}}{3}, 0, \dfrac{\sqrt{3}}{3}, \dfrac{\sqrt{3}}{3}\right]$, $\left[\dfrac{2\sqrt{33}}{33}, \dfrac{\sqrt{33}}{11}, \dfrac{2\sqrt{33}}{33}, \dfrac{-4\sqrt{33}}{33}\right]$,

$\left[\dfrac{-7\sqrt{110}}{110}, \dfrac{3\sqrt{110}}{55}, \dfrac{2\sqrt{110}}{55}, \dfrac{3\sqrt{110}}{110}\right]$（注：答案不唯一.)

10. 这样的正交矩阵很多,下面举出两个:

$\begin{bmatrix} \dfrac{1}{2} & \dfrac{1}{2} & \dfrac{1}{2} & \dfrac{1}{2} \\ \dfrac{1}{6} & \dfrac{1}{6} & \dfrac{1}{2} & -\dfrac{5}{6} \\ \dfrac{\sqrt{2}}{2} & -\dfrac{\sqrt{2}}{2} & 0 & 0 \\ \dfrac{\sqrt{2}}{3} & \dfrac{\sqrt{2}}{3} & -\dfrac{\sqrt{2}}{2} & -\dfrac{\sqrt{2}}{6} \end{bmatrix}$,

$$\begin{bmatrix} \dfrac{1}{2} & \dfrac{1}{2} & \dfrac{1}{2} & \dfrac{1}{2} \\ \dfrac{1}{6} & \dfrac{1}{6} & \dfrac{1}{2} & -\dfrac{5}{6} \\ 0 & -\dfrac{2\sqrt{26}}{13} & \dfrac{3\sqrt{26}}{26} & \dfrac{\sqrt{26}}{26} \\ -\dfrac{\sqrt{26}}{6} & \dfrac{5\sqrt{26}}{78} & \dfrac{\sqrt{26}}{13} & \dfrac{\sqrt{26}}{39} \end{bmatrix}.$$

复 习 题 3

1. (1) $\dfrac{1}{35}\begin{bmatrix} 77 & 13 \\ 28 & 42 \\ -49 & 24 \end{bmatrix}$; (2) $\dfrac{1}{35}\begin{bmatrix} -79 & -4 & 16 \\ 33 & 3 & 23 \end{bmatrix}$;

(3) $\dfrac{1}{7}\begin{bmatrix} 2 & -37 & -8 \\ -1 & -34 & -6 \\ 3 & -38 & -6 \end{bmatrix}$; (4) $\dfrac{1}{20}\begin{bmatrix} -28 & 18 & -26 \\ 16 & 9 & 17 \\ -36 & 26 & -22 \end{bmatrix}$.

7. (1) $A = \dfrac{1}{2}(A+A^{\mathrm{T}}) + \dfrac{1}{2}(A-A^{\mathrm{T}})$;

(2) $\begin{bmatrix} 1 & 1 & \dfrac{3}{2} \\ 1 & 2 & 2 \\ \dfrac{3}{2} & 2 & 5 \end{bmatrix} + \begin{bmatrix} 0 & 1 & \dfrac{3}{2} \\ -1 & 0 & 2 \\ -\dfrac{3}{2} & -2 & 0 \end{bmatrix}$.

9. 提示:作一个可逆矩阵 B,使 $AB=0$.

10. 提示:$AA^* = |A| \cdot E$.

11. 提示:应用 $AA^* = |A| \cdot E$,分 A 为可逆或不可逆两种情形进行讨论.

12. 提示:同上题.

13. 提示:如果 $A^2 = E$,那么 $A^2 - E = (A-E)(A+E) = 0$,应用习题 3.2 第 6 题及定理 1.

14. 提示:如果 $A^2 = A$,则 $A(A-E) = 0$,余同上题.

17. (1) $\begin{bmatrix} -2 & 0 & 0 \\ 0 & 1 & 0 \\ 0 & 0 & 2 \end{bmatrix}$; (2) $\begin{bmatrix} 2(1-2^{k-1}) & 10(2^k-1) & 6(2^k-1) \\ 2^k-1 & 5-2^{k+2} & 3(1-2^k) \\ 2(1-2^k) & 10(2^k-1) & 7 \cdot 2^k - 6 \end{bmatrix}$.

18. (1) 提示：将 A 的列正交化，单位化，得正交矩阵 T. 考虑 A 与 T 的关系；

(2) $T = \begin{bmatrix} \frac{\sqrt{3}}{3} & 0 & \frac{\sqrt{6}}{3} \\ \frac{\sqrt{3}}{3} & \frac{\sqrt{2}}{2} & -\frac{\sqrt{6}}{6} \\ \frac{\sqrt{3}}{3} & -\frac{\sqrt{2}}{2} & -\frac{\sqrt{6}}{6} \end{bmatrix},$

$P = \begin{bmatrix} \sqrt{3} & \sqrt{3} & 0 \\ 0 & \sqrt{2} & \frac{\sqrt{2}}{2} \\ 0 & 0 & \frac{\sqrt{6}}{2} \end{bmatrix}$

第 4 章 矩阵的对角化问题

习 题 4.1

3. 证明：因为 $A \sim B, C \sim D$，所以有可逆矩阵 X, Y，使 $X^{-1}AX = B, Y^{-1}CY = D$. 矩阵 $\begin{bmatrix} X & O \\ O & Y \end{bmatrix}$ 也可逆，而且 $\begin{bmatrix} X & O \\ O & Y \end{bmatrix}^{-1} = \begin{bmatrix} X^{-1} & O \\ O & Y^{-1} \end{bmatrix}$，于是

$\begin{bmatrix} X & O \\ O & Y \end{bmatrix}^{-1} \begin{bmatrix} A & O \\ O & C \end{bmatrix} \begin{bmatrix} X & O \\ O & Y \end{bmatrix} = \begin{bmatrix} X^{-1} & O \\ O & Y^{-1} \end{bmatrix} \begin{bmatrix} A & O \\ O & C \end{bmatrix} \begin{bmatrix} X & O \\ O & Y \end{bmatrix}$

$= \begin{bmatrix} X^{-1}AX & O \\ O & Y^{-1}CY \end{bmatrix} = \begin{bmatrix} B & O \\ O & D \end{bmatrix}.$

所以 $\begin{bmatrix} A & O \\ O & C \end{bmatrix} \sim \begin{bmatrix} B & O \\ O & D \end{bmatrix}$.

习 题 4.2

1. (1) 特征值：$7, -2$；
属于特征值 7 的特征向量：

$$k\begin{bmatrix}1\\1\end{bmatrix},$$

其中 k 为任意非零复数

属于特征值 -2 的特征向量：

$$l\begin{bmatrix}4\\-5\end{bmatrix},$$

其中 l 为任意非零复数.

(2) 特征值：-1(三重)；

特征向量：

$$k\begin{bmatrix}1\\1\\-1\end{bmatrix},$$

其中 k 为任意非零复数.

(3) 特征值：$1, i, -i$；

属于 1 的特征向量：

$$k_1\begin{bmatrix}2\\-1\\-1\end{bmatrix},$$

其中 k_1 是任意非零复数；

属于 i 的特征向量：

$$k_2\begin{bmatrix}1+2i\\1-i\\2\end{bmatrix},$$

其中 k_2 是任意非零复数；

属于 $-i$ 的特征向量：

$$k_3\begin{bmatrix}1-2i\\1+i\\2\end{bmatrix},$$

其中 k_3 是任意非零复数.

(4) 特征值；$1, 1, -1$；

属于 1 的特征向量：

$$k_1\begin{bmatrix}0\\1\\0\end{bmatrix}+k_2\begin{bmatrix}1\\0\\1\end{bmatrix},$$

其中 k_1, k_2 是不全为零的任意复数；

属于 -1 的特征向量：

$$l\begin{bmatrix}1\\0\\-1\end{bmatrix},$$

其中 l 是任意非零复数.

(5) 特征值：$0, \sqrt{14}\mathrm{i}, -\sqrt{14}\mathrm{i}$；

属于 0 的特征向量：

$$k_1\begin{bmatrix}3\\-1\\2\end{bmatrix},$$

其中 k_1 是任意非零复数；

属于 $\sqrt{14}\mathrm{i}$ 的特征向量：

$$k_2\begin{bmatrix}-6-\sqrt{14}\mathrm{i}\\2-3\sqrt{14}\mathrm{i}\\10\end{bmatrix},$$

其中 k_2 是任意非零复数；

属于 $-\sqrt{14}\mathrm{i}$ 的特征向量：

$$k_3\begin{bmatrix}-6+\sqrt{14}\mathrm{i}\\2+3\sqrt{14}\mathrm{i}\\10\end{bmatrix},$$

其中 k_3 为任意非零复数.

习 题 4.3

1. (1) 能,令 $X=\begin{bmatrix}1&4\\1&-5\end{bmatrix}$,则 $X^{-1}AX=[7,-2]$(X 的取法不是唯一的)；

(2) 不能;

(3) 能,令

$$X = \begin{bmatrix} 2 & -1+2i & -1-2i \\ -1 & 1-i & 1+i \\ -1 & 2 & 2 \end{bmatrix}, 则\ X^{-1}AX = [1, i, -i];$$

(4) 能,令 $X = \begin{bmatrix} 1 & 0 & 1 \\ 0 & 1 & 0 \\ 1 & 0 & -1 \end{bmatrix}$, 则 $X^{-1}AX = [1, 1, -1]$;

(5) 能,令 $X = \begin{bmatrix} 3 & -6-\sqrt{14}i & -6+\sqrt{14}i \\ -1 & 2-3\sqrt{14}i & 2+3\sqrt{14}i \\ 2 & 10 & 10 \end{bmatrix}$, 则

$X^{-1}AX = [0, \sqrt{14}i, -\sqrt{14}i].$

2. (2) 提示:用反证法.

4. $\begin{bmatrix} 5 & -1 & -2 \\ 16 & -4 & -6 \\ 2 & 0 & -1 \end{bmatrix}$.

5. $\dfrac{1}{3} \begin{bmatrix} (-1)^k \cdot 2 + 5^k & (-1)^{k+1} + 5^k & (-1)^{k+1} + 5^k \\ (-1)^{k+1} + 5^k & (-1)^k \cdot 2 + 5^k & (-1)^{k+1} + 5^k \\ (-1)^{k+1} + 5^k & (-1)^{k+1} + 5^k & (-1)^k \cdot 2 + 5^k \end{bmatrix}$.

习 题 4.4

1. (1) 令 $T = \begin{bmatrix} \dfrac{2}{3} & \dfrac{2}{3} & \dfrac{1}{3} \\ -\dfrac{2}{3} & \dfrac{1}{3} & \dfrac{2}{3} \\ \dfrac{1}{3} & -\dfrac{2}{3} & \dfrac{2}{3} \end{bmatrix}$, 则 $T^{-1}AT = [4, 1, -2]$;

(2) 令 $T = \begin{bmatrix} \frac{2}{5}\sqrt{5} & \frac{2}{15}\sqrt{5} & \frac{1}{3} \\ -\frac{\sqrt{5}}{5} & \frac{4}{15}\sqrt{5} & \frac{2}{3} \\ 0 & \frac{\sqrt{5}}{3} & -\frac{2}{3} \end{bmatrix}$,则 $T^{-1}AT = [2,2,-7]$;

(3) 令 $T = \begin{bmatrix} \frac{\sqrt{2}}{2} & \frac{\sqrt{2}}{6} & \frac{2}{3} \\ 0 & -\frac{2\sqrt{2}}{3} & \frac{1}{3} \\ \frac{-\sqrt{2}}{2} & \frac{\sqrt{2}}{6} & \frac{2}{3} \end{bmatrix}$,则 $T^{-1}AT = [-3,-3,6]$;

(4) 令 $T = \begin{bmatrix} \frac{\sqrt{2}}{2} & 0 & \frac{1}{2} & \frac{1}{2} \\ 0 & \frac{\sqrt{2}}{2} & \frac{1}{2} & -\frac{1}{2} \\ \frac{\sqrt{2}}{2} & 0 & -\frac{1}{2} & -\frac{1}{2} \\ 0 & \frac{\sqrt{2}}{2} & -\frac{1}{2} & \frac{1}{2} \end{bmatrix}$,则 $T^{-1}AT = [3,3,5,1]$;

(5) 令 $T = \begin{bmatrix} \frac{\sqrt{2}}{2} & 0 & \frac{\sqrt{2}}{2} & 0 \\ -\frac{\sqrt{2}}{2} & 0 & \frac{\sqrt{2}}{2} & 0 \\ 0 & \frac{\sqrt{2}}{2} & 0 & \frac{\sqrt{2}}{2} \\ 0 & -\frac{\sqrt{2}}{2} & 0 & \frac{\sqrt{2}}{2} \end{bmatrix}$,

则 $T^{-1}AT = [2,2,0,0]$

（T 的取法不是唯一的）.

5. 提示：参照定理 6 的证明.

习 题 4.5

1. $\begin{bmatrix} \lambda_0^k & k\lambda_0^{k-1} \\ & \lambda_0^k \end{bmatrix}$; $\begin{bmatrix} \lambda_0^k & k\lambda_0^{k-1} & \frac{1}{2}k(k-1)\lambda_0^{k-2} \\ & \lambda_0^k & k\lambda_0^{k-1} \\ & & \lambda_0^k \end{bmatrix}$.

2. 提示：$\begin{bmatrix} 2 & 1 \\ -1 & 0 \end{bmatrix}$ 的特征值 $\lambda=1,1$，但不能与对角矩阵相似.

3. $\begin{bmatrix} 1 & 0 \\ -1 & 1 \end{bmatrix}$（答案不唯一）.

4. $\begin{bmatrix} k+1 & k \\ -k & 1-k \end{bmatrix}$.

复习题 4

1. (1) 特征值 $1,1,2$；属于特征值 1 的特征向量：$k\begin{bmatrix} 1 \\ 0 \\ 0 \end{bmatrix}$，

k 为数域 **P** 中任意非零数.

属于特征值 2 的全部特征向量：

$$l\begin{bmatrix} 0 \\ 0 \\ 1 \end{bmatrix},$$

l 为不等于零的任意数.

(2) 特征值：$2,2,11$；

属于特征值 2 的特征向量：

$$k_1\begin{bmatrix} 1 \\ -2 \\ 0 \end{bmatrix} + k_2\begin{bmatrix} 1 \\ 0 \\ -1 \end{bmatrix},$$

其中 k_1,k_2 为不全为零的任意数.

属于特征值 11 的特征向量：

$$l\begin{pmatrix}2\\1\\2\end{pmatrix},$$

l 为任意非零数.

(3) A 的特征值为：$-1, 9, 0$；

属于 -1 的特征向量：

$$k_1\begin{pmatrix}1\\-1\\0\end{pmatrix},$$

k 为任意非零数.

属于 9 的特征向量：

$$k_2\begin{pmatrix}1\\1\\2\end{pmatrix}$$

k_2 是任意非零数.

属于特征值 0 的特征向量：

$$k_3\begin{pmatrix}1\\1\\-1\end{pmatrix},$$

k_3 是任意非零数.

(4) 特征值：$1, 1, 2$；

属于特征值 1 的特征向量：

$$k\begin{pmatrix}1\\2\\-1\end{pmatrix}$$

k 是任意非零数.

属于特征值 2 的特征向量：

$$l\begin{pmatrix}0\\0\\1\end{pmatrix},$$

l 是任意非零数.

2. (2) 令 $X=\begin{bmatrix} 1 & 1 & 2 \\ -2 & 0 & 1 \\ 0 & -1 & 2 \end{bmatrix}$,则 $X^{-1}AX=\begin{bmatrix} 2 & & \\ & 2 & \\ & & 11 \end{bmatrix}$;

(3) 令 $X=\begin{bmatrix} 1 & 1 & 1 \\ -1 & 1 & 1 \\ 0 & 2 & -1 \end{bmatrix}$,则 $X^{-1}AX=\begin{bmatrix} -1 & & \\ & 9 & \\ & & 0 \end{bmatrix}$.

3. (1) $T=\dfrac{1}{3}\begin{bmatrix} 2 & 2 & 1 \\ -2 & 1 & 2 \\ -1 & 2 & -2 \end{bmatrix}$, $T^{-1}AT=\begin{bmatrix} 1 & & \\ & 1 & \\ & & 10 \end{bmatrix}$;

(2) $T=\begin{bmatrix} -\dfrac{2\sqrt{5}}{5} & \dfrac{2\sqrt{5}}{15} & \dfrac{1}{3} \\ \dfrac{\sqrt{5}}{5} & \dfrac{4\sqrt{5}}{15} & \dfrac{2}{3} \\ 0 & \dfrac{\sqrt{5}}{3} & -\dfrac{2}{3} \end{bmatrix}$, $T^{-1}AT=\begin{bmatrix} 1 & & \\ & 1 & \\ & & -8 \end{bmatrix}$;

(3) $T=\begin{bmatrix} \dfrac{\sqrt{2}}{2} & \dfrac{\sqrt{6}}{6} & \dfrac{\sqrt{3}}{6} & \dfrac{1}{2} \\ \dfrac{\sqrt{2}}{2} & -\dfrac{\sqrt{6}}{6} & -\dfrac{\sqrt{3}}{6} & -\dfrac{1}{2} \\ 0 & -\dfrac{\sqrt{6}}{3} & \dfrac{\sqrt{3}}{6} & \dfrac{1}{2} \\ 0 & 0 & \dfrac{\sqrt{3}}{2} & -\dfrac{1}{2} \end{bmatrix}$,

$T^{-1}AT=\begin{bmatrix} 4 & & & \\ & 4 & & \\ & & 4 & \\ & & & -8 \end{bmatrix}$;

(4) $T=\begin{bmatrix} \frac{\sqrt{2}}{2} & 0 & \frac{1}{2} & \frac{1}{2} \\ 0 & \frac{\sqrt{2}}{2} & -\frac{1}{2} & \frac{1}{2} \\ \frac{\sqrt{2}}{2} & 0 & -\frac{1}{2} & -\frac{1}{2} \\ 0 & \frac{\sqrt{2}}{2} & \frac{1}{2} & -\frac{1}{2} \end{bmatrix}$, $T^{-1}AT=\begin{bmatrix} -1 & & & \\ & 1 & & \\ & & -1 & \\ & & & 3 \end{bmatrix}$.

4. 提示：A 的全部特征值的乘积等于 $|A|$.

5. 提示：把 A 化为上三角形.

7. 提示：利用上题.

8. 提示：证明 A 可对角化，并且 A 的特征值全相等.

9. 提示：应用第 7 题.

10. 提示：应用定理 7.

第 5 章 二 次 型

习　题　5.1

2. (1) $\begin{bmatrix} x_1 & x_2 & x_3 \end{bmatrix} \begin{bmatrix} 0 & -2 & 1 \\ -2 & 0 & 1 \\ 1 & 1 & 0 \end{bmatrix} \begin{bmatrix} x_1 \\ x_2 \\ x_3 \end{bmatrix}$;

(2) $\begin{bmatrix} x_1 & x_2 & x_3 \end{bmatrix} \begin{bmatrix} 1 & 1 & -\frac{1}{2} \\ 1 & 0 & 0 \\ -\frac{1}{2} & 0 & 2 \end{bmatrix} \begin{bmatrix} x_1 \\ x_2 \\ x_3 \end{bmatrix}$;

(3) $\begin{bmatrix} x_1 & x_2 & x_3 \end{bmatrix} \begin{bmatrix} 1 & \frac{1}{2} & \frac{1}{2} \\ \frac{1}{2} & 1 & \frac{1}{2} \\ \frac{1}{2} & \frac{1}{2} & 1 \end{bmatrix} \begin{bmatrix} x_1 \\ x_2 \\ x_3 \end{bmatrix}$;

(4) $[x_1 \quad x_2 \quad x_3 \quad x_4] \begin{bmatrix} 0 & \frac{1}{2} & 0 & 0 \\ \frac{1}{2} & 0 & 0 & 0 \\ 0 & 0 & 0 & -\frac{1}{2} \\ 0 & 0 & -\frac{1}{2} & 0 \end{bmatrix} \begin{bmatrix} x_1 \\ x_2 \\ x_3 \\ x_4 \end{bmatrix}.$

3. 提示：分别令

$$X = \begin{bmatrix} 0 \\ \cdots \\ 0 \\ 1 \\ 0 \\ \cdots \\ 0 \end{bmatrix} \text{第 } i \text{ 个} (1 \leqslant i \leqslant n) \text{ 及 } X = \begin{bmatrix} 0 \\ \cdots \\ 0 \\ 1 \\ 0 \\ \cdots \\ 0 \\ 1 \\ 0 \\ \cdots \\ 0 \end{bmatrix} \begin{matrix} \\ \\ \\ \text{第 } i \text{ 个} \\ \\ \\ \\ \text{第 } j \text{ 个} \\ \\ \\ \end{matrix} \quad (1 \leqslant i < j \leqslant n).$$

代入 $X^T A X = 0$.

习 题 5.2

1. 正交替换 $\begin{cases} x_1 = \frac{2\sqrt{5}}{5} y_1 + \frac{2\sqrt{5}}{15} y_2 + \frac{1}{3} y_3, \\ x_2 = -\frac{\sqrt{5}}{5} y_1 + \frac{4\sqrt{5}}{15} y_2 + \frac{2}{3} y_3, \\ x_3 = \frac{\sqrt{5}}{3} y_2 - \frac{2}{3} y_3, \end{cases}$

将原二次型化为 $y_1^2 + y_2^2 + 10 y_3^2$.（所作的正交替换不是唯一的.）

2. 正交替换 $\begin{cases} x_1 = \dfrac{\sqrt{2}}{2} y_1 + \dfrac{\sqrt{2}}{6} y_2 + \dfrac{2}{3} y_3, \\ x_2 = \dfrac{\sqrt{2}}{2} y_1 - \dfrac{\sqrt{2}}{6} y_2 - \dfrac{2}{3} y_3, , \\ x_3 = -\dfrac{2\sqrt{2}}{3} y_2 + \dfrac{1}{3} y_3. \end{cases}$

将原二次型化为 $7y_1^2 + 7y_2^2 - 2y_3^2$.

3. 正交替换 $\begin{cases} x_1 = \dfrac{\sqrt{2}}{2} y_1 + \dfrac{\sqrt{2}}{2} y_3, \\ x_2 = \dfrac{\sqrt{2}}{2} y_1 - \dfrac{\sqrt{2}}{2} y_3, \\ x_3 = \dfrac{\sqrt{2}}{2} y_2 + \dfrac{\sqrt{2}}{2} y_4, \\ x_4 = -\dfrac{\sqrt{2}}{2} y_2 + \dfrac{\sqrt{2}}{2} y_4, \end{cases}$

将原二次型化为 $y_1^2 + y_2^2 - y_3^2 - y_4^2$.

4. 正交替换 $\begin{cases} x_1 = \dfrac{\sqrt{2}}{2} y_1 + \dfrac{\sqrt{6}}{6} y_2 + \dfrac{\sqrt{3}}{6} y_3 + \dfrac{1}{2} y_4, \\ x_2 = \dfrac{\sqrt{2}}{2} y_1 - \dfrac{\sqrt{6}}{6} y_2 - \dfrac{\sqrt{3}}{6} y_3 - \dfrac{1}{2} y_4, \\ x_3 = \dfrac{\sqrt{6}}{3} y_2 - \dfrac{\sqrt{3}}{6} y_3 - \dfrac{1}{2} y_4, \\ x_4 = \dfrac{\sqrt{3}}{2} y_3 - \dfrac{1}{2} y_4, \end{cases}$

将原二次型化为 $3y_1^2 + 3y_2^2 + 3y_3^2 - 5y_4^2$.

5. 正交替换 $\begin{cases} x_1 = \frac{1}{2}y_1 + \frac{1}{2}y_2 + \frac{\sqrt{2}}{2}y_3, \\ x_2 = \frac{1}{2}y_1 - \frac{1}{2}y_2 + \frac{\sqrt{2}}{2}y_4, \\ x_3 = \frac{1}{2}y_1 + \frac{1}{2}y_2 - \frac{\sqrt{2}}{2}y_3, \\ x_4 = \frac{1}{2}y_1 - \frac{1}{2}y_2 - \frac{\sqrt{2}}{2}y_4, \end{cases}$

将原二次型化为 $y_1^2 - y_2^2$.

5.3 化二次型为标准形

习 题 5.3

1. 非退化线性替换 $\begin{cases} x_1 = y_1 - y_2 + 2y_3, \\ x_2 = y_2 - y_3, \\ x_3 = y_3, \end{cases}$

将原二次型化为 $y_1^2 + y_2^2 - 2y_3^2$. (标准形及所作非退化线性替换都不是唯一的.)

2. 非退化线性替换 $\begin{cases} x_1 = y_1 - y_2 - y_3, \\ x_2 = y_2 + y_3, \\ x_3 = y_3, \end{cases}$

将原二次型化为 $y_1^2 - y_2^2$.

3. 非退化线性替换 $\begin{cases} x_1 = y_1 - y_2 - y_3, \\ x_2 = y_1 + y_2 - y_3, \\ x_3 = y_3, \end{cases}$

将原二次型化为 $y_1^2 - y_2^2 - y_3^2$.

4. 原二次型经线性替换 $\begin{cases} x_1 = y_1 - 2y_2 + y_3 - y_4, \\ x_2 = y_2 - \frac{3}{2}y_3 + y_4, \\ x_3 = y_3 - y_4, \\ x_4 = y_4, \end{cases}$

化为标准形 $y_1^2 - 2y_2^2 + \frac{1}{2}y_3^2$.

5. 原二次型经非退化线性替换 $\begin{cases} x_1 = y_1 - \frac{1}{2}y_2 - y_3 - \frac{1}{2}y_4, \\ x_2 = y_1 + \frac{1}{2}y_2 - y_3 - \frac{1}{2}y_4, \\ x_3 = y_3 - \frac{1}{2}y_4, \\ x_4 = y_4, \end{cases}$

化为 $y_1^2 - \frac{1}{4}y_2^2 - y_3^2 - \frac{3}{4}y_4^2$.

习 题 5.4

1. (1) 实二次型 $f(x_1, x_2, x_3)$ 经线性替换

$$\begin{cases} x_1 = y_1 - y_2 + \sqrt{2}y_3, \\ x_2 = y_2 - \frac{\sqrt{2}}{2}y_3, \\ x_3 = \frac{\sqrt{2}}{2}y_3, \end{cases}$$

化为规范形 $y_1^2 + y_2^2 - y_3^2$;

复二次型 $f(x_1, x_2, x_3)$ 经线性替换

$$\begin{cases} x_1 = z_1 - z_2 - \sqrt{2}\mathrm{i}z_3, \\ x_2 = z_2 + \frac{\sqrt{2}\mathrm{i}}{2}z_3, \\ x_3 = -\frac{\sqrt{2}\mathrm{i}}{2}z_3, \end{cases}$$

化为规范形 $z_1^2 + z_2^2 + z_3^2$. (所作替换不是唯一的.)

(2) 实二次型 $f(x_1, x_2, x_3)$ 经线性替换

$$\begin{cases} x_1 = y_1 - y_2 - y_3, \\ x_2 = y_2 + y_3, \\ x_3 = y_3, \end{cases}$$

化为规范形 $y_1^2 - y_2^2$;

复二次型 $f(x_1,x_2,x_3)$ 经线性替换

$$\begin{cases} x_1 = z_1 + \mathrm{i}z_2 - z_3, \\ x_2 = -\mathrm{i}z_2 + z_3, \\ x_3 = z_3, \end{cases}$$

化为规范形 $z_1^2 + z_2^2$.

(3) 实二次型 $f(x_1,x_2,x_3)$ 经线性替换

$$\begin{cases} x_1 = y_1 - y_2 - y_3, \\ x_2 = y_1 + y_2 - y_3, \\ x_3 = y_3, \end{cases}$$

化为规范形 $y_1^2 - y_2^2 - y_3^2$;

复二次型 $f(x_1,x_2,x_3)$ 经线性替换

$$\begin{cases} x_1 = z_1 + \mathrm{i}z_2 + \mathrm{i}z_3, \\ x_2 = z_1 - \mathrm{i}z_2 + \mathrm{i}z_3, \\ x_3 = -\mathrm{i}z_3, \end{cases}$$

化为规范形 $z_1^2 + z_2^2 + z_3^2$.

(4) $f(x_1,x_2,x_3,x_4)$ 看作实二次型,可经线性替换

$$\begin{cases} x_1 = y_1 + \sqrt{2}y_2 - \sqrt{2}y_3 - y_4, \\ x_2 = -\dfrac{3\sqrt{2}}{2}y_2 + \dfrac{\sqrt{2}}{2}y_3 + y_4, \\ x_3 = \sqrt{2}y_2 - y_4, \\ x_4 = y_4, \end{cases}$$

化成规范形 $y_1^2 + y_2^2 - y_3^2$;

$f(x_1,x_2,x_3,x_4)$ 看作复二次型可经线性替换

$$\begin{cases} x_1 = z_1 + \sqrt{2}z_2 + \sqrt{2}\mathrm{i}z_3 - z_4, \\ x_2 = -\dfrac{3\sqrt{2}}{2}z_2 - \dfrac{\sqrt{2}}{2}\mathrm{i}z_3 + z_4, \\ x_3 = \sqrt{2}z_2 - z_4, \\ x_4 = z_4, \end{cases}$$

化成规范形 $z_1^2 + z_2^2 + z_3^2$.

(5) $f(x_1,x_2,x_3,x_4)$看作实二次型可经线性替换

$$\begin{cases} x_1 = y_1 - y_2 - y_3 - \dfrac{\sqrt{3}}{3}y_4, \\ x_2 = y_1 + y_2 - y_3 - \dfrac{\sqrt{3}}{3}y_4, \\ x_3 = y_3 - \dfrac{\sqrt{3}}{3}y_4, \\ x_4 = \dfrac{2\sqrt{3}}{3}y_4, \end{cases}$$

化为规范形 $y_1^2 - y_2^2 - y_3^2 - y_4^2$;

$f(x_1,x_2,x_3,x_4)$看作复二次型可经线性替换

$$\begin{cases} x_1 = z_1 + \mathrm{i}z_2 + \mathrm{i}z_3 + \dfrac{\sqrt{3}\mathrm{i}}{3}z_4, \\ x_2 = z_1 - \mathrm{i}z_2 + \mathrm{i}z_3 + \dfrac{\sqrt{3}\mathrm{i}}{3}z_4, \\ x_3 = -\mathrm{i}z_3 + \dfrac{\sqrt{3}\mathrm{i}}{3}z_4, \\ x_4 = -\dfrac{2\sqrt{3}\mathrm{i}}{3}z_4, \end{cases}$$

化为规范形 $z_1^2 + z_2^2 + z_3^2 + z_4^2$.

2. $\dfrac{(n+1)(n+2)}{2}$.

4. 提示:应用 $f(x_1,x_2,\cdots,x_n)$ 的规范形.

习 题 5.5

1. (1) 是; (2) 是; (3) 不是; (4) 不是.

2. (1) $-\dfrac{4}{5} < t < 0$;

(2) 不论 t 取什么值,这个二次型都不是正定的.

3. 提示:与正定矩阵合同的矩阵也是正定矩阵.

4. 提示:A 正定 $\Leftrightarrow A$ 的特征值全大于 0.

5. 提示:根据定义.

复习题 5

1.（1）标准形：$y_1^2 + y_2^2 - 5y_3^2$；

所作非退化线性替换：

$$\begin{cases} x_1 = y_1 - y_2 + 2y_3, \\ x_2 = y_2 - 3y_3, \\ x_3 = y_3; \end{cases}$$

实规范形：$z_1^2 + z_2^2 - z_3^2$；

所作非退化线性替换：

$$\begin{cases} x_1 = z_1 - z_2 + \dfrac{2\sqrt{5}}{5}z_3, \\ x_2 = z_2 - \dfrac{3\sqrt{5}}{5}z_3, \\ x_3 = \dfrac{\sqrt{5}}{5}z_3; \end{cases}$$

复规范形：$w_1^2 + w_2^2 + w_3^2$；

所作非退化线性替换：

$$\begin{cases} x_1 = w_1 - w_2 - \dfrac{2\sqrt{5}\,\mathrm{i}}{5}w_3, \\ x_2 = z_2 + \dfrac{3\sqrt{5}\,\mathrm{i}}{5}w_3, \\ x_3 = -\dfrac{\sqrt{5}\,\mathrm{i}}{5}w_3. \end{cases}$$

（2）标准形：$2y_1^2 - 2y_2^2$；

所作非退化线性替换：

$$\begin{cases} x_1 = y_1 + y_2, \\ x_2 = y_1 - y_2 - 2y_3, \\ x_3 = z_3; \end{cases}$$

实规范形：$z_1^2 - z_2^2$

所作非退化线性替换：

$$\begin{cases} x_1 = \dfrac{\sqrt{2}}{2}z_1 + \dfrac{\sqrt{2}}{2}z_2 \\ x_2 = \dfrac{\sqrt{2}}{2}z_1 - \dfrac{\sqrt{2}}{2}z_2 - 2z_3 \\ x_3 = z_3 \end{cases}$$

复规范形：$w_1^2 + w_2^2$

所作非退化线性替换：

$$\begin{cases} x_1 = \dfrac{\sqrt{2}}{2}w_1 - \dfrac{\sqrt{2}\mathrm{i}}{2}w_2 \\ x_2 = \dfrac{\sqrt{2}}{2}w_1 + \dfrac{\sqrt{2}\mathrm{i}}{2}w_2 - 2w_3 \\ x_3 = w_3 \end{cases}$$

(3) 标准形：$y_1^2 - y_2^2 + y_3^2 + \dfrac{3}{4}y_4^2$

所作非退化线性替换：

$$\begin{cases} x_1 = y_1 + y_2 + y_3 - \dfrac{1}{2}y_4 \\ x_2 = y_1 - y_2 - y_3 + \dfrac{1}{2}y_4 \\ x_3 = y_3 + \dfrac{1}{2}y_4 \\ x_4 = y_4 \end{cases}$$

实规范形：$z_1^2 + z_2^2 + z_3^2 - z_4^2$

所作非退化线性替换

$$\begin{cases} x_1 = z_1 - \dfrac{\sqrt{3}}{3}z_2 + z_3 + z_4 \\ x_2 = z_1 + \dfrac{\sqrt{3}}{3}z_2 - z_3 - z_4 \\ x_3 = \dfrac{\sqrt{3}}{3}z_2 + z_3 \\ x_4 = \dfrac{2\sqrt{3}}{3}z_2 \end{cases}$$

复规范形：$w_1^2+w_2^2+w_3^2+w_4^2$；

所作的非退化线性替换：

$$\begin{cases} x_1 = w_1 - \dfrac{\sqrt{3}}{3}w_2 + w_3 - iw_4, \\ x_2 = w_1 + \dfrac{\sqrt{3}}{3}w_2 - w_3 + iw_4, \\ x_3 = \dfrac{\sqrt{3}}{3}w_2 + w_3, \\ x_4 = \dfrac{2\sqrt{3}}{3}w_2; \end{cases}$$

(4) 标准形：$y_1^2 - y_2^2 + 9y_3^2$；

所作非退化线性替换：

$$\begin{cases} x_1 = y_1 - \dfrac{3}{2}y_2 - \dfrac{5}{2}y_3 + \dfrac{3}{2}y_4, \\ x_2 = \dfrac{1}{2}y_2 + \dfrac{3}{2}y_3 - \dfrac{1}{2}y_4, \\ x_3 = y_3, \\ x_4 = y_4; \end{cases}$$

实规范形：$z_1^2 + z_2^2 - z_3^2$；

所作非退化线性替换：

$$\begin{cases} x_1 = z_1 - \dfrac{5}{6}z_2 - \dfrac{3}{2}z_3 + \dfrac{3}{2}z_4, \\ x_2 = \dfrac{1}{2}z_2 + \dfrac{1}{2}z_3 - \dfrac{1}{2}z_4, \\ x_3 = \dfrac{1}{3}z_2, \\ x_4 = z_4; \end{cases}$$

复规范形：$w_1^2 + w_2^2 + w_3^2$；

所作非退化线性替换：

$$\begin{cases} x_1 = w_1 - \dfrac{5}{6}w_2 + \dfrac{3}{2}iw_3 - \dfrac{3}{2}w_4, \\ x_2 = \dfrac{1}{2}w_2 - \dfrac{1}{2}iw_3 - \dfrac{1}{2}w_4, \\ x_3 = \dfrac{1}{3}w_2, \\ x_4 = w_4. \end{cases}$$

2. (1) $A = \begin{bmatrix} 1 & 1 & 1 \\ 1 & 2 & 4 \\ 1 & 4 & 5 \end{bmatrix}$;

$$\begin{bmatrix} 1 & 0 & 0 \\ -1 & 1 & 0 \\ 2 & -3 & 1 \end{bmatrix} A \begin{bmatrix} 1 & -1 & 2 \\ 0 & 1 & -3 \\ 0 & 0 & 1 \end{bmatrix} = \begin{bmatrix} 1 & & \\ & 1 & \\ & & -5 \end{bmatrix};$$

$$\begin{bmatrix} 1 & 0 & 0 \\ -1 & 1 & 0 \\ \dfrac{2\sqrt{5}}{5} & -\dfrac{3\sqrt{5}}{5} & \dfrac{\sqrt{5}}{5} \end{bmatrix} A \begin{bmatrix} 1 & -1 & \dfrac{2\sqrt{5}}{5} \\ 0 & 1 & -\dfrac{3\sqrt{5}}{5} \\ 0 & 0 & \dfrac{\sqrt{5}}{5} \end{bmatrix} = \begin{bmatrix} 1 & & \\ & 1 & \\ & & -1 \end{bmatrix};$$

$$\begin{bmatrix} 1 & 0 & 0 \\ -1 & 1 & 0 \\ -\dfrac{2\sqrt{5}}{5}i & \dfrac{3\sqrt{5}}{5}i & -\dfrac{\sqrt{5}}{5}i \end{bmatrix} A \begin{bmatrix} 1 & -1 & -\dfrac{2\sqrt{5}}{5}i \\ 0 & 1 & \dfrac{3\sqrt{5}}{5}i \\ 0 & 0 & \dfrac{\sqrt{5}}{5}i \end{bmatrix} = \begin{bmatrix} 1 & & \\ & 1 & \\ & & 1 \end{bmatrix}.$$

(2) $A = \begin{bmatrix} 0 & 1 & 2 \\ 1 & 0 & 0 \\ 2 & 0 & 0 \end{bmatrix}$;

$$\begin{bmatrix} 1 & 1 & 0 \\ 1 & -1 & 0 \\ 0 & -2 & 1 \end{bmatrix} A \begin{bmatrix} 1 & 1 & 0 \\ 1 & -1 & -2 \\ 0 & 0 & 1 \end{bmatrix} = \begin{bmatrix} 2 & & \\ & -2 & \\ & & 0 \end{bmatrix};$$

$$\begin{bmatrix} \frac{\sqrt{2}}{2} & \frac{\sqrt{2}}{2} & 0 \\ \frac{\sqrt{2}}{2} & -\frac{\sqrt{2}}{2} & 0 \\ 0 & -2 & 1 \end{bmatrix} A \begin{bmatrix} \frac{\sqrt{2}}{2} & \frac{\sqrt{2}}{2} & 0 \\ \frac{\sqrt{2}}{2} & -\frac{\sqrt{2}}{2} & -2 \\ 0 & 0 & 1 \end{bmatrix} = \begin{bmatrix} -1 & & \\ & -1 & \\ & & 0 \end{bmatrix};$$

$$\begin{bmatrix} \frac{\sqrt{2}}{2} & \frac{\sqrt{2}}{2} & 0 \\ -\frac{\sqrt{2}}{2}\mathrm{i} & \frac{\sqrt{2}}{2}\mathrm{i} & 0 \\ 0 & -2 & 1 \end{bmatrix} A \begin{bmatrix} \frac{\sqrt{2}}{2} & -\frac{\sqrt{2}}{2}\mathrm{i} & 0 \\ \frac{\sqrt{2}}{2} & \frac{\sqrt{2}}{2}\mathrm{i} & -2 \\ 0 & 0 & 1 \end{bmatrix} = \begin{bmatrix} -1 & & \\ & 1 & \\ & & 0 \end{bmatrix}.$$

(3) $A = \begin{bmatrix} 0 & \frac{1}{2} & \frac{1}{2} & -\frac{1}{2} \\ \frac{1}{2} & 0 & -\frac{1}{2} & \frac{1}{2} \\ \frac{1}{2} & -\frac{1}{2} & 0 & \frac{1}{2} \\ -\frac{1}{2} & \frac{1}{2} & \frac{1}{2} & 0 \end{bmatrix};$

$$\begin{bmatrix} 1 & 1 & 0 & 0 \\ 1 & -1 & 0 & 0 \\ 1 & -1 & 1 & 0 \\ -\frac{1}{2} & \frac{1}{2} & \frac{1}{2} & 1 \end{bmatrix} A \begin{bmatrix} 1 & 1 & 1 & -\frac{1}{2} \\ 1 & -1 & -1 & \frac{1}{2} \\ 0 & 0 & 1 & \frac{1}{2} \\ 0 & 0 & 0 & 1 \end{bmatrix} = \begin{bmatrix} -1 & & & \\ & -1 & & \\ & & 1 & \\ & & & \frac{3}{4} \end{bmatrix};$$

$$\begin{bmatrix} 1 & 1 & 0 & 0 \\ -\frac{\sqrt{3}}{3} & \frac{\sqrt{3}}{3} & \frac{\sqrt{3}}{3} & \frac{2\sqrt{3}}{3} \\ 1 & -1 & 1 & 0 \\ 1 & -1 & 0 & 0 \end{bmatrix} A \begin{bmatrix} 1 & -\frac{\sqrt{3}}{3} & 1 & 1 \\ 1 & \frac{\sqrt{3}}{3} & -1 & -1 \\ 0 & \frac{\sqrt{3}}{3} & 1 & 0 \\ 0 & \frac{2\sqrt{3}}{2} & 0 & 0 \end{bmatrix} = \begin{bmatrix} 1 & & & \\ & 1 & & \\ & & 1 & \\ & & & -1 \end{bmatrix};$$

$$\begin{bmatrix} 1 & 1 & 0 & 0 \\ -\frac{\sqrt{3}}{3} & \frac{\sqrt{3}}{3} & \frac{\sqrt{3}}{3} & \frac{2\sqrt{3}}{3} \\ 1 & -1 & 1 & 0 \\ -i & i & 0 & 0 \end{bmatrix} A \begin{bmatrix} 1 & -\frac{\sqrt{3}}{3} & 1 & -i \\ 1 & \frac{\sqrt{3}}{3} & -1 & i \\ 0 & \frac{\sqrt{3}}{3} & 1 & 0 \\ 0 & \frac{2\sqrt{3}}{3} & 0 & 0 \end{bmatrix} = \begin{bmatrix} 1 & & & \\ & 1 & & \\ & & 1 & \\ & & & 1 \end{bmatrix}.$$

(4) $A = \begin{bmatrix} 1 & 3 & -2 & 0 \\ 3 & 5 & 0 & -2 \\ -2 & 0 & 4 & 3 \\ 0 & -2 & 3 & -1 \end{bmatrix}$

$$\begin{bmatrix} 1 & 0 & 0 & 0 \\ -\frac{3}{2} & \frac{1}{2} & 0 & 0 \\ -\frac{5}{2} & \frac{3}{2} & 1 & 0 \\ \frac{3}{2} & -\frac{1}{2} & 0 & 1 \end{bmatrix} A \begin{bmatrix} 1 & -\frac{3}{2} & -\frac{5}{2} & \frac{3}{2} \\ 0 & \frac{1}{2} & \frac{3}{2} & -\frac{1}{2} \\ 0 & 0 & 1 & 0 \\ 0 & 0 & 0 & 1 \end{bmatrix} = \begin{bmatrix} 1 & & & \\ & -1 & & \\ & & 9 & \\ & & & 0 \end{bmatrix};$$

$$\begin{bmatrix} 1 & 0 & 0 & 0 \\ -\frac{5}{6} & \frac{1}{2} & 0 & 0 \\ -\frac{3}{2} & \frac{1}{2} & \frac{1}{3} & 0 \\ \frac{3}{2} & -\frac{1}{2} & 0 & 1 \end{bmatrix} A \begin{bmatrix} 1 & -\frac{5}{6} & -\frac{3}{2} & \frac{3}{2} \\ 0 & \frac{1}{2} & \frac{1}{2} & -\frac{1}{2} \\ 0 & 0 & \frac{1}{3} & 0 \\ 0 & 0 & 0 & 1 \end{bmatrix} = \begin{bmatrix} 1 & & & \\ & 1 & & \\ & & -1 & \\ & & & 0 \end{bmatrix};$$

$$\begin{bmatrix} 1 & 0 & 0 & 0 \\ -\frac{5}{6} & \frac{1}{2} & \frac{1}{3} & 0 \\ -\frac{3i}{2} & -\frac{i}{2} & 0 & 0 \\ -\frac{3}{2} & -\frac{1}{2} & 0 & 1 \end{bmatrix} A \begin{bmatrix} 1 & -\frac{5}{6} & -\frac{3i}{2} & -\frac{3}{2} \\ 0 & \frac{1}{2} & -\frac{i}{2} & -\frac{1}{2} \\ 0 & \frac{1}{3} & 0 & 0 \\ 0 & 0 & 0 & 1 \end{bmatrix} = \begin{bmatrix} 1 & & & \\ & 1 & & \\ & & 1 & \\ & & & 0 \end{bmatrix}.$$

3. (1) 标准形：$2y_1^2 + 2y_2^2 - 7y_3^2$;

所作正交线性替换：

$$\begin{bmatrix} x_1 \\ x_2 \\ x_3 \end{bmatrix} = \begin{bmatrix} -\dfrac{2}{5}\sqrt{5} & \dfrac{2}{15}\sqrt{5} & \dfrac{1}{3} \\ \dfrac{1}{5}\sqrt{5} & \dfrac{4}{15}\sqrt{5} & \dfrac{2}{3} \\ 0 & \dfrac{1}{3}\sqrt{5} & -\dfrac{2}{3} \end{bmatrix} \begin{bmatrix} y_1 \\ y_2 \\ y_3 \end{bmatrix};$$

正惯性指数$=2$，负惯性指数$=1$，符号差$=1$.

(2) 标准形：$y_1^2 + y_2^2 - y_3^2 - y_4^2$；

所作正交替换：

$$\begin{cases} x_1 = \dfrac{\sqrt{2}}{2} y_1 - \dfrac{\sqrt{2}}{2} y_3, \\ x_2 = \dfrac{\sqrt{2}}{2} y_1 + \dfrac{\sqrt{2}}{2} y_3, \\ x_3 = \dfrac{\sqrt{2}}{2} y_2 - \dfrac{\sqrt{2}}{2} y_4, \\ x_4 = \dfrac{\sqrt{2}}{2} y_2 + \dfrac{\sqrt{2}}{2} y_4; \end{cases}$$

正惯性指数$=$负惯性指数$=2$，符号差$=0$.

(3) 标准形：$y_1^2 + 7y_2^2 - y_3^2 - 3y_4^2$；

所作正交替换：

$$\begin{cases} x_1 = \dfrac{1}{2} y_1 - \dfrac{1}{2} y_2 - \dfrac{1}{2} y_3 + \dfrac{1}{2} y_4, \\ x_2 = \dfrac{1}{2} y_1 + \dfrac{1}{2} y_2 - \dfrac{1}{2} y_3 - \dfrac{1}{2} y_4, \\ x_3 = \dfrac{1}{2} y_1 - \dfrac{1}{2} y_2 + \dfrac{1}{2} y_3 - \dfrac{1}{2} y_4, \\ x_4 = \dfrac{1}{2} y_1 + \dfrac{1}{2} y_2 + \dfrac{1}{2} y_3 + \dfrac{1}{2} y_4; \end{cases}$$

正惯性指数$=$负惯性指数$=2$，符号差$=0$.

4. (1) 是；(2) 否.

5. (1) $-\sqrt{2} < t < \sqrt{2}$；(2) $-\dfrac{\sqrt{15}}{3} < t < \dfrac{\sqrt{15}}{3}$.

6. 提示：参照定理 5 的证明.
7. 提示：A 是正定矩阵的充分必要条件是 A 与单位矩阵合同.
8. 提示：A 是半正定矩阵的充分必要条件是 A 合同于矩阵 $[1,1,\cdots,1,0,\cdots,0]$.
9. 提示：证明可找到 t 使 $tE+A$ 的特征值全大于 0.
12. 证明：因为 A 是正定矩阵，所以存在可逆矩阵 T_1，使 $T_1^T A T_1 = E$. 设 $T_1^T B T_1 = B_1$，找正交矩阵 T_2 使 $T_2^T B_1 T_2 = B_2$ 为对角形. 令 $T = T_1 T_2$，则 T 是可逆的，并且 $T^T A T = T_2^T T_1^T A T_1 T_2 = T_2^T E T_2 = E$，$T^T B T = T_2^T T_1^T B T_1 T_2 = T_2^T B_1 T_2 = B_2$ 都是对角矩阵.